思路

——交通建设与管理工作的思考和探索

王晓林　著

内 容 提 要

这是一位交通厅长对交通率先发展的规划、决策和实践的思考性、研究性论文集。集中体现了现代交通人改革奋进、勇于创新、争先发展的战略思路和以人为本、执政为民、兴交富民的执政理念。反映了新世纪之初交通发展的艰辛历程，也是当代交通人生活的真实写照。

本书可作为交通建设和交通管理工作者的学习参考书。

图书在版编目（CIP）数据

思路：交通建设与管理工作的思路和探索/王晓林著.
—北京：人民交通出版社，2008．3
ISBN 978-7-114-07025-9

I. 思... II. 王... III. 公路运输－交通运输管理－文集
IV. U491-53

中国版本图书馆 CIP 数据核字（2008）第 028694 号

书　　名：思路——交通建设与管理工作的思考和探索
著 作 者：王晓林
责任编辑：贾秀珍
出版发行：人民交通出版社
地　　址：（100011）北京市朝阳区安定门外外馆斜街 3 号
网　　址：http：//www. ccpress. com. cn
销售电话：（010）85285838，85285995
总 经 销：北京中交盛世书刊有限公司
经　　销：各地新华书店
印　　刷：北京市密东印刷有限公司
开　　本：787 × 960　1/16
印　　张：26. 375
字　　数：488 千
版　　次：2008 年 3 月　第 1 版
印　　次：2008 年 3 月　第 1 次印刷
书　　号：ISBN 978-7-114-07025-9
印　　数：0001 ~ 5500 册
定　　价：45. 00 元

自 序

奥斯托络夫斯基的名著《钢铁是怎样炼成的》中的主人公保尔·柯察金说过这样一句名言："生命对于我们只有一次。人的生命应当这样度过：当他回首往事的时候，他不因虚度年华而悔恨，也不因碌碌无为而羞愧"。这句名言一直激励着我在人生的道路上求知、奉献。

2000年5月，我受命担任山西省交通厅厅长、党组书记，有幸成为一名光荣的交通人。"三十功名尘与土，八千里路云和月"。在八年山西如火如荼的公路建设热潮中，我领略到了军人般的豪情与快意；在八年为山西交通的奋斗与探索中，我体验到了学者追求科学、认知规律的价值。八年来，修路是我生活的全部，吃饭时想路，熟睡中梦路，言谈中讲路。对于我，路是所有，是一切。山西发展需要路，百姓生活需要路。八年未曾休息过节假日，行程三十八万里，足迹遍布山西山山水水、乡乡村村。八年间，多少天堑成坦途，多少沟壑变通衢。如今的三晋大地，大运通衢，人字鼎立，路网如织，车流如梭，出省到市高速路，县际连接高等路，乡乡通了沥青路，村村基本通了水泥（油）路和客运班车。山西这样一个中部欠发达省份，跨入全国公路交通先进行列。

子曰："志于道，据于德，依于人，游于艺"。在我国从计划经济向市场经济转轨的过程中，交通发展面临着许多理论上和实践上的现实问题。国家加快交通发展的政策和环境，把我融入了山西交通大发展的高潮之中。这八年，既是我与大家干事创业、拼搏奉献的八年，也是我求知探索、学习创新的八年。作为数十万当代交通人的一员，我为亲身经历新世纪波澜壮阔的交通大发展而骄傲；作为一名交通厅长，我为亲自参与和组织山西交通率先发展的规划、决策和实践而自豪。这几年的交通工作，是把党中央提出的科学发展观和构建社会主义和谐社会的战略思想及省委、省政府的重大决策与山西交通实际相结合的过程，是把全省人民全面建设小康社会、建设社会主义新农村的热情和干劲与交通发展目标相结合的过程。期间形成的大量思考性、研究性文章和讲话文稿，集中体现了厅党组一班人改革奋进、勇于创新、争先发展的战略思路和以人为本、执政为民、兴晋富民的执政理念，体现了山西人民思路、盼路、修路的迫切愿望，反映了新世纪之初山西交通发展的艰辛历程，也是一个交通人这段人生的真实写照。

人是交通人，乐以天下乐。在工作之余，我将这几年工作的思考、实践积累的经验和感悟编撰成书，但愿对今后的交通发展有所裨益。书名取为《思路》，思是大家所思，集体之智慧；路是交通人奋斗之成果、之结晶。

感谢曾给我帮助的每一位交通人。

感谢曾支持过山西交通发展的每一位朋友。

王晓林

二OO七年十二月

思路

修路是我生活的全部，吃饭时想路，熟睡中梦路，言谈中讲路。对于我，路是所有，是一切。山西发展需要路，百姓生活需要路。

生命在於奉獻
人生在於求知

王曉林

王晓林陪同原山西省委书记、省人大常委会主任田成平，原山西省委副书记、省长刘振华等四大班子领导视察山西大同—运城高速公路建设

王晓林陪同山西省委书记、省人大常委会主任张宝顺，原省委副书记、省长于幼军视察山西忻州—五台长城岭高速公路建设

王晓林陪同山西省委书记、省人大常委会主任张宝顺，山西省委副书记、省长孟学农视察山西忻州—保德高速公路建设

王晓林陪同原交通部部长黄镇东视察山西高速公路建设

王晓林陪同原交通部部长张春贤视察山西农村公路

王晓林陪同交通部部长李盛霖视察山西公路建设与养护管理

王晓林视察山西大同—运城高速公路建设

王晓林视察山西县际公路改造工程

王晓林代表山西省交通厅与各市政府签订新农村公路建设协议

王晓林视察山西村村通水泥(油)路工程

王晓林在汽车站检查春运工作

王晓林与山西省交通职业技术学院师生共同研究交通职业技术教育

目 录

发展战略篇

公路建设篇

改革创新篇

行业管理篇

党建与行业文明篇

反腐倡廉篇

发展战略篇

FAZHAN ZHANLUEPIAN

大工业由于它所使用的工具的性质，不得不经常以愈来愈大的规模进行生产，它不能等待需求。生产走在需求前面，供给强制需求。

——（德）马克思和恩格斯

前途并不属于那些犹豫不决的人，而是属于那些一旦决定之后，就不屈不挠不达目的誓不罢休的人。

——（法国）罗曼·罗兰

1. 面向新世纪谋划新发展*

“九五”是山西交通发展的重要时期，全省抓住国家实行积极的财政政策、扩大内需的历史机遇，实施交通优先发展战略，5 年公路建设完成投资 338 亿元，新增公路通车里程 21764 公里，新增二级以上高等级公路 5018 公里，新增高速公路 424 公里，新增高级、次高级路面 14954 公里。继 1996 年 6 月 25 日第一条高速公路——太旧高速公路建成通车以来，全省相继建成了原平—太原、晋城—阳城、北京—大同、太原南过境、太原东山过境、运城—风陵渡、夏家营—汾阳 424 公里高速公路，建成了霍州—侯马、祁县—介休、汾阳—介休等 484 公里一级公路和太原—古交、东观—长治、忻州—五台山等 4110 公里二级公路，建成了离石—临县—柳林—石楼、晋西北等 2900 公里扶贫公路，和以忻州东冶—芙城口公路、阳泉巨城—龙庄公路、临汾马务汾河大桥、太原小店汾河大桥为代表的一批国防公路，开工建设了晋城—焦作、长治—邯郸、运城—三门峡、祁县—临汾等高速公路。太旧高速公路、武宿立交桥双双荣获国家建筑工程质量最高奖——“鲁班奖”，晋焦高速公路丹河特大石拱桥荣获“大世界吉尼斯之最”。到 2000 年底，全省公路通车里程达到 55408 公里，高速公路达到 518 公里，公路密度达到 35. 5 公里/百平方公里，二级以上高等级公路达到 9321 公里，占公路通车里程的 16. 8%，比 1995 年提高了 4 个百分点；高级、次高级路面达到 29327 公里，占通车里程的 52. 9%，比 1995 年增长了 10. 2 个百分点。全省实现了“镇镇通油路、乡乡通公路、行政村通机动车”的战略目标，81. 7% 的乡镇和 43. 5% 的行政村通了油路，94% 的行政村通了公路。交通“瓶颈”制约得到改善，运输紧张状况得到缓解。

进入新世纪，我们面临的形势是：世界科学技术突飞猛进，经济全球化趋势不断发展，我国即将加入世贸组织。党的十五届五中全会和省委七届十次全会提出，要把加快公路建设作为经济发展的一项中长期战略和结构调整的重要任务来抓，这既向我们提出了严峻的挑战，更为我们推进交通现代化建设提供了历史性机遇。新的机遇、新的挑战，又一次把我们推到了改革与发展的历史关头。能否

---

* 2001 年 1 月 19 日在山西省交通工作会议上的报告摘要。

抓住机遇，今后5年至关重要。

一

"十五"期间，我省交通发展要以邓小平理论为指导，按照"三个代表"重要思想的要求，贯彻落实党的十五届五中全会精神和省委七届十次全会精神，以发展为主题，以结构调整为主线，以改革开放和体制创新、科技创新为动力，以提高人民生活水平为根本出发点，按照健全、畅通、安全、便捷的现代化综合运输体系的要求，认真实施"3216"工程，即实现从省会到地市3小时高速通达；建立物流、信息2个平台；建设100万平方米交通安居工程；建设高速公路、物流配送、快速客运、站场主枢纽、汽车维修、信息服务6大网络。实施"两个优化"，即优化路网结构和优化运输结构；抓好"四项创新"，即投融资体制创新、建养体制创新、管理体制创新和科技创新；建立和完善统一开放、公平竞争、规范有序的交通建设及运输市场；不断地加强党的建设、廉政建设、思想政治工作，不断地加强行业文明建设和职工的素质教育，不断地提高交通建设及运输发展的质量和效益，不断地改善和提高职工的生活环境和质量，以适应和满足国民经济和社会发展的要求。

（一）进一步加强交通基础设施建设

公路建设以大（同）运（城）高速公路和国道主干线为重点，基本建成纵贯全省、通达四邻的高速公路网络。大力实施省会到地（市）"3小时高速通达"工程，加强出省通道建设和"三纵八横"路网改造以及扶贫路、旅游路、区域经济干线建设，调整路网布局，优化路网结构，提高通达深度，逐步形成干支相连、通达周边、技术等级结构及布局合理、安全便捷的公路网络。"十五"期间计划投资400亿元，新增公路通车里程4600公里，新增高速公路820公里，新增二级以上高等级公路3000公里。到2005年，全省公路通车里程突破60000公里，公路密度达到38.41公里/百平方公里，高速公路总里程达到1340公里；二级以上高等级公路达到12000公里。

公路客货运输站场建设重点抓好"一个网络、两个平台"的建设，即：以太原公路主枢纽为重点的省、地、县三级客运站场网络建设；以太原为主枢纽，大同、侯马为支枢纽的物流平台建设和能够有效组织客、货运输的信息平台建设。形成布局合理、功能完善、运转高效的客货运输服务系统，强化物流中心，发展物流园区，推进物流产业化进程。"十五"期间续建汽车站11个、改造13个、新建23个；建设省级物流管理服务中心1个、支枢纽物流服务站2个，建设省级货运信息网络服务管理一级网站 1 个、地市级货运中心二级网站 11 个、县市和运输企业三级网站若干个。

黄河航运重点开发与建设小浪底库区及壶口段航道整治和航运工程。“十五”期间建设 300 吨级港口一个、100 吨级码头一个，整治 5 ~ 7 级航道 176 公里。

（二）大力推进交通运输结构调整

结构调整是“十五”期间全省交通工作始终贯穿的一条主线。我们要遵循交通发展规律和现代化建设的客观要求，以科技进步为动力，以提高交通运输整体效益和质量为目标，对交通运输经济结构进行全面调整，促进交通运输持续、健康发展。

——调整路网结构，优化路网布局。提升高速公路系统的骨架功能。加快大运高速公路和重要出口公路的建设，力争在“十五”末基本建成“纵贯全省、通达四邻”的高速公路网络，提高交通运输能力。优化国道、省道干线路网布局，突出抓好“三纵八横”高等级化和干线等外路、超龄路及危桥的改造，着力解决我省路网总量不足、技术等级偏低、通达深度不够的问题。从全省经济发展的大局出发，集中精力加强“三纵”中的中纵主干线建设，发挥中纵主干线的中轴带动作用，提高投资效益；同时将“八横”干线的第八横由陵川—禹门口调整为焦作—晋城—侯马—禹门口，使公路建设与区域经济建设协调发展。加强公路养护管理，建养并重，确保投入，加大养护科技含量，深化养管体制改革，推进养护市场化，进一步加大文明路和绿色通道建设力度，巩固公路建设成果，提高路网整体服务水平。到“十五”末，全省国道、省道主干线和 65% 以上的县乡公路建成绿色通道。

——大力发展公路运输。克服“重路轻运”的倾向，坚持路运并举，把公路运输切实放在与公路建设同等重要的位置来抓，推进公路运输技术进步，改造和提升传统产业，大力发展专业化程度高、技术先进、高效低耗的车辆装备，减少普通车辆比重；大力发展高速客运、快速货运，加强市场调控，培育市场主体；积极指导运输企业之间联合重组，提高规模效益，特别是要以加入世贸组织为运输结构调整的重大机遇和新的动力，面向国内和省内两个市场，以高新技术和新型运输组织形式为基础，积极向现代物流业等新的领域扩展，提升运输产业，提高运输经营的集约化、专业化水平。

——大力发展非国有经济。国有经济比重过高、活力不足是制约我省交通运输经济发展的突出问题。要坚持“三改一加强”的方针，以建立现代企业制度为方向，加快国有企业公司化改造，取消企业行政级别，与主管部门脱钩，政企分开、事企分开、走向市场，同时要通过资产重组、联合兼并、参股、控股等多种形式的改革，积极培育能主导市场的企业集团，提高交通企业竞争能力和发展后劲。把大力发展非国有经济作为调整经济结构的重点，坚持“有进有退、有所为有所不为”的原则，建立国有经济退出机制，在国有经济退出方面取得突破性进展。通过产权置换、职工购股、技术参股、企业之间互相持股、外资和社会法人参股、拍卖租赁等多种方式，调整股权结构，降低国有股比重，实现“国退民进”、国有民营和产权多元化。

（三）加强交通科技创新与体制创新

科技进步与创新是增强交通可持续发展能力的决定性因素。要按照“有所为、有所不为”的方针，总体跟进，重点突破，追踪行业发展方向，加强技术创新，发展高新技术，提升交通行业技术水平，积极推进具有战略意义的高新技术研究，集中力量在信息技术、新材料技术、智能化管理等关键领域取得突破。要按照中央提出的“以信息带动工业化”的要求，加强交通信息资源开发与利用，发展信息产业，提高交通信息化水平。要继续深化科技体制改革，建立以企业为主体的技术创新体系和以骨干科技企业为主体的技术创新中心，提高全行业的整体创新能力，逐步形成有利于科技成果开发与转化的体制与机制，促进科技成果转化为现实生产力。

体制改革与创新是交通发展的内在动力。要按照发展社会主义市场经济的要求，继续深化交通行政管理体制和运行机制改革。继续深化投融资体制改革，多渠道筹措建设资金。积极探索建立适合我省省情的高速公路管理体制，推进公路养护运行机制改革，深化国有企业改革，扩大交通对内、对外开放的领域和深度。

（四）加强精神文明建设、民主法制建设和党的建设

始终坚持“两手抓，两手都要硬”的方针，切实加强交通行业精神文明建设。坚持用马列主义、毛泽东思想、邓小平理论和“三个代表”重要思想武装交通系统广大干部职工，提高整个队伍的思想道德素质和科学文化素质。加快人才队伍建设，实施“人才战略”，加快培养和吸引交通现代化建设急需的各类人才，特别是高层次人才。坚持不懈地开展群众性文明创建活动，进一步提高行业文明程度。

全面推进“依法治交”战略。按照建立社会主义市场经济体制的要求，加快交通立法步伐，力争在“十五”期间初步形成适应全省交通发展的法规框架，进一步规范道路运输市场管理、高速公路管理、收费公路管理、建设市场管理和行政执法行为。加强交通行政执法队伍建设，全面落实行政执法责任制。进一步

加强超限运输治理和有形建筑市场管理。开展“四五”普法教育，提高全行业依法行政、依法办事水平。

实现“十五”期间的交通发展目标，必须坚持“从严治党、从严治政”，按照“三个代表”的要求，巩固和扩大“三讲”教育成果，努力使讲学习、讲政治、讲正气，自尊、自重、自警、自励和廉洁勤政成为每一个领导干部的自觉行动。要根据社会主义市场经济条件下反腐败斗争的新形势和交通行业反腐败斗争的新特点，突出工程建设领域的反腐败斗争，进一步加强党风廉政建设，建立健全党风廉政建设责任制和监督机制，加大从源头上预防和治理腐败的力度。要继续加大治理公路“三乱”的力度，巩固已取得的成果，防止反弹，保持交通行业良好形象。

二

2001 年是“十五”规划的开局之年，我们要认清形势，坚定信心，抓住机遇，争先发展，迈好跨入新世纪的第一步。

(一) 以大运高速公路和国道主干线为重点，掀起公路建设新高潮

在 2000 年 9 月份举行的掀起公路建设新高潮“大运行”现场办公及大运高速公路奠基仪式上，省委、省政府向全省人民作出了用 3 年左右时间打通大运高速公路的庄严承诺。全省各级交通部门要准确把握省委、省政府的战略思路，抓住机遇，乘势而上，以奋发有为的精神和脚踏实地的作风，圆满完成今年的建设任务。

突出重点，整体推进，掀起公路建设新高潮。根据全国及全省的总体部署，今年公路建设首先要确保大运高速公路全线开工建设，从资金上、组织上全力保证。厅领导要分段督导，帮助建设单位协调和解决好建设中遇到的困难和问题。各项目单位要科学组织施工，按照省委、省政府提出的“能快则快、尽快形成小循环”的要求，发扬只争朝夕的精神，倒排工期，卡死工期，加快建设进度，开展劳动竞赛，比速度、比质量、比资金控制，确保今年完成路基工程，为早日形成小循环和 2003 年左右全线建成打好基础。其次，要加快重要出口路、旅游路和经济干线的建设，晋城至焦作、长治至邯郸、运城至三门峡 3 条高速出省通道和韩家楼至保德二级公路要抓紧建设，确保年内建成通车；长治至晋城、太原至长治两条高速公路要抓紧前期工作，力争早日开工建设。到今年底，全省重要出口路基本打通，高速公路通车里程达到 641 公里。同时要按照省委、省政府提出的调整产业结构“八大战略工程”的需要，用好调产资金，加快旅游公路建设。

今年省交通厅重点抓好阳城—莽河、五台山—长城岭、大同—浑源—砂河、方山—北武当山等旅游公路的建设。地方交通部门也要积极筹措资金，加快旅游路建设，提高技术等级，改善旅游交通条件。第三，要继续推进县乡公路建设，提高路网通达深度。重点抓好城市出口路、农村扶贫路及乡村“通达路”的建设。

加大筹资力度，确保资金落实。资金一直是制约我省公路建设的重要因素，必须下苦工夫加以解决。第一，要切实抓好规费征收。各级交通征稽部门要从加强队伍管理入手，切实做好费改税前的交通规费征收工作，采取有效措施，加大征稽力度，依法征稽，依法清欠，严厉打击逃、漏、偷、抗费行为，努力多收费、收好费，确保应征不漏。第二，要抓好银行贷款的落实。各有关部门、各建设单位要根据全省和本地区的建设规划，准备好项目，配足资本金，主动地与银行洽谈，狠抓贷款落实，确保资金到位。第三，要盘活路产，扩大开放。这是市场经济条件下筹集公路建设资金最具活力和潜力的市场，要认真总结我们利用外资、盘活路产、资本运营的成功经验，努力吸引境外资金和民间资金。积极探索股份制、BOT、上市、发行企业债券等直接融资方式，广筹建设资金。

以质量为龙头，全面加强工程管理。要把工程质量放在公路建设的首位，严格管理，严格要求，狠抓落实。牢固树立“质量第一”的思想，强化质量管理措施，巩固和发展“公路建设质量年”的活动成果，进一步完善项目法人负责、工程监理、招标投标、合同管理“四项制度”和政府监督、社会监理、企业自检三级质量保证体系，抓好质量、投资、工期“三大控制”，层层建立工程质量责任制，一级抓一级，真正把工程质量落到实处。要加大科技投入，积极推广和使用新技术、新工艺、新材料，围绕工程建设开展科技攻关，推进公路建设科技进步，提高工程建设质量和科技含量，降低建设成本。要切实加强建设资金的监管，严肃财经纪律，实行资金合同管理，坚决杜绝挪用、挤占建设资金。一经发现，严肃查处。

加强公路养护管理，巩固公路建设成果。坚持建设、养护、改造并重的方针，坚持“一要吃饭、二要建设”的原则，强化措施，保证投入。从今年开始，公路养路费剔除征收成本、交警费用和水利基金后，主要用于公路养护，高速公路建设不再挤占公路养护资金。省公路局要管好用好公路养护资金，把加强公路养护管理与推进养护管理体制改革结合起来，逐步实现管理与养护分离，减员增效，降低人头经费，确保养护投入。进一步加大老旧油路改造和文明路建设力度，提高路网等级，优化行车环境。

（二）推进公路运输结构调整，提高运输经济增长质量

要把公路运输结构调整作为促进行业发展、提高增长质量的关键举措，抓住

主线，突出重点，稳步推进。一是加大运力结构的调整力度，实现基础设施结构和运力结构优化的良性互动。运力结构调整重点是加快运输车辆的更新，发展技术先进的高档客车、厢式货车和集装箱车，逐步淘汰老旧车辆，以满足人民群众日益增长的运输需求。二是加快国有经济向行业主要经济增长点和优势领域集中，实现有进有退、进而有为、退而有序的良性互动。鼓励和支持国有运输企业在结构调整中发展高速客运、集装箱运输和特种运输，尤其是在现代物流等领域发挥主导作用。为应对“入世”挑战，在客运市场准入等方面继续向大中型企业倾斜，高速公路、国省干线主要由国有大中型企业经营。同时要研究制定降低物流运输的通行费收费标准等扶持现代物流业发展的政策。三是加快运输组织结构调整，实现资源优化配置和发挥比较优势的良性互动。要运用网络技术，加快物流平台和信息平台的建设，以太原公路主枢纽为中心，以地市客货运中心站为依托，以交通信息网为纽带，加强技术改造，发展物流园区和物流基地建设，构建物流网络，推进物流产业化。今年重点加强太原公路主枢纽和侯马、大同两个支枢纽的规划建设，使之成为我省现代物流的中心。省营交通运输企业要抓住“入世”和经济结构调整的机遇，加快企业改造和结构调整，发挥自身优势，扬长避短，依托综合运输基础设施及物流、信息平台，立足山西，面向全国，推进由普通运输向现代物流的转变，同时要积极与国际、国内大型物流企业联合，发展现代物流营销网络，扩大阵地，增强实力。另外，还要加强黄河水运结构调整，加强对老旧船舶的检验，对严重超龄和非标准的老旧船舶实行强制退出制度，鼓励发展旅游船舶，开发黄河旅游资源，提高水运效益。

（三）加大改革力度，推进交通管理体制创新

要按照建立社会主义市场经济体制的要求，进一步改革不适应生产力发展的上层建筑，加大力度，积极推进，力争有新的进展和突破。一是继续深化公路养管体制改革，建养分离、事企分开，培育养护市场，组建养护企业，打破条块分割，扩大养护半径，实行养护工程招投标制度，加快公路养护市场化、社会化。今后新建高速公路，原则上不再组建新的养护机构和队伍，逐步纳入干线公路养护。二是按照“交通厅 + 专业局”的模式，加快厅属事业机构改革，重点抓好省公路局、省征稽局、省运管局、省高管局和后勤体制改革，精简机构和人员，理顺省交通厅与各专业局的职责。同时争取组建地方海事局，强化水运安全监督。指导地方交通部门搞好机构改革，建立精简、效能统一的交通管理体制。三是加快干部人事制度改革，进一步规范和推广竞争上岗制度，全面推行事业单位干部聘任制，积极探索党管干部的多种实现形式，建立后备人才库，拓宽用人视野，匡正用人导向，优化干部结构，建立有利于优秀人才脱颖而出的用人机制，

营造尊重人才、鼓励创新的环境，加快干部队伍革命化、年轻化、专业化、知识化。四是大力推进交通企业改革，国企改革脱困3年目标虽然基本实现，但只是初步的，基础还不稳固，要充分认识国有企业改革和发展的长期性和艰巨性，围绕建立现代企业制度的目标，加快出资人制度建设，加强和改进国有企业管理。同时要建立和完善国有资产运营体系，今年重点抓好路桥建设、公路运输两个集团的组建，代行省厅出资者职能，实现政企分开。五是加快行政审批制度改革。重点抓好公路建设项目立项、招标、投标审批制度改革，精简审批事项，减少审批环节，减少行政干预，强化行政监督，实现政府职能的归位。六是积极推进站务管理体制改革，将汽车站从运输企业和政府部门、行业管理部门中分离出来，实现站运分开、统一管理，确保国有资产保值增值。七是加快收费公路管理体制改革，组建通行费管理局，强化行业管理，提高公路投资效益，维护投资者利益。八是积极争取省政府支持，研究探讨运价管理体制改革。

（四）坚持依法治交，大力规范和整顿交通建设运输市场秩序

规范和整顿市场经济秩序是今年全国的一项重要经济工作。要按照中央要求，进一步打破部门、行业垄断和地区封锁，提高市场开放度和透明度，加强市场准入管理，对从业单位实行严格的资信登记和动态管理，整顿和规范市场秩序，健全和完善市场监管机制，鼓励和支持公平竞争。

要加大对工程建设市场的整顿力度，继续引申“公路建设质量年”活动。进一步规范公路建设市场招投标行为，依照《招标投标法》清理和纠正招投标中的“暗箱操作”等违规行为，从严打击工程招投标中的各类腐败现象。对在工程招投标中采取行贿等手段，扰乱市场秩序的设计、施工、监理单位，要列入“黑名单”并予以曝光，同时上报交通部取消其3年内在全国交通建设市场中的投标资格。要从源头上整顿和规范建设市场秩序，加强对建设市场中经营主体的资信审核登记，重点解决设计、施工、监理在项目招投标中的资信登记与实际作业者名不副实的问题，严肃查处非法转包、分包行为。

认真开展“道路运输市场管理年”活动，整顿和规范运输市场秩序。按照企业分级、线路分类、按资质经营的原则，继续抓好挂靠车辆的清理，积极推行企业资质管理和服务质量招投标制，并对企业资质等级、车辆技术等级、经营范围等实行浮动定级制度。严厉打击非法营运，严肃查处无证无牌经营和宰客、甩客等违规行为，配合公安等部门打击“车匪路霸”，制止违章超载，维护经营者和广大旅客、货主的合法权益。认真清理有关收费项目，制止“乱收费”，建立健全从业人员资格认证制度。根据交通部等五部委文件要求，立即停止道路客货运输经营权的有偿转让，减轻企业和经营者的负担。禁止客运线路、货运配载专

线经营权的私自转让。对私自转让的单位和个人，要严肃处理，并收回经营权。各地交通主管部门要与有关部门通力合作，力争在年内完成清理整顿工作，使道路客货运输秩序有明显好转，经营环境有明显改善，服务质量有明显提高，政府对市场监管能力有明显增强，行业整体形象有明显改善。

高度重视安全生产工作，认真开展“安全生产管理年”活动。要坚持“预防为主、安全第一”的方针，坚持管生产必须管安全的原则，建立政府监察、行业管理、企业负责、群众监督的安全生产责任制。加强领导，健全机构，明确责任，狠抓落实，确保不发生重特大事故。要吸取省内外重特大事故的血的教训，强化安全意识，没事当作有事抓，小事当作大事抓。特别是要加强对重点企业、重点部位安全隐患的预防与排查，层层落实安全生产责任制。哪个单位出了事故，追究哪个单位领导的责任。关系安全生产的关键岗位和从事旅客运输的服务人员，必须具备相应的安全驾驶、操作和服务技能，坚决杜绝不符合条件的人员和车辆上岗、上路。任何单位、任何人都不能以牺牲安全为代价，片面追求效益。

加强交通法制建设，推进依法行政。根据国家、省有关法律、法规，及时完善我省交通法规体系。针对交通管理体制中存在的突出问题，积极争取省人大、省政府的支持，加强调研，通过立法解决体制上的弊端，今年争取出台《收费公路通行费管理办法》和《国防交通条例实施办法》。要进一步加强交通执法队伍建设，建立和完善交通行政执法责任制、公示制度、督察制度和执法过错责任追究制度，促进依法行政。

（五）大力推进交通科技进步，提高行业技术创新能力

继续深化科研单位改革，促进科研成果的转化。省交通科研院要加快改革步伐，尽快改制为科技型企业，并逐步向交通科技集团发展，真正发挥技术创新中心的作用。省交通厅今后将逐步减少对科研项目的行政审批，对重大科研项目逐步实行招标投标制。行业科研工作要面向交通建设主战场，围绕公路建设、改造和养护开展技术攻关，重点抓好高等级公路建设养护成套技术、大跨径桥梁施工养护技术、公路长大隧道和湿陷性黄土施工技术，以及以智能公路运输系统为代表的公路网运营管理技术、高速公路综合信息服务系统、交通事故预防和紧急救援系统、网络环境下电子收费系统等技术的研发。企业科技工作要面向生产，积极研究开发新技术、新产品，大胆探索技术入股、专利入股，通过效益提成、股权期权奖励等办法，吸引科研力量进入企业，提高技术创新能力。

以信息化带动工业化，是我国科技进步的发展方向，也是实现交通跨越式发展的必由之路。要大力推进交通信息化，按照交通部统一部署，今年启动政府交

通部门办公业务资源网络建设，推进面向社会的政府公众信息服务网建设，尽快改变交通系统信息不畅的局面。抓好交通运输信息系统网络工程、高速公路信息系统网络工程和区域性客运售票系统、货运信息系统的建设，提高交通运输信息化程度。大力发展信息服务业，特别是信息网络服务业，积极推进高速公路信息资源的开发利用和市场化运作，促进交通信息产业化。

（六）坚持“两手抓、两手都要硬”，大力加强党的建设和精神文明建设

要按照“三个代表”重要思想的要求，突出领导班子建设，全面加强党的思想、组织、作风建设，从严治党，从严治政，进一步提高各级领导班子的凝聚力、战斗力和各级领导干部的领导水平。当前，科学技术突飞猛进，一个以知识为基础，以智力资源为首要依托，以高新技术产业为第一产业支柱的知识经济时代扑面而来，依靠天然资源的时代即将过去。可以说，21 世纪是知识经济的时代。面对知识经济的挑战，面对交通发展的需要，我们没有理由不学习，没有理由不勤奋学习。希望各级领导干部学习、学习、再学习，在学习中提高自己的政治素质和领导经济工作、驾驭全局的能力，做一名无愧于 21 世纪的领导干部。

认真落实党风廉政建设责任制，继续深化反腐败斗争三项工作，强化监督制约机制，标本兼治，力求治本，进一步加大从源头上预防和治理腐败的力度，建设“两支队伍”（领导干部队伍、交通执法队伍），净化“两个市场”（交通建设市场、交通运输市场），巩固“一项成果”（国道、省道干线公路基本无“三乱”）。从今年开始，要在工程建设中全面推行工程建设、廉政建设双合同制，明确目标，明确责任，用合同来规范和约束领导干部的行为。要继续加大公路“三乱”治理力度，把治理公路“三乱”与治理超限运输区别开来，依法行政，文明执法，严防反弹，巩固国道、省道基本无“三乱”成果，力争实现全省所有公路基本无“三乱”。

认真研究新形势下思想政治工作的特点和规律，进一步加强和改进党的思想政治工作。紧密结合交通实际，抓好对职工的基本理论、基本路线、职业道德、为人民服务宗旨和爱国主义、集体主义、社会主义教育，特别是要抓好“三个代表”、“四个如何认识”的学习和宣传，教育广大干部职工牢固树立马克思主义的理想信念，增强抵制“法轮功”等伪科学学说的自觉性；要把思想政治工作贯穿于交通改革、发展、稳定的全过程，针对机构改革、机制转换、结构调整、减员增效、下岗分流等带来的新情况、新问题，做好解疑释惑、说服教育、化解矛盾等工作。要把加强思想政治工作与解决职工实际困难结合起来，多办实事，少说空话，把改善和提高职工生活水平，多谋求职工群众看得见、摸得着的利益作为每一个领导干部义不容辞的责任。关心老同志，关心困难企业，关心困难职

工，努力把思想政治工作做深、做细、做实，为交通改革与发展提供思想保证。

紧紧抓住创建文明行业这个重点，把“两学一创”（外学包起帆、青岛港等先进典型；内学太旧精神、创建文明行业）活动提高到一个新水平。要加大创建文明行业工作的力度，把创建文明行业与加强内部治安综合治理、创建文明小区结合起来，加强领导，加大投入，力争有所创新和发展。要严厉打击破坏、扰乱工程建设秩序的各处违法犯罪行为，为交通建设保驾护航。要以迎接建党 80 周年为契机，开展丰富多彩的庆祝活动，丰富职工文化生活，培育和发展交通现代文化。要注重“窗口”建设，坚持服务宗旨，改善服务态度，完善服务设施，提高服务水平，努力创建一批环境优美、秩序优良、服务优质的文明示范“窗口”。

2. 在迎接挑战中加快发展*

2002 年是我国加入 WTO 的第一年。新机遇、新挑战使我们必须继续加快以大运高速公路和国道主干线为重点的公路建设，大力推进交通运输结构调整，认真抓好质量、安全、廉政三项工作，进一步提高交通运输服务水平；必须进一步深化改革、强化管理、转变政府职能、规范市场秩序、推动科技创新，提升行业竞争力；切实加强党的建设、民主法制建设和行业文明建设，抓党风、促政风、带行风，促进交通事业持续、快速、健康发展。

一、继续保持公路建设的强劲势头

大运高速公路是今年全省交通建设的重中之重。各建设公司要发扬成绩、科学管理、克服困难、苦干实干，切实抓好“三控制一协调”，确保工期不拖、投资不超、质量创一流。除韩信岭、雁门关外，在建的其余约 430 公里今年建成通车，形成分段循环。抓好重要出口路和重要经济干线建设，长治—邯郸高速公路年内建成通车，并力争开工建设阳城—侯马、长治—晋城、太原西北环 3 条高速公路。抓紧侯马—禹门口、汾阳—军渡、太原—长治、大同—得胜口等高速公路的前期工作，力争早日开工建设。按照全省调整产业结构“1311”规划的要求，进一步加强旅游路、扶贫路建设，开工建设五台山—长城岭、大同—浑源—砂河两条重点旅游路，支持地方搞好与十大旅游景区相配套的旅游路建设。大力推广长治市黎城县的义务修路经验，加快农村道路网建设。按照省委、省政府实施大运高速公路资源整合的要求，抓好大运连接线和沿线物流中心的建设；加强国防公路建设，提高交通战备能力。

公路建设是发展，公路养护也是发展。要坚持建养并重的原则，统筹规划、分级负责，继续抓好 GBM 工程、文明样板路及绿色通道建设，加大老旧油路改造力度；要用足用活政策，调动各方面的积极性，搞好公路养护工作，不断提高路网整体服务水平。要把危桥改造和桥梁、隧道养护作为今后养护工作的重中之重，加大投入，加强检测，加强管理，确保运营安全。

---

* 2002 年 1 月 10 日在山西省交通工作会议上的报告摘要。

工程质量是百年大计，是人类创造文明财富、保护生态环境、推进科技创新、体现人文景观成果的综合反映。要认真总结近年来公路建设质量管理的经验教训，深化对工程质量的认识，提升质量理念，不折不扣地落实工程质量责任制，完善质量保证体系，强化施工监理和现场管理，积极推广新技术、新工艺、新材料，不断提高工程内在品质，提升我省公路建设水平。

资金是公路建养的根本保证。要切实加强交通规费征管，继续做好费改税前的费收工作，确保应征不漏，努力再创新高。以我国加入 WTO 为契机，扩大对外开放，多渠道筹集建设资金，强化资金管理，完善监督机制，杜绝挪用、挤占、贪污和浪费。

二、积极推进结构调整

依靠加快发展和加强技术改造，狠抓交通基础设施结构调整，重点抓好六大网络建设。以实施“3 小时高速通达工程”为重点，构建纵贯全省、通达四邻的高速公路网；以“三纵八横”路网改造为重点，构建干线公路骨架网；以区域经济干线、城市过境路建设为重点，构建区域公路网；以农村通达路、扶贫路建设为重点，构建县乡公路网；以公路主枢纽建设与物流中心建设为重点，构建站场主枢纽网络和物流配送网络。

依靠政策引导和市场导向，抓好道路运输结构调整。运力结构调整要以车辆更新为重点，加快淘汰老旧车辆，鼓励发展适应市场需求的高档客车、大型集装箱货车、特种货物专用车等技术先进、高效低耗的车型。运输组织结构调整通过实行企业经营资质制度，引导和鼓励运输企业按照建立现代企业制度的要求，以资产为纽带，通过联合、重组、收购、引进外资等多种形式，组建跨地区、跨行业的大型运输集团，实现经营集约化、生产专业化、管理科学化。各级交通部门、运管部门要积极支持大中型运输企业在运输市场中发挥骨干作用。运输经营结构调整要以市场为导向，以资源优化配置为重点，以拓宽服务领域为途径，大力发展高速客运、集装箱运输、特种运输，促进客运快速化、货运物流化、服务多元化。

依靠科技进步，积极培育新的经济增长点。重点抓好大运高速公路经济带、现代物流及智能交通三大产业。创建大运高速公路经济带是全省调整产业结构的重要组成部分，也为交通产业升级创造了机遇。我们要主动参与，找准切入点，整合资源，培育优势，努力在高速客运、旅游客运、现代物流、智能交通等方面求得新发展，带动交通产业结构调整。

三、大力推进企业改革与发展

坚持“三改一加强”的方针，以建立现代企业制度为目标，继续深化国有交通企业改革。全省交通企业，特别是省运、路桥两大集团公司，都要在建立规范的现代企业制度上下真工夫，完善法人治理结构，健全市场竞争主体，转换企业经营机制，继续深化用工、人事、分配制度改革，实施资本运营，确保国有资产保值增值。省运集团要以改革开放为动力，以客货运经营资质评定为契机，强化管理，克服困难，开拓市场，树立品牌，进一步增强核心竞争能力。路桥集团要抓住中央实施西部大开发的机遇，奋力开拓省外市场，积极参与国际竞争，不断扩大发展空间。

积极推进高速公路企业化运营。从 2002 年 1 月 1 日开始，省高管局实行了模拟公司化运营，项目贷款随资产逐步转移省高管局，这是加快我省高速公路管理体制改革的重大举措。省高管局要科学管理，规范运作，努力提高经济效益，确保高速公路运营正常和财务收支平衡。

四、积极推进体制机制创新

公路建设投融资体制改革，要在继续坚持和完善“统筹规划、突出重点、分层负责、联合建设”的建设体制，放宽市场准入，在加强规费征收、利用国家资金、争取银行贷款的同时，积极拓展新的筹资渠道。要积极利用资本市场，实施以收费权质押、企业并购等置换公路建设资本金，以转让公路经营权盘活公路资产等资本运作方式；积极推广采用 BOT 方式、公路上市、发行公路建设债券等；积极争取返还重点工程营业税用于县乡公路建设和土地入股等政策，促进公路建设投资主体多元化。

公路养管体制改革，要按照“养管分离”的思路，坚定不移地走养护市场化的路子。省公路局、地方各级交通部门要切实加强公路养护管理，积极推进公路养护市场化、专业化、机械化，优化资源配置，提高生产效率，降低养护成本，提高养护质量。

道路运输管理体制改革要按照“机构精干、职能明确、权责一致、运转协调、办事高效”的原则，积极争取地方政府的支持，进一步理顺驾驶员培训、城市出租、旅游客运、城市公交、车辆检测等方面的职责交叉问题，转变职能，精简机构，精简人员，统一经费使用，彻底解决政令不畅的问题。

海事体制改革要强化水上交通安全管理。省交通厅于去年组建了地方海事局，有水运业务的市地也要结合市县机构改革，健全机构，理顺经费渠道，规范管理职能。另外，还要根据国家关于交通税费改革精神，适时推进交通征稽体制改革。

五、推进科技进步与创新

科学技术是第一生产力，要实现交通跨越式发展，关键在科技创新。今年交通科技进步与创新要突出交通信息化、交通建设与运输生产、交通安全保障、交通决策支持等领域的技术研究与推广。

交通信息化建设，要坚持统筹规划、政府先行、分层建设、应用为主、面向市场、统一标准、网络共建、资源共享的方针，以逐步完善“三网一库”为龙头，以提高行业信息化水平为切入点，以优化交通产业结构为目的，加快智能交通系统的研究、开发和应用，建立由面向管理者的行业管理信息系统、面向社会公众的服务信息系统和面向市场的企业经营信息系统组成的信息平台，全面提高交通管理和服务水平。

在交通建设与运输生产领域，要以公路建养急需解决的关键性、实用性技术问题为重点，进一步研究开发特大跨径桥梁、长大隧道施工与运营成套技术、改性沥青路面修筑技术、高等级公路路面养护成套技术，推广桥梁、路面、路政管理系统和危桥加固改造技术，加强检测技术的研究开发和推广应用。要以提高运输效率和效益为目标，加大技术改造力度，推广道路运政管理信息系统、汽车站智能化客运管理系统等。

交通安全保障领域，重点抓好高速公路紧急救援系统、公路隧道火警检测与报警系统的研究与应用。

交通决策支持领域，要积极开展综合物流发展、公路建设投融资政策、加入WTO后交通行业的应对措施、大运高速公路资源整合等的研究，探索交通改革与发展的新思路、新办法、新措施，提高交通科学决策水平。

要继续推进科研单位企业化和科研体制改革，积极试行科研项目招标投标制，逐步形成以企业为主体的科技创新体系，加速科技成果转化，加强科技人才队伍建设，不断提高交通科技持续创新能力。

六、继续整顿和规范公路水路建设运输市场秩序

今年整顿规范市场秩序的工作重点是：打击非法经营、健全市场规则、完善运行机制、搞好安全生产。

打击非法经营要突出重点。运输市场秩序整顿继续以查处严重侵害旅客、货主合法权益，扰乱市场秩序的不正当经营行为为重点，严厉打击车匪路霸、“倒客、甩客、宰客”行为和“三无”客车，清理不合理收费项目，制止客运线路经营权有偿使用和非法转让；开展超载超限和危险化学品运输专项治理。建设市场秩序整顿以打击招投标中的违规行为和确保工程质量为重点，严肃查处招标和投标中的行贿受贿、权钱交易等腐败现象；加强招标后的管理，严禁转包、违法分包以及无证、越级承包工程，严肃查处工程质量问题。

健全市场规则要以国家法律、法规为依据，建立和完善市场准入制度、道路

客运线路审批制度、城市出租车从事公路客运管理办法、公路建设项目法人资格审批制度、专家评标办法等。

完善市场运行机制，首先要把好市场准入关，建立符合市场经济要求和国际规则的市场准入和退出机制。当前要切实抓好企业经营资质评定工作，加强对经营者的动态管理，解决市场能进不能出、资质终身制的问题。要全面推行道路客运服务质量评定和公路建设勘测设计招投标制。要加强企业资信管理，强化市场监管，逐步建立企业信用机制。

安全生产人命关天，生产必须以安全为前提。道路运输要以旅客运输和危险品运输为重点，加强监督检查。要将公路通行条件作为班线审批的一项重要指标，对达不到夜间安全通行要求的路段进行确认，严格班线审批。对公路桥梁、隧道及时进行病害检测和防治，保证安全畅通。完善高速公路在雨雾、冰雪等特殊情况下的安全保障措施。加强汽车站场的安全管理，人员流动的场站要设立安全检测系统，严禁易燃易爆危险品进站上车。工程建设要突出加强重点工程、险工险段的安全生产，落实施工安全责任制，坚持安全施工、文明施工，严禁违规操作、野蛮施工。水上交通重点抓好“四区一线”（小浪底库区、万家寨库区、汾河一库、汾河二库、黄河沿线）水域的安全管理，加强水上交通安全执法和船舶检验，落实各级政府对乡镇船舶的安全生产管理责任制，杜绝超载运输、人畜共载。要把安全生产作为企业经营资质评定和市场准入的一项重要指标，达不到安全生产要求的企业，不得进入市场。

七、转变观念、转变职能、转变作风

要加强对世贸组织的基本原则和有关规则的学习掌握。认真研究入世给行业带来的机遇和挑战，明确工作思路，制定相关措施，做好调整工作，发挥比较优势，增强交通行业的竞争力和抵御风险的能力。

要抓紧行政审批制度改革。各级交通部门要对现行的审批项目在法规核实、效能分析、责任和监督界定的基础上进行全面清理，对不符合政企分开和政事分开原则、妨碍市场开放和公平竞争，以及实际上难以发挥有效作用的行政审批，要坚决予以取消；对可以用市场机制代替的行政审批，要通过市场机制运作；对于确需保留的客货运输业务和交通建设项目的行政审批，要严格审批程序，规范运作方法，加强审批监督，提高审批环节的透明度，实行审批项目责任制。省交通厅将利用山西交通网，建立行政审批信息平台，定期公布有关审批项目，接受社会监督。要抓紧建立健全行业中介组织，充分发挥其沟通和自律功能，更好地为企业服务。

要正确处理好三个关系：一是权利与义务的关系。各级交通部门既要善于运用WTO规定的权利，加强交通对外合作与交流，提高交通生产力发展水平；又要切实履行义务和承诺，敢于开放市场，大胆引进资金、技术和管理经验，在竞争中求发展、求提高。二是对外开放与对内开放的关系。对内开放是对外开放的基础，只有对内全面开放，打破地区封锁和市场分割，营造公平竞争的市场环境，才能进一步扩大对外开放，参与国际竞争。凡我国政府在入世谈判中承诺开放的市场，首先要对内开放。三是政府与企业的关系。各级交通部门要提高按照国际通行规则开展行业管理的能力，增强政策的统一性和透明度，促进管理规范化，为企业提供有效的服务。企业是市场的主体，要规范经营，科学管理，提高信用度，增强竞争实力。

八、推进民主与法制建设

认真贯彻《工会法》，全面落实职工民主管理、民主参与、民主监督、民主决策的权利，重视和发挥职工代表大会和科技专家、理论专家等的作用，倾听群众呼声，继续推行政务公开、企务公开，充分发挥工、青、妇等群众组织的桥梁和纽带作用。

继续实施“依法治交”战略，加强交通法制建设，认真做好《收费公路管理办法》、《道路运输管理条例》、《水上交通安全管理办法》、《高速公路管理条例》等行业急需的法律法规的基础工作，争取早日立法；继续抓好“四五”普法工作，整顿执法队伍，提高交通执法人员的素质；继续推行行政执法责任制，认真落实交通行政执法检查、交通行政执法错案追究等有关制度，加强交通行政执法监督和交通行政复议工作，提高交通执法水平。

九、深入开展“两学四建一创”活动

“十五”期间，我省交通系统创建文明行业的主要任务是“两学四建一创”。即外学包起帆、华铜海轮、青岛港等先进典型，内学太旧精神和大运精神，建设交通基础设施优质廉政工程、交通行政执法素质形象工程、交通运输通道文明畅通工程、交通运输企业安全效益工程，努力创建文明行业。

开展“两学四建一创”活动，核心是“四建”。建设交通基础设施优质廉政工程，就是要在交通基础设施建设中培养高素质的队伍，杜绝消极腐败现象，建设优质工程；建设交通行政执法素质形象工程，就是要建设一支具有服务人民、奉献社会的思想道德，具有依法行政、文明管理的业务技能，具有廉洁、勤政、务实、高效的纪律作风的交通行政执法队伍；建设交通运输通道文明畅通工程，就是要以文明管理、规范执法、安全运输、优质服务为主要内容，采取综合治理和系统工程方法，把公路、水路交通运输通道建设好、养护好、管理好、服务好、经营好，使人民群众切实得到交通基础设施建设发展所带来的社会效益；建设交通运输企业安全效益工程，就是培育以安全优质为前提，以经济效益、环境效益和社会效益协调发展为目标的交通运输企业。

十、抓党风、促政风、带行风

今年是“转变作风年”、“调查研究年”。我们要认真贯彻落实党的十五届六中全会精神，把转变作风作为加强党的建设、促进交通发展的重大措施，对各级领导干部严格要求、严格教育、严格管理、严格监督，真抓实干，务求实效。各级领导班子和领导干部要自尊、自省、自警、自励，带头实践“三个代表”重要思想，对照“八个坚持，八个反对”，切实解决好作风方面特别是工作作风和生活作风方面存在的突出问题，压缩会议、精简文件、减少应酬，艰苦奋斗、求真务实，拿出更多的时间深入实际、调查研究、解决问题，真正出实力、办实事、求实效，把主要精力用在推进交通改革发展上来，用在提高广大人民群众生活水平上来。各级交通部门特别是厅机关要率先垂范，带头转变会风、转变文风、转变工作作风，团结协作，雷厉风行，埋头苦干，高度负责，热情服务，依法行政，不断提高机关办事效率和工作质量，做廉洁勤政的表率，树立政府机关的良好形象。

切实落实党风廉政建设责任制，强化监督机制，继续加大从源头上预防和治理腐败的力度。要巩固和扩大国道、省道干线公路基本无“三乱”成果，严防公路“三乱”反弹，努力实现全省公路基本无“三乱”。

认真贯彻《公民道德建设实施纲要》，培养广大干部职工为人民服务思想、集体主义精神和爱祖国、爱人民、爱劳动、爱科学、爱社会主义的道德规范；抓好以爱岗敬业、诚实守信、办事公道、服务人民、奉献社会为主要内容的职业道德建设，努力提高职工的思想道德素质和科学文化素质。要在全系统大力宣传和弘扬太旧精神和大运精神，用大运事迹鼓舞人，用大运文化凝聚人，用大运精神激励人，进一步增强行业凝聚力和创造力。

3. 全面实施交通率先发展战略*

根据党的十六大和省委八届三次全会提出的全面建设小康社会的目标，21世纪前20年，交通要实施率先发展战略。具体分“三步走”：

第一步，2005年实现“基本适应”。以太原环城高速公路为中心的“人”字形高速公路主骨架全面建成，通往周边省市的重要出口路基本打通，纵贯全省、通达四邻的高速公路网基本建成；“三纵八横”干线公路网二级化改造取得重大进展，县际与农村公路技术状况明显改善，路网通达深度明显提高，全省实现“3214”目标：即省会到市（地）3小时高速通达，市（地）到县2小时通达，县到乡镇1小时通达，形成省到市、市到县、县到乡、乡到村4级循环。全省公路通车里程达到65000公里，公路密度超过40公里/百平方公里，高速公路达到1600公里左右，二级以上公路达到13600公里，占总里程的21%；高级、次高级路面里程达到38000公里，占总里程的58%，全省实现乡乡镇镇通油路，行政村基本通水泥路（油路），基本适应全省经济社会的发展。

第二步，2010年实现“基本满足”。通往周边省市的重要出口路全部打通，纵贯全省、通达四邻的高速公路网和“三纵八横”干线公路网全面建成，县乡公路网基本建成，全省实现省会到市（地）、市（地）到市（地）以及重要出省公路高速化，市到县、县到县二级化，县到乡、乡（镇）到乡（镇）、乡到村油路化。全省公路通车里程突破80000公里，公路密度超过50公里/百平方公里，高速公路达到2400公里；二级以上高等级公路突破20000公里，占总里程的25%；高级、次高级路面里程突破50000公里，占总里程的65%；全省实现具备条件的行政村通水泥路（油路），基本满足经济社会发展的需要，并具有一定的储备能力。

第三步，2020年初步实现现代化。基本建成层次分明、布局优化、结构合理、功能完善的基础设施网络，形成由国道主干线和国家重点公路构成的高速公路网，由一般国道、省道干线公路构成的县际公路网和县乡公路构成的农村公路网。全省公路通车里程突破100000公里，公路密度超过60公里/百平方公里；

* 2003年1月25日在山西省交通工作会议上的报告摘要。

高速公路突破3000公里，二级以上高等级公路达到28000公里，占总里程的28%；高级、次高级路面里程突破70000公里，占总里程的70%。

这个目标，体现了解放思想、实事求是、与时俱进的时代精神，体现了新世纪新阶段我省经济社会发展的客观要求，体现了全省人民的意志。2003年，全省交通系统一定要以邓小平理论和“三个代表”重要思想为指导，认真贯彻党的十六大精神和省委八届三次全会精神，全面实施交通率先发展战略，进一步深化改革、扩大开放，加快结构调整，强化宏观调控，健全现代市场体系，推进科教兴交、依法治交和以德治交，加强党的建设、民主法制建设和行业文明建设，着力建设“数字交通”、“绿色交通”、“诚信交通”、“廉政交通”，做到发展要有新思路，改革要有新突破、开放要有新局面，各项工作要有新举措，为全面建设小康社会发挥基础和先导作用。

一、坚持发展是执政兴国的第一要务，全面推进公路建设

发展是硬道理，发展是执政兴国的第一要务，发展是解决前进中遇到的困难和问题的根本途径。今年中央继续实行积极的财政政策，我们一定要抓紧机遇，坚持“三网并重”的方针，进一步调整投资结构，确保重点工程按期完成，加大县际公路改造投入，加快农村公路建设。

高速公路建设首先要集中精力抓好大运高速公路韩信岭、雁门关两大桥隧群的建设，确保今年全线贯通，全面建成“绿色大运、科技大运、人文大运、国防大运”。同时要按照“3小时高速通达”工程的要求，抓好长治—晋城、太原西北环、汾阳—离石、得胜口—大同、侯马—禹门口5条327公里高速公路建设；力争早日开工建设太原—长治、阳城—侯马2条338公里高速公路。县际、通乡油路改造是“十五”后3年我省路网改造的重点，要落实资金，落实配套政策，科学组织，全面启动，确保“十五”末完成。大运高速公路48个出口与主要城镇、重要干线和旅游景点的连接线是县际公路改造的重中之重，事关大运高速公路经济带建设的大局，必须抓紧抓好，实行规划、资金、政策、绿化、管理“五倾斜”，力争年内全部建成。要加快农村路网规划建设，继续推广长治经验，实施村村通水泥路（油路）工程，发挥好省、市、县、乡、村多个积极性，因地制宜、实事求是、注重实效、确保质量，把这项民心工程办好办实。省交通厅将继续保持政策的连续性，资金再紧也要兑现承诺。要继续坚持建养并重的原则，统筹规划、分级负责，用足用活政策，加强公路养护管理，继续抓好GBM工程、文明路及绿色通道建设，加快老旧油路和危桥改造，重视桥梁、隧道检测与养护，严格控制超限车辆，依法保护路产路权，确保公路安全畅通。

公路建设要以提高质量和效益为中心，重点抓好3个环节。一是加强质量管

理。始终把质量管理贯穿于工程建设全过程，健全质量责任制，完善质量制度，拓展质量内涵，推动质量管理科学化、规范化和制度化，提升公路建设的品质。在组织工程建设过程中，要强化定额管理，合理安排工期，确保工程质量，严禁搞“献礼工程”、“政绩工程”，杜绝“豆腐渣”工程。省厅将研究制定国债项目、县际和通乡油路改造项目质量管理的机制和方法，加强监管，确保质量。二是加强交通规费征收和资金监管。依法征稽，堵漏挖潜，严格执行“收支两条线”规定，继续做好费改税前的费收工作，确保应征不漏。要坚持走市场化的路子，充分利用资本市场，盘活路产，内聚外引，金融创新，多渠道筹集建设资金，确保工程建设需要。项目建设资金必须实行专款专用，特别要加强对国债资金的监管，杜绝挪用、挤占、贪污、浪费；要加强对公路建设项目的行政监督、纪检监督、审计监督、舆论监督和社会监督，发现问题，从严追究责任。三是严格基本建设程序，加强前期工作和项目储备。

二、坚持结构调整是主线，全面推进基础设施结构、产业结构和所有制结构调整

基础设施结构调整要坚持由线到网的方向。在抓好国道主干线、国家重点公路建设的同时，注重路网的形成和发展，注重高速公路与干线公路、县乡公路的协调，注重各种运输方式的衔接，提高交通整体服务水平和综合运输能力。

产业结构调整要坚持由传统产业到现代产业的方向，以信息化带动工业化。运用信息技术改造和提升传统产业，促进道路运输结构优化与产业升级，大力发展信息服务业和智能交通产业。积极推进流通现代化，开工建设太原公路主枢纽，规划建设大同、侯马 2 个二级主枢纽以及 36 个物流中心，建立现代物流网络，努力把山西打造成为公路物流大省。

所有制结构调整要坚持“两个毫不动摇”，在竞争性领域大力推进国退民进。积极探索公有制经济的多种实现形式，从战略上调整国有经济布局，疏通国有经济退出通道，加大对国有独资企业的股份制改造力度，大力发展混合所有制经济和非公有制经济，为交通发展不断增添活力。

三、坚持改革开放是动力，大力推进体制、机制创新和对外开放

要紧紧抓住坚持和完善基本经济制度和市场化取向的改革，推进体制创新和机制创新。一是大力推进交通管理体制改革，按照“脱钩、分类、放权、搞活”的思路，整合交通资源，对厅属企事业单位机构、体制进行战略性调整，逐步取消事业单位行政级别，建立政事职责分开、政府依法管理、配套措施完善的分类管理体制。二是深化国有资产管理体制改革，建立权利、义务和责任相统一，管

资产和管人、管事相结合的国有资产管理体制。完善国有资产监管机制，积极探索国有资产经营体制和管理方式。三是深化交通执法体制改革，积极研究探索交通综合执法，进一步转变政府部门与行政执法机构的职能和管理方式，逐步建立起与市场经济体制和世贸组织规则相适应的统一、规范、高效的交通执法体制。四是深化投融资体制改革。按照“谁投资、谁决策、谁受益、谁承担风险”的原则，运用政府投资引导社会资金，充分发挥企业的投资主体作用，逐步形成企业自主决策、银行独立审贷、政府宏观调控的投融资体制和基础设施建设投资稳定增长的内在机制。五是深化人事制度改革，扩大群众对干部选拔任用的知情权、参与权、选择权和监督权，实行领导干部职务任期制、辞职制和用人失察失误责任追究制，在事业单位全面推行岗位管理和聘用制，努力形成广纳群贤、人尽其才、能上能下、充满活力的用人机制，建设一支高素质领导干部队伍。

要把“走出去”与“引进来”结合起来，全面提高对内对外开放水平。大力改善投资环境，鼓励外资特别是跨国公司参与国有企业改组，投资交通基础设施建设经营和交通高科技产业。要把引进资金与引进先进技术、管理经验、专业人才和智力结合起来，推动交通结构调整和生产力发展。要更好地利用我国加入WTO融入全球经济一体化的大市场，拓展发展空间，支持交通企业参与省外和国际市场竞争，在国际国内竞争中成长壮大。

四、坚持“科教兴交”，着力建设数字交通、绿色交通

加快交通信息化步伐，着力建设数字交通。加强信息基础设施建设，建立和完善各种专业信息网和基础数据库。大力推进计算机技术、数字技术、自动控制技术、网络技术和先进适用技术在交通建设、生产、管理中的应用，增加产品科技含量，提高管理和服务水平。加快“电子政务”工程，今年各市（地）交通局以及省公路局、征稽局、高管局、运管局、海事局要基本建成“电子政务”网，并与省交通厅联网。凡应当公示的事项，一律实行网上公示。加快高速公路建设与运营管理信息化，今年建成高速公路联网收费“一卡通”系统和不停车收费系统，所有新建的高速公路、县际公路、国债项目都要应用eFIDIC工程信息化系统进行管理。积极推进企业信息化，全省二级以上汽车站都要推广汽车站智能化管理系统，逐步实现全省联网。引导企业与交通政务网同步发展，实现网上信息交换、信息发布和信息服务。

加大环保工作力度，着力建设绿色交通。要把绿化工作纳入交通建设总体规划，有步骤、有计划地开展公路绿化。要坚持绿化工程与主体工程同步规划、同步实施，积极研究开发公路生态防护技术，大力发展生态路、绿色路、环保路，努力在建成一条公路的同时，形成一条绿色长廊，树立交通行业的良好形象。

加强科技攻关，提高行业基础技术水平。重点抓一批行业急需的，与公路建养管运紧密结合、实用性强、关系交通现代化建设的重大科研项目，力争在长大隧道施工运营、特殊地质病害处治、交通安全保障、现代物流等关键技术上有所突破。要进一步完善科技创新体系和成果转化机制，整合科技资源，提高行业技术创新能力，促进科技成果产业化。

推动交通发展与科技创新，人才是根本。要大力实施新世纪人才工程，加大人才资源开发和教育培训力度，整合教育资源，发展职业技术教育、继续教育和终身教育，培养未来人才，盘活现有人才，引进优秀人才，营造尊重人才、吸引人才、留住人才、重用人才的人才成长环境，形成与社会主义初级阶段基本经济制度相适应的思想观念和创业机制，营造鼓励人们干事业、支持人们干成事业的氛围，放手让一切劳动、知识、技术、管理和资本的活力竞相迸发，让一切创造财富的源泉充分涌流，推动交通跨越式发展。

五、坚持优化环境是保证，深入开展市场秩序整顿

继续组织开展专项整治，并与制度建设相结合，进一步打破市场壁垒和地区分割，提高市场的开放度和透明度，建立公开、公平、公正的市场秩序。

道路运输市场秩序整顿要从加强法规建设和完善执法机制入手，开展旅游客运、汽车维修市场专项整治和道路货运代办及中介服务市场整顿，清理和规范客运挂靠及承包经营等工作。加强高速公路客运市场和危险品货物运输的行业管理，继续完善企业资质管理，规范市场准入制度，真正做到企业分级、线路分类、合理分工，使道路运输市场秩序有明显好转。各地在进行客运线路调整和服务质量招投标时，一定要依法制定完备的方案，履行审批手续，稳步实施，确保社会稳定。

按照国务院、省政府治理机动车辆乱收费和整顿道路站点的工作部署和要求，坚决取消不符合规定的机动车辆的各种收费项目，全面整顿道路收费站点，严格执行机动车辆收费和设置道路收费站、检查站的审批管理制度，加大监督检查和执法力度，加强监督管理。收费项目、收费站点实行目录管理，并向社会公布，目录以外的收费项目一律停止。

建设市场秩序整顿的重点是规范招投标行为，狠抓招投标法和各项管理制度的落实，加强市场准入管理，实行动态监管。要严肃清理和查处“暗箱操作”、虚假投标、串通投标等违规行为，禁止转包、非法分包工程项目。从今年起，公路建设全面实行设计招投标制。省厅将组织对各地重大工程项目招投标情况进行检查，凡没有按规定进行招标的，坚决推倒重来；转包和违法分包的企业要上“黑名单”。各地也要对市县级项目进行检查，发现问题，严肃查处。

六、坚持安全生产是前提，切实加强安全管理

要认真贯彻实施《安全生产法》和《危险化学品安全管理条例》、《水上交通安全管理条例》及《国务院关于特大责任事故行政责任追究的规定》，抓住当前交通安全生产和管理中的突出问题和薄弱环节，积极探索市场经济条件下加强交通安全管理的有效途径和手段，进一步完善安全生产责任制，建立健全安全管理制度，完善安全生产操作规范和安全生产考核指标体系等长效管理机制，夯实安全生产的基础。

在道路运输安全管理中，要按照“三关一监督”的要求，严把经营者市场准入关、营运车辆技术状况关和营运驾驶员从业资格关，切实搞好汽车客运站场的安全监督。要把安全生产“一票否决制”落实到行业管理的各个环节中去，完善客运审批线路、危货企业开业审批制度和高速公路桥梁、隧道安全保障、快速反应系统。重视农村客运安全生产，用发展的办法解决农村客运车辆车况差、恶性超载等问题。

水上交通安全要继续抓好“四客一危”重点船舶、“四区一线”重点水域、春运和黄金周等重点时段的安全监管，强化公园、风景区、旅游区、封闭水域的船舶检验，规范造船市场，加强渡运设施改造，完善水上交通安全保障系统和救捞系统，确保水上安全形势稳定。

施工安全要突出抓好重点工程、险工险段的安全生产，落实施工安全责任制，加大机械设备投入，改善施工作业条件，推广信息化检测、预报技术，提高事故预控能力。

七、坚持法治与德治相结合，建设法治交通、诚信交通

继续大力实施依法治交战略，进一步完善交通法规框架体系，抓紧有关交通法规的制定工作，做好《公路车辆通行费收取办法》、《水上交通安全管理办法》、《高速公路管理条例》的立法和《道路运输管理暂行条例》、《公路管理条例》等的修订前期工作，争取早日出台。继续做好“四五”普法工作。强化行政执法监督，全面引申执法责任制，严格落实行政执法错案追究制，搞好行政复议，加强执法队伍建设，提高执法人员素质。

进一步转变政府职能，深化行政审批制度改革。要规范审批行为和审批程序，公开审批过程，加强审批监督，提高行政效率，降低行政成本，推进依法行政。同时要争取理顺出租车、公交车管理职能，努力形成行为规范、运转协调、公正透明、廉洁高效的交通行政管理体制。

着力建设诚信交通，发展良好的营运环境。各级交通部门要高度重视诚信建

设，以诚相待，信守合同，兑现承诺，履行义务，加强金融监管，通过建立严格的信用制度和约束机制，提升和扩展金融安全区，维护银行权益。要加强对重点部门、重点单位、重点企业的信用监督，建立信用档案，严厉打击拖欠银行贷款、逃避债务的企业和单位，营造诚信守法的市场环境。要加强职工职业道德、社会公德、家庭美德和诚信教育，在全行业倡导诚信守约、操守为重的良好新风尚。

八、坚持两手抓、两手都要硬，深入开展行业文明建设

紧紧围绕经济建设这一中心，以“两个提高”为根本出发点，扎扎实实推进“两学四建一创”活动。要以宣传十六大精神和“三个代表”重要思想为主线，深入进行党的基本理论、基本路线、基本纲领、基本经验的宣传教育，引导广大干部职工树立正确的世界观、人生观和价值观，创建学习型行业。要大力宣传和弘扬太旧精神和大运精神，推动交通文化创新，努力形成多形式、多层次、群众性的企业文化、道班文化和站所文化，不断增强交通行业的凝聚力。要完善创建思路，拓宽创建范围，丰富创建形式，拓展创建内涵。今年行业文明创建工作重点抓好文明路、文明示范窗口建设，以创建千里大运文明路为龙头，再建1000公里文明路、50个文明示范窗口。要继续抓好文明单位创建工作，进一步提高行业文明程度。

九、坚持从严治党、从严治政，进一步加强廉政建设

着力建设廉政交通，全面加强党风廉政建设。要坚持从严治党、从严治政，以经济建设为中心，坚持不懈地开展反腐败工作，进一步抓好领导干部廉洁自律、查处大案要案、纠正部门和行业不正之风三项工作，为交通改革发展提供坚强的政治保证。加强领导干部和执法队伍廉政建设，把反腐败寓于交通改革发展的各项政策措施之中，加强教育，强化监督，创新体制，加大从源头上预防和治理权力运行过程中的权钱交易等腐败现象的力度，切实抓好领导干部吃、住、行三个突出问题，加强领导干部身边工作人员的教育管理。坚持和完善反腐败领导体制和工作机制，认真落实党风廉政建设责任制，形成防止和惩治腐败的合力。按照与时俱进的要求，加强纪检监察机关自身建设。各级领导干部特别是党政“一把手”要切实负起责任，廉洁从政，以身作则，牢固树立马克思主义的权力观、地位观、利益观，正确行使手中的权力，始终保持清正廉洁、一身正气，自觉与各种腐败现象作坚决的斗争。要继续加大治理公路“三乱”力度，建立和完善治理公路“三乱”的长效机制，努力实现全省公路基本无“三乱”。

十、坚持以班子建设为重点，全面推进党的建设

深入学习贯彻党的十六大精神，用“三个代表”重要思想全面推进党的建设。广大党员干部特别是领导干部要带头学习和实践“三个代表”重要思想，努力成为勤奋学习，善于思考的模范；解放思想，与时俱进的模范；勇于实践、锐意创新的模范，始终保持共产党人的蓬勃朝气、昂扬锐气和浩然正气。

要以提高素质、优化结构、改进作风和增强团结为重点，进一步加强各级领导班子建设，大力选拔靠得住、有本事的优秀干部，继续推进干部年轻化、知识化、专业化，努力形成朝气蓬勃、奋发有为的领导集体。今年各级基层党组织都要召开党代会，选举产生新一届党委。要坚持以改革的精神加强班子建设，改进党委工作制，完善决策机制，落实民主集中制，努力把“三个代表”重要思想的理论创新转化为加强领导班子建设的制度创新，推进班子建设制度化、经常化、科学化。各级领导班子、领导干部和领导机关要进一步转变观念、转变作风、转变职能，牢固树立立党为公、执政为民的思想，坚持党的群众路线，把实现人民群众的利益作为一切工作的出发点和归宿点，始终保持同人民群众的血肉联系；充分发扬民主，集思广益、群策群力，把中央和省委、省政府的方针政策同本地区本部门的实际结合起来，把开拓进取和求真务实结合起来，把工作热情和科学态度结合起来，始终保持昂扬向上、奋发有为的精神状态，团结带领全省12万交通职工，积极投入到交通率先发展的新的实践中来。

4. 用科学发展观统领交通发展*

越是形势大好，越要保持清醒的头脑，特别是要运用科学发展观理清工作思路、研究解决好面临的问题，不断深化对交通发展规律的认识，以增强工作的主动性和预见性。

一

发展观是关于发展本质、目的、内涵和要求的总体看法和根本观点。有什么样的发展观，就会有什么样的发展道路、发展模式和发展战略，就会对发展实践产生根本性和全局性的重大影响。改革开放以来，我国国民经济持续快速增长，综合国力显著增强，人民生活水平不断提高，各项社会事业全面进步。但也要清醒地认识到，我国经济的快速发展，在很大程度上，仍然是靠物质资源的过高消耗实现的，粗放型的增长方式没有根本改变，存在着“高投入、高消耗、高排放、不协调、难循环、低效率”的突出问题，能源、水、土地和矿产等资源不足的矛盾日益显现。有关统计数据表明，我国单位产值能耗是发达国家的三四倍，每增加单位国内生产总值的废水排放量比发达国家高四倍，单位工业产值产生的固体废弃物和有害物质的排放量比发达国家多10倍以上，二氧化硫排放总量已居世界第一。也就是说，我国经济的高速增长，付出的资源和环境代价大大高出世界平均水平。同时，经济保持高速增长，而教育、科技、文化、公共卫生、社会保障等社会和人的发展指标相对滞后，贫富悬殊加大，就业矛盾突出，安全形势不稳定，经济增长与社会事业发展相对失衡。联合国开发计划署2003年公布的数据表明，中国社会发展在世界的排名位居第104位，处于中等偏下水平，经济增长与社会发展“一条腿长，一条腿短”的矛盾十分突出。如果再延续过去的发展老路，不仅资源、环境难以为继，而且与发展的根本目的背道而驰。

在我国进入经济社会发展新阶段后，为解决前进道路的诸多矛盾和问题，党的十六届三中全会提出了科学发展观，强调走以人为本、全面协调、可持续发展

* 2004年1月16日在山西省交通工作暨大运高速公路建设总结表彰会议上的报告摘要。

道路。坚持以人为本，就是要以实现人的全面发展为目标，从人民群众的根本利益出发谋发展、促发展，不断满足人民群众日益增长的物质文化需要，切实保障人民群众的经济、政治和文化权益，让发展的成果惠及全体人民；全面发展，就是要以经济建设为中心，全面推进经济、政治、文化建设，实现经济发展和社会全面进步；协调发展，就是要统筹城乡发展、统筹区域发展、统筹经济社会发展、统筹人与自然和谐发展、统筹国内发展和对外开放，推进生产力和生产关系、经济基础和上层建筑相协调，推进经济、政治、文化建设的各个环节、各个方面相协调；可持续发展，就是要促进人与自然的和谐，实现经济发展和人口、资源、环境相协调，坚持走生产发展、生活富裕、生态良好的文明发展道路，保证一代接一代地永续发展。

科学发展观明确了新世纪新阶段，我国要发展、为什么发展和怎样发展的重大问题，是以胡锦涛为总书记的新一届中央领导集体，站在历史和时代的高度，对20多年改革开放和现代化建设经验的深刻总结；是在2003年抗击非典斗争和经济社会发展实践中得到的重要启示；同毛泽东、邓小平和江泽民同志关于发展的重要思想一脉相承。这一新的科学发展观，是我党理论创新的重大成果，是我党对社会主义现代化建设规律认识的重要升华，是我们党执政理念的一个新飞跃。交通工作是经济工作的一部分，贯彻落实科学发展观，必须深入思考和研究解决好以下几个重大问题。

（一）关于交通发展的规模、速度与效率问题

科学发展观的实质是用来指导发展的，其根本着眼点在于用新的发展思路实现经济社会更快更好地发展。离开发展，就无所谓发展观。改革开放以来，尤其是1998年中央作出实施积极的财政政策的战略决策以来，我省交通行业抓住了难得的历史机遇，乘势而上，实现了跨越式发展的目标，“瓶颈”制约得到有效缓解。交通建设取得的突出成绩，为国民经济发展和提高人民生活质量作出了积极贡献。但如果用科学的发展观审视已有的成绩，应当看到我省交通基础设施建设是在供需矛盾突出、供给严重不足的情况下起步的。前几年的加快发展，是“还账式”的，偏重于追求发展的速度和建设的规模。由于受认识水平、资金、环境等众多因素的制约，加快发展中产生的一些后续问题已经凸现出来，资金制约、资源制约、人才制约的矛盾越来越突出，前期工作准备不足、技术储备不足的问题也越来越明显。这些矛盾和问题是在下一轮交通发展必须认真对待和切实解决的。

从总体上看，国民经济的快速发展与人民生活水平的不断提高，同交通基础设施总量不足、质量不高的矛盾，交通建设能力的有限性同社会需求不断增长的

矛盾，仍是当前和今后一段时间交通发展的主要矛盾。交通也正是在这一矛盾的运动中不断前进和发展的。解决这一矛盾，必须以科学的发展观为指导，把发展作为交通工作的主题，保持一定的发展速度和建设规模，不断满足国民经济和社会发展的需要。但在发展过程中，应当正确把握发展度、协调度、可持续度三者的关系，正确处理局部与全局、眼前与长远的关系，正确处理发展与人口、资源、环境的关系，认真解决好发展速度与建设质量、规模扩张与合理把握标准、建设改造与养护管理等诸多矛盾，实现质量型、效益型、功能型和可持续的跨越式发展。简言之，新阶段的交通发展，不能只关注发展速度和建设规模，而必须处理好数量、质量、管理和效率的关系，妥善解决前一阶段发展中积累的诸多矛盾和问题，保持交通全面协调可持续发展。

（二）关于交通建设与保护耕地问题

土地是直接为人类生产和生活所利用的自然资源之一，也几乎是所有自然资源的物质载体，是经济活动和各项建设活动最基本的空间，被称为“财富之母，民生之本”。交通发展和保护土地是一对矛盾。交通要发展，需要占用一定的土地资源。公路交通作为一种出行方便性和机动性最佳的交通方式，覆盖面广，结点多，里程长，需要占用的土地资源较多。同时，还要看到，交通是国民经济的基础性、先导性产业，是促进国土资源均衡开发、提高人民生活水平和生活质量的重要基础条件，尽管占用一定土地资源，但这种占用是必须的。

与发达地区相比，我省的路网密度和技术等级还比较低。加快新线建设，尤其是高等级公路的建设仍将是未来的重要任务，土地紧缺对交通发展的制约将越来越明显，交通建设与土地短缺的矛盾会越来越突出。

处理好交通建设与土地资源紧缺的矛盾，合理利用土地资源，尤其是保护好耕地资源，是交通建设的一项重要任务，必须贯穿于交通建设的全过程。在项目立项和可行性研究阶段，要根据社会和经济发展的需要和未来交通需求，本着尽量减少占用耕地、尽量避让基本农田的原则，合理确定建设规模和技术标准，合理确定路线走向和主要控制点，达到满足公路功能要求与减少建设用地的合理统一；在工程设计阶段，要创新设计理念，优化设计方案，提高设计水平，优先选择能够最大限度节约土地、保护耕地的方案，充分利用荒山、荒坡地、废弃地、劣质地进行建设；在工程实施阶段，建设单位、施工单位、监理单位都要统筹考虑工程建设用地问题，尽可能利用荒坡、废弃地作为施工场地；对公路建设中废弃的旧路尽可能造地复垦，不能复垦的尽量绿化，避免闲置浪费；在农村公路改建中，要严格控制建设标准和规模，尽量在原有路基上加宽改造，尽量减少占地，保护基本农田。

（三）关于交通建设与保护生态环境问题

生态环境是人民生存、生活的重要条件，好的生态环境有利于促进人的身体素质，有利于人民生活居住。当前，我省生态环境非常脆弱，森林少，草地少，水土流失严重，水源涵养和调节能力下降，大气环境污染日益严重，固体废物和噪声污染日益突出；有的地方“无雨则旱，有雨则涝”；有的地方“有河皆枯，有水皆污”。与胡锦涛总书记提出的“让人民喝上干净的水，呼吸清洁的空气，吃上放心的食物，在良好的环境中生活”的要求相比，还有较大差距。如果再延续过去的发展老路，不仅资源、环境难以为继，而且与发展的根本目的背道而驰。保护生态环境是非常重要的一件大事。

交通建设对生态环境有一定的负面影响。公路建设和运营过程中，可能使自然景观失去原始状态，也容易破坏生态系统的功能结构，打破相对稳定的生态系统，导致生态平衡的丧失。山区公路修建容易引发塌方滑坡等地质灾害和埋压植被等。生态环境一旦破坏就很难恢复，甚至根本无法恢复。我省大规模的交通建设，还将持续相当长的时间。在交通基础设施建设过程中，如何在规划、设计、施工、运营的全过程，充分考虑生态环境保护问题，将对生态环境的危害降低到最小程度，需要引起我们的高度重视。

（四）关于统筹城乡交通发展问题

科学发展观所要求的协调发展，其根本要求是统筹兼顾。经济学有一个著名的“木桶定律”，是说木桶的实际容量，不是取决于桶壁上最长的那条板，而是取决于最短的那条板，那些高出最短板块的部分，是无效部分。同样道理，经济结构失衡状态下的增长，会有相当部分是无效增长。随着改革开放的深入和现代化建设的推进，我省经济社会发展还不够全面，结构失衡问题较为突出。其中，城乡二元经济结构局面亟待改变。

目前，我国开始进入工业化中期阶段。这一阶段也是城乡关系和工农关系调整的关键时期。城市作为国家经济、政治、科技和文化教育的中心，是现代工业与第三产业集中的地方，是人流、物流和社会财富的聚集地，有利于促进农村劳动力向非农产业的转移，对农村经济发展具有明显的带动作用，在国民经济和社会发展中起主导作用。根据我国经济社会发展的趋势和国际经验，目前我省已经进入了城市化加速发展阶段。城市化进程的加快，能够成为促进地区经济空间调整和地区经济增长的重要力量。交通基础设施是城市形成与发展的必要条件，已经形成和正在兴起的城市密集区，面临着交通设施不足、能力紧张和技术水平低等问题。加快城市化进程，必须加快交通的现代化建设，这是国际化大都市的形成和城市密集地区发展的前提条件。

同时，我省农业基础薄弱，农村发展滞后，农民收入增长缓慢，已成为经济社会发展中亟待解决的突出问题。全面建设小康社会，重点在农村，难点也在农村。统筹城乡经济社会发展，逐步改变城乡二元经济结构，是我们党从全面建设小康社会全局出发作出的重大决策。我们要站在经济社会发展全局的高度，按照“多予、少取、放活”的方针，加大对广大农村地区交通建设的支持力度，解决偏远山区和革命老区的出行难问题，为满足人民生活提供便利。这既是全面建设小康社会的内在要求，也是实现社会公平，实现城乡互动和协调发展的客观需要。

（五）关于交通可持续发展问题

可持续发展，是指既满足经济社会发展的需要，又不能超出资源环境等方面的承受能力的一种发展方式，强调要与人口、资源、环境相协调，与经济社会发展阶段相适应，体现的是“全面发展”和“协调发展”。在交通工作中实施可持续发展战略，要求我们既要保持一定的建设规模和发展速度，又不能没有节制；既要满足现阶段经济社会发展的需要，又要保持适当的超前性；既要符合生态环境保护的要求，又要避免对生态环境的破坏。当前，我省交通发展仍然处于大规模建设阶段，处理好加快交通发展与可持续发展的关系，当前有三个方面的问题，需要引起高度重视。

一是技术储备不足。比如，路面是高速公路建设最容易产生质量问题或早期破坏的一项工程。我省早期建成的一些高速公路，有的路段已出现路面早期破坏现象，造成很大经济损失。这说明，在路基、路面的设计和施工中，还存在着不少技术问题。同时，现有的标准、规范、定额，不能及时反映不断创新的科学技术，不能满足不同自然、经济条件下的不同区域的需要，不利于发挥技术人员的创新积极性。另外，超限超载运输这一经济现象的出现，对我们的建设技术和规范也提出了新的挑战。

二是资金制约的矛盾越来越突出。资金是办事情、干事业的基础。交通基础设施建设需要大量的资金投入。在新的发展阶段，交通建设任务十分繁重，高速公路网规划要全面实施，农村公路建设力度要加大，环保、生态防护、水土保持、文物保护、征地补偿等方面的费用和人头经费在增加，这些都加剧了资金紧张的矛盾。随着社会主义市场经济体制的逐步完善和国家宏观经济政策的调整，与交通发展相关的投融资渠道、管理体制等也将发生巨大变化，投入公路建设的国债资金将有可能逐步减少。同时，公路建设资金结构不合理，过度依赖银行贷款，间接融资比例过高，债务负担越来越重。资金问题如果得不到有效解决，势必影响交通的可持续发展。

三是公路养护的压力越来越大。公路建设是发展，公路养护管理也是发展。这是我们在长期的公路交通发展实践中得出的历史性结论，也是交通可持续发展的应有之义。这几年，公路养护资金虽然逐年加大，但仍不能满足要求，必须进一步创新资金渠道，加大养护改造投入。公路建设和养护的关系问题处理不好，前修后坏，建设成果得不到巩固，还会影响交通行业的社会形象，必须高度重视。

经过改革开放20多年的努力，我省交通正由“瓶颈制约”向“基本适应”转变。在这个转变过程中，质量与数量、建设与管理、基础设施与运输服务、硬件与软件、城市与乡村之间出现不平衡是难以避免的。我们要认识到不平衡性，把握规律性，坚持用发展的办法解决不平衡问题。交通从不适应到适应，再到新的不适应，再到更高水平上的适应，是一个螺旋式上升和波浪式前进的过程，这是交通发展的规律。我们要历史地辩证地看交通的适应和超前问题，解决交通运输能力滞后将是一个长期问题。

当前，交通发展面临一个全新的环境，经济社会发展对交通工作提出了更高要求。推进全面建设小康社会，我省国民经济将保持比全国更快一点的发展速度，工业化、城镇化的加快，人民生活质量的改善，人口数量的增加，对外开放的深入，将给交通发展带来多重压力。特别是轿车的快速、持续增长，使许多过去交通问题解决得较好的地方面临新的挑战，一些重要交通走廊可能面临新的拥挤，必须保持适度的建设规模和适当的发展速度，防止出现新的“瓶颈”。

二

2004年是实现“十五”目标的关键一年。全省交通工作要坚持科学发展观，围绕实施交通率先发展战略，在交通发展中落实“五个统筹”的要求，突出交通基础设施建设“一个重点”，着力提高交通公共服务、市场监管和运营管理“三个能力”。

（一）进一步加强交通基础设施建设

公路建设要继续坚持“三网并重”的方针，实施好“三大工程”。一是“3小时高速通达”工程要取得新的明显进展，重点抓好青岛—银川、二连浩特—河口两条国道主干线和太原—澳门、青岛—红其拉甫2条国家重点公路在我省的各个路段的建设。长治—晋城、太原西北环两条高速公路建成通车；太原—长治、汾阳—离石、得胜口—大同3条高速公路完成路基桥涵工程，并开工建设侯马—禹门口、晋城—济源、离石—军渡、大同西北绕城、阳城—侯马5条高速公路。

二是县际路网改造及乡通油路工程要取得突破性进展，省公路局和各市交通局要加大工作力度，抓前期、抓筹资、抓进度、抓质量、抓安全，全力以赴打好攻坚战，今年大部分项目要开工，70%以上的项目要竣工，县际及干线路网改造完成1800公里，通乡油路完成3528公里，为“十五”末全面完成打好基础。要把大运高速公路连接线作为县际、县乡公路建设的重点，实行立项、资金、政策“三优先”，确保今年全面建成，构筑大运高速公路经济带的公路骨架。要把国防交通基础设施建设与路网改造结合起来，打通部队驻地进出通道。三是村村通水泥路工程要继续坚持政府推动、政策调动、典型带动、舆论发动的“四轮驱动”工作机制，保持政策的连续性和稳定性，引导好、保护好、发挥好广大人民群众发展交通的积极性。各市地交通局要充分发挥行业管理职能，对农村公路建设实行技术、设备、人员“三支援”，今年力争再完成10000公里。

公路养管是交通部门十分重要的一项工作，也是交通工作的薄弱环节。要牢固树立建设是发展、养护也是发展的理念，克服重建轻养的倾向，建养并重、协调发展，进一步加大养护投入，加强干线公路养护和危桥改造，保证公路安全运营和功能正常发挥。农村公路建设投入少、技术含量低、抗灾能力弱、通车里程大，如果养护跟不上，就会前功尽弃。要高度重视并积极探索加强农村公路养护的新路子。从今年开始，省市两级交通部门都要拿出专项资金用于农村公路养护，同时积极争取政府将农村公路养护经费纳入财政预算予以保证。从我国目前的公共财政体制来看，县道县养、乡道乡养、村道村养的体制，解决不了农村公路养护的实际问题，市一级政府应当承担起农村公路养护资金筹措和质量监管的双重责任。要加强高速公路管理特别是特大桥梁、隧道的监测和养护，确保安全运营。省高管局和各高速公路运营公司要坚持经济效益和社会效益并重，依法治路，文明服务，强化基础，提升档次，努力实现“六高”目标，即高质量的工程、高科技的应用、高品位的服务、高效率的管理、高效益的经营、高素质的队伍，争创全国一流水平。

站场建设要坚持客货兼顾、协调发展的原则，把客货运站场建设作为实现道路运输跨越式发展的基础工程来抓。在货运基础设施建设方面，力争开工建设太原公路主枢纽武宿货运中心，加快规划建设大同、侯马货运中心；在客运基础设施建设方面，要加快太原东客站、运城客运中心建设，完成太原客运主枢纽、大同东客站、临汾客运中心的前期工作，力争早日开工建设。此外，还要重视和加快农村旅客运输停靠站点的建设，完善农村客运站场网络，并逐步与城市客运、公交客运衔接，建立“零换乘”客运系统。

质量是工程的生命，更是一个行业的生命。如果几年后我们建成的几千公里高速公路没到大修年限就大面积翻修，我们今天所为之奋斗的事业就可能被否定。我们修路架桥，实则是在书写历史，一定要以对国家、对人民、对历史负责的精神，建优质工程，建精品工程，这是我们这代人对人民、对历史、对后人做出的庄严承诺和郑重交代。当前，要处理好质量与速度的关系。要把解决建设能力的有限性与社会需求不断增长的矛盾作为工作重点，无论是高等级公路、还是农村公路，宁可速度慢一些，也要把事情做精、做细、做好。对实体性质量，要注重安全性与耐久性，做精、做细、做实、做好；对功能性要求，要体现以人为本、使用方便的理念；在外观质量上，要与环境、生态、景观的统一协调。公路设施既要满足经济社会发展需求，又要与自然环境、人文环境和谐统一。

（二）大力推进道路运输发展

运输是公路建设的目的，也是公路建设投资的效益所在。要按照建立综合运输体系的要求，整合资源、调整结构，促进客运高速化、货运物流化、服务多元化，进一步加强道路运输的基础性地位。要依托大运高速公路经济带，围绕沿线潜力产品、批发零售企业的商品资源以及旅游资源开发，大力发展旅游客运、城际客运和集装箱、大功率牵引车运输，打造我省快速货运、高速客运的品牌。要继续落实好运输企业资质评定制度，搞好政策指导与信息服务，引导运输车辆向大型化、高档化、专业化方向发展，引导运输企业走集约化、规模化道路，引导传统的短途、零散、中转和接卸运输向中长距离的快速直达运输转变，鼓励冷藏、保鲜、厢式运输的发展，培育新的经济增长点，提高产业效益和集中度。要大力发展农村旅客运输，实施“村村通班车”工程，采取政策扶持、“冷线热线”捆绑招标等办法，下决心解决农民出行难、进城难、农民子女上学难的问题。对已经通了水泥路（油路）的行政村，要积极创造条件，尽快开通定点、定线客运班车。要充分利用现有不同经济成分、不同行业企业的场地、仓库、设施和设备，开展修车、仓储、运输、包装加工、货物配送等业务，引导运输企业延长产品供应链，拓展服务领域，向第三方物流企业转变，培育物流产业基础。总之，道路运输生产要做到“四个确保”，即确保关系国计民生的煤炭等国家战略物资的运输，确保农用物资和城市居民蔬菜、副食品的运输，确保交通战备和抢险救灾等紧急调运物资运输，确保旅客运输和化学危险品的安全运输。

（三）着力构建安全交通、绿色交通、数字交通、法制交通、诚信交通、廉政交通

安全交通、绿色交通、数字交通、法制交通、诚信交通、廉政交通，是推进市场化进程，扩大对外开放，实现全面、协调、可持续发展的重要支撑，是实现交通率先发展系统工程的战略重点。建设“六个交通”，关系交通未来发展的全局，必须紧紧抓在手上，下大力气抓实抓好。

建设“安全交通”，要坚持“安全第一、预防为主”的方针，认真实施“依法治安”战略，建立和完善安全生产责任制和安全生产管理长效机制，完善安全生产工作规范和重特大事故应急救援预案，夯实安全生产管理基础。深入开展“安全生产月”、反“三违”月、道路运输企业安全评价、安全生产大检查等活动，突出道路旅客运输安全、危险货物运输安全、水上交通安全和重点工程施工安全四个重点，控制一般事故，减少重大事故，杜绝特大事故，保持安全生产形势稳定。运输管理和海事部门要把好“三个关口”、搞好“一项监督”，进一步落实运输企业安全管理的责任和县乡政府对乡镇船舶的安全管理责任。公路养护管理部门要搞好公路养护，保证公路安全畅通。

建设“绿色交通”，要通过对交通基础设施的绿化，把交通行业建成自然生态系统良性循环、资源合理充分利用、交通与自然和谐共处的绿色行业。要抓好公路与自然和谐发展的“示范工程”建设，以生态环境保护为核心，最大限度地减少对生态环境的破坏；坚持以人为本，充分满足人们对出行的安全性、舒适性、愉悦性要求。

建设“数字交通”，要充分利用高速公路宽带网资源，加快建立以电子政务为龙头，以管理和社会公众服务为核心的信息系统建设，提高政府工作效率，推进科学决策、民主决策和依法行政，推动产业结构优化升级，提升产业素质和竞争力，以信息化带动交通工业化，促进现代化。

建设“法制交通”，要以《行政许可法》颁布实施为契机，抓紧做好有关行政许可规定的清理工作，完善相关制度，健全民主、科学和透明的决策程序，规范政府行为，推进依法行政。要加强交通立法工作，积极争取省人大、省政府的支持，加快立法进程，今年力争完成《高速公路条例》、《车辆通行费收取办法》的立法工作，积极做好《道路运输管理暂行条例》等的修订与立法工作，逐步建立起与市场经济相适应的地方交通法规体系。积极探索交通综合执法，按照“两个相对分开、一个综合统一”的要求，先在行业内部探索综合执法，逐步推广到部门间综合执法。

建设“诚信交通”，要进一步规范市场秩序，打破地方保护和条块分割，建立全省统一的交通建设运输市场体系，建立和完善行政执法、行业自律、舆论监督、群众参与的市场监管体系。要大力加强信用教育，建立企业和个人信用信息系统和评价体系，完善信用监督和失信惩戒制度，逐步把信用建设纳入法制轨道。重视信用服务中介组织建设，逐步形成人人讲信用、全行业共同维护信用的局面。

建设“廉政交通”，要坚持以“三个代表”重要思想为指导，将反腐倡廉寓于推进交通改革发展的各项政策措施之中，进一步加强对权力运行、资金管理、干部使用等关键环节的监督，努力铲除滋生腐败的土壤。要突出抓好公路建设领域的廉政建设，继续推行廉政责任制、纪委书记派驻制、总会计师委派制、廉政合同制及合同管理、计量支付办法，进一步规范工程招投标、设计变更、资金使用、物资采购等行为，加强对工程建设的纪检监督和审计监督，确保资金安全，防止腐败案件的发生。要认真组织开展行风评议活动，进一步加大治理公路“三乱”力度，严格执法，严格纪律，严格责任，严格奖惩，严格监督，树立良好的行业形象。

（四）积极推进交通各项改革

要根据党的十六届三中全会做出的《完善社会主义市场经济体制等若干问题的决定》精神，抓住政企分开、政事分开、政资分开三个环节，分步骤、有重点地推进交通各项改革。今年重点抓好高速公路管理体制改革、事业单位改革和投融资体制改革。

高速公路管理体制改革要正确处理好高速公路的社会公益性与特定条件下的商品属性的关系，按照“集中、统一、特许、高效”的原则，结合国有资产管理的有关规定，研究探索高速公路建设、管理、经营、收费、还贷一体化的管理体制，推进高速公路国有资本的重构，明晰产权关系。

事业单位改革要按照“脱钩、分类、放权、搞活”的原则，逐步建立符合各类事业单位特点的政府事业职责分开、单位自主用人、人员自主择业、政府依法管理、配套措施完善的管理体制。近期重点是推行聘用制，尽快实现人员能进能出、职务能上能下、待遇能高能低。同时，进一步搞活事业单位的内部分配，逐步建立起重实绩、重贡献、向优秀人才和关键岗位倾斜，自主灵活的分配激励机制，增强事业单位的活力和自我约束能力。对于省交通设计院、科研院等经营型、科研型事业单位的改革，要用好国家的有关政策，加快转企改制。

资金是交通发展的基础。随着我省经济社会发展和全面建设小康社会的推进，交通需求将持续在一个较高的平台上增长，建设资金需求也将持续快速增长，仅靠政府财政性资金的投入和交通规费远远不能满足建设需求，资金短缺将是相当长时期内制约交通发展的主要因素。在新形势下，以什么样的姿态，用什么样的手段，如何筹集更多的建设资金是推进投融资体制改革要解决的主要问题。一是要以更加开放的态度利用好现有筹资渠道，坚持“国家投资、地方筹资、社会融资、利用外资”和“贷款修路、收费还贷、滚动发展”等行之有效的筹资方式，充分发挥各方面的积极性。同时要积极探索新的市场融资方式，降低筹资成本，优化资金组合，防范资金风险，最大限度地发挥社会资金的积极作用。二要以更加开放的态度引进外资和民营资本，科学合理地利用好上市、发债、转让经营权、项目融资和直接投资等筹资方式，吸引社会资本进入高速公路、运输站场建设等领域。把非公有资本引入到公路建设和运输站场建设领域，对提高效率，降低建设和管理成本具有积极意义。当然也要看到，交通设施作为公益性基础设施，具有一定的自然垄断性，涉及重大公众利益。投资主体多元化，必须妥善处理好基础设施的公益性与商业资本逐利性的矛盾，做到趋利避害，努力追求“双赢”。三要完善政府投资体制。今后，包括交通规费在内的政府投资主要用于市场不能有效配置资源的公益事业和公共基础设施建设领域及促进欠发达地区发展。要改进政府建设项目实施方式，积极利用特许经营、投资补助等方式，吸引社会资本参与有合理回报和一定投资回收能力的基础设施项目建设。四要科学设置进入市场的规则。制定转让经营权、授权经营、特许经营的具体实施办法。同时要加强市场分析和预测，加强市场供需的监测和预警，及时发布信息，引导企业减少或避免投资的盲目性和随意性。

（五）坚定不移地实施“科教兴交”和“人才强交”战略

实现交通率先发展，满足人民群众日益多样化、高层次化的运输需求，必须牢牢抓住第一生产力——科技，开发利用好第一资源——人才，大力推进“科教兴交”和“人才强交”战略。推进“科教兴交”战略，当前重点要解决好以下三个问题。一是完善和改进科研方式，进一步提高科研指导和服务实践的水平。科研来源于实践、服务于实践，又要高于实践；科研必须与交通生产、建设、管理实践紧密结合，提高解决实际问题的针对性。要继续推广“项目＋课题”的科技攻关模式，依托重大建设项目和大型交通企业，不断开发交通建设、管理的关键技术和先进适用技术。今年除继续研究开发高速公路建设技术外，还要在高速公路紧急救援系统、特长隧道安全运营技术等的科学研究上取得新突破。科研机构要面向市场，着眼于成果的转化，积极与企业开展合作，把科研机构的人才优势与企业的资金优势结合起来，研发适销对路的产品和成果。二是积极推广应用先进成熟的科技成果。现在，社会上科技成果很多，技术交流也很广泛，许多技术不必要我们亲自去研究。引进和利用现代技术，成本低、见效快，不失为一条科技进步的好途径。要通过技术转让、技术入股、技术参股等渠道，引进和利用国内外先进技术成果，提升交通生产力发展水平。今年要重点抓好高速公路不停车收费技术、汽车站智能客运管理系统及汽车站联网售票系统的推广。三是要善于利用大专院校等社会资源为我所用，软科学研究不是我们的强项，要积极利用社会智力为我服务，不断提高交通科学决策水平。今年重点围绕“十一五”规划编制搞好相关课题的研究。

交通大业、人才为本。要认真贯彻全国人才工作会议精神，大力推进交通人才队伍建设。各级领导干部要牢固树立科学的人才观，充分认识人才在交通发展中的关键作用，围绕本地区、本单位的改革发展实际，制定和完善适应交通改革发展的人才工作规划，切实加强党政干部、企业经营管理、专业技术人员三支队伍的建设。一是创新人才工作机制。给想成才的人创造条件，为能成才的人提供舞台，让政治上靠得住、工作上有本事的人很吃香；让成事不足、败事有余的人吃不开。形成事业成就人才、行业凝聚人才、环境留住人才的激励机制，使交通成为各类人才尽展才华、建功立业、实现自身价值的热土，真正把人才当作第一资源，求贤若渴为交通事业的发展识才、聚才、用才。二是拓宽用人视野和渠道。要建立人才市场，为人才有序流动提供平台；要善于从国内外、行业内外引进人才，善于借才、借脑。交通科研项目及设备、试验室等，要对外开放，让各界优秀人才为我所用，为交通发展尽力。三是拓宽人才培养方式。搞好继续培训和继续教育，使从业者能够随着交通事业的发展补充新的知识，获得新的技能。要选送基础素质好、有发展潜力的同志到基层经受锻炼，促进早日成才。有条件的单位要选送优秀人才到国外见世面、熟悉国际规则，尽快提高层次。

（六）狠抓公路超载超限运输的治理

2003 年 12 月以来开展的华北五省区联合治超工作取得了阶段性成果，要按照交通部提出的“广泛宣传，统一行动；多方合作，严管重罚；把住源头，经济调节；短期治标，长期治本”的工作思路，下大决心、花大力气，坚决打好打胜治超攻坚战。一要加强部门间的合作和协调，进行多部门、多环节、多方式的综合治理，以煤炭运输超载车辆为主，对超载超限运输车辆严格监管。二要加强货源地运输市场管理，提高制定征收标准和计量方式的科学性和合理性，从源头上遏制超限超载行为。三要对车货总重和轴载质量严重超标、对公路和桥梁造成严重危害的车辆进行集中整治，查处和取缔货运代理环节存在的不规范行为，遏制恶性竞争，加快运力结构调整，促使运价到位，减少利益驱动。严格市场准入，加强市场动态监管，将治理工作逐步纳入法制化、规范化轨道。

治超工作要做到“五个结合”、处理好“四个关系”。“五个结合”就是：专项治理与源头治理相结合，部门联手与区域联动相结合，行政手段与经济手段相结合，治理力度与社会可接受的程度相结合，严格处罚与人性化管理相结合。“四个关系”：一是治超与经济发展的关系。开展超限运输治理的根本目的是规范市场行为，创造良好的道路运输环境，使市场秩序规范有序，促进经济的快速健康发展，不能因为治超而影响和制约经济发展。二是交通与其他相关部门的关系。治超涉及部门多，治理难度大，要主动与有关部门加强协作，密切配合，取得各方支持。三是政府与车主、货主的关系。在治理中要增强服务意识，以人为本，以车为本，创造良好的运输环境。通过治理，促进运价趋向合理，使车主和货主通过合法经营获得合理的经济效益，这样才能取得他们的理解和支持。四是治理与管理的关系。坚决克服以治代管或者罚款了事，要积极探索采取法律的和经济的手段，堵疏结合，防止一治就死、一放就乱。

（七）提高交通部门市场监管能力

随着我省收费公路的发展和对外开放的扩大，交通行业的市场不仅仅局限于建设和运输两个市场，公路运营也成为交通部门监管的一个重要市场。提高对市场的监管能力，要以规范市场秩序为突破口，标本兼治，在治本上下工夫。

道路运输市场整顿今年重点抓好对“三无”车辆、危险化学品运输、货运业务代理、运输服务质量及安全生产等的整顿，督促汽车站场和客车业主履行对旅客的安全、服务责任，坚决取缔“三无”车辆，消除不平等竞争和安全隐患。建设市场整顿的重点是规避招标、违规分包、转包等行为；下决心解决好借资质投标问题，督促中标企业严格按合同规定施工。要认真研究特许经营条件下对业主的监管工作，严格开工前审计，建立项目总监督制度，加强对项目全过程、全方位的质量、资金及其他涉及公共服务、群众利益的监管，促使业主全面履行国家法律和合同条款。

近一段时期，收费公路成为一个热门话题，百姓关心，舆论关注，领导重视，驾驶员反映强烈。目前收费公路存在的问题，除了社会反映强烈的规模大、里程长、标准高、违规转让收费权等突出问题外，收费公路积淀的债务逐年增多，偿还本息压力大，成为影响公路交通可持续发展的制约因素。发展中的问题，要用发展的办法去解决。一要理顺收费公路管理体制，正确界定政府在收费公路管理上的职责，合理设置管理机构，减少管理人员，降低收费成本。特别要杜绝车辆通行费被挤占、挪用或收费养人等问题，真正做到取之于路，用之于路。二要减少收费站点，鼓励和规范经营权转让行为。继续做好站点清理工作，规范经营权转让，避免低价转让，并着力解决转让后的后续管理问题。督促经营企业建立安全可靠的保障机制，认真落实公路养护、安全生产、紧急救援等公共服务职能和水土保持、环境保护职责，保证人民群众合法权益。三要以《收费公路管理条例》颁布实施为契机，严格控制规模，保持适度发展。

（八）认真做好“十一五”规划的编制工作

“十一五”规划编制工作，要以“三个代表”重要思想为指导，牢固树立和落实科学发展观，围绕全面建设小康社会的宏伟目标，按照立党为公、执政为民的要求，把最广大人民的根本利益作为一切工作的出发点和落脚点。在规划理念上，要坚持以人为本，认真贯彻全面、协调和可持续的科学发展观；在编制程序上，要建立规范化的公众参与制度、专家咨询制度和综合评估制度；在规划内容上，要按照建立综合运输体系的要求，在基础调查、信息搜集、课题研究、项目论证的基础上，精心组织，编制好公路水路交通“十一五”规划和有关专项规划。各地要迅速启动这项工作，抓紧完成“十五”计划的中期评估工作，做好“十一五”规划编制的准备工作，力争明年完成，以保证规划的上下、纵横衔接，保证规划的系统性和连续性。省厅要突出抓好交通可持续发展、高速公路网规划、农村公路网规划及2020年长远规划等具有全局性、战略性重大课题的前瞻性研究，进一步理清发展思路，增强“十一五”规划的科学性、指导性与约束力。市县的规划和各专项规划编制要在增强针对性和可操作性上下工夫，使其成为一个有约束力、有操作性和为人民办实事的规划。

（九）坚持不懈加强交通行业文明建设和党风廉政建设

紧紧围绕交通建设和改革发展的中心任务，以“两学四建一创”为载体，以“提高交通行业文明程度、提高交通职工队伍素质”为目标，在全系统深入开展以“做文明交通职工、树交通行业形象”为主题的群众性文明创建活动，推进行业文明建设向纵深发展，为交通率先发展提供智力支持、精神动力和思想保证。要把提高职工队伍整体素质作为行业文明建设的重要任务，不断加强职工队伍科学文化和思想道德素质建设，努力创建学习型、知识型、素质型队伍。要大力实施文明创建112551工程，即选树100名“文明职工”，创建100部“文明车”、2000公里“文明路”、50个文明示范窗口、50个“文明先进集体”、10家省（部）级“文明单位”，建设好千里大运文明路“示范工程”。通过培育典型、选树榜样，点、线、面结合，推动全行业文明程度稳步提高。

要认真贯彻党的十六大、十六届三中全会和中纪委三次全会精神，坚持不懈地加强党风廉政建设。各级领导干部要自重、自省、自警、自励，严格执行党的政治纪律、组织纪律、经济工作纪律和群众工作纪律，自觉同党中央保持高度一致，不阳奉阴违、自行其是；遵守民主集中制，不独断专行、软弱放任；依法行使权力，不滥用职权、玩忽职守；廉洁奉公，不接受任何影响公正执行公务的利益；管好配偶、子女和身边工作人员，不允许他们利用本人的影响牟取私利；公道正派用人，不任人唯亲、营私舞弊；艰苦奋斗，不奢侈浪费、贪图享受；务实为民，不弄虚作假、与民争利。要树立正确的政绩观，常怀为民之心，多办利民之事，善谋富民之举，切实维护广大人民群众的合法权益，以实际行动在群众中树起“为民、务实、清廉”的良好形象。

（十）切实加强交通部门自身建设

为政之要，在于“严于法、治于吏、善于谋、力于行”。各级交通部门要按照胡锦涛同志提出的发扬求真务实的精神，大兴求真务实之风的要求，大力开展“创优发展环境年”活动，转变政府职能，推进依法行政，努力建设一个廉洁、高效、勤政、务实的政府部门。

坚持求真务实，勤政为民。要强化宗旨意识，把维护好、实现好、发展好人民群众的根本利益，作为一切工作的出发点和落脚点；坚持权为民所用、情为民所系、利为民所谋，为群众诚心诚意办实事，尽心竭力解难事，坚持不懈做好事，带着感情关心贫困地区、关心下岗职工、关心弱势群体、关心农民和民工、关心老干部，千方百计帮助他们解决生产生活困难、落实权益。强化学习意识，坚持理论联系实际，在学习和实践中不断提高自身的综合素质。大力倡导思想求实、工作务实、措施落实的作风，坚决反对搞脱离实际的“形象工程”、“政绩工程”，坚决反对官僚主义和形式主义。

坚持转变职能，优化服务。要全面履行政府职能，以“减量”和“规范”为重点，继续做好行政审批制度改革工作，精简管理内容，改变管理方式，提高管理效能，把交通部门经济管理职能转到主要为市场主体服务和创造良好发展环境上来。凡是市场、企业可以解决的事情，交通部门不要去管；凡是靠市场、企业不能解决或解决不好，需要管理部门去组织、推动的事情，交通部门必须尽职尽责，切实解决交通部门在管理中存在的越位、缺位、错位问题。加快建立灵敏、及时、适用的信息服务系统和处置突发事件应急机制，强化政策研究、规划制定、信息服务、市场监管职能，进一步提高政府交通部门公共服务能力。要积极推进政府管理方式创新，实施政府“提速”工程，积极发展电子政务，降低行政成本，力争年内省市两级交通部门全部上网。大力推进政务公开，及时把政府决策、服务程序、办事方法向社会公布，自觉接受公众监督。强化公务员特别是领导干部的服务意识，切实树立“人人都是软环境”的意识，努力创造“支持改革、鼓励干事、保护创业、注重服务”的软环境，力争使交通成为投资的乐土、发展的热土。

坚持发扬民主，科学决策。要把科学民主决策作为一项基本工作制度，建立和完善重大问题集体决策制度、专家咨询制度、社会公示和听证制度及决策失误责任追究制度。逐步建立和完善政策顾问、法律顾问制度。对关系人民群众切身利益的重大决策，要认真听取各方面的意见，提高决策的透明度和公众参与度，推进交通部门决策民主化、制度化、科学化。

坚持依法行政，接受监督。要加强执法队伍建设，努力建设一支政治合格、纪律严明、业务精通、作风过硬的行政执法队伍。要规范行政执法行为，加快建立权责明确，行为规范、监督有效、保障有力的执法体制。完善行政执法秩序，实行行政执法责任制、过错追究制和评议考核制，坚决查处执法过程中的违法行为。要完善行政监督制度，切实做到有权必有责、用权受监督、侵权要赔偿。加强对规范性文件的备案审查工作，切实做好行政复议工作。

坚持廉洁高效，从严治政。要进一步规范各级干部的从政行为，认真开展“人民满意的公务员”评选活动和“行风评议”活动，对“不作为”和“乱作为”情节严重的公务员，要依法进行严肃处理，努力建设行为规范、运转协调、公正透明、廉洁高效的政府部门，下决心使交通的发展环境有一个根本性的改善！

根据建设廉洁、高效、勤政、务实的政府部门的要求，今年，我们交通行业要为民办好10件实事。

1. 继续抓好县际及农村公路建设，实施通达、通畅工程，解决32个乡镇通油路，2690个行政村通水泥路（油路），560个行政村通公路。

2. 采取优惠政策，加快农村通客运班车进程。对于经营通村客运的班车，适当减征交通规费；对于专门接送农村孩子上学的农村客运班车，免征交通规费。

3. 在全省各收费站开展创建“文明示范窗口”活动。各收费站要根据车流量开足道口、保证畅通，并开通“绿色通道”，保证从事鲜活农产品运输和抢险物资运输的车辆优先快速通过。

4. 建立中心城市、高速公路、重要旅游公路交通路况信息公告制度，完善公路标志和界名，旅游景区路段加设地名、景点名，并在重要旅游公路沿线结合道班建设，配套建设适用便利的休息区和公共服务设施。

5. 重点公路工程建设要及时支付征地拆迁费和工程款，做到不拖欠农民征地拆迁费，并督促用工单位及时兑现民工工资，改善民工工作生活条件，保护民工合法权益。

6. 规范路政、运政、征稽三个审批窗口运行，做到限时办理、阳光作业。

7. 严格公路水路运输市场准入，完善企业安全和服务评价、监督机制，不符合安全生产条件的旅客运输及危货运输业户要强制退出市场。

8. 实施“公路安全保障”工程，改造急弯陡坡、视距不良等明显影响安全行车的路段，危险路段要有完善的安全防护设施和明显的安全标志。所有在建和竣工的县际及干线路网改造项目都要达到安全保障的要求。

9. 在具备条件的中心城市实行公路养路费银行代收代缴。

10. 在具备条件的中心城市实行公路旅客运输联网售票，开设电话订票、送票上门服务。

这10件实事，看似是小事，但实际上是政府交通部门向全社会做出的10项承诺，事关交通行业的形象，事关党和政府的形象。我们要责任到人、跟踪督查、定期公布、接受监督，实实在在去办理，诚心诚意抓落实，向全省人民交一份满意的答卷。

5. 大力加强交通部门行政能力建设*

树立和落实科学发展观，提高各级政府交通部门的行政能力，是加强党的执政能力建设在各级政府交通部门的具体体现，也是各级交通部门面临的新课题。

一

加强行政能力建设，对于交通部门来讲，关键要提高5个方面的能力：交通运输适应经济社会发展需求的能力、交通运输统筹规划和协调发展的能力、交通运输公共服务和组织保障的能力、交通运输和建设市场依法监管的能力、交通安全管理和重大突发事件应急处置的能力。提高这5个方面的能力，使交通部门成为负责任的部门，推动交通行业成为负责任的行业，是交通系统各级领导干部的共同责任。

（一）着力提高交通运输适应经济社会发展需求的能力

交通运输适应经济社会发展是一个持续的动态过程，原有的适应被新的需求打破，逐步实现新的适应，这是交通发展的基本规律。近年来，特别是经过1998年以来的加快建设，交通“瓶颈”制约基本得到缓解。随着新一轮经济社会发展周期的到来，交通运输又重现紧张。特别是2003年以来，煤电油运供求紧张的问题日益突出。如果不加快发展，交通运输将很快成为经济社会发展的“瓶颈”。

“十一五”及今后相当长的一段时期内，运输需求仍将保持较快增长。经济社会和人民群众日益增长的交通运输需求与交通运输供给能力不足的矛盾，仍然是交通工作的主要矛盾。建设便捷、安全、高效、舒适、环保的交通运输体系，提供效率高、成本低、污染小、质量优、安全好的运输服务，是交通运输不断适应经济社会发展需求所追求的目标。实现这一目标，必须注重“4个需求”。一是更加注重以人为本的需求。把坚持以人为本作为交通工作的出发点和落脚点，

* 2005年1月8日在山西省交通工作暨农村公路建设表彰大会上的报告摘要。

在设计、建设、运营、管理等诸多环节体现人文关怀。二是更加注重经济需求。服从和服务于经济社会发展大局，加快建设，为经济社会发展提供交通运输保障。三是更加注重安全需求。保障经济、国防安全和人民群众生命财产安全。四是更加注重自然需求。做到交通发展与自然生态环境的和谐统一，合理开发、利用、保护和节约自然资源，实现交通可持续发展。

（二）着力提高交通运输统筹规划和协调发展的能力

交通运输统筹规划、协调发展涉及方方面面。目前，交通发展规划的科学性、前瞻性和指导性有待进一步提高，建设规模、速度与质量管理不协调，区域交通发展不平衡，还存在着很多制约交通运输发展的因素，必须注重统筹规划、协调发展。

加强统筹规划，要增强规划的权威性、前瞻性和指导性。科学预测国民经济和社会发展趋势，正确处理交通发展中建设与管理、质量与速度、运输与建设不协调的矛盾，整合交通资源，合理利用土地资源，节约能源，保护环境，促进区域交通、城乡交通一体化，发挥各种运输方式的比较优势，建立健全现代综合交通运输体系。注重协调发展，必须加强农村公路建设。建设农村公路不仅仅是为农民办一件实事，要把这一问题提升到贯彻落实“三个代表”重要思想、全面建设小康社会、构建社会主义和谐社会的高度来认识，使农村公路建设成为发展农业、繁荣农村经济、推进城镇化、促进农民增收的重要载体，把全省人民发展农村公路的积极性引导好、保护好、发挥好。要研究通过统筹建养、民养公助、自建自养等方式加强农村公路养护，把这项支持“三农”的好事办好办实。

（三）着力提高交通运输公共服务和组织保障的能力

强化公共服务，是落实新一届政府施政理念的重要内容。要紧紧围绕全面建设小康社会的奋斗目标，围绕经济社会和人民群众日益增长的交通运输需求，切实提高交通公共服务水平和运输组织保障能力。首先要体现经济原则。加强公路、汽车站等公共基础设施建设，为社会和公众提供优质便捷、成本低廉、经久耐用的交通公共产品，提升交通运输服务的整体功能。其次要体现安全原则。人民群众乘车行路，安全是最基本的要求。近年来，我们实施公路“安保工程”，加大了危桥改造力度等，都是为了提高公共产品的安全性，让人民群众放心，这也是今后交通部门强化公共服务需要努力解决的重点和方向。第三要体现通畅原则。既要保“通”、又要保“畅”。一方面要加强运输组织保障和运力调配，确保事关国计民生的重点物资运输和人民群众生产生活资料的运输；另一方面要确保基础设施的完好状态，保障正常运行。第四要体现效能效率原则。交通部门要提高行政透明度和工作效率，推进建立管理服务型交通部门，为社会公众及时提供交通信息，不断提高交通公共服务的有效性和针对性。

（四）着力提高交通运输和建设市场依法监管的能力

培育和建立统一开放、竞争有序的交通运输和建设市场，依法行政，依法监管，是建立和完善社会主义市场经济体制的内在要求。对交通运输市场和建设市场依法实施监管，推进交通运输市场和建设市场公正、透明、开放、规范，是交通部门依法行政的根本要求。多年来，我们以《公路法》、《道路运输条例》、《招标投标法》、《内河交通安全条例》等为龙头，不断完善地方交通法规，为规范交通运输、建设市场秩序提供了法律保障。各级交通部门要依靠和运用法律法规，不断增强市场监管能力，引导和规范交通运输市场和建设市场。一要依法行政。改革审批制度，简化审批程序，切实转变以审批代管理、以管理代服务的传统做法，将工作重心从重审批、重处罚转向为市场主体搞好服务和创造公平竞争环境上来，运用信息技术改造提升市场监管能力。二要健全交通法律法规体系。制定配套管理办法和规则，完善市场准入和退出机制，打击非法营运和工程建设中的违法违规行为，破除地方保护和区域封锁，引导行业中介组织充分发挥作用，完善行政执法、行业自律、舆论监督、群众参与相结合的市场监管体系。三要推进交通行政执法体制改革，加强交通执法队伍建设，提高执法人员的业务素质和执法水平，做到文明执法、规范执法。四要推进诚信政府建设，加快诚信体系建设，建立诚信机制，依法加强诚信监管，对市场主体以及社会中介组织或协会建立信用登记，设立跟踪档案。建立失信惩戒机制，对失信者要公开曝光，让其付出代价。

（五）着力提高交通安全管理和重大突发事件应急处置的能力

交通运输与经济社会和人民群众生产生活密切相关，一方面是应对社会公共突发事件、加强应急反应能力建设的重要保障；另一方面交通运输本身也是高风险行业，易发、多发突发事件。加强交通安全管理，提高重大突发事件应急处置的能力和水平，是交通部门加强社会管理的重要职责。近年来，我们在加强水上交通安全管理和公路运输、公路施工安全管理方面采取了许多积极的措施。但是，提高交通安全和应急处置的能力，还需要在完善应急预案和机制、落实组织机构、改善技术装备、建设专业队伍等方面下工夫，特别是要从管理服务对象联系最密切的环节入手，从管理服务对象反映最强烈的问题入手，完善重特大安全生产事故、重特大交通安全事故、群体性事件、自然灾害事故、公共卫生事件、道路拥堵等重大突发公共事件的预防预案，完善应急反应机制，做到事前能够预防、事中能够控制和处置、事后能够妥善处理。

当前和今后，道路交通安全及预防和处置公共交通突发事件，要继续履行

“三关一监督”职责，加强公路和桥梁险情的排查，把危桥诊断和维修加固技术、高速公路路面快速修复技术纳入应急处置体系。高速公路一旦发生拥堵，要与有关部门密切配合，迅速启动疏通预案，提供必要的紧急救援和有序疏导。水上交通安全管理和重大突发事件应急处置，要建立长效机制和完善应急预警机制。树立以人为本的安全理念，提高从业人员的安全意识和安全素质；进一步健全制度，落实责任，突出重点，深化专项整治，对重点水域、重点时段和重点船舶严防守死，消灭事故隐患；加强水上安全监管应急反应机制和救助体系建设，加强水上执法和救助设施队伍建设，提高水上交通安全管理水平，增强重大突发事件应急处置能力。

二

2005年是贯彻落实科学发展观、全面实现“十五”计划目标的一年。我省交通工作要以科学发展观统领全局，创新发展理念，增强发展能力，保障宏观调控，加快重点改革，加强廉政建设，促进行业文明。

（一）调整投资结构，加大交通基础设施建设力度

今年国家实行稳健的财政政策和货币政策。要进一步调整投资结构，集中资金解决事关经济社会发展全局和人民群众利益的重大问题。

加快高速公路网建设。我省高速公路网规划已报省政府审批。我们要统一思想、加强宣传，集中力量推进规划实施。要按照交通部提出的2007年底全部建成“五纵七横”国道主干线和我省今年实现省到市“3小时高速通达”的要求，组织好、建设好在建高速公路项目，科学施工，确保质量。太原—长治、汾阳—离石、得胜口—大同3个项目年内建成通车，侯马—禹门口高速公路完成路基、桥涵工程。同时要协调有关部门和地区，开工建设离石—军渡、晋城—济源、大同西绕城、阳城—侯马4个项目。加强项目储备，抓紧开展太原—古交、忻州—阜平、长治—临汾、汾阳—董坪沟、忻州—保德、驿马岭—山阴等项目的前期工作，力争早日开工建设。

全面完成县际公路改造和通乡油路工程。今年是实现县际公路改造及通乡油路国债项目3年建设目标的最后1年。省公路局和各市交通局要加快项目前期工作，理顺资金拨付渠道，积极落实配套资金，加快工程进度，确保今年8000公里国债公路建设项目全面完成。对列入红色旅游路规划的项目，要早开工、早建设、早通车，确保2005年8月1日前建成长治红色旅游路。同时要抓好部队营房出口路和国防公路建设，完成未列入国债项目的通乡油路工程，实现全省乡乡

镇镇通油路。

加快让农民兄弟走上水泥路和油路的步伐。现在，我省尚未通水泥路和油路的农村大多处在偏僻、贫困山区，建设里程长、难度大、投资多，大多是难啃的“硬骨头”，我们要以更多的精力、更大的投入抓好这项工程，把这项惠及2000万农民的好事实事办到底，让更多的农民走上水泥路和油路。省委、省政府对此项工程十分重视，省财政将继续给予支持，省交通厅坚持政策不变、力度不减、标准不降。各市县交通部门要抓住当前我省经济快速发展的大好机遇，争取各级政府给农村公路建设更多的投入，科学确定适合当地实际的建设标准，进一步加快农村通水泥（油）路步伐，改善农村生产生活条件。

加大公路养护和改造力度。继续实施公路安保工程，集中抓好危桥改造、薄弱路段治理和文明路建设“三个重点”，今年干线公路消灭所有危桥和砂土路。要以迎接全国公路大检查为契机，下大力气抓好109线国家级文明样板路创建工作，积极开展养护质量竞赛评比。对养护工作搞得好的公路分局，省交通厅要给予重奖。实施收费站扩容工程，重点抓好车流量较大的主线收费站的扩容，增加车道，改善路况，提高通行能力。

抓好运输站场和交通战备物资储备基地建设。开工建设太原公路主枢纽武宿货运中心、华北交通战备训练基地和3个交通战备物资储备库，规划建设大同、侯马货运中心，适应现代物流发展和交通战备需要。继续完善农村客运站点设施，新建农村公路要同步规划建设客运站点，把客运站建在乡镇，把停靠点设在村头，让老百姓在家门口就能坐上客车。

质量是工程建设的永恒主题，是行业的生命。质量越高，耐久性就越强；使用寿命越长，价值就越大。建设高质量工程就是最科学的发展，延长工程的使用寿命就是最好的节约；建设低劣工程就是最大的浪费，出现“豆腐渣”工程就是对人民的犯罪。质量比进度更重要，要依靠科技进步、科学管理和优秀建设队伍，把工程做细、做精、做好，增强工程的耐久性。

（二）切实做好道路运输工作，保障经济发展需要

提高道路运输保障能力。紧紧把握经济社会发展对交通运输的需求特征，整合运输资源，加快运输结构调整，引导运输企业以资产为纽带组建规范化的股份制企业，走集约化经营道路，提高运输专业化、组织化程度和产业集中度。积极支持运输企业做大做强，扶优扶强、优胜劣汰，培育一批主业突出、核心竞争力强、能够主导行业发展方向的骨干运输企业或企业集团。进一步健全应急运输组织体系和协调机制，充分发挥大型骨干企业的运输保障作用，鼓励煤炭、运输企业开展煤炭厢式联运，转变增长方式，提高交通运输有效供给能力。

保障重点物资和人民群众生产生活的运输需求。一要继续做好煤炭运输，加强组织协调和衔接配合，提高集疏运效率，增加运输能力。在冬夏两季电煤紧张时期，运输企业要服从大局，特事特办、急事快办，保证足够的运力和运量。二要保障公路交通干线畅通，全力保障石油、粮食、化肥、矿石等国家重点物资运输，保障军运、抢险救灾物资及农副产品和人民生活必需品运输。三要切实做好春运和“黄金周”假日运输组织工作，加强对客流集中城市和旅游景点的客流情况分析及运力组织调配，储备足够运力，加强安全监管，确保广大旅客“走得了、走得好、走得安全、走得有序”。四要全面推进农村客运网络化，着力在规范经营行为、提高通达深度上下工夫。农村公路建成后，力争在3个月内开通客车，并逐步引导农村客运走公交化管理、公司化经营的道路，巩固和扩大已经取得的成果，让客车在农村长期开下去，让更多的农民更直接、更长久地享受交通带来的文明。

建立和完善应急运输保障体系、预警机制和突发事件应急预案。要针对季节性和不同时段的物资运输需求，建立并适时启动应急运输预案，提高应急反应水平。要建立行业保障协调信息机制，提高预警、判断、决策能力。

（三）继续实施“科教兴交”战略，增强可持续发展能力

切实把科技教育放在优先发展的地位，集中力量研究制定促进交通信息化、产业化的政策措施，组织实施一批行业急需、与产业发展和工程建设紧密结合的重大科技项目，促进科技与产业结合，推动高新技术产业化。组织制定行业信息化标准和规范。认真实施人才强交战略，坚持在交通重大建设工程中发现人才、锻炼人才，以项目带动人才培养，提高人才创新能力。支持交通院校重点学科、重点专业、重点实验室建设，提高办学层次。

坚持走可持续发展之路，公路建设要合理选择和利用线位资源，农村公路要尽量利用老路建设和改造，尽量节约土地。积极引导和支持在工程建设中采用新技术、新工艺、新材料，推广可再生资源，促进资源的再生利用，发展交通循环经济。抓好生态环保示范工程，促进公路与自然和谐发展。

（四）巩固和扩大治超成果，坚决遏制反弹势头

治理车辆超限超载，事关交通建设的成败。要认真贯彻温家宝总理批示精神，充分认识治超工作的艰巨性、复杂性，克服厌战情绪，树立长期作战的思想，按照“目标不变、决心不变、力度不减”的工作思路，紧紧依靠地方政府和相关部门，综合采取经济、法律、行政手段，巩固和扩大已经取得的成果，坚决把车辆超限超载反弹的势头压下去，努力把车辆超限超载率控制在6%以内，车辆非法改装率控制在3%以下，并使85%以上的“大吨小标”车辆得到恢复。

一要加大源头治理力度。推进国家强制性标准的贯彻实施，继续推进“大吨小标”治理。加大对货物集散地的监控力度，从严整治公路沿线小煤场及货物分装场，确保车辆在运输源头装载符合要求。二要加强路面执法。抓住重点车型、短途超限超载和变轴车 3 个重点，进一步加大执法力度，严管重罚。建立群众举报制度，接受舆论和社会监督，严肃查处营私舞弊、充当“车托”等违法乱纪行为。三要充分运用经济调节手段。尽快制定降低通行费收费标准的实施办法，逐步推广计重收费，规范计量设备，鼓励车辆合法装载运输。四要探索建立长效治理机制。按照交通部要求，从今年开始，各地在新建公路时要结合路网检测站点的总体布局，将治超检测站列为建设内容；合理布局非收费公路超限超载检测站点，并进行规范化建设；对现有公路上的治超检测站点，要在合理调整的基础上进行改造。

（五）加强安全管理，做好维护稳定的各项工作

道路运输安全监管要继续加强“三关一监督”，完善安全生产评估机制和责任追究制度。抓好对旅客运输、危险品运输的安全监督，加快建立高速公路紧急救援系统、隧道消防系统和雨雪雾气候条件下安全行车保障系统。加强对乡镇船舶的监管，督促县乡政府落实水上交通安全管理责任，开展乡镇渡口和渡船专项整治，提高安全保障和监管水平。加强水上安全救助设施和队伍建设，提高人命救助能力。加强施工安全生产监督，严格执行公路建设市场安全准入制度。从 2005 年起，没有获得安全生产许可证的企业，不得参加公路工程投标。

进一步落实社会治安综合治理各项措施。高度重视做好信访工作，把解决突出问题与全面推进工作结合起来，把抓好当务之急与建立长效机制结合起来，建立厅长接待日制度，畅通信访渠道，重点解决好养路协议工、客运经营户及公路建设征地拆迁和拖欠农民工工资等引发的矛盾纠纷，预防和减少赴省进京重大上访事件，保一方平安。要及时足额支付征地拆迁补偿费、施工企业工程款和农民工工资，加大历年拖欠清理力度，建立和完善农民工工资支付保障机制，保护农民合法权益。农村公路建设不得搞强行集资、强行摊派，不得增加农民负担。

（六）坚持依法治交，整顿和规范市场秩序

继续抓好《道路运输条例》、《收费公路管理条例》的贯彻实施，抓紧《山西省高速公路管理条例》等的出台和《山西省道路运输管理条例》、《山西省公路养路费征收管理办法》、《山西省车辆通行费收取办法》、《山西省水上交通安全管理办法》等的制定，尽快建立起较为完善的地方交通法规体系。认真贯彻国务院《全面推进依法行政实施纲要》，加快建设交通政务大厅，深化政务公开。积极探索建立交通行政执法绩效评估和责任追究制度，完善交通行政执法程序，

推行和完善执法责任制。加强交通执法队伍建设和执法资格管理，完善交通行政执法人员培训和考核制度。依法整顿和规范公路水路建设运输市场秩序，严厉打击“三无”车辆，彻底清理挂靠车辆，继续抓好汽车站整顿，从严整治假借资质、非法转包行为，进一步规范设计变更和工程招投标行为，逐步推行最优价和最低价评标法。加大收费公路监管力度，对公路收费站点实行总量控制，统一收费票据，统一管理标准，降低收费成本，提高还贷能力。

（七）推进改革开放，创优发展环境

深化公路建设、管理和投融资体制改革，积极推进建设市场化、管理社会化和投资多元化。推行投资人招标制度，研究制定相关规章，规范公路建设项目投资人招标管理。开展设计施工总承包的试点工作。积极培育公路建设项目代建市场，鼓励原有的项目公司通过改制成为专门从事公路建设项目管理的代建公司，为投资者提供代建服务。放宽市场准入，通过特许经营、投资补助、境内外上市、转让经营权等多种方式，引导社会资本进入公路建设经营领域。鼓励积极性高的地方政府按照谁筹资、谁建设，谁先筹、谁先建的原则筹资建设高速公路。积极引导高速公路投资人将连接线纳入项目整体规划建设，提高投资效益。整合现有收费站资源，提高再融资能力。积极探索采用 BT 方式改造老旧油路的方法。

抓好高速公路管理体制改革。要围绕“高质量的工程、高科技的应用、高品位的服务、高效益的经营、高效率的管理、高素质的队伍”的目标，理顺体制、激活机制、深化改革、加快发展，以资产为纽带，整合资源，组建区域性高速公路管理公司，强化对我省高速公路建设和管理的力度。

加快农村公路养护管理体制改革。目前，国务院正在制定农村公路管理养护体制改革方案。方案出台后，各地要认真贯彻实施。深化农村公路养管体制改革，要把握好 3 条：一是责任要明确，谁建设、谁管理、谁养护，有路必养。二要确立稳定的资金来源，农村公路养护资金应纳入地方财政预算，主要由财政负担。今年取消农用三轮车养路费及附加费后，省厅要加大对农村公路养护投入，汽车养路费实行超收分成。三要推进养护市场化，从今年开始，重大养护工程必须实行招投标制，由具有相应资质的养护工程施工企业承担。日常养护可积极探索企业、农民承包制。

（八）加强组织协调，完成“十一五”规划编制工作

编制“十一五”交通发展规划，要体现以下 3 个特点。一要体现系统性，整个交通行业是一个大系统。包括基础设施、车船装备、运输服务、安全保障等子系统。关联性强、协调性要求高，“十一五”规划的内容要涉及交通的各个方面，不能只注重基础设施建设，同时要注重上下之间、行业之间的规划衔接。二

要体现综合性，充分考虑构筑现代综合运输体系，充分发挥各种运输方式的优势，鼓励在运输通道中有序竞争，在运输枢纽实现客运“零换乘”、货运“无缝衔接”，推进各种运输方式协调发展，不做狭隘行业。三要体现科学性，规划必须具有一定的超前性，科学预测经济社会发展对交通运输的需求，体现以人为本、全面、协调、可持续的科学发展观，努力使交通规划成为交通部门向公众提供的最重要的公共产品之一。

（九）深入开展创建文明行业活动，树立行业新形象

要在继续保持“文明示范窗口”创建活动良好势头，推动“文明单位”创建上等级的同时，重点抓好“文明路”、“文明车船”和“文明职工”创建活动。以“千里大运文明路”建设为龙头，创建一批高质量的“文明示范路”；以开展“道路旅客运输优质文明竞赛活动”、“文明服务月活动”为载体，创建一批“文明客车”；继续深入开展学习许振超、赵家富、刘少文先进事迹活动，努力在全行业形成个人干一流工作、企业创一流品牌、政府造一流环境的良好氛围。

（十）全面推进党的建设，提高执政能力

认真开展保持共产党员先进性教育活动。各级党组织要从战略和全局的高度，深刻领会中央在全党开展先进性教育的重大意义，按照省委的要求，周密部署，务见成效，切实提高党员素质，使党员理想信念更加坚定、实践“两个务必”更加自觉、发挥党员先锋模范作用更加充分、党群关系更加密切、各级党组织的战斗力更加坚强、党员教育管理制度更加健全，为交通率先发展提供坚强的组织保证。

坚持不懈地加强党风廉政建设和反腐败工作。今年的重点工作有三项：一是继续加强交通基础设施建设领域廉政建设和反腐败工作。紧紧抓住工程建设招标投标、转包分包、设计变更、公路经营权转让等关键环节，全面落实交通基础设施廉政建设十项制度，加强监督管理和源头治理。进一步强化对公路建设资金使用、设计变更的监督，对重点工程项目的工程质量、建设资金的使用和征地拆迁、拖欠工程款及农民工工资等开展专项审计和执法监察。完善工程建设纪检书记派驻制和廉政合同制。二是抓好专项治理。深入研究从源头上预防和治理公路“三乱”的措施，坚决落实中央关于减轻农民负担的一系列政策，取消不符合规定的收费站点和收费项目。把纠风工作与行业管理紧密结合起来，切实解决执法不规范，乱收费、乱罚款、吃拿卡要、刁难群众以及工作方法简单粗暴、损害群众利益等突出问题。继续抓好“三项治理”，制止“四股歪风”。三是加强厅机关和厅属单位权力运行的监督制约。要严格执行中央和省委对领导干部廉洁从政、廉洁自律的有关规定，加强对厅机关和厅属单位各级领导干部的监督，规范

从政行为。以重大项目审批、重大资金拨付、重要人事任免、大宗物资设备采购和维修以及办公楼、住宅楼等基础设施建设为重点，进一步明确“三重一大”范围和议事规则，完善规章制度，严格审批程序，实行集体决策，防止决策失误、行为失范和违纪违法问题的发生。

坚持抓案件查处与抓事前防范、源头治理相结合，抓全面推进与抓重点项目相结合，抓直属单位与抓行业相结合，抓先进典型弘扬正气与抓反面典型警示教育相结合，着力抓好领导干部、执法人员、财会人员3支队伍建设，加大典型腐败案件、典型违规行为、典型不负责任事件的查处力度，逐步建立起具有交通特色的教育、制度、监督并重的惩治和预防腐败体系。

交通厅党组作为全行业的领导机关，在此，全体党组成员郑重承诺：

1. 自觉遵守“四大纪律”、“八项要求”，带头执行领导干部廉洁自律各项规定，做廉洁自律的表率。

2. 认真贯彻党风廉政建设责任制。切实抓好分管范围内的领导干部廉洁自律工作，特别是要在交通基础设施建设中实行“阳光作业”，党组成员不介入工程建设的招投标活动，不打招呼、不写条子、不介绍施工队伍。

3. 决不收受他人钱物。凡送钱、送有价证券及贵重物品的一概拒收，或立即上交组织；并对当事人进行严肃的批评教育，同时请纪检监察部门记录在案，按照有关规定和程序处理。

4. 自觉执行《党政领导干部选拔任用工作条例》，对跑官要官的坚决拒绝，并向有关人员提出批评，责成组织人事部门记录在案。

5. 管好自己的亲属、子女和身边工作人员。决不允许他们在自己分管工作范围内经商办企业、承揽工程、提供物资供应，帮助别人联系有关经营性事宜或干预和插手干部人事工作。无论什么人，凡以领导名义办私事、谋私利的，有关部门和单位要一概拒绝，并向领导本人或有关部门报告。

6. 自觉加强作风建设，带头做到求真务实。下基层坚持轻车简行，拒绝迎来送往，杜绝奢侈浪费。不参与高消费娱乐活动，坚决抵制并不参与赌博。

我和全体党组成员诚心诚意接受广大人民群众的监督。

加强政风建设。交通系统各级领导机关要进一步转变职能、转变作风，强化服务意识，提高行业管理水平，努力建设为民、务实、清廉、高效的政府机关，为行业作表率。各级领导班子一定要加强思想政治建设，牢固树立科学的发展观和正确的政绩观，不断提高行政能力。各级领导干部一定要自重、自省、自警、自励，勤奋学习、努力工作、廉洁自律，诚心诚意为基层、为企业搞好服务，努力把交通部门建设成负责任、有作为、办实事、善学习、勤廉洁的政府部门。

坚持立党为公、执政为民，不断实现、维护和发展最广大人民的根本利益，是交通全部工作的出发点和落脚点。交通厅党组决定，今年再为民办10件实事。

1. 继续抓好农村公路建设，再建通乡油路2000公里、通村水泥（油）路10000公里，实现所有乡镇通油路，80%的行政村通水泥路或油路。

2. 全面实施村村通客车工程，使100%的乡镇、80%的行政村通客车。

3. 完善客运站场体系。建设5个市级中心客运站、10个县级汽车站，建成100个乡镇汽车站、1000个农村候车棚、3000个招呼站。

4. 继续实施“公路安全保障工程”。国省干线完成“安保工程”1500公里、消灭所有危桥。逐步完善渡运设施。

5. 提高高速公路快速通过能力。所有收费站都要开足道口，同时对重要出省通道上车流量较大的收费站进行扩容改造，增加车道，缓解交通拥堵。

6. 建立高速公路紧急救援指挥系统。高速公路路政部门在接到救援电话30分钟内赶到现场，并免费拖运事故车。

7. 加快建设交通政务大厅，力争实现“一站式”审批。

8. 汽车养路费实现异地征收，车户在省内任何一个交通征稽所或银行代征点均能缴纳本年度养路费。

9. 做好公路工程建设领域的工程款和农民工工资清欠工作，2003年度前竣工的厅管项目清欠率达到100%，2004年以后开竣工的厅管项目不发生拖欠。

10. 建立高速公路综合信息服务系统。96565客服电话、可变情报板、手机短信平台全天24小时提供服务；路况发生变化时，山西交通网站、山西高速网站3分钟内刷新，重大路况信息省交通广播电台在10分钟内发布。

在交通率先发展的新的征程上，我们已经迈出了重要步伐，继续前进的势头势不可挡。我们要在省委、省政府的领导下，在各级地方党委、政府和有关部门的大力支持下，同心同德、埋头苦干、求真务实、奋发有为，不断夺取新的成就，开创交通工作新局面。

6. 构建新型能源和工业基地交通支撑保障服务体系*

"十一五"是全面建设小康社会的关键时期，也是我省推进新型工业化、特色城镇化，构建充满活力、富裕文明、和谐稳定、山川秀美的新山西的重要时期，交通发展面临着新形势、新机遇、新挑战、新任务，我们必须正视形势，把握机遇，迎接挑战，科学发展，努力开创交通工作新局面。

一

"十五"以来，在省委、省政府的领导下，全省交通系统以科学发展观统领全局，以调整路网结构和运输结构为主线，坚持"三个并重"的方针，大力实施"3小时高速通达"、县际公路改造、乡通油路、村村通水泥路"四大工程"，积极推进理念、体制、融资、科技、管理"五项创新"，超额完成了"十五"计划各项目标任务。"十五"成为我省交通史上发展最好最快的时期，山西交通跨入了全国先进行列。

5年间，全省公路建设完成投资700亿元，是"九五"投资的2.1倍，是建国51年的1.6倍，约占"十五"全省固定资产总投资的12%；新增公路通车里程14155公里，新增高速公路1168公里，新增一、二级公路4693公里。到2005年底，全省公路通车里程达到69563公里，路面铺装里程达到45599公里，公路密度达到44.5公里/百平方公里。其中，高速公路达到1686公里，在全国排第9位，在中部排第2位；二级以上高等级公路达到14283公里，在全国排第8位。2005年，全省公路运输完成客运量3.6亿人次，旅客周转量181亿人公里，货运量7.6亿吨，货物周转量390亿吨公里，比2000年分别增长了26.5%、33%、31.8%、44.5%，在综合运输体系中的比重分别达到90%、60%、65%、30%。

（一）高速公路建设取得重大突破

5年来，我们认真贯彻落实省委、省政府"掀起以大运高速公路和国道主干

---

* 2006年1月20日在山西省交通工作会议上的报告摘要。

线为重点的公路建设新高潮”的重大决策，紧紧抓住国家宏观调控的历史机遇，改革开放，创新思路，调动各方面的积极因素，集中力量推进大同—运城、太原—晋城、汾阳—离石、太原绕城等纵贯全省的高速公路大动脉和重要出省通道的建设。我省规划的“人”字型高速公路主骨架全面建成，省会到市“3小时高速通达”目标胜利实现。放眼三晋大地，大运通衢、人字鼎立，一个以太原为中心，覆盖全省、纵横交错、南通中原、北出长城、东联京冀、西达秦蜀的高速公路网初具规模。

在我省高速公路的跨越式发展中，我们紧紧依靠科技进步与创新，建设和建成了一批在全国有影响的公路、桥梁和隧道。临侯高速公路赵康枢纽获国优工程“鲁班奖”，雁门关隧道工程分别荣获“鲁班奖”和“詹天佑奖”，大新高速公路康庄飞机跑道被北京军区评为优质工程，大运高速公路全线达到了部优工程。以雁门关隧道、龙门黄河大桥、仙神河斜拉桥为标志，我省公路、桥梁、隧道建设达到了一个新水平。

在我省高速公路的跨越式发展中，省厅从全面建设小康社会的大局出发，组织编制了“人字骨架、九横九环”高速公路网规划，并经省政府批准实施；开展了大运高速公路经济带建设的研究规划，进一步增强了高速公路发展的前瞻性、科学性和指导性。

我省高速公路的跨越式发展，大大改善了交通运输紧张状况，提高了运输保障能力和安全性，提升了山西形象，改善了投资环境，优化了产业布局，促进了资源整合与高速公路经济带的发展。高速公路成为我省结构调整和经济发展的重要载体。

(二) 农村交通建设取得重大突破

5年来，我们认真贯彻“三个代表”重要思想，服从服务于“三农”工作大局，积极实践“修好农村路、服务城镇化，让农民兄弟走上油路和水泥路”的承诺，大力实施“村村通水泥（油）路”、“村村通客车”工程，新改建农村公路89592公里（包括村内巷道）。其中，完成县乡油路改造13717公里，村村通水泥（油）路工程75875公里。“十五”期间我省新改建的农村水泥路、油路里程占全国同期建成的农村油路、水泥路总里程的近1/3，是建国51年我省建成的农村油路、水泥路总里程的5倍。全省100%的乡镇、近80%的建制村通了水泥（油）路，比“九五”末分别提高了13.5和37个百分点，运城、太原、阳泉、晋中、长治5个市和59个县（市、区）基本实现了村村通水泥（油）路。大力推进农村客运网络化，先后建成乡镇汽车站105个、农村候车亭1797个、招呼站牌11534个，全省100%的乡镇、83.6%的建制村通了客车，并有30个县市实现了城乡客运一体化。全省开通了鲜活农产品运输“绿色通道”。

我省“双通”工程的实施，大大改善了农村生产生活条件，不仅解决了广大农民长期以来行路难、乘车难、运货难、看病难的问题，而且促进了农村经济结构调整、产业升级和精神文明建设，加快了贫困地区脱贫致富奔小康步伐，为壮大县域经济、促进城乡一体化、建设社会主义新农村打下了坚实的基础，同时为全国推进农村公路建设发挥了典型示范作用。

（三）干线路网改造养护取得重大突破

5 年来，我省投资 70 多亿元，完成干线公路改造 5329 公里、危桥改造 361 座，实施安保工程 2025 公里、GBM 工程 1410 公里、砂、砾改油路 171 公里、大中修公路 3300 公里，干线公路基本消灭了砂砾路和等外路，技术状况明显改善，路网服务水平明显提高，为促进区域经济协调发展提供了有力的交通支持。全省干线公路 2005 年年末好路率达到 83.5%，在全国干线公路养护管理检查中名列前茅；109 国道山西段被交通部评为“全国文明样板路”。

（四）交通改革取得重大突破

坚持“精简、效能、统一”的原则，大力推进行政管理体制改革，在政企分开、政事分开、事企分开等方面取得了突破性进展。一是整合原厅属运输企业和工程建设单位，组建了路桥、运输两个省属大型一类企业集团，实现了与省交通厅的彻底脱钩。2005 年两大集团分别进入全国交通企业百强行列。二是整合高速公路资源，先行组建了太原、运城 2 个区域性高速公路公司，建立了高速公路偿债平衡资金，一个精简、高效、统一、特许的管理体制正在形成。三是组织实施了行政审批制度改革，交通行政许可项目经 3 次改革，由 114 项精简为 23 项，并建立了路政、运政、交通征稽 3 个审批窗口，对外审批项目全部纳入窗口集中管理。四是完善了行政管理体系。按照强化政务、简化事务、搞好服务的原则，把事务性、专业性工作从政府职能中分离出来，组建了重点办、规划中心、核算中心、定额站、环保中心等事业单位，省交战办由厅内设处室变为挂靠单位，顺利完成了车购税征管机构移交税务部门管理。建立了水上交通安全监管体系，组建了省、市、县三级地方海事机构，明确了地方政府对乡镇船舶的安全监管责任；五是认真贯彻《党政领导干部选拔任用工作条例》，积极推进干部人事制度改革，建立了竞争上岗、民主推荐、考试录用、挂职锻炼、岗位交流、考察预告、任前公示、述职述廉和诫勉、回避等干部选拔、任用、监督、管理机制，匡正了用人导向，营造了一个优秀人才脱颖而出的环境。六是指导大同、运城市交通局开展了地方交通综合执法试点。

（五）科技教育和人才队伍建设取得重大突破

大力实施“科教兴交”战略，5 年用于科技和教育方面的投入达 2 亿元，是“九五”期间的近 2 倍。组织开展科技攻关课题 215 项，其中省部级重点项目 12 个。取得科研成果 130 多项，其中有 10 项获国家专利权。“公路工程灾害预防与治理综合技术研究及工程应用”获国家科技进步二等奖，并有 4 项成果获省科技进步一等奖，实现了我省交通科技成果在国家科技进步奖和省科技进步一等奖两个领域零的突破。

加强现代信息技术的开发与推广，卫星定位、地理信息、航测遥感、现代通信和互联网技术在工程勘察设计、规费征收管理、交通运输与管理等领域得到广泛集成应用，大大改变了交通运输生产、管理、服务方式。我省在全国率先实现了高速公路联网收费“一卡通”、统一拆分账和三级监控；汽车养路费征收实现了银行代征、异地征收和规费稽查自动识别。省交通厅和各市交通局都建立了自己的网站，厅机关办公自动化资源网投入使用。省高管局、省征稽局、省运管局分别建立了覆盖全省的办公、业务网。

实施“人才强交”战略，注重人才的培养、引进和使用，优化人才成长环境，培养了一批学术带头人。我省交通行业有 6 人成为享受国务院特贴专家，有 11 人成为享受省政府特贴专家，有 2 人入选交通部新世纪十百千万人才工程第一层次专家。省交通学校升格为交通职业技术学院，省交通高级技校进入我省首批高级技师学院行列。

（六）资金筹措取得重大突破

坚持依法征稽、文明征稽，不断创新执法手段，拓展服务内涵，交通规费征收保持了持续稳定增长。5 年全省交通规费征收 346 亿元。其中 2005 年征收 90 亿元，是 2000 年的 3.3 倍。汽车养路费年征收额接近 30 亿元；高速公路经营步入良性发展轨道。

坚持用市场经济和改革开放的思路化解资金紧缺的矛盾，对太旧高速公路实施企业并购，置换出 20 亿元资本金，成功启动了大运高速公路建设；通过太旧路对汾柳路兼并重组，建成了汾阳—离石高速公路。我省第一个高速公路 BOT 项目关门—侯马高速公路开工建设，京大高速公路转让经营权收回投资 14 亿元，大同市引进马来西亚资金建成 2 条煤炭专用公路。加强金融合作，扩大融资渠道，“十五”期间共落实国内银行贷款 350 多亿元，利用亚行贷款 3.75 亿美元、西班牙政府贷款 412.6 万欧元。

（七）结构调整取得重大进展

从投资结构看，干线公路、农村公路和公路养护、安全生产、运输站场建设投资不断加大，农村公路建设投资在总投资中的比重由2001年的13.5%提高到37.5%。从路网结构看，全省二级以上高等级公路、路面铺装里程在公路通车总里程中的比重分别达到20.5%和65.5%，分别比“九五”末提高了3.7和12.6个百分点。从运输结构看，具有集约化、规模化、网络化经营特征的企业在市场中所占比重提高，高速客运、旅游客运、快速货运、现代物流、货运代理等运输服务在道路运输中逐步占据了主导地位。全省高级客车在营运客车中的比重达到17%，重型货车在大型货车中的比重达到41.6%。

（八）道路运输保障服务能力建设取得重大进展

服从国家经济建设大局，把建立覆盖全省的国家战略物资道路运输保障体系与提高交通战备保障能力结合起来，在大同、晋城、临汾3个市分别组建了国家战略物资道路运输保障车队，并在各市组建了旅客运输保障车队，大大提高了道路运输保障能力，在缓解煤电油运紧张、保证“五一”、“十一”、春节等客流高峰期的旅客运输中发挥了重要作用，受到了国家交战办、北京军区、交通部、省军区的高度赞扬。2005年通过公路运输完成的煤炭外运量占到全省煤炭外调总量的近1/3。

（九）依法治交取得重大进展

“十五”期间，省人大、省政府先后颁布了《山西省高速公路管理条例》、《山西省公路车辆通行费收取办法》等5部地方交通法规和政府规章，一个与市场经济相适应的地方交通法规框架基本形成。“四五”普法教育成效显著，全行业的法律素质和依法行政、依法办事的能力明显提高。省交通厅分别被省人大、省依法治省领导组评为“推行执法责任制先进单位”、“依法治理示范单位”。

扎实开展以清理借资质投标、转包分包为重点的公路建设市场专项整顿，严肃查处了一批扰乱市场秩序的企业，对部分严重违规的施工企业作了“黑名单”处理。大力开展道路旅客运输、危货运输、汽车维修、驾驶员培训、汽车站和乡镇船舶专项整顿，建立和推行了客运线路服务质量招投标制度，较好地发挥了市场在资源配置中的基础性作用。突出旅客运输、危货运输、水上交通、重点公路施工安全监管，强化源头治理和基础管理，加强安全设施建设，严把市场准入、车船技术状况、从业资格三道关口，严肃查处安全隐患和安全事故，安全生产形势保持稳定。

坚持不懈开展车辆超限超载治理工作。2004年6月20日全国治超启动以来，全省共检测车辆1600万辆，卸载货物506万吨，查处“双超”车辆86.6万辆，恢复“大吨小标”车辆13.1万辆，超限超载车辆由治理前的80%以上降到了10%以下。

（十）交通战备正规化建设取得重大进展

坚持“平战结合、双应一体化建设”的方针，认真实施“国防大运”工程，把高速公路建设与军用飞机跑道、兵站、快速通道、防空战略隐蔽指挥所、战备基地建设结合起来，进一步提高了公路的国防战备功能。大力加强交通战备指挥智能化、队伍正规化建设，组建了11支公路工程保障大队、5支运输保障大队。在北京军区和省军区组织的多次军事演习和战备演练中，我省出色地完成了交通战备保障任务，被树为全国交通战备战线上的一面旗帜。

（十一）行业文明建设取得重大进展

紧紧围绕交通发展的中心任务，以构建和谐交通、服务人民、奉献社会为出发点和落脚点，以提高职工素质和行业文明程度为根本目标，以学习先进典型和窗口建设为切入点，以交通文化建设为创新点，充分发挥工人阶级的主力军作用，大力开展“两学四建一创”等一系列丰富多彩的群众性文明创建活动，涌现出了一大批精神文明建设先进典型。5年来，全省交通行业有234名个人、104个集体和单位受到国务院、人事部、交通部和省劳动竞赛委员会表彰。到2005年底，全行业国家级文明单位达到3个，“全国交通行业文明单位”达到3个，省级文明单位达到70个，厅直81%的单位进入文明单位行列。大运高速公路建设创育了“与时俱进、勇于奉献、讲求科学、争创一流”的大运精神，并被交通部树为全国交通行业“10佳交通运输文明畅通工程”。行业文明建设的成果，大大提高了交通职工文明素质，广大职工自豪感和凝聚力大大增强，行业上下心齐气顺、风正劲足。

（十二）党的建设和党风廉政建设取得重大进展

5年来，省交通厅党组坚持用“三个代表”重要思想推进党的建设，牢牢抓住提高执政能力这条主线，用科学发展的成果体现党的先进性，用执政为民的行动巩固党的执政基础，用反腐倡廉的实效提高党的执政地位。一是把学习实践“三个代表”重要思想贯穿于交通改革发展稳定的全过程，不断把理论学习的成果转化为推进交通发展的正确思路，进一步加深了对科学发展观、构建和谐社会、建设节约型社会等重大问题的认识。2005年，按照中央和省委的部署，认真开展了保持共产党员先进性教育活动。交通厅党组带头学习，带头查找问题，带头整改问题，建立和完善党员受教育、群众得实惠的长效机制，把党的先进性建设提高到了一个新水平。二是竭尽全力为民办实事、解难事、做好事。从2004年开始，抓住广大人民群众关心关注的问题，坚持每年为民办好10件实事，认真做好交通扶贫和定点扶贫工作，树立了负责任部门、负责任行业的形象。三是深入开展反腐倡廉工作，抓党风、促政风、带行风，加大从源头上治理和预防腐败的力度，出台了《建立健全教育、制度监督并重的惩治和预防腐败体系实施办法》和《交通基础设施廉政建设10项制度》。坚持“修好一条路、不倒一个人”，把反腐倡廉寓于工程建设全过程，实行了纪检书记派驻制、总会计师委派制和工程建设、廉政建设双合同制，并邀请省人大、纪委、高检、审计、发改委、重点办对重大工程招投标实行全过程监督，有效克服了工程建设中的腐败现象，祁临高速公路被交通部树为全国交通基础设施建设先进典型。深入开展治理公路“三乱”和“三项治理”工作，在国纠办组织的历次明察暗访中，交通系统基本没有发现大的“三乱”案件，清车、清房和制止奢侈浪费通过了省纪委验收。厅党组一班人带头廉洁自律，集体作出并严格履行“六项廉政承诺”，树立了清正廉洁的形象。

5年的交通发展，既取得了较好的成绩，也使我们进一步加深了对交通发展规律的认识。归结起来就是：第一，必须站在全省经济社会发展全局的高度研究、谋划和推进交通发展，把不断满足经济社会发展和人民群众日益增长的交通运输需求作为交通发展的根本任务；第二，必须更加善于运用市场经济的思路和方法，化解市场化进程中的矛盾，拓宽发展的路子；第三，必须紧紧依靠各级党委、政府，调动各方面的积极因素，形成全社会关心交通、理解交通、支持交通、发展交通的格局；第四，必须坚持改革开放，努力消除制约交通发展的体制性障碍，创新和完善运行机制，增强交通发展的动力；第五，必须大力实施“科教兴交”、“人才强交”战略，不断提高行业科技自主创新能力，培养和造就一支高素质的人才队伍，促进交通跨越式发展；第六，必须坚持统筹兼顾，促进交通基础设施与道路运输、物质文明与精神文明全面发展，促进公路水路交通与其他运输方式协调发展，促进交通与自然和谐发展。

5年的奋斗，山西交通站到了一个新的历史起点上。但是，发展相对不够仍是我省交通最大的问题，发展进程中仍存在一些制约因素。主要表现为：一是公路总量不足，局部供给紧张，个别路段技术标准较低、通行不畅，成为新的交通“瓶颈”制约；二是区域交通发展不平衡，贫困地区交通相对薄弱，不少农村交通条件还比较落后；三是道路运输经营主体多小散弱，产业集中度不高，应急保障能力不强，市场秩序有待进一步规范；四是公路建设与养护管理发展不协调，养护投入不足，治理超限超载和公路“三乱”的任务十分繁重；五是基础管理仍不适应发展要求，收费公路和安全管理还需加强；六是交通发展的各种约束性矛盾凸显，外受土地、线位资源、环境保护等的制约，内受科技、体制、资金、人才的制约。我们必须高度重视并采取切实有效的措施，认真解决好这些问题，促进交通又好又快发展，决不辜负党和人民的期望和信任。

二

“十一五”期间交通发展的指导思想是：“1 个统领、5 个统筹、3 个并重、3 个加快、1 个体系”。即以科学发展观为统领；统筹经济社会与交通发展，统筹区域经济与交通发展，统筹城镇化建设与交通发展，统筹新农村建设与交通发展，统筹资源环境与交通和谐发展；坚持高速公路、干线公路、农村公路“三网”并重，建设与养护管理并重，建设与运输发展并重的方针；加快推进改革创新，加快推进扩大开放，加快推进结构调整与增长方式转变；着力构建新型能源和工业基地交通运输支撑保障服务体系。

总体要求是：“1 条主线、2 个平台、3 个基本、4 项工程、5 项创新、6 大网络”。即紧紧围绕构建新型能源和工业基地交通运输支撑保障服务体系这条主线；加快建立交通发展的科技、人才两个平台；切实抓好安全、质量、廉政三项基本工作；大力实施高速公路网络化、干线公路养护改造、农村公路通达通畅、运输产业规模化集约化 4 项工程；积极推进理念、科技、机制、融资、管理 5 项创新；努力形成功能较为完善的高速公路、干线公路、农村公路、运输站场、现代物流、信息服务 6 大网络，树立负责任、有作为、勤政廉洁、文明和谐的行业新形象。

“十一五”期间交通发展的总体目标是：到 2010 年，交通运输基本适应经济社会发展要求。

——**公路建设**。5 年完成投资近 1000 亿元，新增公路通车里程 11000 公里；建设高速公路 2200 公里，其中建成 1300 余公里；新改建干线公路 5000 公里、农村公路 60000 公里。到 2010 年，我省公路通车里程达到 80000 公里，路网密度达到 50 公里/百平方公里，高速公路达到 3000 公里；二级以上高等级公路里程达到 16000 公里，占公路通车总里程的 20%；路面铺装里程达到 56000 公里，占公路通车总里程的 70%。我省高速公路网“九横九环”建成“五横五环”；90% 的干线公路达到二级以上标准，70% 的县乡公路实现油路化，90% 的建制村通水泥（油）路。在省会到市 3 小时高速通达的基础上，实现市到县 2 小时、县到乡 1 小时通达。

——**公路养护**。公路养护投入加大。高速公路养护质量指数（RQI）达到 93；干线公路养护实现良性循环，2010 年好路率达到 85%；县级公路好路率、乡村公路路面完好率分别达到 75%；全省公路宜林路段绿化率达到 100%，文明路达到 8000 公里。

——**运输站场建设**。全省实现市市有一级客运站、县县有二级客运站、50%

的乡镇有等级客运站、85%的建制村有候车亭（牌），初步构筑起省市两级物流基础平台和信息平台。

——道路运输。运力结构、组织结构进一步优化，高级长途客车在全省营运客车中的比重增长3%；城际客运和旅游客运中高级客车达到90%；专用货车在营运货车中的比重增长20%，重型车增长30%；长途客运和货运市场集中度分别提高15%；全省实现中型城市之间当日往返，95%的建制村通客车。

——水运建设。重点水域的渡运设施得到全面改善，水上交通安全监管水平明显提高。

——科教创新。适应我省交通现代化建设需求、符合交通科技发展规律的科技创新体系基本形成，自主创新能力明显提高，数字交通技术实用化程度和行业管理信息化达到新水平，交通安全保障、资源利用和环保节能技术取得明显进步，推动交通向运输安全型、质量效益型、资源节约型、环境友好型方向发展。

——人才队伍建设。进一步健全和完善人才引进、培养、使用、成长的机制和环境，形成一支具有行业特色、结构合理、素质优良的管理型人才队伍、专业技术型人才队伍和技能型人才队伍，人才在交通改革发展中的地位和作用更加凸显。

——行业文明及廉政建设。职工思想道德、科学文化、民主法律素质和行业文明程度明显提高，教育、监督并重的惩治和预防腐败体系基本形成，“两个负责任”的行业形象得到树立。

“十一五”期间交通建设的重点是：

——公路建设。高速公路网重点加强“九横”建设，建成离石—柳林军渡、侯马—河津禹门口、翼城关门—侯马、大同西北环、晋城—济源5个项目；开工建设长治—临汾、五台山长城岭—忻州、忻州—保德等18个项目，使高速公路的通车里程达到3000公里以上。干线公路重点抓好经济干线、沿黄干线、旅游干线的建设改造，完善路网布局。农村公路重点抓好“通达”、“通畅”工程和县乡公路改造，抓好晋西北、太行山革命老区扶贫公路及国防公路建设。

——公路养护工程。高速公路重点完成运风、晋阳、太旧高速公路的大修改造；干线与农村公路集中改造危桥险路，加强老旧油路大中修和预防性养护，完善公路标志标线。干线公路改造超龄油路及薄弱路段1750公里，建成文明样板路3000公里。

——运输站场建设。建设12个一级客运站、50个二级客运站、400个乡镇客运站。加快建设太原、大同、临汾、长治等4个综合物流基地，推进区域性物流配送中心建设。

——水运建设。新建和改造黄河等重点水域渡口52处，完善水上交通安全监管和救助设施，改善渡运监管条件。

实施“十一五”规划，要把握好以下几个重大问题：

（一）关于以科学发展观统领交通工作全局

坚持以科学发展观统领交通工作全局，这是做好“十一五”期间交通工作必须坚持的指导方针。坚持这一指导方针，一是在交通发展的指导思想上，要坚持以人为本，把不断满足人民群众对交通的需求作为交通工作的出发点和落脚点，不断提高服务质量和服务水平；二是在交通发展理念上，要坚持交通建设与自然环境和谐，依靠科技进步，节约土地，保护环境，促进交通可持续发展；三是在交通发展规划上，要注重合理布局，做好各种运输方式的相互衔接，发挥组合效率和整体优势，推进形成便捷、通畅、高效、安全的综合交通运输体系；四是在交通发展措施上，要坚持从省情出发，充分考虑交通与经济社会发展的协调性、可持续性，实现良性互动，为建设和谐社会作出贡献；五是在交通法制建设上，要坚持依法行政，进一步转变职能，为市场主体搞好服务；六是在工程管理上，要树立全寿命周期成本的理念，强化前期工作，合理确定工期，确保工程质量，决不能搞“政绩工程”、“腐败工程”。七是在行业文明建设上，要把建设负责任的部门、负责任的行业作为目标和重点，树立交通部门、交通行业的新形象。八是在考核奖惩上，要研究制定与科学发展观、正确政绩观相一致的指标体系和考核奖惩机制，把全行业的热情、干劲和力量凝聚到加快科学发展上来。

（二）关于构建和谐交通

构建社会主义和谐社会是全面建设小康社会的重大任务。所谓和谐交通，就是能够适应构建社会主义和谐社会要求的交通，能使广大人民群众的交通需求得到满足的交通，能让广大人民群众对运输服务感到满意的交通。具体地讲就是：便捷高效、法治有序、诚信博爱、安全畅通、环境友善的交通。

构建和谐交通，要处理好 4 个方面的关系。一要构建交通行业与社会公众的和谐关系，把交通发展的目标与人民群众的切身利益更加紧密地结合起来。二要构建交通行业与外部的和谐关系。交通主管部门要主动加强与其他相关部门的沟通与联系，通过建立有效的协调合作机制，形成有利于交通发展的外部环境和动力。三要构建交通行业内部的和谐关系。通过管理创新、制度创新、文化创新等，激发各级交通部门和每个交通人的积极性、主动性和创造性，重视行业内部的平衡与稳定，增强全行业的凝聚力和战斗力。四要构建交通与自然的和谐关系，走资源节约型、环境友好型发展道路。

（三）关于建设节约型行业

交通是能源资源消耗比较大的行业。建设节约型行业，要以科学发展观为指导，以提高资源利用效率为核心，以节能、节水、节材、节地和资源综合利用、发展循环经济为重点，以推进技术进步、完善政策措施为手段，进一步强化节约意识，尽快建立健全促进节约型行业建设的体制和机制，促进交通事业可持续发展。

建设节约型行业，一要体现在规划上。综合考虑土地、环境、资金等技术经济条件，根据地区发展需要、现有路网状况和未来交通需求，对路线方案、建设规模充分加以论证，尽量利用现有线位资源、节约用地，少压覆其他矿产资源，杜绝低水平建设和重复建设。能利用老路进行改扩建的不新建。二要体现在工程设计上。强制性指标要严格执行，一般性指标灵活运用，超限指标论证后采用。在保证安全、满足功能的前提下，要因地制宜、因路制宜，以人为本，安全至上，减少资源占用，降低工程造价，并与生态环境相适应。设计审查要加强附属设施如服务区、收费站等的审查力度，严禁随意扩大建筑面积和占用土地。三要体现在科技进步与创新上。加大影响交通发展、资源合理利用、生态环境保护和发展循环经济等关键技术的攻关力度，推广节能技术，构建资源节约的技术支撑体系。四要体现在政策措施上。制定更加严格的节能、节材、节水、节地标准，建立正确的评价体系和评价标准，使节约工作制度化、规范化、法制化。五要体现在日常工作上。加强节约管理和督查，大力开展建设节约型工程、节约型企业、节约型部门活动，把节约贯穿到交通的各个领域、各个环节、各个层面。政府交通部门要带头厉行节约，带头节能、节水、节材、节约时间，提高办事效率，降低行政成本。要加强建设节约型行业的宣传培训，提高全行业的节约意识和可持续发展意识，增强节约的主动性，使节约成为每个人的自觉行动，成为一种素养标准，成为一种行业新风。

（四）关于社会主义新农村交通建设

建设社会主义新农村是党中央提出的一项重大战略任务。近年来，交通部门把建设农村公路作为工业反哺农业、城市带动农村的重大举措，取得了显著成绩，但以后的任务还很艰巨。各级交通部门一定要站在全局的高度，把加快农村公路建设和农村客运网络化作为“十一五”期间交通工作的重中之重，继续抓好农村公路规划、建设、养管，修好农村路，服务新农村。一是政策和资金上要进一步向农村倾斜；二是着眼于现行体制，充分依靠和发挥好地方政府、农民群众以及受益企业的积极性，形成建设农村公路的合力；三是坚持“一事一议”，不强行摊派和集资；四是标准规范以及线形选择等要因地制宜、实事求是，不搞“一刀切”、不滥采滥挖；五是落实国务院《农村公路管理养护体制改革方案》，加强管理养护；六是继续推进农村客运网络化建设，做到路通车通，方便农民出行。

（五）关于提高行业创新能力

创新是交通行业发展的灵魂、动力和源泉，也是实现“十一五”发展目标的重要条件。要贯彻落实全国科学技术大会精神，始终把提高交通行业的创新能力摆在突出位置。交通行业是一个传统的行业，但当今发展日新月异，新生事物层出不穷。我们要站在全国交通发展的角度审视我省交通发展水平；站在国民经济发展全局的角度审视交通适应能力；站在人民群众对交通需求的角度审视交通服务水平；站在行业以外的角度审视交通存在的问题；开阔视野，创新理念，努力在发展思路上有新理念，在体制机制创新上有新思路，在人才培养和引进上有新进展，在推进科技进步上有新成果，在实现可持续发展上有新突破。增强自主创新能力，建设创新型行业，推动增长方式的转变，加速交通现代化进程。

三

2006年全省交通工作的总要求是：确保“十一五”工作开好头、起好步、布好局。

（一）坚持“三网并重”，加快公路建设

高速公路继续抓好侯马—禹门口、晋城—济源、离石—军渡、关门—侯马、大同西外环5个在建项目的建设，力争开工建设忻州—五台长城岭、阳城—关门、太原—古交、运城南环4个项目。干线公路开工建设307国道旧关—新店段、309国道临汾—吉县段、207国道平定—大寨段，力争早日完成。同时抓好路网连接、转换通道及高速公路连接线建设，提高路网连通度和便捷性，促进多种运输方式基础设施布局衔接和功能互补。农村公路建设重点抓好“通达”、“通畅”工程。忻州、吕梁、大同重点建设通建制村水泥（油）路，其他地区在推进通村水泥（油）路建设的同时，集中抓好老旧油路改造和安全排水设施完善，有计划、有步骤地抓好农村公路“断头路”的建设，提高循环度和连通度，提升路网服务水平。省交通厅重点支持晋西北和太行山“两区”加快农村公路建设，改善乡村交通条件，提高通达深度和通行能力。

抓好运煤通道、沿黄公路、旅游公路等专项建设。开工建设大同运煤通道“示范工程”、沿黄干线和沿黄“通达”工程，抓好麻田—十字岭、平型关—108国道、巨儿岭—黄崖洞3条旅游公路的改造。

（二）坚持建养管并重，大力加强公路养护和管理

坚持计划、资金、管理、科技进一步向养护倾斜，继续实施公路安全保障、

危桥改造、通道绿化三大工程和文明路创建活动，集中整治影响安全行车的明显隐患，加强预防性养护，完善公路标志标线，改善沿线生态环境。建立特大桥梁、特长隧道技术状况动态监控系统，及时发现和解决问题，确保运营安全。拓展养护内涵，开展干线公路小型停车服务区建设试点。大力推进农村公路养管体制改革，争取省政府出台农村公路管养体制改革实施办法，明确地方政府职责，确立稳定的资金来源，创新养护运行机制。加大汽车养路费对农村公路养护的投入。

深入开展车辆超限超载治理。按照“突出源头治理、强化执法力度、完善监控网络、建立长效机制”的要求，会同公安部门继续保持路面联合执法力度，配合工商、发改委等部门抓好非法车辆改装企业整顿管理。加强市场准入、货物装载等源头监管。按照交通部要求，抓好北京至大同沿线治超示范站点建设，推进治超工作规范化、信息化、科学化，逐步建立健全全省治超监控网络。加大资金投入，改善治超站点工作条件，做到机构、人员、经费三保障。运用经济手段推进治超工作，抓好计重收费试点工作。

（三）坚持以结构调整促发展，提高运输保障服务能力

大力推进道路运输运力结构、组织结构和经营结构调整，鼓励和引导运输企业通过收购、兼并、重组等方式推行股份制经营，提高规模化经营、集约化管理水平和产业集中度。加强战略物资道路运输保障车队正规化、信息化建设，抓好煤炭等事关国计民生的重点物资和抢险救灾、疫病防治、交通战备物资等的运输，建立公水联运、公铁联运机制，缓解运输紧张矛盾，提高保障能力。加强春运和“黄金周”旅客运输组织工作，做好假日客流预测和分析，科学调配运力，确保旅客走得了、走得好、走得安全，确保节日期间人民群众生产、生活物资运输正常。

加强综合运输枢纽建设，建立多种运输方式有效衔接和现代化物流发展的平台。优化太原物流园区布局和规划，抓好大同、临汾（侯马）物流园区前期工作，力争早日开工。理顺管理体制，打破城乡阻隔，推进城乡交通一体化。加强农村客运场站建设，加快农村客运网络化进程，提高通达深度。完善“绿色通道”网络。

（四）坚持改革开放，增强发展动力

扩大开放领域，深化投融资体制改革。制定出台具体实施办法，明确社会资本投资建设高速公路的政策界限、准入条件和转让公路经营权具体途径，全面推进投资人招标制度。对非国家投资高速公路网项目，优先社会资本投资建设；对已建成的项目，通过转让经营权收回投资，滚动用于新的项目建设。加强项目储

备和推介工作，加大招商引资力度。今年重点抓好汾阳—平遥、运城南环路等8个高速公路项目的招商引资。积极推进高速公路上市，探索在资本市场融资的新路子。主动了解和运用金融新产品，创新融资理念，扩大融资渠道。与开行建立交通建设金融合作平台，扩大合作的深度和广度，为交通建设提供稳定可靠的资金来源。加强交通规费征收，堵漏挖潜，依法征管，文明服务，确保规费收入稳定增长。

进一步推进事业单位以聘用制和岗位管理为重点的人事制度改革，分类指导和推进厅属企事业单位的改企、改制工作。整合高速公路资源，加快组建区域性高速公路管理公司，提高规模效益和自主发展能力。

（五）坚持科教兴交、人才强交，推动交通增长方式转变

充分调动和利用全社会科技资源加强交通科技创新，建立交通科技创新体系，全面提高交通行业自主创新能力。加快交通行业重点实验室和科技信息共享平台建设，形成布局合理、资源共享、配置优化的科研基础设施和共享平台。今年重点开展交通基础设施建设和养护、交通安全保障等重大科技攻关和重大项目的研发。加强电子政务建设，开发推广智能交通系统，充分发挥科技在支撑和引领交通发展中的重要作用，利用最新的科技手段全面提升交通行业的科技含量，采用现代化的装备和管理技术，改进整个交通运输系统的运行组织方式、服务方式和监管方式，提高交通增长的质量和效益。

大力推进节约型行业建设。强化全行业的节约意识，在使用土地、能源、原材料等方面厉行节约，在规划、建设、维护、运输、管理等环节倡导节约。严格落实交通基础设施建设用地、节能等规划和措施，制定建设项目用地指标、公路建设特别是农村公路建设标准，提出降低工程造价的指导性意见。认真研究公路隧道运营节电、节能措施，降低运营成本。积极开展交通循环经济发展指标体系、运输企业能耗指标体系等的研究。大力推广沥青再生利用技术，提高资源循环利用效益。强化环保意识，建设“绿色交通”。

大力发展交通职业技术教育，创新人才引进、培养、使用机制和人才成长、创业环境，用好现有人才，引进短缺人才，开发潜在人才，培养后继人才，造就创新人才，鼓励人才干事业，支持人才干成事业，帮助人才干好事业，为行业发展提供人才保障。

（六）坚持依法治交，加强市场监管

抓好《山西省道路运输条例》、《山西省公路养路费征收管理条例》、《山西省公路保护条例》、《山西省水上交通安全管理办法》等法律法规和规章的修订、起草和制定工作。加强交通执法队伍建设，抓好教育、搞好培训，严把进口、敞

通出口，严格标准、严肃纪律，建立和完善执法程序、执法评议考核机制和执法责任追究制，加强执法监督和行政复议工作，规范执法行为。

建立和完善道路运输企业质量信誉考核制度和客运班线经营权服务质量招投标制度，严厉打击无证经营，纠正违章违规。开展建设管理创新活动和以“履约诚信”为主要内容的建设市场执法监察活动，实行项目法人负责人持证上岗制度、质量责任追究制度和交通建设重点产品市场准入制度，全面推行合理低价中标制度。加大政府对市场的监管力度，畅通社会监督渠道，规范市场行为，建立和完善市场信用体系。

（七）坚持统筹兼顾，构建和谐交通

树立和落实安全发展观，坚决遏制重特大事故发生。道路运输安全管理要认真吸取2005年“11.14”特大交通事故的教训，进一步强化“三关一监督”职能，落实企业对驾驶员的安全生产监管措施。依靠科技进步，加强对道路运输特别是旅客运输、危货运输的安全生产动态监管，建立省、市、企业三级安全监管平台，对重点营运车辆实行实时监控，提高对事故的预防和控制能力。工程建设施工安全管理要从严格市场准入入手，认真落实安全生产许可制度，切实抓好重点项目、重点工程、重点路段施工安全监管，水上交通安全重点抓好重点水域渡运安全、救助设施建设和安全监管，建立水上应急救援体系，确保安全形势稳定。

继续加强交通战备“双应一体化”建设，全面实施“国防高速”工程，抓好国防公路、部队进出口道路、国防交通培训及物资仓储基地建设，强化交通基础设施国防功能，推进指挥智能化、管理信息化、队伍正规化建设。

全面贯彻落实国务院《收费公路管理条例》和我省《公路车辆通行费收取办法》，大力加强收费公路管理。制定出台管理办法，强化定额管理，对全省收费公路实行统一审批、统一管理、统一票据、统一标准、统一上缴，控制管理成本，提高还贷能力。按照“控制总量、优化结构、产权归位、统贷统还”的思路，整合优质资产，清理整顿收费站点，规范收费管理行为，下决心撤并一批收费到期、效益较差、管理不善的收费站点。

高度重视并切实抓好稳定工作。继续加强内部治安综合治理和信访工作，注重发挥工会在维护队伍稳定、维护职工权益中的作用，推进民主决策、民主管理，支持困难企业改革发展，关注弱势群体生活。建立和完善矛盾调处机制，建立困难职工和大病救助长效机制，解决好事关群众切身利益的问题，为交通改革发展创造稳定的环境。

（八）坚持围绕主题抓创建，深入开展行业文明建设

紧紧围绕交通发展的中心工作，坚持文明、和谐、发展的主题，广泛深入地

开展学科学理论、学先进典型，建负责任的部门、负责任的行业，创人民满意的文明行业的“学、建、创”活动。继续深化文明路、文明车、文明职工、文明示范窗口、文明单位（行业）“五个文明”创建活动，选树一批高质量的先进典型，带动全省交通行业文明建设再上新台阶，促进政风行风明显好转，推动交通部门认真履行职责，提高交通行业的凝聚力和影响力，使广大交通职工始终保持团结向上的精神状态。

（九）坚持执政为民，大力加强政府交通部门和干部队伍建设

转变职能，建设公共服务型政府部门。各级交通部门要把主要职能切实转变到经济调节、市场监管、社会管理和公共服务上来，不该管也管不好的事坚决不管，该管的事一定要管好、管到位。坚持民主、科学、依法决策，健全重大事项决策协调机制及专家咨询制度，建立行业与政府、企业、人大代表、政协委员定期联系制度。对与群众利益密切相关的重大事项的决策，要推行公示、听证和新闻发布制度。着力改变政府权力部门化、部门权力个人化，部门职能交叉、权责脱节，行政效率低、成本高，以及决策、执行集于一身，缺乏必要约束和有效监督等问题，保证政府交通部门及其工作人员严格按照法定权限和程序行使职权、履行职责。要建立行政责任制、绩效考核制和行政管理监督机制，完善政务公开、首办负责、服务承诺、行政不作为和过错追究等行政效能监察制度，以严格的管理、严明的纪律保证交通部门的执行力和公信力。

转变作风，建设一支高素质的领导干部队伍。各级领导干部要加强修养，注重实践，适应时代，提高素质，努力担当起交通率先发展的重任。一要勤奋学习，做学习型干部。领导干部的一生应该是不断追求知识、不断用知识武装自己的一生，必须保持不竭的学习动力，把学习作为一种追求、一种境界，下决心减少不必要的应酬，排除干扰，静下心来，把更多的时间和精力用在读书学习上。二要解放思想，做创新型干部。创新能力是领导干部执政能力的核心。要增强创新意识，树立科学发展、改革开放和市场经济的新观念、新思路，运用宽广的世界眼光和战略思维认真研究经济规律，掌握经济发展趋势，提高运用市场经济的思路和方法化解矛盾、推进改革、加快发展的能力。三要求真务实，做实干型干部。坚持重实际、讲实话、办实事、求实效，善于抓重点、抓难点、抓热点、抓落实，大兴调查研究之风，研究新情况，解决新问题，认识新规律，提出新思路，采取新措施，取得新成效。四要反腐倡廉，做廉洁型干部。各级领导干部要保持清醒头脑，增强公仆意识，自觉抵制各种消极腐败现象。要始终保持艰苦奋斗的作风，淡泊名利，真抓实干，带领职工聚精会神搞建设，一心一意谋发展。

（十）坚持从严治党，加强党的建设和党风廉政建设

切实抓好领导班子建设。按照政治坚定、求真务实、团结创新、勤政廉政的

要求，巩固先进性教育活动成果，推进各级领导班子加强思想政治建设，认真贯彻民主集中制，健全议事规则和决策程序，提高决策的科学化、民主化水平，营造讲团结、干事业、谋发展的生动局面，增强创造力、凝聚力和战斗力。

认真贯彻中纪委六次全会精神，深入推进反腐倡廉工作。以开展《党章》教育、履行《党章》义务、落实《党章》规定为重点，认真加强领导干部廉洁自律工作。把廉政建设与交通发展、行业管理和业务工作紧密结合起来，继续推进纪检监察派驻制、廉政合同制，进一步健全和完善规章制度和监督制约机制，抓好基础设施建设的廉政工作，做到“修好千条路、不倒一个人”。继续保持严惩腐败的力度，严肃查处各种违法违纪案件。加强行风建设，巩固和扩大治理公路“三乱”成果。加强对行业廉政工作的指导，积极探索廉政工作的有效做法。大力培育与中华民族优秀文化相承接、与时代精神相统一的，有感染力、亲和力和影响力的廉政文化，在全行业形成以廉为荣、以贪为耻的良好风尚，为反腐倡廉提供文化支撑。

人民群众是历史前进的根本动力。加强党的建设，建设服务型政府，践行“两个负责任”的承诺，必须进一步密切与人民群众的联系。今年，交通行业要继续为民办好8件实事：

1. 新改建10000公里农村公路，新增1000个建制村通水泥（油）路。

2. 建设乡镇汽车站100个，安装农村客运候车亭1000个、招呼站牌3000个，全省86%的建制村通客车。

3. 国省干线完成安保工程1000公里，新建GBM工程和文明路500公里。

4. 开通路政、运政、交通征稽客服热线，向社会提供政策咨询、疑难解答、服务监督等。

5. 规范和提升运政、路政、征稽三个省级交通审批窗口的管理，推行网上审批，实行限时审批。

6. 扩大汽车养路费银行代征网络，网点扩增至每一个县（市区）。

7. 建立汽车维修紧急救援网络。接到救援电话，城区内1小时、市域干线公路上1.5小时到达现场。

8. 加强高速公路快速清障能力建设。高速公路事故勘察现场后，大事故3小时、小事故1小时恢复通车。

我省建设新型能源和工业基地，交通发展责任重大，使命光荣，前景广阔。我们要在省委、省政府的领导下，凝聚全行业的智慧和力量，解放思想、改革开放，锐意进取、奋发有为，为实现“十一五”宏伟目标而努力奋斗，在全面建设小康社会、构建社会主义和谐社会的新的征途上再创新的辉煌。

7. 建设创新文明和谐的新交通*

2007年是“十一五”规划整体推进、重点突破的一年。全省交通工作要全面落实科学发展观，按照中央和省委、省政府关于今年经济工作“3个协调”、“4个着力”、“5个下工夫”的要求，调整结构，转变方式，注重创新，强化管理，再掀“三网并重”公路建设新高潮，努力做好“3个服务”，推动交通事业又好又快发展。

一

2006年，全省交通系统一手抓“十一五”战略布局，一手抓2006年起步开局，省政府下达的各项目标任务圆满完成，交通行业为民办的8件实事全部兑现，为“十一五”发展打下了坚实的基础。

（一）交通发展规划和重点项目建设取得新的成果

《山西省高速公路网规划》、《“两区”开发交通专项规划》经省政府批转全省。编报了《山西省干线公路网规划》、《山西省农村公路建设规划》、《山西省综合公路网建设规划》3个长远规划，制定下发了《山西省“十一五”公路水路交通发展规划》和公路养护管理、道路运输、交通物流、交通科技、交通教育、交通信息化、行业文明建设、安全生产、法制建设9个专项规划，与河南、河北签订了省际通道建设合作协议，目前正在编制旅游公路、运煤通道、运输站场3个专项规划。这些规划，从战略上对“十一五”交通发展做了科学布局，进一步增强了交通发展的系统性、前瞻性和主动性。省交通厅专门筹资20亿元，用于重点公路建设项目前期工作，“十一五”开工建设的20个高速公路项目的前期工作都已展开。

2006年，全省公路建设完成投资168亿元，新改建公路2.4万公里，全省公路通车里程达到11.3万公里（包括从2006年开始纳入统计的4.3万公里村道），

---

* 2007年1月8日在全省交通工作暨农村公路建设表彰大会上的报告摘要。

路网密度达到72.4公里/百平方公里，高速公路达到1752公里，二级以上高等级公路达到1.3万公里，路面铺装里程达到7万公里。

黄河上跨径最大的斜拉桥、有“三晋第一桥”之誉的龙门黄河大桥和侯马—禹门口高速公路竣工，大同西北环、离石—军渡、侯马—关门、晋城—济源4条高速公路建设进展顺利，忻州—阜平、闻喜—垣曲、运城南外环3条高速公路奠基。部省安排的12个国省干线改造项目、3个运煤通道项目开工建设，省里确定的17个旅游经济园区全部实现了二级以上公路通达。

公路建设项目管理进一步加强。省交通厅会同省重点办对高速公路、干线公路在建项目进行了多次质量、安全专项检查，并与开发银行共同建立了政府、银行、业主、施工企业四级联网、互相制约的资金监管体系。

实践证明，规划是交通发展之纲，贯彻落实国家宏观调控政策，必须注重加强规划工作，发挥规划的指导与约束作用，有序推进前期工作，科学安排项目建设，这是实现交通又好又快发展最基础的工作。

（二）新农村和“两区”开发交通建设实现新的突破

根据建设社会主义新农村和“两区”开发的战略部署，我们及时将交通建设的重点转移到农村和“两区”上来。交通部与省政府、省交通厅与各市政府分别签署了“十一五”社会主义新农村公路建设合作协议，对农村公路建设实行政策、资金、规划、项目“四倾斜”。开展了农村公路普查工作，启动了农村公路建设“5年百亿元”工程。“十一五”期间，省交通厅将投资110亿元集中用于农村公路建设，目前资金已全部落实。同时，省交通厅对“两区”59个贫困县每个县专项补助1000万元，用于解决“十五”期间村村通水泥（油）路工程乡村债务和支持“十一五”农村扶贫公路建设。这些都是在历史上从来没有过的。

2006年，全省农村公路建设完成投资76.2亿元，首次超过重点公路。新改建县乡公路1746公里、通村水泥（油）路19237公里、通村公路1735公里，完成农村巷道硬化11933公里，新增通水泥路、油路的建制村1032个，省里确定的1098个社会主义新农村建设试点全部通了水泥路、油路。以沿黄扶贫旅游公路开工建设为标志，“两区”交通建设全面启动。

坚持把扩大农村客运覆盖面与实现可持续发展结合起来，出台了扶持农村客运发展的优惠政策，落实了燃油补贴政策。围绕提升农村客运服务水平，加快推进站场网络化、经营公司化、运营公交化、管理规范化，去年全省建成二级客运站12个，建设乡镇汽车站108个，安装农村客运候车亭1221个、招呼站牌3134个，新增农村客运线路235条、客车483部。农村物流快速发展，在城乡物资交流中发挥了重要作用。

实践证明，把农村和“两区”公路建设作为交通工作的重中之重，符合中央和省委、省政府的要求，符合广大人民群众的意愿，是统筹城乡和区域协调发展、建设社会主义新农村的重要内容，是交通服务“三农”的实质性举措，也是构建综合交通运输体系的客观要求。

（三）交通公共服务与运输保障能力得到新的提高

围绕提升公共服务能力，省厅从资金上、政策上、科技上继续向养护和管理倾斜。干线公路完成大中修工程915公里、安全保障工程1000公里、危桥改造117座，年末好路率达到85.1%，县公路达到81.2%。紧紧依靠地方政府，加强干线公路环境专项整治，全省近1/3的干线公路实现了绿化、美化、标准化。进一步完善了国省干线标志标线，建立了“黄金周”期间路况信息公告制度，并在重要旅游干线、经济干线上建设了小型服务区、休息区和停车区。高速公路建立了集气象预报、路况信息、安全提示、旅游指南于一体的综合信息服务系统。

综合运用经济、法律和必要的行政手段治理超限超载。建成了3个治超示范站点，并纳入全国治超监控网络。晋中市开展了治理超限超载路面执法百日大会战，有效遏制了车辆超限超载运输的反弹。从维护运输市场公平竞争、保障交通安全、提高公路通行能力出发，在高速公路上全面启动了货车计重收费，保护了公路消费者和运输经营者的合法权益，降低了交通事故频率和车辆超限超载率。全省车辆超限超载率控制到了10%以下，高速公路控制到了2%以下。

适应经济社会发展需要，组建了12支战略物资道路运输保障车队，并按照交通战备的标准，组织实施了实战演练与保障能力评估，走出了一条在市场经济条件下，平时营运、急时应急、战时应战“三位一体”的运输保障新路子，受到了总后、国家交战办、北京军区的充分肯定。制定了旅客运输应急预案，建立了汽车维修救援体系，进一步完善了鲜活农产品运输“绿色通道”网络，并落实了优惠政策。

实践证明，提高交通运输保障能力，必须把着眼点放在结构调整与增长方式转变上来，大力加强公路养护管理，调整产业结构，提高现有通道资源利用效率和运输经营集约化水平，从根本上提高交通运输有效供给能力，保障经济社会发展和国防交通安全需要。

（四）“依法治交”和安全生产管理取得新的成效

加大交通立法力度，《山西省高速公路管理条例》、《山西省公路养路费征收管理条例》颁布实施，《山西省道路运输条例》、《山西省水上交通安全管理办法》完成起草、论证工作。启动了交通“五五”普法工作，健全和完善了交通执法评议考核制度，完成了执法依据的梳理和执法职责的界定，集中开展了为期3个月的执法队伍整顿，完成了近万名交通执法人员的培训工作。

认真贯彻落实国家《收费公路管理条例》和《山西省公路车辆通行费收取办法》，切实加强收费公路与通行费管理。开展了收费公路审计调查和通行费收入专项审计，提出了收费站点撤并的初步意见，并在统一审批、统一管理、统一票据、统一收支、统一标准上迈出了重要步伐。开展了清理“特权车”、“人情车”违规减免车辆通行费专项工作。

坚持安全发展、依法治安，着眼于提高事故预控和人命救助能力，把安全生产纳入公路水运基础设施建设与养护、车船装备更新与技术检验、市场准入许可与经营监管的全过程，道路运输基本建立起了省、市、企业三级互动的GPS安全监控体系；水上交通完善了安全监管、人命救助和渡运设施。去年全省道路运输未发生特大事故，水上交通及公路建养未发生死亡事故。“五一”、“十一”黄金周实现了安全生产无死亡事故。

实践证明，依法治交是交通行业的基本方略，也是建设文明交通、安全交通、和谐交通的有效保障。必须按照立法是前提、普法是基础、规范政府行为是关键、提高公务员和执法人员素质是根本的思路，加快推进“依法治交”进程，努力建设法制交通。

（五）交通改革创新与对外开放开创新的局面

召开了建设创新型交通行业工作会议，提出了建设创新型交通行业的总体思路、目标任务和重点研究解决的问题。

抓住制约交通发展的体制性障碍，加大改革力度。一是整合高速公路资源，组建了太原、大同、朔州、忻州、运城、临汾6个区域性管理公司，进一步强化了行业管理，初步建立了行业统管、集中统一、产权清晰、特许经营、依法监管、保障公益的高速公路管理体制。二是开展了农村公路管养体制改革试点，省政府常务会议通过了《农村公路管理养护体制改革实施意见》。三是积极推进投资体制改革，明确了交通专项资金保证“四个重点”、实行“两个倾斜”的投资原则，即保证纳入国家规划的重点项目，保证国省干线与农村公路重点项目，保证公路养护与安全管理，保证重大科技项目；向农村和“两区”倾斜，向公益性强的项目倾斜。四是适应城乡一体化的趋势，积极推进城乡客运一体化，旅游客车纳入交通部门行业管理，全省96个县市有69个实现了城乡客运一体化。晋城市成建制将公交车移交交通部门管理，中心城市层面的体制改革有了突破。五是启动了新一轮国有企业改革，明确了国退民进的改革方向，对厅属国有企业分类逐户确定了改革方案。

坚持用开放的手段化解资金紧缺的矛盾，进一步加大招商引资力度，扩大合作领域。省交通厅精选了10个项目在“港洽会”、“沪洽会”上招商引资，引进中信银行低息贷款20亿元，用于重点工程前期工作；与中国平安保险集团签订了设立总规模600亿元的山西—平安交通能源发展基金协议书。该基金首个投资项目——转让太原—焦作（省界）高速公路部分股权已经签订合同，预计可收回投资22.7亿元，减少省交通厅负债70亿元。此外，省交通厅与江苏悦达、华夏国际等企业集团分别就汾阳—平遥、大同—右玉、阳城—关门3条高速公路的建设与投资签订了意向书，并开展了高速公路上市的探索。进一步加强与金融部门的战略合作，从国家开发银行、招商银行、工商银行等金融机构落实各类软硬贷款及合作意向近600亿元，“十一五”期间我省公路建设资金基本落实。大力加强交通规费征收管理，去年全省交通规费收入突破100亿元，达到103.2亿元，同比增长16%。高速公路经营管理步入收支平衡的良性循环，接近了东部发达地区的水平。

坚持用创新的思路探索交通科学发展之路，把交通发展规划与土地综合利用、环境保护、水土保持规划有机结合起来，完成了高速公路网环境影响报告书，出台了交通基础设施环境监测管理办法，做到了环保工程与主体工程同时设计、同时施工、同时投产。忻州—阜平高速公路被国家交通部确定为全国十大公路设计典型示范工程之一，被国家发改委确定为全国十大信息网络动态稽查项目之一。实施生态补偿战略，省交通厅与太原市政府共同启动了太原绕城高速公路提档增绿工程。去年干线公路完成通道绿化1800多公里，宜林路段绿化率达到82%，高速公路达到100%。制定出台了建设节约型交通行业的实施意见，推广了粉煤灰综合利用、沥青再生利用技术，出台了鼓励甲醇燃料车发展的扶持政策。

坚持把科技创新作为覆盖交通现代化建设全局的战略任务来抓，启动了信息化建设“1166”工程，组织开展了54项重大技术攻关与研发，《软弱黄土地基公路路基关键技术研究》等10项成果获省部科技进步奖，“高速公路隧道节能技术研究”、“黄土地区高速公路边坡生态防护修筑技术研究”等14项科研成果的应用，进一步提高了我省高速公路建设水平。经国家和省有关部门组织专家评选，大运高速公路雁门关隧道同时荣获“鲁班奖”、“詹天佑土木工程大奖”和“山西省首届汾水杯土木工程大奖”，大新、祁临两条高速公路分别荣获“山西省首届汾水杯土木工程大奖”。

实践证明，创新是交通事业持续发展的不竭动力。面对新知识、新科技、新经济和交通需求新变化带来的机遇和挑战，面对日益增加的约束性矛盾和体制性障碍，必须进一步增强创新意识，用创新的办法解决发展中的矛盾，增强发展动力，提升发展水平，使交通工作把握规律性，富于创新性，体现时代性。

（六）行业文明和党风廉政建设取得新的进展

开展了加强党的先进性建设专题研讨，制定和完善了“党员长期受教育、永葆先进性”的制度。提出了“十一五”期间行业文明建设的目标任务，部署开展了创建“千里大运文明高速路”活动，丰富了职工文化体育生活，行业文明建设进入了精品带动、重点突破、全面推进的新阶段。当前，全行业精神振奋、奋发向上，许多工作走在了全省乃至全国的前列。省交战办被国家国防动员委员会授予“先进单位”称号；北京军区专门做出决定，在全区推广我省交通战备全面建设经验。

以治理商业贿赂为重点，进一步加强党风廉政建设。提出了交通系统治理商业贿赂的“6个重点环节、8个重点对象、两类违规违纪行为”，进一步完善了工程建设10项制度，建立了客运线路审批、汽车站设计公开招标制度。厅党组先后召开了5次治贿工作分析会，总结推广先进经验，研究解决存在问题。各级各部门结合部门和行业特点，建立和完善决策咨询、行政审批、政务公开等源头预防措施10余项，建立修订相关制度30余项，治理商业贿赂走上了预防为主、标本兼治的轨道。

大力加强行政效能和政风行风建设。向社会公开承诺了21项交通审批（许可）事项办理时限，在厅机关和3个省级交通审批窗口建立了行政首长负责、首办负责、服务承诺、限时办结、政务公开、“A、B角零缺位”等制度，落实了行政不作为和过错责任追究制，进一步提高了交通部门的公信力和执行力。严格落实治理公路“三乱”责任制，建立了治理公路“三乱”摘牌制度，从严查处“三乱”案件，所有公路基本无“三乱”成果得到巩固。继续加大工程建设领域清欠力度，出台了重点工程项目农民工工资支付管理等办法，加强了对农民工工资支付的监督管理，省政府下达省厅的3年清欠任务圆满完成，厅管在建项目基本没有拖欠。高度重视并认真做好人大代表和政协委员提案建议办理工作，诚恳接受人大监督和评议，人大常委在述职评议中提出的问题全部得到整改。

实践证明，交通事业的快速发展，既对职工素质提出了新要求，也对领导干部教育管理工作提出了新要求，必须牢牢抓住人的全面发展这个根本，一手抓行业文明建设，一手抓党风廉政建设，为交通发展提供强大的精神动力和政治保证。

面向未来，审视当前，站在全局，审视交通，我们深感工作中还存在不少问题，面临的矛盾也比较突出。概括起来就是“4低1不足”、“2个不平衡”、“4个凸显”。“4低1不足”是：高速公路网络化程度低，干线公路通行能力低，农村公路连通度低，运输产业集约化程度低；交通有效供给不足。“2个不平衡”是：城乡交通发展不平衡，区域交通发展不平衡。“4个凸显”是：交通发展中的土地、环保等约束性矛盾凸显，交通发展的体制性、政策性障碍凸显，行业管理力量的有限性与建设规模不断扩大的矛盾凸显，交通发展中由农民工工资、公路“三乱”、治理超限超载、收费站点等引发的社会性矛盾凸显。我们必须发扬创新的精神，用新思路、新办法解决交通发展中存在的矛盾和问题，积极应对未来挑战。

二

“三个服务”，即服务国民经济和社会发展全局，服务社会主义新农村建设，服务人民群众安全便捷出行，是交通部党组认真总结多年交通发展的实践经验，深刻认识和把握交通发展规律，对交通长远发展的战略思考，是对交通工作全面落实科学发展观本质要求的新认识，是交通基础理论创新的重要成果，是新时期交通又好又快发展必须长期坚持的重要指导原则。

服务国民经济和社会发展全局，是交通工作的总任务。做好这个服务，就要适应经济社会发展和改革开放的要求，抓好交通基础设施建设，加强能源、重点物资、农副产品的运输保障，做好抢险救灾、交通战备应急运输，实现覆盖范围更广、服务水平更高的货畅其流、人便于行。

服务社会主义新农村建设，是交通工作的重中之重。做好这个服务，就要积极落实中央和省委、省政府建设社会主义新农村的部署和要求，从农村公路面广、量大、保通保畅任务重的实际出发，因地制宜推进农村公路建设，解决好建养管运的问题，为农村经济发展、农业结构调整、农民增收提供良好的交通条件。

服务人民群众安全便捷出行，是交通工作的根本要求。做好这个服务，就要坚持以人为本，把安全放在交通工作的突出位置，既要提高交通基础设施的安全性，重视和加强安全生产监管，让人民群众出行放心；又要不断增加交通有效供给能力，提高运输服务的效率、质量和水平，让人民群众出行满意。

做好“三个服务”，必须着力在调整交通结构、转变增长方式、注重推进创新、强化行业管理上下工夫。

调整结构是做好“三个服务”的重要保障。落实国家宏观调控政策，推进交通又好又快发展，当前最重要的是抓好投资结构、基础设施结构和运输结构的优化与调整，促进综合交通运输体系的建立和完善。

转变方式是做好“三个服务”的有效途径。要依靠科技进步与创新、优化资源配置、提高运输效率、创新管理模式以及提高人的素质，实现由粗放式增长向集约型增长的转变。当前，要把资源节约、环境友好作为推动交通增长方式根本转变的重要工作，走出一条资源节约、环境友好的交通发展路子。

注重创新是做好“三个服务”的内在动力。要坚持以理念创新为先导，科技创新为引领，体制机制创新为动力，政策创新为保障，做到发展要有新思路，改革要有新突破，工作要有新举措，作风要有新转变，方法要有新创造，业绩要有新成效。

强化管理是做好“三个服务”的坚实基础。要综合运用法律、经济和必要的行政手段，加强市场监督，转变政府职能，增强交通部门的行政执行力和公信力。健全和完善惠及全民的交通公共服务体系，提高事故预防、人命救助和事故处理能力，为人民群众出行提供满意放心的运输服务。

回顾“十五”以来我省新一轮农村公路建设的历程，正是一个我们自觉实践“三个服务”的过程。6 年来，我们把农村公路建设作为交通工作的重中之重，大力实施县乡通油路、村村通水泥（油）路、村村通客车工程，农村公路实现了重大突破，农村交通面貌发生了深刻变化。

——农村公路建设投资明显加大。6 年农村公路建设完成投资 296. 3 亿元，占同期全省公路建设投资的 1/3 还多；新改建农村公路 10. 8 万公里（含农村巷道）。这在我省交通发展史上是从未有过的。

——农村公路通达深度显著提高。6 年间，乡镇通油路率提高了 14 个百分点，建制村通水泥路（油路）率提高了 38 个百分点，建制村通公路率提高了 4 个百分点，全省 100% 的乡镇、80. 5% 的建制村通了油路、水泥路，97. 6% 的建制村通了公路。

——农村客运蓬勃发展。6 年新建乡镇汽车站 191 个、候车亭 3018 个、招呼站牌 14668 个，新增农村客运班线 1574 条、客车 3421 台，乡镇通客车率由“九五”末的 97% 上升到 100%，建制村通客车率由“九五”末的 67% 上升到 89. 6%，广大农民乘车难、出行难的问题基本得到解决。

我省农村公路建设取得的成绩，是党中央、国务院和有关部门情系老区、大力支持的结果。6 年来，中央从国债、车购税和以工代赈资金中安排用于我省农村公路建设的投资达 33 亿多元。国家发改委、交通部等部门的领导多次到山西考察农村公路建设，对我省农村公路建设给予了热情指导。

我省农村公路建设取得的成绩，是全省各级党委、政府立党为公、执政为民、高度重视“三农”工作和交通工作的结果。省委、省政府多次召开专题会议研究农村公路建设。近 3 年来，省政府每年都把村村通水泥（油）路、村村通客车作为为民办的实事之一，层层建立工作目标责任制，加强督查、狠抓落实，并从财政收入中拨出专项资金，支持奖励农村公路建设。市县两级政府都成立了农村公路建设领导组，出台了支持农村公路建设的政策措施。各级领导干部深入农村和工程一线组织发动、检查指导，把党和政府的正确决策转化成了广大人民群众的修路养路的巨大热情与自觉行动。

我省农村公路建设取得的成绩，是全省人民响应党的号召、积极主动参与的结果。在农村公路建设中，广大农民发挥了主力军作用。长治人民大力发扬太行精神，资金不足精神补，水泥不足石头补，机械不足力气补，为全省带了好头。运城人民在各地竞相发展中不服输、不甘落后，在全省率先实现了具备条件的建制村通水泥（油）路，半数以上的平川县实现了“户户通”。平顺人民在申纪兰老大姐的带领下，“扛着撅头、挑着箩头、啃着窝头、斗着石头，越干越有劲头”。

我省农村公路建设取得的成绩，凝聚了各级交通部门回报农民兄弟的诚挚愿望。省交通厅不断加大对农村公路建设的投入，6 年拿出 15 亿元，“十一五”期间增加到 110 亿元。同时与地方政府一道，深入农村抓发动、抓典型、抓落实，每年召开一次现场会，总结点上的经验，推动面上的工作。基层交通部门的领导和广大技术人员分赴乡村开展技术服务、现场指导，组织对农民进行技术培训，培养了一批“土专家”。

我省的农村公路建设，不仅得到了广大农民的广泛欢迎，增进了交通部门与农民的感情，而且为全国带了好头。国家发改委、交通部在我省召开了全国农村公路工作座谈会，推广我省经验。去年初，我省在全国农村公路建设工作会议上作了典型经验介绍。这些经验概括起来就是：

（1）必须坚决贯彻党和国家的“三农”政策，大力发扬自力更生、艰苦奋斗的精神，依靠广大人民群众修好致富路，这是农村公路建设的根本动力；

（2）必须充分发挥地方政府的建设主体作用，政府推动、政策调动、典型带动、舆论发动，把党和政府的正确决策转化为人民群众建设社会主义新农村的巨大热情与自觉行动，这是农村公路建设的体制基础和有效方法；

（3）必须充分发挥交通部门的行业管理职能，因地制宜、科学管理，把好事办好、实事办实，这是农村公路建设的必要保障；

（4）必须坚持建养管运全面发展，让广大人民群众更多地享受到交通发展的成果，这是农村公路建设的内在要求。

当前，农村公路建设转入了在建设社会主义新农村的格局下加快发展的新阶段。围绕做好“三个服务”，今后 4 年，我省农村公路建设的主要任务是：实施两大工程、完成 5 万公里、实现双通目标。即实施“通达”“通畅”工程和县乡公路改造工程；新改建农村公路 5 万公里，其中村村通水泥（油）路 4 万公里，县乡公路改造1万公里。到2010年，具备条件的建制村全部通水泥（油）路、通客车。

实现上述目标，要紧紧抓住公路网络化、建设标准化、管养规范化、运输便捷化这一农村公路又好又快发展的本质要求，着力抓好以下工作：

——**加强领导，精心组织**。坚持“政府主导、行业指导、统筹规划、分级负责”的体制，把农村公路作为社会主义新农村最重要的基础设施来抓，纳入政府工作重要议事日程，加强领导，加大投入，与农村资源开发、农业结构调整、小城镇建设、移民并村、扶贫开发、生态建设统筹推进，进一步调动和发挥人民群众的积极性和创造性。

——**强化管理，确保质量**。农村公路建设项目虽然等级不高，但对质量的要求丝毫不能降低。要针对农村公路的地质地形特点，采取有效适用的质量保证措施，落实质量责任制。不论是路基工程，还是路面、桥涵工程，都必须严格按照施工规范和技术要求组织施工，确保工程质量。

——**落实资金，加强监管**。资金是工程建设的关键。省级补助资金目前已全部落实，地方政府也要积极采取措施落实配套资金，资金不落实的项目不得开工。要加强资金监管，国家和省补助资金必须全部用于工程建设，专户存储，专款专用，不得截留、挤占或挪用。

——**因地制宜，注重实效**。要从促进城乡经济协调发展和本地实际出发，综合考虑建设资金、施工能力和交通需求，实事求是确定建设规模和建设标准，修适用之路、安全之路，防止盲目铺摊子，一哄而上。工程建设要保证标准，但坚决克服脱离实际的高标准，尽量节约耕地、林地，尽量减少高填深挖，尽量降低生态破坏与水土流失，实现农村公路与自然和谐共处。

——**严格政策、提升服务**。坚持好事办好，实事办实，决不能搞“乱摊派”和“乱集资”。任何单位和个人不得借农村公路建设之名加重农民负担。在政策和技术允许的情况下，尽量使用当地农民工，促进农民就业，增加农民现金收入。

——**统筹兼顾，全面发展**。建设农村公路，要同时考虑养护和运输发展。各地要认真贯彻落实省政府农村公路管理养护体制改革实施意见，进一步理顺农村公路管理体制，落实养护责任，确立稳定的养护资金来源渠道，创新养护机制，切实加强农村公路管理和养护。要继续组织好农村客运网络化工程，大力发展农村客运，推进城乡客运一体化进程。积极鼓励农村物流发展，活跃城乡物资交流，为社会主义新农村建设提供全方位的交通战略支撑。

三

2007年全省交通工作的目标是：公路建设完成投资180亿元；国道主干线项目全部建成，新改建国省干线公路1500公里、农村公路15000公里；具备条件的建制村通公路，90%的建制村通客车，新增1000个通水泥（油）路的建制村，省里确定的2000个社会主义新农村建设推进村全部通水泥（油）路和客车；交通规费征收100亿元。

（一）围绕做好“三个服务”，切实加强重点项目的建设与管理

今年我省交通重点项目建设的主要任务是：高速公路确保建成离石—军渡、大同西北环、侯马—关门3个项目，开工建设忻州—阜平、运城南外环、汾阳—平遥、平遥—榆社、闻喜—垣曲、阳城—关门、榆次—祁县、大同—右玉、阳泉—盂县9个项目，力争开工太原—古交、长治—临汾、灵丘—山阴、忻州—保德、榆社—邢台5个公路建设项目。国省干线全面开工沿黄干线、运煤通道和省际通道。完成这些任务，要着力研究和解决好前期工作、资金筹措、项目管理、市场监管4个方面的问题。

加强前期工作，要按照规划要求和建设时序，进一步加快推进重点项目前期工作，科学安排各阶段的工作，搞好衔接，提高深度，确保质量。加强与国家和省相关部门的沟通与协调，指定专人跟踪项目审批，力争早开工程、多开项目。沿黄干线是交通部支持项目，要加强组织领导，落实目标责任，保证今年开春全线开工，年内基本建成。

扩大开放、加大招商引资力度，要切实抓好“沪洽会”、“港洽会”招商引资项目的落实，积极探索利用平安保险资金实施高速公路债转股等新的资本运作模式。进一步完善投资人招标制度，扩大招商引资领域，鼓励社会资本通过参股、控股、收购、兼并等方式参与项目建设与资产重组。国家规划外项目，优先社会资本投资建设；已建成的高速公路项目，转让经营权和股权，收回投资滚动用于新的项目建设，降低政府负债，防范债务风险。加强交通规费征管，依法征稽，堵塞漏洞，力争多收超收。

加强项目管理，要全面落实项目法人、招标投标、工程监理、合同管理4项制度和工程质量责任制，提升质量理念，丰富质量内涵，科学组织施工，扎扎实实抓好建设全过程，特别是特大桥梁、特长隧道等关键工程的质量监控。改进和创新工程项目管理模式，积极推广现代大型工程项目组织、造价控制等专业化管理方式，促进项目管理精细化、信息化。引进新工艺、新技术、新材料、新设

备，提高工程建设管理水平。进一步加强工程建设资金监管，强化内部监督制约，探索建立业务、财务、审计、纪检、监察等部门协调配合的监管联动机制和利用外部监督力量强化监管的途径和方法，确保建设资金安全。开展交通建设项目资金使用绩效评价，减少损失浪费，切实提高资金使用效益。

规范建设市场秩序、加强市场监管，要建立和完善市场退出机制和信用评价体系、评价标准，健全完善违规企业"黑名单"制度，构建统一的从业单位和从业人员信用管理平台，加强履约检查。对履约差、信誉差的企业，依法清退或限制其进入交通建设市场。进一步规范工程招投标和业主行为，严肃查处工程转包、违法分包和试验数据造假等行为。开展建设市场和安全专项督查，重点是在建项目基本建设程序和质量法律法规执行情况，工程勘察、设计、施工、监理各环节以及施工工期、主要控制工程、细部工程的质量管理情况。加强地方标准规范的制定和修订工作，抓好项目法人、评标专家和一线工程人员的培训。

（二）围绕做好"三个服务"，推进农村公路建管养运全面发展

今年农村公路建设的重点是沿黄扶贫旅游公路、通达通畅工程和县乡公路改造。要继续落实省厅与地方政府合作协议，充分发挥好省和地方两个积极性，健全完善各项措施，推进农村公路建养管运全面发展。一要进一步调整投资结构。中央和省交通专项资金在继续坚持确保"4 个重点"、实行"2 个倾斜"的基础上，做到"3 个高于"，即用于农村公路建设养护的投入、用于支持"两区"交通建设的投入、用于公益项目的投入，均要高于去年。二要建立政府、行业工作协调机制和建设目标考核制度，加强与有关部门的协调，把农村公路建设纳入当地社会主义新农村建设总体规划，同部署、同实施、同考核。三要推广因地制宜的技术标准和新材料、新工艺，加强技术交流和人员培训工作。采取符合农村公路建设特点的质量管理办法，充分发挥农民群众的监督作用，抓好督促检查，把好质量关。四要全面落实省政府批准的农村公路管理养护体制改革实施意见，市县两级政府必须把农村公路养护经费纳入同级财政预算予以保证，努力做到机构、责任、人员、资金"四落实"。交通部门要创新养护机制，用好养护资金，保证有路必养。五要抓好危桥险桥、农村渡口改造、渡改桥以及防护工程完善，提高抗灾能力和安全保障水平。六要继续加快农村客运网络化建设，推进城乡客运一体化进程。建立农村物流信息网络，引导农村物流发展。七要指导社会主义新农村建设，推进乡村搞好巷道硬化。

（三）围绕做好"三个服务"，提升"依法治交"能力

坚持依法行政、依法管理、依法治交，建立民主法治、公平正义、诚信友爱、安定有序的交通新秩序，始终是交通管理追求的目标，也是建设文明和谐交

通行业的内在要求。

要进一步加强交通法制建设。协调推进《山西省道路运输条例》、《山西省实施〈民用运力国防动员条例〉细则》、《山西省水上交通安全管理办法》等的制定出台工作。推行交通行政执法责任制，规范交通行政执法，推出一批示范单位。强化行政执法监督，抓好行政复议工作。加强法制宣传教育。领导干部要带头学法、用法、守法，不断提高依法决策和依法管理能力。

要切实加强公路养护管理和车辆超限超载治理。突出薄弱路段和安全隐患的治理，继续组织好公路安全保障、危桥改造、干线公路灾害防治及公铁立交安全整治工程。以后每年安排的公路大中修里程不得少于13%。强化预防性养护和日常养护，切实抓好桥梁管理。从今年开始，每年要对全省公路大中桥梁进行一次健康体检，建立桥梁健康技术档案，利用信息技术对桥梁实行动态管理，发现隐患，及时处治，保证桥梁安全运营，提高养护的科学性、主动性。进一步推进国省干线环境综合整治和绿化、美化、标准化。进一步强化治理车辆超限超载路面联合执法工作机制和部门联动协调机制，加快推进治超检测站点规范化建设和信息管理系统建设，逐步完善治超监控网络。结合计重收费，调整优化治超站点布局。研究加强超限超载运输源头监管的政策措施。加快推进国省干线实行载货汽车计重收费工作，力争今年上半年启动。

要加强运输市场监管。严格市场准入，进一步完善以服务质量招投标为主要内容的道路客运班线经营权制度，建立健全运输市场信用机制，建立运输企业诚信档案、信用等级制度，落实运输企业质量信誉考核制度。依靠科技和信息手段，加强有效监管，争取两年内建立起与全国联网的道路运输信息系统，对客货营运车辆、营运驾驶员、道路运输违章处罚信息实行联网查询。健全和完善省、市两级运管机构和运输企业GPS监控平台，长途客车、危险品运输车辆和战略物资保障车辆全部安装车载GPS监控终端。严厉打击无证经营、违章经营，保护合法经营者和旅客、货主的权益，净化市场环境。积极发挥中介组织作用，规范中介组织行为。继续开展清理违规减免通行费的“特权车”、“人情车”专项工作。

要加强运输基础设施建设，保障重点物资和紧急物资运输。加强综合运输枢纽建设，开工建设太原物流园区。抓好各种运输枢纽连接通道的建设，完善综合运输体系。精心组织春运和“黄金周”的旅客运输工作。加强公铁、公水联运，保障煤、油、矿等重点物资和粮食、农资以及城乡居民生活用品、国家战略物资的运输。健全完善防灾抗灾应急机制和应急预案，强化公路路网的应急保通能力。继续完善鼓励发展甩挂运输、厢式运输等先进运输组织方式，提高运输效率，提升产业素质。

要建立和完善安全生产管理长效机制。继续按照“三关一监督”的要求，加强道路客运和危险货物运输安全管理，开展道路运输企业安全评估。监督道路运输企业切实履行安全生产主体责任，解决挂靠车辆安全管理缺失问题。继续深化施工安全专项整治，开展行业施工安全技术研究，完善重大施工安全事故预控机制。加强重点水域的安全监管和救助、渡运设施建设，进一步明确地方政府、行业管理部门的水上旅游安全监管责任。完善公路水路交通突发公共事件应急体系。建立危险货物运输从业人员、船舶检验人员、机动车检测维修人员职业资格制度和注册管理制度。推进驾驶员素质教育工程。

要进一步加强交通战备工作。按照"双应一体化"建设的要求，加强国防交通基础设施建设，提高网络化水平；加强公路工程和道路运输应急保障队伍建设，抓好日常演练，提高抢修保通和快速集结的实战能力；加强指挥系统信息化，带动交通战备现代化。

（四）围绕做好"三个服务"，深化体制机制改革

继续深化高速公路建设和管理体制改革，推进经营性公路建设项目投资人招标投标工作，研究探索政府投资项目代建制和设计施工总承包模式。进一步推进厅属国有企业和事业单位改革。根据省政府统一部署，搞好公务员薪酬制度改革。

按照交通部《关于进一步规范收费公路管理工作的通知》要求，严格把好建设项目立项、站点设置、收费权转让、收费性质界定和资金监管"5个关口"，进一步规范收费公路管理。一是调整结构，控制规模。要以非收费公路为主，适当发展收费公路，从严控制二级收费公路建设项目的审批，使收费公路逐步集中在高速公路和部分一级公路。二是统贷统还，撤并站点。研究制定"统贷统还"政策，逐步撤并现有二级公路收费站点。建立高速公路与其他收费公路统筹发展机制，减少二级收费公路的规模。完善相关制度，加强对通行费收支及价格的监管，规范收费行为和资金使用，提高透明度。三是政府主导，严格监管。要严格界定政府还贷收费公路与经营性收费公路，严格收费公路经营权转让行为，强化政府在收费公路投资、管理中的主导地位。任何单位不得以任何形式非法设立经营性公路或人为改变还贷公路性质。对未依法转让收费权，将政府还贷公路按经营性收费公路建设管理的，要坚决进行清理和属性归位。加大政府监管力度，保证收费公路更好地体现公众利益和社会责任。

（五）围绕做好"三个服务"，加快创新型交通行业建设

深入实施"科教兴交"战略，建立和完善行业技术创新体系，提高自主创新能力。一要解决关键技术。从现实紧迫需求出发，着力突破对公路建设与养护中具有基础性、全局性、牵动性的重大关键技术与共性技术，有效支撑公路建设

与养护生产，今年要结合运煤通道建设抓好运煤通道路面结构与施工工艺的研究，为工程建设提供技术支持；着眼未来，组织开展交通环境预防与恢复、交通建设与养护材料再生、土地综合利用等方面的研究，从技术上保障资源合理利用和生态环境的可持续发展。二要按照统一规划、统一标准、统一管理、分部门建设、分阶段实施的原则，充分利用现有成熟技术和我省高速公路光缆资源，大力推进交通信息化建设“1166”工程，今年建成覆盖全省的通讯主干网、综合数据库和电子政务、公众出行、应急救援调度3个公众网。三要建立科技成果推广平台，提高成果转化率。四要培养高层次创新型人才，建立和完善交通人力资源支持保障体系。

切实转变交通增长方式。认真落实国家最严格的耕地保护和环境保护政策，把资源节约、环境友好的要求落实到交通规划、设计、建设和管理各个环节，研究提出资源节约型、环境友好型交通行业发展模式。在节约土地资源上，继续抓好忻阜、离军两个高速公路示范工程的设计与建设，认真总结经验，提出评价体系，指导全省公路建设。在保护环境上，严格落实环境保护“三同时”制度，不断创新设计理念，做到设计时最大限度地保护生态，建设中最小程度地破坏生态，建成后最强力度地恢复生态。建立生态补偿机制，抓好通道绿化。在节约能耗上，大力发展交通循环经济，推进工业废物综合利用，再生资源回收利用，扩大废弃路面材料的回收利用，研发推广能源替代、材料再生等新技术，调整优化交通能源消费结构，引导和鼓励发展客货运输配载中心，降低车辆空载率。抓紧研究交通循环经济指标体系和考核办法。在污染减排上，加快车辆技术装备升级换代，逐步淘汰高耗能、污染大、安全性能低的车辆，推进建立主要耗能装备市场准入和退出机制。

认真开展“管理创新年”活动。省交通厅把今年定位为“管理创新年”，是着眼于交通又好又快发展，针对管理工作中存在的突出问题与矛盾而采取的一项重大举措。要以工程建设和资金管理为重点，创新管理理念，拓展管理内涵，坚持科学管理、依法管理，推广精细化管理、规范化管理，强化定额管理、成本管理，创新财务管理、质量管理和人事管理，以管理提高效率、扩大效益，最大限度地发挥人的潜能。各市交通局、厅属各单位都要结合本单位、本部门的实际，制定开展“管理创新年”活动的实施方案，明确目标，突出重点，强化措施，务求实效，不断提升管理水平。

（六）围绕做好“三个服务”，加强行业文明和党风廉政建设

牢牢把握繁荣先进文化、建设和谐文化这一主题，大力唱响科学发展、共创和谐的主旋律，扎实推进理论武装、思想道德建设、精神文明创建等各项工作，

着力在推动党的理论创新成果深入人心、壮大积极健康向上的主流文化、满足人民群众精神文化需求、展示和提升行业形象上下工夫，为建设创新文明和谐的新交通打牢思想道德基础。要以学习实践社会主义荣辱观为主线，深入开展“学、树、创”活动，扎实推进行业文明创建活动与社会主义劳动竞赛，提高交通职工的整体素质。继续开展创建“千里大运文明高速路”活动，丰富创建内涵，打造精品工程，提升创建水平；开展“文明执法”主题活动，加强交通执法队伍建设和管理，规范交通执法行为，提高文明执法水平；开展“创建文明和谐机关，争做人民满意公务员”主题活动，不断强化“立党为公、执政为民”的意识，倡导“负责、创新、协作、廉政”的精神，进一步推进政府职能转变、机关作风转变和行政效能建设。

认真落实教育监督机制并重的惩治和预防腐败体系实施纲要和党风廉政建设责任制，加大从源头上防治腐败的力度，着力打造廉政交通。继续抓住“6个重点环节”、“8个重点对象”和“两类违规违纪行为”，注重预防、标本兼治，坚决查处违规违纪行为，推进商业贿赂治理工作。加强对权力运行的监督制约，深入推进政务公开，实施“阳光工程”。完善廉洁从政教育监督机制，强化对领导干部的监督制约，健全和完善“三重一大”集体研究决定的制度。进一步发挥内部审计的作用，继续加强和深化领导干部任期经济责任审计等工作。加大政风行风建设力度，切实解决好损害群众利益的突出问题。继续巩固治理公路“三乱”成果，严防出现反弹。进一步规范劳务用工制度，加强对征地拆迁补偿费和农民工工资支付情况的监督管理，防止发生新的拖欠。

8. 认真履行职责　不负人民重托*

交通乃文明之舟、产业之母、经济社会之命脉。党和人民安排我担任省交通厅厅长，深感责任重大，不敢有丝毫懈怠，认真履行职责，努力为党为人民工作。我到省交通厅时，正值决战“九五”、规划“十五”之际，我坚持用邓小平理论和“三个代表”重要思想武装头脑，认真贯彻党中央、国务院的方针政策和省委、省人大、省政府的决策决定，全面落实科学发展观，团结带领厅党组一班人和全省交通系统广大干部职工，大力弘扬改革创新的时代精神和艰苦创业的优良传统，坚持“3个并重”（高速公路、干线公路 、农村公路三网并重，建设与养护管理并重，公路建设与运输发展并重），提高“5种能力 ”（交通运输适应经济社会发展需求的能力、交通运输统筹规划和协调发展的能力、交通运输公共服务和组织保障的能力、交通运输和建设市场依法监管的能力、交通安全管理和重大突发事件应急处置的能力），实施交通率先发展战略，我省交通事业实现了跨越式发展，交通对经济社会发展的“瓶颈”制约得以缓解。

一、抓发展，提升交通运输保障能力

近年来，国家把加强交通建设、缓解运输紧张作为宏观调控的重大任务。2002年，国家又把山西确定为县际公路改造试点。我们抓住机遇，科学规划，加快发展，在全国首家出台了省级高速公路网规划，组织实施了“3小时高速通达”、县际公路改造、乡通油路、村村通水泥（油）路四大工程，掀起了公路建设新高潮。“十五”期间，我省公路建设完成投资700亿元，是“九五”期间的2.1倍，是建国后51年的1.6倍。全省先后建成了大同—运城、太原—长治—晋城等15条总长1168公里的高速公路，是“九五”末的2.26倍，正在建设的还有晋城—济源、侯马—禹门口等5条232公里高速公路。我省规划的“人”字型高速公路主骨架全面建成，省会到市基本实现了“3小时高速通达”。国省干线完成旧路改造5329公里，占总里程的45%，是“九五”的1.35倍。农村公路新改建水泥（油）路89592公里，其中县乡油路13717公里，村村通水泥（油）

* 2006年5月25日在山西省第十届人民代表大会常务委员会第二十四次会议上的述职报告摘要。

路75875公里，是建国后51年的5倍。我省农村公路建设起步早、发展快、成效显，受到交通部充分肯定，认为山西为推动全国农村公路建设起到了典型示范作用。到2005年底，全省公路通车里程达到69563公里，公路密度达到44.5公里/百平方公里。其中，高速公路达到1686公里，在全国排第9位；二级以上高等级公路达到14283公里，在全国排第8位；全省100%的乡镇、80%的建制村通了水泥路或油路。

建设是发展，养护管理也是发展。“十五”规划以来，我们从计划上、资金上、科技上不断向养护和管理倾斜，开发推广了公路、桥梁养护管理系统和旧桥加固、水泥路面修补等先进适用技术，组织实施了公路安全保障、国道标准化美化工程和创建文明路活动。5年整治国省干线急弯陡坡等事故易发路段2025公里，改造危桥361座，大中修3471公里，绿化4247公里，创建文明路4000公里，完成国道标准化美化1410公里，国省干线基本消灭了砂砾路和等外路。在省政府统一领导下，加大治理超限超载力度，理顺管理体制，变行业行为为政府行为，变交通一家执法为多部门联合执法，全省超限超载货运车辆由治理前的80%以上降到了10%左右。组织开展了计重收费调研和治超站点规范化建设试点。2005年，交通部组织对全国干线公路养护管理进行了检查，我省综合评分排全国第五名。109国道山西段被评为“全国文明样板路”。

修路是为了促进运输发展。近年来，我们把运输发展摆到重要位置，积极推进道路运输结构调整，着力解决经营主体多、小、散、弱的问题，产业集中度得到提高，客运企业户均车辆数较“九五”末增长3倍，高级客车增长2倍。全省组建了3支战略物资道路运输保障车队，建立了旅客运输应急保障体系，道路运输在抗击“非典”、抢运电煤等关键时刻发挥了重要作用，在综合运输体系中的基础性作用进一步加强。坚持“政府推动、政策调动、典型带动、市场拉动”，加快运输站场网络化建设，实施村村通客车工程，全省83.6%的建制村通了客车。

交通战备是国防建设的重要内容。我们按照“平战结合、双应一体化建设”的方针，把高速公路建设与军用飞机跑道、兵站、快速通道、防空战略隐蔽指挥所、战备基地建设结合起来，大力加强国防交通基础设施和指挥系统智能化、战备队伍正规化建设，“国防大运”成为全国交通战备建设的典范，我省被国家交战办树为全国交通战备战线上的一面旗帜。

二、抓改革，创新交通发展的体制机制

坚持用市场经济和改革开放的思路化解发展中遇到的困难和矛盾，注重发挥市场配置资源的基础性作用，创新融资渠道，理顺管理体制，努力营造公开、公

平、公正、开放的交通发展环境。

在融资创新方面，我省公路建设形成了“国家投资、地方筹资、社会融资、利用外资”的投资格局。“十五”期间，我省公路建设共争取到国债资金和交通部补助80亿元，征收各种交通规费346亿元，使用国内银行贷款315亿元。通过采用资产并购、重组、置换等方式，对太旧、夏汾、汾离、太长、长晋等高速公路资本运作，盘活路产，筹集到50亿元高速公路建设资本金；通过采用BOT方式、转让公路经营权，引进社会资本32亿元；通过加强与国际金融组织和外国政府的合作，引进外资3.8亿美元。2006年初，我们在总结“十五”、规划“十一五”的同时，大力推动金融创新，省政府与交通部建立了部省合作机制，省交通厅与国家开发银行建立了交通建设开发性金融合作平台，预计可落实交通部补助和国内银行软硬贷款600亿元左右，为“十一五”发展奠定了良好的基础。

在体制机制创新方面，适应生产力发展的需要，整合厅属运输企业和工程建设单位，组建了路桥、运输两个省属大型一类企业集团，并从市场准入、费收政策、养老保险等方面积极扶持企业发展，2005年两大集团分别进入了全国交通企业百强行列，在政企分开、事企分开上迈出了重大步伐。整合高速公路资源，组建了太原、运城等区域性高速公路公司，建立了高速公路偿债平衡资金，构建起了集中统一、特许高效的高速公路管理体制框架。省政府颁布《山西省公路车辆通行费收取办法》后，提出并大力推进收费公路“五统一”（项目统一审批、公路统一管理、收费统一票据、管理统一标准、通行费统一上解），一些社会关注的问题正在得到解决。深化干部人事制度改革，创新用人机制，民主推荐成为选拔干部必不可缺少的环节，竞争上岗、公开招考成为选拔干部最重要的形式之一。6年来，省交通厅通过竞争上岗选拔任用了80余名处级干部，公开招考录用了15名公务员。

三、抓科技，提升交通科学发展水平

面对科学技术迅猛发展带来的机遇和挑战，我们把科技进步作为覆盖交通现代化全局的战略任务来抓，大力实施“科教兴交”战略，先后组织开展科技攻关课题215项。其中，“公路工程灾害预防与治理综合技术研究及工程应用”获国家科技进步二等奖，“雁门关长大公路隧道建设与运营成套技术研究”等4项成果获省科技进步一等奖，并有10项成果获国家专利。积极推广应用卫星定位、航测遥感、现代通信和互联网技术等，大大改变了交通生产、管理的方式，加快了行业信息化步伐。我省在全国率先实现了高速公路联网收费“一卡通”、统一拆分账和三级监控，并首家将国际通用的菲迪克条款通过网络技术应用到高速公路工程管理之中；汽车养路费征收实现了银行代征、异地征收和稽查自动识别；省交通厅机关实现了网上收发文件和无纸化办公。

加强交通发展战略性研究，是近几年我们主抓的一个重点。我们认真学习党的理论创新成果和市场经济知识，不断深化对交通发展的规律性认识，促进科学决策，先后组织开展了大运高速公路经济带、新型能源和工业基地交通运输支撑保障服务体系等的研究。为了防范债务风险，组织省内外有关专家对我省高速公路和干线收费公路收益预期、债务风险和融资空间进行了专题研究。研究结果表明：我省高速公路和干线收费公路运营良好、收益稳定，"十五"期间实现了收支平衡，步入良性发展轨道；经济效益居中部前列，接近东部水平；不仅没有债务风险，今后仍有较大融资空间。这一结果，进一步增强了银行的投资信心，促进了"十一五"期间建设资金的落实。

四、抓法制，推进依法治交和依法行政

高度重视法制工作，大力推进依法治交和依法行政。立法工作抓基础，配合省人大、省政府法制办积极做好立法调研、立法听证等工作，先后完成了《山西省高速公路管理条例》、《山西省公路养路费征收管理条例》等6部地方交通法规和政府规章的立法。普法工作抓领导，领导干部带头学法、带头守法、带头用法，带动了全行业的"四五"普法工作。执法工作抓"两头"：一抓执法队伍建设，全面落实执法责任制、执法过错追究制，严肃查处"三乱"案件，并在大同、运城两市开展了地方交通综合执法试点。在省委、省政府的统一领导和各有关部门的共同努力下，经国务院纠风办、公安部、交通部联合组织验收，我省跨入了所有公路基本无"三乱"行列。二抓市场监管，严肃查处了一批扰乱市场秩序的运输、施工企业，并对严重违规的部分施工企业作了"黑名单"处理。道路客运线路审批推行了服务质量招标制。依法行政抓机关，深化行政审批制度改革，交通行政许可项目由114项精简为23项，建立了路政、运政、交通征稽3个审批窗口，对外审批项目全部纳入窗口集中管理。厅机关建立了一套比较完善的规章制度。交通厅领导带头依法行政，凡事先定原则、先定规矩，尽量减少部门和个人自由裁量权，进一步规范了行政行为，促进了靠制度管人、按制度办事机制的形成。

牢固树立人大意识，认真落实省人大的决议和决定，自觉接受人大监督。凡是国家出台的交通法规和省人大制定的地方性法规，我都认真学习贯彻，并提出落实意见；对省人大及其各专业委员会安排的工作，我全力配合；对省人大领导的批示，都认真组织落实，并主动邀请省人大领导和代表到交通系统视察指导。近几年交通事业的快速发展，是省人大支持和监督的结果。人大代表的视察和批

评，是对我们工作的有力促进和鞭策。

五、抓基础，坚持不懈地加强廉政、安全、质量工作

廉政、安全、质量是交通系统的三项基本工作。抓干部必抓廉政，抓生产必抓安全，抓工程必抓质量，是这几年我省交通工作的一个鲜明特点。

在廉政建设上，从省内外发生的腐败案件中深刻汲取教训，着力在构建教育、制度、监督并重，惩防并举的反腐败工作体系上下工夫。认真组织开展了保持共产党员先进性教育、廉政警示教育和领导干部“三项治理”，广大党员干部进一步增强了拒腐防变的意识和能力。针对公路建设中出现的新情况、新问题，在重点工程和县际公路工程中全面推行了项目法人制、招标投标制、工程监理制、合同管理制，先后实行了复合标底评标、无标底评标、合理低价中标、最低价中标和计量支付、柜台前移银行支付等办法，推行了纪委书记派驻制、总会计师委派制及廉政合同制，并邀请省人大、省纪委、省高检、省发改委、省审计厅、省重点办六部门对重大工程招投标全程监督，有效克服了工程建设中的腐败现象。祁临高速公路被交通部树为全国交通系统十大廉政项目之一。2005 年以来，我们在总结经验的基础上，出台了交通基础设施廉政建设十项制度，进一步规范了招标投标、设计变更、资金使用、物资采购等行为。我带头落实党风廉政建设责任制，带头执行廉洁自律各项规定，逢会必讲廉政，干事必抓廉政。要求别人不做的，自己首先不做；要求别人做到的，自己首先做好，并代表班子成员向社会公开做出了“六项廉政承诺”，在工程建设中不打招呼、不介绍队伍、不推销产品、不干预招投标；在干部使用上坚决抵制跑官、买官等不正之风。

在安全管理上，重点强化了 3 个环节：一是强化责任，明确并严格落实了交通部门对道路运输安全的“三关一监督”（把好市场准入、车辆技术状况、从业资格“三道关口”，搞好汽车站的安全监督管理）职责，组建了省、市、县三级地方海事机构，落实了县乡两级政府对乡镇船舶的安全管理责任，建立了纵向到底、横向到边的行业安全生产责任体系。二是强化基础，在抓好“公路安全保障工程”的同时，建立了特大桥梁技术状况动态监测系统和省、市、企业三级道路运输 GPS 安全监管示范平台，在工程建设中实行了安全生产许可证制度。三是强化落实，定期组织开展安全生产大检查，从严查处安全事故。对造成特大事故的企业，分别给予了暂停客运线路审批等处理。每逢节日，我都要到汽车站、收费站、工地和特大桥梁隧道检查安全工作。经过全行业共同努力，我省交通安全生产保持了稳定发展的局面。

在质量管理上，严格落实工程质量责任制，建立了政府监督、项目法人负责、社会监理、企业自检四级质量保证体系，重点加强了对特大桥梁、特长隧道

等关键工程和隐蔽工程的质量监控。同时在工程设计与建设中大力推广新技术、新工艺、新材料、新设备，提高工程科技含量，建成了一批国优、部优、省优工程。大运高速公路建设实现了“5年工期3年完、投资概算不突破、工程质量创一流”和“绿色大运、科技大运、人文大运、国防大运”的既定目标，全线被交通部评为优质工程，赵康枢纽、雁门关隧道分别荣获“鲁班奖”，康庄飞机跑道荣获北京军区“优质工程”，祁临高速公路、大新高速公路、雁门关隧道分别荣获山西省首届“太行杯”土木工程大奖。

六、抓落实，着力解决好关系人民群众利益的问题

牢固树立以人为本的思想和正确的政绩观，尊重人、关心人、理解人，竭尽全力为基层排忧解难，为群众办实事、解难事、做好事。

重视人大代表建议和意见，带头抓办理、亲自抓落实，建立了厅长牵头、分工负责、专人经办、部门合办的办理制度。对于关系全局的建议和意见，我直接督办，有的还向代表当面请教、商议，并吸收到推进交通改革发展的政策措施之中。6年来，我厅对人大代表建议做到了事事有回音、件件有答复，办复率达到100%，代表满意率达到90%以上。省交通厅多次被省政府办公厅评为“提案建议办理先进单位”。

坚决维护群众利益，着力解决好关系人民群众利益的问题。一是严格基本建设程序，每个公路建设项目必须程序到位、手续完备，并及时支付地方政府征地拆迁补偿费。资金不落实的项目不开工。近几年的厅管项目做到了不拖欠征地拆迁补偿费、不拖欠施工单位工程款。二是狠抓了农民工工资清欠工作，扎住口子、摸清底数、分步推进，2003年底前厅管项目拖欠农民工工资和2005年底前拖欠工程款全部清完。累计清理拖欠农民工工资5251万元，涉及8743人；清理拖欠施工企业工程款3.14亿元，完成省清欠办下达计划的100%。三是积极探索农民工工资防欠机制，省交通厅与省劳动厅联合下发了《关于加强全省公路建设项目使用农民工管理的通知》，制定下发了重点公路工程保障农民工工资管理办法。在招标时，将不拖欠农民工工资写入招标文件，列为投标的前提条件；在工程建设中，严格执行合同管理、计量支付，并在有条件的项目建立了农民工工资专户制度和农民工工资发放保证金制度。在计量支付时，项目业主暂扣承包商5%的工程款，10个工作日内公示无拖欠农民工工资的，保证金退还承包商；凡有拖欠的，业主可从保证金中直接支付。对于恶意拖欠农民工工资的施工企业，公开曝光，并记入信誉不良档案；严重的列入违规企业“黑名单”，取消其一定期限内在晋公路工程投标资格。四是转变作风，为民办事。我每年坚持用1/3以上的时间下基层调研，解决交通改革和建设中存在的问题，与地方政府交流交通

工作思路，了解群众呼声，6 年跑遍了全省所有的县市区和大部分乡镇。村村通水泥（油）路就是 2001 年我在长治调研时提出来的。经过几年的努力，“修好农村路、服务城镇化，让农民兄弟走上油路和水泥路”成为各级党委、政府和全省交通系统的共识和自觉行动，农村公路建设投资在总投资中的比重由 2001 年的 13.5% 提高到 2005 年的 37.5%。2005 年太长路施工企业拖欠沿线农民副食品款问题被曝光后，我立即主持召开厅党组扩大会议研究解决，责成太长高速公路公司在沿线设立了 6 个便民服务点，现场清欠。我亲自深入沿线农民家中回访，督查清欠。2004 年以来，我厅每年承诺为群众办 10 件实事，特别是村村通水泥路和客车、鲜活农产品绿色通道等的落实，受到了农民的广泛欢迎。

9. 构建山西崛起的交通战略支撑*

山西是一个经济结构单一、市场化程度较低、各种历史问题积重难返的欠发达省份，虽然这几年经济建设取得了很大成绩，但综合经济实力和抵御市场风险能力依然较弱。山西要崛起，还需进行长期艰苦的努力。公路运输是山西最主要的运输方式之一，全省90%的客运量和65%的货运量是靠公路运输完成的，交通在山西崛起中发挥着至关重要的作用。近年来，在国家宏观经济政策指导下，山西从调整经济结构、扩大对外开放出发，把交通放在了优先发展的战略地位，公路基础设施和运输能力得到了长足发展。纵贯全省的“人”字型高速公路主骨架全面建成，省会到市实现了“3小时高速通达”，全省100%的乡镇、80%的建制村通了水泥路或油路，83.6%的建制村通了客车，公路交通对经济社会发展的“瓶颈”制约基本缓解。但是，这种缓解是在山西社会生产力发展水平不高的情况下实现的，是初步的、低水平的，也是不稳定的。基础设施总量不足、质量不高，运输结构不合理、效率低下的问题依然突出。随着经济社会的快速发展，新一轮的交通“瓶颈”制约将重新显现出来。加快发展仍是交通工作的第一要务。

促进中部地区崛起，是党中央、国务院继东部沿海开放、西部大开发和振兴东北等老工业基地战略之后做出的又一重大决策，是我国发展新阶段整体战略布局的重要组成部分。2005年8月，温家宝总理在长沙召开的促进中部地区崛起座谈会上指出：促进中部地区崛起，当务之急是要交通先行。这为中部地区交通发展提供了重要的历史机遇，也提出了新的更高的要求。山西是全国重要的新型能源、原材料和工业基地，增强交通基础产业对经济发展的支撑能力，对于促进山西崛起具有重大意义。

根据国家促进中部地区崛起的战略部署，从发挥山西资源优势、提升山西区位优势出发，“十一五”期间山西公路交通发展的主要任务是：建设大通道，打通出口路，提升干道网，改善微循环，推进一体化，逐步建立起能力充分、组织协调、运行高效、服务优质、安全环保的公路交通服务系统，与其他运输方式共

---

* 2006年8月31日在中部崛起——交通先行高层论坛上的发言摘要。

同构筑布局协调、衔接顺畅、优势互补的现代综合运输体系，为用户提供安全、便捷、经济、可靠的运输服务。5年全省公路建设投资900亿元，建设高速公路1900～2000公里，其中建成1300余公里；新改建干线公路5000公里、农村公路60000公里。到2010年，公路交通基本适应经济社会发展要求，高速公路将达到3000公里；二级以上高等级公路将达到17000公里，高级、次高级路面里程将达到56000公里，全省实现省会到市3小时、市到县2小时、县到乡1小时通达，所有建制村通公路，具备条件的建制村通水泥路或油路。

一、加快建设承东启西的高速公路大通道，是发挥山西优势、促进山西崛起的先行工程

市场经济规律是非均衡发展规律，非均衡发展使得各类要素乃至企业、产业始终处于流动之中，从而创造消费、创造市场，实现投入产出率和利润最大化，这个规律最终表现为产业结构和区域结构的调整和优化。温家宝总理在促进中部地区座谈会上指出：中部通，则全国通；中部活，则全盘皆活。中部要通，首先交通要通。山西地处我国内陆腹地，承东启西，接南连北，是东西部经济文化交流的桥梁和纽带，区位优势十分明显，理应成为东部产业转移的承接地，成为东部发展的能源和原材料供应基地。高速公路作为一种流速快、容量大、安全环保的经济载体，对提高山西乃至西部融入东部能力具有十分重要的作用。国家高速公路网规划和交通部促进中部地区崛起交通发展规划中有6条通道穿越山西、直入东部，分别是青岛—银川高速公路平定—柳林段、荣成—乌海高速公路灵丘—平鲁段、青岛—兰州高速公路黎城—吉县段、汾阳—和顺高速公路、侯马—晋城高速公路。“十一五”期间，山西要优先安排建设这些重要通道，打通山西通往长三角、珠三角、环渤海等直接影响我国经济发展的重要经济区的通道，为促进生产要素合理流动，带动山西资源优势与东部经济文化科技优势相互融合、共同发展创造良好的交通条件。到“十一五”末，我省规划的“人字骨架、九横九环”高速公路网建成“人字骨架、五横五环”，全省87%的县城在1小时内上高速。

二、打通出口路、连通东中西，是发挥山西优势、促进山西崛起的战略选择

面对东部大发展、西部大开发、中部各省竞相崛起的新形势，山西人民越来越深刻地认识到：山西与东部发达地区最大的差距在开放。为此，省委、省政府把扩大对外开放作为事关山西未来发展的重大战略来抓，在扩大招商引资、优化政务环境等方面做了大量工作。交通既是投资环境的重要组成部分，也是扩大开

放的重要手段。“十一五”期间，我省公路交通建设要按照扩大对外开放的要求，着力抓好出省公路通道的建设，构建全方位对外开放的公路交通网络，以交通开放促进全省开放。我省规划的公路出口有77个，其中高速公路出口22个，普通公路出口55个。“十一五”期间要打通重要高速公路出口15个，使我省通往东部的高速通道达到6条，与相邻中西部各省的高速通道达到2条以上。普通公路出口按照省际统一标准、同步建设的原则，在“十一五”期间基本打通，为加强省际间联系、促进区域经济一体化创造条件。

三、加快建设资源运输通道，提升国省干线通行能力，是发挥山西优势、促进山西崛起的迫切需要

山西是全国能源、原材料基地和旅游资源大省，对于保障国家经济安全具有举足轻重的地位。特别是在全球性石油供应紧张、价格飓升的情况下，煤化工作作为一种新型石油替代产品，对于保障我国能源安全，提升山西产业素质，具有战略意义。公路交通建设要服从服务于国家和山西经济建设大局，加快建设运煤通道和旅游干线，提升路网技术状况和整体服务水平。“十一五”期间集中改造运煤通道3000公里、旅游干线1000公里，基本形成以二级以上高等级公路为主的煤炭集疏运公路网和旅游公路网，并连通所有县以上行政中心、经济文化中心、煤炭基地、重要旅游景区，彻底扭转目前运煤路线和旅游干线交通压力过大的状况，使道路运输更安全、更畅通、更便捷。

四、推进交通一体化，是发挥山西优势、促进山西崛起的重要基础

经济一体化是市场经济发展的必然趋势。国内外发达地区的实践一再表明，交通一体化是经济一体化的基础和前提。我们要从以下4个方面来推进交通一体化。

——以综合枢纽建设为龙头，建立综合运输体系。要按照各种运输方式协调发展和提高投资效益的原则，重点抓好太原、大同、临汾、长治等中心城市公路主枢纽和县级客运站场建设，抓好公路与铁路、民航、水运等其他运输枢纽衔接的通道建设，实现各种运输方式客运零距离换乘、货运无缝衔接，促进各种运输方式在运输通道内有序竞争、共同发展，提高综合运输能力。

——加快贫困地区交通发展，促进区域交通一体化。晋西北、太行山两大革命老区和贫困地区（简称“两区”）是山西经济社会发展的薄弱环节，也是山西资源开发的未来优势。山西要崛起，难点在“两区”，希望也在“两区”。“两区”富，则全省富；“两区”兴，则全省兴。公路交通对“两区”来讲，在许多地方可能是唯一的运输方式。为此，要把交通基础设施建设作为“两区”开发

的重中之重来抓，对“两区”公路交通建设实行“四倾斜”：一是规划上倾斜。省委、省政府出台了“两区”交通专项规划。“十一五”期间“两区”公路交通建设投资将达到630亿元，占全省公路交通建设总规模的70%。二是项目上倾斜。高速公路打通吕梁山，贯通太行山，连通东中西，建设里程1189公里，占同期全省高速公路建设总里程的60%。到“十一五”末，“两区”59个贫困县有50个能在1小时内到达高速公路。新改建干线公路3898公里，占全省干线公路建设总规模的78%。新改建农村公路重点项目28316公里，占全省的60%。三是资金上倾斜。“十一五”期间省交通厅在“两区”农村公路建设投资62亿元，占对全省农村公路建设总投资的62%。四是政策上倾斜。省政府对“两区”实行了从省煤炭可持续发展资金中提取一定比例用于矿区公路建养、重点工程建设，营业税设立财政专户用于农村公路建设、提高养路费超收分成比例等特殊扶持政策。

——加大对社会主义新农村公路建设的投入，促进城乡交通一体化。“十一五”期间省交通厅投资100亿元，用于农村公路建设，进一步提高农村公路通行能力和通达深度。同时要加快推进农村客运站场建设和农村客运公交化步伐，理顺管理体制，打破城乡壁垒，完善市场体系，形成城乡一体化的交通管理体制和运营机制。

——建立一体化的支持保障系统。要主动适应运输市场需求的变化，建立省际之间、区域之间、城乡之间互通、互联、共享的交通信息网络体系。建立区域交通发展协调机制，加强发展规划、基础设施建设、运输组织与管理、市场监管和政策法规等的协调，逐步形成公平、开放、统一的交通运输市场，形成一体化的政策法规，保障交通一体化顺利推进。

五、创新发展模式，转变增长方式，是发挥山西优势、促进山西崛起的必由之路

近年来，国家不断加大宏观调控力度，实行了最严格的耕地保护政策，抑制固定资产投资过快增长，交通必须走资源节约型、环境友好型发展之路，最大限度地降低交通发展的资源环境代价，转变增长方式，提高增长质量。

走资源节约型、环境友好型发展之路，必须把节约贯穿到公路交通发展的规划、设计、建设、验收及工作考核的全过程，按照建立现代综合运输体系的要求，系统规划、合理布局，注重衔接、综合配套，尽量提高资源和产品的利用率，坚决克服重复投资、重复建设。即使是新建项目，也要坚持节约利用土地资源，合理确定线位，尽量少占耕地、少占土地。能利用荒地的不用耕地，能利用旧路的不占新地。

走资源节约型、环境友好型发展之路，必须坚持内涵发展，把增量扩充与存量提升结合起来，更加注重存量提升。当前，提高交通运输能力，仅靠新建工程和总量扩张是不现实的，必须把重点放在现有资源的有效利用上，通过加强公路养护管理，充分挖掘现有路网通行潜力，改善路网技术状况和管理水平，提高通行能力和效率，把现有通道资源的文章做大做好做足。必须依靠科技进步，大力推广使用现代化的装备和技术，改进整个运输系统的运行组织方式，大幅度提高交通基础设施的使用性能和安全性能，实现交通运输内涵式的增长，使运输质量和效率提高到一个新水平。“十一五”时期，我省要在继续扩大基础设施建设规模的同时，积极发展应用新技术，开发研究并推广应用智能交通技术和现代物流技术，提高运输效率，保证运输安全。必须有战略眼光，着眼未来发展，大力开发和推广应用节能技术和太阳能、风能等清洁替代能源，降低公路运营和运输经营成本。

走资源节约型、环境友好型发展之路，必须牢固树立不破坏就是最大的保护的理念，设计时最大限度地保护生态，建设中最小程度地破坏生态，建成后最强力度地恢复生态，并在技术和管理上给予相应的保障。对于穿山越岭路段，多建隧道和桥梁，尽量减少山体开挖。山西生态环境十分脆弱，保持生态、保护环境必须放在特别重要的位置，创新发展理念，转变增长方式，加快科学发展，为实现中部崛起提供强有力的交通支撑。

公路建设篇

GONGLUJIANSHEPIAN

我始终不愿抛弃我的奋斗生活，我极端重视由奋斗得来的经验，尤其是战胜困难后所得到的愉快；一个人要先经过困难，然后踏进顺境，才觉得受用、舒适。

——（美）爱迪生

人民，只有人民，才是创造世界历史的动力。

——（中）毛泽东

国内的事情，要人民去管理，国内的幸福，也是人民来享受。

——（中）孙中山

1. 高速公路经济社会价值的开发利用*

高速公路是一个国家和地区经济发展水平和社会文明进步的重要标志。从20世纪30年代德国建设世界上第一条高速公路至今，近70年来，高速公路从无到有，目前已发展到20多万公里，对世界经济社会的发展发挥了十分重要的作用。

高速公路的发展，为世界经济的复苏和持续发展蓄聚了后劲，加速了世界工业化进程。美国作为最早开展公路运输网络研究的国家，政府不惜投巨资修建高速公路。到20世纪80年代后期，美国的州际高速公路网基本形成，目前已达到88600多公里。超前发展并具有一定储备的高速公路网络，为美国经济持续高速增长奠定了基础。原西德二战后，几乎是在一片废墟上发展经济，由于坚持交通运输推动经济发展的指导思想，高速公路得到持续发展，全国5万人口以上的城市全部通了高速公路，5万人口以下的城市基本通了高速公路，高速公路真正成为德国经济发展的重要驱动力，这是德国经济在毁灭性世界大战后能迅速发展起来的重要原因之一。日本、韩国等亚洲国家经济的崛起，也都与高速公路的超前发展有重要关系。

高速公路的发展，为区域经济发展注入了活力，特别是为产业结构的调整拓展了空间和舞台。高速公路凭其对人流、物流、信息流、资金流的载体优势，把优势企业、优势产业和生产要素吸引过来，加快了以高速公路为轴心的密集收缩，促进了资源优化配置和产业升级，使农村剩余的劳动力由农村向城镇，由农业向工业，由第一产业向第二产业、第三产业转移，促进了按产值计算的产业结构由“金”字塔型向倒“金”字塔型的合理结构发展。例如，日本的名古屋至神户高速公路建成后，仅在14座立交桥附近不到10年的时间就增加工业企业900家。爱知县的小牧市，自名古屋至神户、东京至名古屋两条高速公路在此汇交后，由一个小镇一跃成为一个新兴工业城市，10年内工业总产值增加了38倍，大大超过其他地区的发展速度。在我国，广东、上海、山东、江苏都是高速公路比较发达的省份。如果说改革开放初期这些地区的崛起靠的是沿海优势，那么之

---

* 2000年9月2日在全国第九次高速公路管理工作研讨会上的发言摘要。

后的保持领先更多的则是依托现代化的公路交通。高速公路促进了产业转移和流通加速，实现了由以工业为主向以高新技术产业为主的转变。另外，沈大、京津塘、沪宁、成渝等跨地区高速公路的建设，也都对沿线资源的合理配置和经济发展发挥了重要作用。在我省，太旧高速公路建成后，寿阳县大力发展蔬菜大棚，21 世纪初将建成全省最大的“旱码头”；阳泉市在太旧路的两个出口处建起了两个“星火技术开发区”，成为该市最具活力的经济增长点。

高速公路的发展，促进了社会的文明和进步。“交通乃文明之舟、产业之母”。高速公路作为现代文明的载体，它的发展，打破了贫困地区由于交通落后而形成的地区封闭、信息不畅的状态，开阔了人们的眼界，促进了文化交流，对于提高人民群众的思想道德水准和科学文化素质，加强社会主义精神文明建设，促进社会走向文明发挥了十分重要的作用。这一点，我们在太旧高速公路建设中有深切的体验。

当前，中央实施西部大开发战略，明确要求西部开发近期以公路建设为重点，并实行积极的财政政策支持公路建设，为加快公路建设特别是高速公路建设创造了一个难得的机遇。国家交通部按照西部大开发的战略要求，重点规划了贯通和连接西部的 8 条高速通道，并在政策上、资金上大力扶持。可以说，世纪之交，是高速公路的黄金发展期，机不可失，时不我待。加快国道主干线等高速公路建设，按照中央要求尽快打通西部开发通道，为西部开发创造条件，既是服从大局的需要，也是抓住机遇、发展自己的需要。西部大开发，不仅是西部大发展的机遇，也为中东部的进一步发展提供了新的舞台和空间。如果不加快本地区公路网和通往西部的运输通道建设，中东部的发展也会受到影响。山西地处承东启西的重要地位，省委、省政府把加快公路建设作为调整经济结构的突破口来抓，要求以大运高速公路和国道主干线为重点，再掀公路建设新高潮。今后几年，我省将集中精力抓好纵贯全省、全长 666 公里的大同至运城高速公路的建设，加快规划建设二连浩特至河口、青岛至银川两条国道主干线在我省境内路段，尽快建成公路主骨架，打通通往中西部的运输大通道，为全省经济社会的发展提供有力的交通支持。

高速公路作为一种高投资、高回报的新型产业，开发的潜力还很大。高速公路经济带的形成和发展以及对沿线经济的带动作用，给我们带来了新的机遇和挑战。我们应当坚持一业为主、多种经营的方针，着力在经营与开发上下工夫，把高速公路的管理由只注重收费转变到收费与发展相关产业并重上来，拓展新的经济增长点，不断提高高速公路的经济效益和社会效益。

首先，要以人为本，加强高速公路管理。发挥高速公路带动生产力发展的作用和功能，必须树立以人为本的指导思想，坚持以人为本的管理、以人为本的服务、以人为本的经营。一是制度要严格。严格管理、严格纪律、严格要求、严格监督、依法治路。在这方面，全国各地高速公路基本采用了半军事化管理的模式，但还需要进一步完善和提高。二是设施要先进。“特路特养、特路特管”，大力推广运用先进技术、先进设备和先进的管理方法，不断提高收费、监控、服务和养管等的科技含量，按照高速公路网络化的要求，加强高速公路管理智能化和高速公路“一卡通”收费系统的研究和建设，逐步实现“收费自动化、养护机械化、管理现代化”，进一步提高高速公路的快速反应能力和通行能力。三是服务要优良。围绕收费工作，大力开展创建文明路、文明“窗口”、文明示范岗以及青年文明号等群众性的行业文明创建活动，寓管理于服务之中，寓教育于服务之中，培育“四有”新人，树立窗口形象。四是环境要优美。应进一步加强高速公路及服务区和沿线的绿化、美化工作，实施高速公路绿色通道工程，把高速公路绿化、美化与生态建设、荒山造林结合起来，做到经济效益与生态效益、社会效益相统一。

其次，要综合开发，多元经营，推进高速公路产业化。高速公路的建成，仅仅为经济的发展提供了一个客观的物质条件，能否充分发挥其具有的各种优势，还需要我们做多方面的工作。作为高速公路管理部门，在抓好收费工作的同时，应当紧紧围绕高速公路大力加强经济开发，不断拓展高速公路的效益。一方面，要以服务和建设为依托，开拓高速公路经营服务领域，增加服务项目，大力发展餐饮、维修、购物、加油、广告宣传等第三产业，为运输车辆及旅客提供多层次、全方位的服务，特别是要围绕调整产业结构，搞好特色产品销售、宣传工作，为地方经济建设服务。另一方面，要依托高速公路，发挥高速公路的优势，大力发展高速客运、快速货运、集装箱运输、仓储和物流，促进交通运输经济结构调整和产业升级。

目前，各省、市、区高速公路管理体制各不相同，有按事业单位管理的，也有按企业运作的；有省里垂直管理的，还有按区域划分地方分段管理的。究竟哪一种管理体制好，我感到：一是要坚持统一管理的体制。高速公路具有自然拓展性，最终结果是网络化，这种高速公路不可分割的自然属性，决定了其在管理体制上的统一性。因此，不管是政府投资修的高速公路，还是外资修的高速公路，都应纳入行业统一管理。二是坚持高速公路执法统一。由于交通安全管理职能一直没有理顺，目前我国高速公路执法中存在两支队伍多头管理的问题，这不仅增加了运营成本，而且政出多门、矛盾重重，扯皮现象不断，既损害了消费者的利益，又损害了高速公路的文明形象。作为交通部门，一方面要着眼于从根本上解决问题，积极争取政府支持，理顺行业管理职能，实现交通安全管理职能“归位”；另一方面要积极采取措施，借鉴“重庆模式”，探索“交通、交警联合办公、联合执法”机制，缓解管理中的矛盾和问题。三是要坚持市场化方向，盘活资产、滚动发展，延伸高速公路产业链。高速公路是优质国有资产，一条路少则几亿，多则几十亿、上百亿，如果能最大限度地盘活高速公路资产，对于加快我国公路建设及其他方面的基础设施建设意义重大。近年来，各地在盘活高速公路资产方面做了大量有益的探索，并取得了重大进展，成渝、皖通、沪宁、东北、华北等高速公路分别在境内外上市，有的省还在转让高速公路经营权方面取得了积极的成果。另外，要注重利用市场机制对高速公路资源进行优化配置，引导高速公路企业在搞好本身运营的同时，积极向其他公路建设和其他高科技产业投资，发展高速公路产业链，发挥规模效益。在这方面，安徽皖通高速公路在香港上市后，先后向安徽高界、宣广等高速公路投资入股，并在合肥市高新技术开发区投资成立了以计算机软件开发为主的安徽省交通科技发展有限公司，实行资本扩张，拓展发展空间，形成了一条以皖通高速为龙头的高等级公路产业链。这些经验都值得我们借鉴。

2. 掀起公路建设新高潮*

掀起以大运高速公路和国道主干线为重点的公路建设新高潮，是当前全省交通系统重大而紧迫的政治任务。

一

改革开放以来，特别是1993年以来，在省委、省政府的高度重视和广大人民群众的大力支持下，全省交通系统认真贯彻中央扩大内需、加快基础设施建设的战略决策，不断加大公路建设力度，取得了巨大成就。1993年至1999年的7年间，全省公路建设共完成投资354亿元，年均50.5亿元；新增公路通车里程21336公里，年均增长3052公里；新增高速公路403公里。到1999年底，全省公路通车里程达到52807公里，公路密度达到33.8公里/百平方公里，高速公路达到403公里，二级以上高等级公路达到8918公里，高级、次高级路面里程达到28387公里，全省实现了镇镇通油路、乡乡通公路、行政村通机动车的目标，并有80.5%的乡和42.6%的行政村通了油路，有93.5%的行政村通了公路。但是，与发达地区相比，与全省经济和社会发展的要求相比，我省公路交通总体水平仍然不高。从数量来看，按百平方公里计算公路密度，广东为54公里/百平方公里，海南为50公里/百平方公里，山东为44公里/百平方公里，而我省仅为33.8公里/百平方公里；按万人计算公路密度，云南为25公里/万人，海南为23公里/万人，而我省仅为17公里/万人。特别是纵贯全省南北的大运高速公路仅建成1/8多，主要出省通道仅打通2条，“三纵八横”公路主骨架尚存在一些“卡脖子”路段，具有规模效益的路网尚未形成，断头路、“瓶颈”路还大量存在，发展不平衡的问题仍然比较突出。从质量上看，我省公路技术等级偏低，通行能力和抗灾能力不强，全省公路通车里程中三级以下公路就占83%，等外路占5.1%，二级以上高等级公路仅占10%多一些，高速公路通车里程不达山东的1/3，不足河北、广东、四川的1/2。交通落后仍然是制约全省经济和社会快速发

---

* 2000年10月12日在山西省交通系统掀起公路建设新高潮动员大会上的讲话摘要。

展的“瓶颈”之一。

当前，中央继续实行以积极的财政政策为主的宏观经济政策，扎扎实实推进西部大开发这一世纪工程，加快中西部地区的发展；省委、省政府以改革开放为动力，以调整经济结构为中心，推进“5项创新”，促进“3个提高”。这是推进中华民族伟大复兴和兴晋富民伟大工程的战略决策，也是党中央、国务院以及省委、省政府身体力行“三个代表”重要思想的具体行动，我们一定要从“三个代表”的高度，从推进党的各项兴国战略和富民政策顺利实施的高度，充分认识加快以大运高速公路和国道主干线为重点的公路建设的重大意义，增强掀起公路建设新高潮的紧迫感、责任感与使命感。

要充分认识到，加快公路建设，是实施西部大开发战略的迫切需要。西部大开发是当前全国的大局，中央明确强调西部开发近期以公路建设和生态环境建设为主。我省地处承东启西的战略位置，国家规划建设的“五纵七横”国道主干线有两条穿越我省，一条是二连浩特至河口国道主干线，在我省境内为大同—侯马—禹门口，全长710公里；另一条是青岛至银川国道主干线，在我省境内为旧关—太原—军渡，全长381公里。这两条国道主干线在我省境内形成为一个大“十字架”。如果我们不能及时打通这些国道主干线，不仅影响西部的开发，也会影响东部的西进和发展，从而影响全国经济发展和政治稳定的大局。江泽民总书记指出：胸无全局者，不足以谋一域。服从全国大局，及时打通东联西进的大通道，实现东西畅通，全国一盘棋，这将是我们对全国经济建设，特别是西部大开发的一大贡献和支持。

要充分认识到，加快公路建设，是我省经济和社会发展的客观要求。加快公路建设，不仅能够直接拉动建筑、机械、冶金、旅游等行业的发展和潜力产品的起步，促进就业，保持稳定，而且有利于扩大对内对外开放，促进流通领域的发展，培育优势产业、优势企业、优势产品和新的经济增长点，蓄聚经济发展后劲，使我省丰富的矿产、旅游及农副产品等资源优势尽快转化为经济优势，转变为现实生产力，促进全省经济结构的调整、优化和产业升级。同时，对于打破全省因交通落后形成的地区封闭状态，促进文化交流，提高全省人民的思想道德水准和科学文化素质都具有十分重要的意义。因此说，公路建设不仅是我省调整经济结构的基础工程，而且是实现山西经济腾飞和社会文明进步的战略举措。作为交通人，要把打通以大运高速公路和国道主干线为重点的内连外接大通道，为全省经济和社会的快速发展创造有利条件，作为义不容辞的责任来完成。

要充分认识到，加快公路建设，是广大人民群众的强烈愿望和要求。当前，全省人民思变盼富的愿望十分强烈，我们加快公路建设，不仅要打通影响全省经济社会发展的“大通道”，而要着力改善偏远地区、贫困地区的“微循环”，为贫困地区的经济发展和脱贫致富打下基础，这对于促进全省经济的均衡发展和全省人民的共同富裕将起到巨大的推动作用。全省交通系统要把尽快改善经济运载条件和广大人民群众的生产、生活条件，改变偏远山区不通公路的状况，促进老区和贫困地区经济和社会发展，促进扶贫攻坚和共同富裕，作为神圣的历史使命来完成。

二

当前，我们正面临着一个加快公路建设难得的新的历史机遇。首先，党中央、国务院对公路建设十分重视，把公路建设作为西部大开发的“先行工程”来抓。今年的中央政府工作报告指出：加快基础设施建设，“这是实施西部地区大开发的基础，必须下更大的决心，以更多的投入，加快基础设施建设”，“近期要以公路建设为主”，并要求全国一盘棋，尽快打通连接西部地区的8条高速通道。国家计委、交通部、财政部、开发银行等部门按照中央西部大开发的战略要求，对中西部地区公路建设实施政策上倾斜、资金上支持。国家交通部同意大运高速公路全线按照国道主干线给予补助，并大力支持侯马至禹门口段高速公路按亚行二期贷款项目建设；国家计委、财政部在今年增加的财政债券中，为我省安排了6亿元的公路建设国债指标。

其次，省委、省政府高度重视公路建设，把公路建设作为全省调整经济结构的突破口来抓。1999年8月，省委常委会专门研究并作出了利用亚行贷款建设祁临高速公路的重大决策。2000年5月，田成平书记专门批示，公路建设“要量力而行、尽力而为，调动各方面的积极性，加快建设”，并多次强调“公路建设势头不能减”。前不久，他亲自参加了大运高速公路奠基仪式，向全省人民发出了掀起以大运高速公路和国道主干线为重点的公路建设新高潮的总动员令。刘振华省长、杜五安副省长多次深入交通部门及公路建设第一线调研和现场办公，研究解决公路建设中存在的问题，并亲自带领我们赴国家计委、交通部和金融部门汇报工作、协调关系，争取中央各部门的支持。2000年7月，省政府常务会议专题研究了全省加快公路建设等重大问题，作出了“以大运高速公路和国道主干线为重点，再掀公路建设新高潮”的战略决策，出台了加快公路建设的5条实施意见。2000年9月20~24日，刘振华省长、薛军常务副省长、杜五安副省长等省领导又亲自带领省直有关部门和金融部门负责人以及大运高速公路沿线地市领导，实地考察大运高速公路线位，现场办公，研究解决了大运高速公路建设面临的主要问题。省直有关部门和地方政府顾全大局、积极配合，把公路建设作为本部门、本单位的一项重要工作来抓，“依法办、取低限、开绿灯、做贡献”，特别是在征地拆迁、项目审批等方面给予了大力支持。省国土资源厅在国庆节前专门给各地发了明传电报，要求加快办理、加快审批大运高速公路土地手续，省计委在项目审批上急事急办、特事特办。这些都为加快公路建设创造了宽松的外部环境。

第三，人民群众修路的积极性十分高涨。经过近几年公路建设的实践，“公路通、百业兴”，“要想富，先修路”，“大路大富、小路小富、高速公路快富”已成为全省人民的共识，修路成为全省人民的自觉行动。在前不久进行的“大运行”现场办公活动中，我们又一次感受到了地方各级党委、政府和沿途人民群众对公路建设的巨大热情和迫切期望。

机不可失，时不我待。我们一定要牢牢抓住中央和省委、省政府高度重视并大力支持公路建设的大好机遇，紧紧依靠地方各级党委、政府和广大人民群众，掀起以大运高速公路和国道主干线为重点的公路建设新高潮，用3年左右的时间打通大运高速公路。根据省委、省政府的战略意图，掀起公路建设新高潮，要坚持以邓小平“两个大局”的战略思想和“三个代表”重要思想为指导，按照西部大开发和经济结构调整的战略要求，调动各级地方政府和全省人民的积极性，统筹规划，科学安排，抓住机遇，乘势而上，突出大运高速公路和国道主干线建设，建立覆盖全省、通达四邻、安全便捷、功能完善的公路网，为全省经济社会发展和现代化建设打好基础。

建设重点和目标是，一要加快大运高速公路和国道主干线建设，今年建成夏家营至汾阳高速公路，2003 年建成大运高速公路，开工建设侯马至禹门口段、汾阳至离石段、离石至军渡高速公路；二要加快重要出省公路的建设，2001 年建成运城至三门峡、长治至邯郸、晋城至焦作3条出省高速通道；三要加快旅游路、扶贫路建设，着力抓好五台山等十大旅游景区旅游路的建设和改造，提高技术等级，进一步改善旅游交通条件。到2003 年底，全省高速公路突破1000 公里，达到1200 公里；二级以上高等级公路突破10000 公里；公路通车里程达到57000 公里。

三

掀起公路建设新高潮，目标宏伟，任务艰巨。对全省交通系统来讲，既是机遇，又是挑战，更是一次比太旧路建设更加严峻的考验。大运高速公路建设，是世纪之交全省交通系统面临的一场大决战、大会战。作为交通人来讲，能够参与大运高速公路建设，三生有幸、终生无憾。打胜这一仗，更是历史的重托、人民的期望。全省交通系统要坚定信心、振奋精神，像当年建设太旧路一样，始终保持拼搏的精神、顽强的斗志和必胜的信念，积极投身于加快公路建设的新的实践中来。

要加强组织领导，保持旺盛斗志。掀起公路建设新高潮，特别是千里大运高速公路建设，战线长、时间紧、任务重、责任大，既是一场大仗，又是一场硬仗。首先，要统一思想，提高认识。要把学习“三个代表”的重要思想与学习省委、省政府以公路建设为突破口的经济结构调整战略结合起来，深刻领会省委、省政府掀起公路建设新高潮的重大意义，增强大局意识、发展意识、机遇意识，把思想统一到省委、省政府的决策上来，统一到用3年时间打通大运高速公路的目标上来。其次，要切实加强对掀起公路建设新高潮的领导，调兵遣将，选能人、用能人，用组织制度和优秀人才保证掀起公路建设新高潮顺利实施、取得实效。厅党组要切实加强对大运高速公路建设的领导，党组成员分工负责、分段督导，协助项目单位协调、解决工程建设中存在的问题和困难。各项目单位要按照厅党组的要求尽快健全项目法人负责制和工作机构，细化工作、分解责任，一级抓一级，层层抓落实。各地市交通部门和省公路部门也要加强对掀起公路建设新高潮的领导，主要领导亲自挂帅，班子成员各把一关，亲赴工程一线蹲点指导，督促检查。要有脱几层皮、掉几斤肉的勇气，咬住目标不松口，扭住工作不松手，创新思路，强化措施，全力以赴掀起公路建设新高潮。第三，要切实加强思想政治工作，动员全省交通系统干部职工认清形势，服从大局，协同作战，奋力拼搏，大力弘扬抗洪精神和太旧精神，众志成城，再铸辉煌。

要加大筹资力度，拓宽筹融资渠道。资金是长期制约我省公路建设的难点，也是关系这次掀起公路建设高潮能否取得实效的关键，必须下大力气、下苦工夫认真加以解决。首先，要切实抓好规费征收管理。各级交通征稽部门要切实做好队伍稳定的工作，切实做好规费征管工作，采取有效措施，优化征稽环境，加大征稽力度，依法征稽，依法清欠，严厉打击逃、漏、偷、抗费行为，确保交通规费稳定增长，为加快公路建设提供有力的资金支持。在座的交通征稽系统的各位领导，你们肩上的任务很重，要拿出百日稽查大会战的劲头来，埋头抓好当前工作，不能总想着费税改革、何去何从，要多想收费、多想管理。省交通征稽局要加强考核，分类排队，表彰先进，鞭促后进，在交通征稽实践中考察干部，按实绩用干部。我作用一厅之长，也要像当年杜五安副省长运筹指挥征稽大会战一样抓好交通征稽工作。第二，要切实抓好银行贷款的落实工作。目前，公路建设已成为银行投资的一个重点，人行、工行、开行、中行、农行等国内主要金融部门都在积极采取措施，筹措调拨资金，增加公路建设贷款。厅规划、财务部门以及各级公路交通部门和建设单位，都要根据全省和本地区的建设规划，准备好项目，落实好资本金，积极主动地与银行洽谈，创新观念、创新机制，多渠道、多形式地加快项目贷款的落实。大运高速公路建设贷款规模大，需要多家银行的鼎力支持，各项目单位要在落实好资本金的同时，抓住当前国内各大银行看重大运高速公路建设的机遇，责成专人配合金融部门搞好项目评估等工作，努力使银行早审批、早立项、早放贷，确保工程建设顺利进行。第三，要有效利用资本市场，实施资本运营，盘活公路资产，拓宽筹融资渠道。今后几年，我省公路建设规模大，虽然国家实行积极的财政政策，仍不能满足公路建设庞大的资金需求。改革开放以来，随着我国社会主义市场经济的不断深入，资本市场已成为筹集公路建设资金的一个重要渠道。自我国第一家公路股——广东高速上市以来，目前全国已有10多家上市公司在海内外证券市场募集公路发展资金。为此，交通部提出今后要有65%的交通建设资金来自资本市场；证监会积极配合，设立“绿色通道”，优先安排公路股上市。这几年，我省在资本运营方面也进行了一些有益的探索，通过转让经营权、合资合作建设经营公路等累计引进外资近30亿元。前不久，我们以企业并购的形式，从太旧路置换出20亿元资本金，并积极筹备开发银行8亿元的公路建设企业债券，资本运营已成为我省公路建设筹资的一条重要途径。各级交通、公路部门、建设单位都要进一步解放思想，创新思路，紧紧抓住当前我国资本市场逐步发育完善的机遇，抓住股票市场向公路建设倾斜的机遇，实施资本运营，通过公路股票上市，转让、出售公路经营权，发行债券以及采用BOT方式等途径，激活资本市场，盘活公路资产，以路修路，滚动发展。第四，要厉行节约，注重效益，管好用好每一分钱。各级领导干部都要强化效益意识，把开源和节流有机结合起来，在广开筹资渠道的同时，通过优化设计、公开招标、严格管理、采用先进技术等措施，节省建设资金，降低建设成本。各项目单位都要千方百计压缩非工程性开支，节约工程管理费用，坚决杜绝铺张浪费。如果我们大家都能厉行节约，仅大运高速公路建设节约几个亿或几千万的资金是不成问题的，这就会大大缓解资金短缺的矛盾。

要以质量为中心，全面加强工程管理。掀起公路建设新高潮，关键在资金，成败在质量，质量责任重于泰山。在工程建设中，一定要牢固树立质量意识，强化质量管理措施，严格要求、严格制度、严格管理、严格责任，以对国家、对人民、对历史极端负责的精神和一丝不苟的认真态度，扎扎实实地把工程质量提高到一个新水平，任何时候都不能以牺牲质量为代价。要进一步完善项目法人负责制、工程监理制、招标投标制和合同管理制，强化政府监督、社会监理、企业自检的三级质量保证体系，严格控制质量、控制投资、控制工期，层层建立工程质量责任制，一级抓一级，真正把工程质量落到实处。要正确处理质量与进度、质量与成本的关系，在确保质量的前提下，合理确定建设工期，科学划分标段，精心组织施工，突击关键工程的建设，倒排工期，有序推进，以段段优良确保全线优良，以段段完成确保全线完成。要坚持“科学技术是第一生产力”的思想，加大科技投入，积极采用新技术、新工艺、新产品、新材料，围绕工程建设开展科技攻关，推进公路建设科技进步，用高科技保证工程建设高质量。

要大力加强工程建设中的党风廉政建设。公路建设投资大，备受社会关注，如果不加强管理，很容易出腐败问题。因此，我们必须高度重视廉政建设，警钟长鸣，防患于未然。要切实加强资金监管，实行会计委派制度和工程定期审计制度，严格执行计量支付制度，严肃财经纪律，防止挤占挪用。要建立健全工程建设纪检监察机构和廉政建设责任制，完善监督制约机制，加强对工程建设的纪检监督、行政监督、审计监督、舆论监督，增强工程建设的透明度，杜绝“暗箱操作”，坚决防止工程建设中的消极腐败现象，努力创建“廉洁工程”，真正做到“修好一条路，不倒一个人”。

要以大运高速公路和国道主干线建设为重点，掀起公路建设新高潮。大运高速公路和国道主干线，是这次公路建设新高潮的重头戏。各项目单位要按照厅党组提出的“快、严、新、绿、细、廉、实、优”的八字方针，发扬“太旧精神”和“武宿速度”，团结一致，拼搏进取，艰苦奋斗，连续作战，加强管理，加快推进。一要加大工作力度，在“快”字上下工夫。一切工作要提高工作效率，以快出效益，以快求效益。具备开工条件的项目要抓紧开工，倒排工期、卡死工期，力争早日建成。规划内的项目要抓紧设计，抓紧项目审批、征地拆迁、资金筹措等前期准备工作，力争早进场、早开工。大运高速公路各项目单位要展开一场竞赛，抓住当前省委、省政府创造的宽松环境，加快征地拆迁、手续审批等工作。大运南线今年搞好“三通一平”并开工建设小桥涵、隧道、施工便道等工程，北线要抓紧雁门关隧道的路线勘察和征地拆迁等工作，确保明年开工建设。要按照全线开工、分段完成的原则，在确保质量的前提下，科学组织施工，分兵把口，能快则快，尽快形成高速公路小循环，力争在2002年建成大同至新广武段、阳明堡至原平段、太原至祁县段、祁县至介休段、洪洞至临汾段、临汾至侯马段、侯马至运城段以及朔州连接线。要突击关键工程的建设，集中力量攻克雁门关隧道、韩信岭隧道和仁义沟特大桥等。提前干、往前赶，力争2003年大运高速公路全线建成通车。二要依法加强管理，在“严”字上下工夫。大运高速公路工程投资大、建设难度高、建设战线长，南有韩信岭，北有雁门关，既有省内施工队伍，也可能有省外施工队伍，还有亚行的参与，工程建设组织管理的难度确实很大。因此，从质量到工期、概算，从各段到全线，从指挥员到战斗员，一定要严格管理，严格要求，严格制度，严格落实，创全优、出精品、争国优，努力把大运高速公路建设成为经得起历史检验的“放心工程”、“优质工程”，造福全省人民和子孙后代的“德政工程”、“民心工程”；西部大开发的“示范工程”、“精品工程”。三要搞好后勤服务，在“优”字上下工夫。全省交通系统都要顾全大局，服从大局，为大运高速公路和国道主干线建设提供优质服务。各项目单位要充分利用省委、省政府高度重视和沿线各地市、有关部门积极支持大运高速公路建设的有利条件，主动协调好各方面的关系，争取各方面的支持，加快解决工程建设中的征地拆迁、社会治安、群众工作等问题，优化建设环境，确保工程建设顺利进行；各设计、监理单位要积极支持项目单位，搞好本职工作，加班加点，优化设计，严格监理，为项目单位把好关口；各级交通、公路部门要切实为大运高速公路搞好后勤保障，帮助项目单位、施工单位排忧解难，在人、财、物等各个方面给予全力支持，同时要认真搞好公路养护，不能因为加快公路建设而影响了公路养管工作，特别是要抓好迎接全国公路大检查的工作；交通征稽系统要以规费征收为中心，切实加强职工思想政治工作，确保全系统思想不散、工作不断、队伍不乱，确保费收持续增长；运输企业要进一步加大改革脱困力度，积极开拓市场，提高经济效益，确保2000年稳步脱困和企业的稳定，为厅党组分忧，以实际行动支持大运高速公路和国道主干线建设。四要注重环境保护，在“绿”字上下工夫，要把加快公路建设与生态建设、环境保护结合起来，一起规划，一起建设。在公路建设中要尽量少占耕地，少占好地，控制临时占地，注重文物保护、环境保护和生态建设，有步骤、有计划地实施荒山造地、土地复垦和绿色通道建设，真正做到“建一条路、绿一方土”。

要努力完成2000年公路建设任务，确保起好步、开好局。掀起公路建设新高潮能否成功起步，完成2000年60亿公路建设投资计划是关键。由于大运高速公路南线尚未开工建设等原因，2000年我省公路建设进展比较缓慢。1～9月份仅完成投资34.8亿元，占年计划的58%。其中，重点工程完成投资10.8亿元，占年计划的44%；路网改造完成投资15.5亿元，占年计划的68%；县乡公路建设完成投资8.4亿元，占年计划的65%。由此看出，2000年后3个月的任务还十分繁重。各级交通、公路部门和建设单位要抓紧时间，按照省厅的安排和部署，在确保工程质量的前提下，加大工作力度，加快建设速度。特别是太祁、祁临、临侯、侯运四段工程项目法人，要加快前期工作，力争早日开工，今年至少完成征地拆迁工作，施工便道建设、小桥涵建设及“三通一平”工作等，确保今年投资计划和建设目标的完成。公路系统要加大路网改造力度，突出出口路、旅游路的建设，科学组织施工，确保完成投资计划。各地市交通局要集中精力抓好地方公路建设，突出旅游路、扶贫路的建设，行动较慢的地区，要制定切实可行的工作计划和措施，加快进度，落实责任，落实年度工作目标责任制。总之，要瞄准60亿，不松劲、不动摇，千方百计，确保完成，从而打好掀起公路建设新高潮的第一仗，为2001年大干快上奠定一个良好的基础。

3. 用太旧精神打好大运战役*

1993年，省委、省政府审时度势，做出了修建太旧高速公路，打开山西东大门的战略决策，揭开了我省公路建设崭新的一页。5万名筑路员工肩负兴晋富民的历史责任，满怀战天斗地的豪迈情怀，风餐露宿，艰苦奋战，科学决策、严格管理，谱写了一曲气吞山河、威武雄壮的创业者之歌，取得了太旧高速公路5年工期3年完成、概算投资不突破、工程质量获鲁班奖的佳绩。特别是与全省人民一道，用心血和汗水创育了自力更生、艰苦奋斗、不屈不挠、勇于奉献的太旧精神。太旧高速公路成为修一条路、培育一支队伍、创育一种精神的典范。省委、省政府和交通部先后做出决定，在全省和全国交通系统学习推广太旧精神。

太旧精神产生于万众一心建太旧、众志成城铸辉煌的伟大实践，集中体现了全省人民和广大交通职工坚持党的领导、坚持改革开放的坚定信念，体现了社会主义集中力量办大事的优势，是新的历史时期中华民族的伟大创业精神在我省现代化建设中的具体表现，是全省人民在各个时期形成的可贵精神在新形势下的发扬光大，是改革开放的时代精神、艰苦奋斗的光荣传统与兴晋富民的伟大实践三者的有利统一。太旧精神成为我们发展交通、振兴交通的巨大力量源泉和宝贵精神财富，鼓舞和激励着一代又一代的交通人开拓创新、奋勇前进，不断夺取交通改革与发展的新胜利。

当前，全省交通系统正在抓住中央继续实施积极的财政政策和全面推进西部大开发的机遇，以发展为主题，以结构调整为主线，以改革开放和科技创新、体制创新为动力，以提高广大人民群众生活水平为根本目的，掀起了以大运高速公路和国道主干线为重点的公路建设新高潮，交通改革与发展进入了新的历史时期。面对新的形势和肩负的光荣使命，在建党80周年之际，我们回顾中国共产党的光辉战斗历程，重温太旧高速公路建设的峥嵘岁月，就是要进一步增强全省交通系统广大干部职工克服困难、迎接挑战的信心，发扬太旧精神，集中精力推

* 2001年6月25日在山西太旧高速公路公司庆祝中国共产党建党80周年座谈会上的讲话摘要。

进以大运高速公路和国道主干线为重点的公路建设新高潮；就是要进一步强化全省交通系统的机遇意识、创新意识和科技意识，把交通改革开放与现代化建设全面推向前进；就是要进一步加强党的建设、党风廉政建设、思想道德建设和法制建设，推进依法治交、以德治交和科教兴交战略，夺取两个文明建设新胜利。当前最重要的就是要发扬太旧精神，打好大运战役。

发扬太旧精神，打好大运战役，必须坚持改革创新，把继承与创新结合起来，以改革统揽全局，在掌握前人积累成果的基础上，把握时代特征，根据客观情况的变化，认真研究工程建设中的新情况、新问题，不断推进观念创新、体制创新、金融创新、人才创新、科技创新，不断改进和完善我们的工作，把大运高速公路建设不断推向前进。

发扬太旧精神，打好大运战役，必须坚持科学管理，把尊重科学的求实态度与加快建设的巨大热情结合起来，大胆借鉴、吸引别人的先进管理、先进技术和优秀人才为我所有，把国际通用的菲迪克条款、菲迪克网络化工程管理系统等先进办法和先进手段创造性地运用到大运高速公路建设和各项管理中去，处理好质量、进度与成本三者之间的关系，突出合同管理、计量支付，旁站监理、同期记录，严格控制质量，高标准、严要求、不妥协、保部优、争国优、夺鲁班奖；严格控制工期，精心组织、科学施工、抓住重点、突破难点，确保两年基本建成，3 年全线贯通；严格控制概算，精打细算，厉行节约，确保概算投资不突破，夺取大运高速公路建设全面胜利。

发扬太旧精神，打好大运战役，必须坚持依法办事，把政策的严肃性与工作的灵活性结合起来，坚决贯彻省委、省政府加快大运高速公路的各项政策措施，把公路建设与区域经济发展、生态环境建设结合起来，实施可持续发展战略，进一步提高公路建设的经济效益、社会效益和生态效益。紧紧依靠地方政府和广大人民群众，协调好与各方面的关系，把广大人民群众支持公路建设的积极性、创造性引导好、保护好、发挥好，形成加快工程建设的巨大合力，努力把政策带来的机遇转化为交通发展的现实生产力。

发扬太旧精神，打好大运战役，必须坚持科技进步，把传统技术与现代科技结合起来，紧密结合工程建设实际，大力推广新材料、新工艺、新技术，积极开展技术攻关，提高工程科技含量，逐步把提高工程质量、降低建设成本、加快建设速度的主要精力转移到依靠科技进步与创新上来，努力在采空区处治、湿陷性黄土施工、公路长大隧道施工和桥头跳车、路基不均匀沉降等质量通病的处治等方面取得重大技术突破，进一步提高我省公路建设水平。

发扬太旧精神，打好大运战役，必须加强党的建设，坚持用马克思主义、毛泽东思想、邓小平理论武装施工队伍，培养和造就一支政治合格、作风过硬、纪律严明、业务精良的职工队伍。要充分发挥党的政治优势，继承优良传统，树立主人翁意识，发扬艰苦奋斗、勤俭办事的作风，反对铺张浪费，切实加强工程建设中的党风廉政建设、思想政治工作和精神文明建设，努力把大运高速公路建设成为全省廉政建设和两个文明建设的样板工程。

4. 新世纪　新大运　新山西*

山西是中华民族发祥地之一，表里山河，历史悠久，物华天宝，人杰地灵，左手一指太行山，右手一指是吕梁。自尧舜以来，勤劳勇敢、刚直淳朴的山西人民开天辟地，辛勤劳作，在这块由黄河与汾河共同哺育的土地上，谱写了一曲曲感天动地的优美乐章，刻画了一幅幅战天斗地的壮丽诗篇，不仅创造了辉煌灿烂、振聋发聩的三晋文明，而且为中华民族的日益强盛、繁荣发展做出了无私的奉献。改革开放以来，三晋儿女在历届省委、省政府的正确领导下，以经济发展和社会进步为目标，大打基础设施建设攻坚战。世纪之交，省委、省政府高瞻远瞩、审时度势，作出了掀起以大运高速公路和国道主干线为重点的公路建设新高潮的战略决策。

大同—运城高速公路北起大同，南至运城，纵贯山西南北，全长666公里，是国家规划并重点建设的“五纵七横”国道主干线二连浩特至河口公路的重要组成部分，是国家西部大开发的重要通道，也是我省公路主骨架中最重要的中轴主干线。大运高速公路也是我省目前投资最大、战线最长、地质条件最复杂、施工难度最大、科技含量最高的基础设施工程，更是实施“3小时高速通达工程”，构建“纵贯全省、通达四邻”高速公路网的龙头工程，在西部大开发和我省经济社会发展中具有十分重要的战略地位。为此，省委、省政府要求把大运高速公路建成“绿色大运”、“科技大运”、“人文大运”，并依托大运高速公路实施资源整合，构建一条从南到北沿大运高速公路的经济带，带动全省资源开发、转化和利用，使山西丰富的矿产资源和旅游资源优势转化为经济优势，进一步拉动山西经济的发展，从而实现经济结构的调整和产业升级。

大运高速公路北有雁门关特长隧道，南有韩信岭桥隧群相连，在我省乃至全国的高速公路建设史上也属罕见。在严峻的困难和挑战面前，省委、省政府现场办公，擂响了建设大运高速公路的战鼓。各级党委、政府，省直各有关部门“依法办、取低限、开绿灯、做贡献”；沿线人民群众“献良田、迁祖坟、移果园、拆新房”，以最快的速度圆满地完成了征地拆迁任务。8万筑路大军在省交通厅

---

* 2002年9月28日为《大运群英》所作的序。

党组的坚强领导和正确指挥下，战严寒，斗酷暑；逢沟架桥，遇山凿隧，风餐露宿，夜以继日，依靠科技进步，在千里大运线上奏响了一曲曲艰苦奋斗、顽强拼搏的奉献之歌和创业之歌，涌现出无数可歌可泣的动人事迹，创造了惊人的“大运速度”、“大运效益”，培育了崭新的“大运精神”。省委书记田成平在深入大运高速公路南线建设工地调研时，着重强调指出：大运高速公路建设过程中有许多好的经验值得总结。一是机制、体制的创新，极大地提高了工作效率，提升了工程效益；二是技术水平上了一个很大的台阶，过去主要是依靠人力，现在拥有了先进的技术设备；三是靠科学管理确保了工程质量和进度。还有一条就是沿线各级党委、政府团结协作，广大群众大力支持，结合起来形成一种强大的合力。这些经验，应该加以推广、运用到其他重点工程建设中去。省委副书记、省长刘振华多次强调，要认真总结和提炼大运高速公路建设的精神价值，为我省现代化建设提供精神力量和优秀的文化产品，并把“大运精神”的主要内容概括为“坚持改革、与时俱进的创新精神；强化管理、尊重科学的求实精神；敢想敢干、争先发展的拼搏精神；顾全大局、公而忘私的奉献精神”。随后，《山西日报》发表了特约评论员文章《大力发掘和弘扬“大运精神”》。把“大运精神”高度地概括和总结为：“争先发展的进取精神，求真务实的科学精神，改革奋进的创新精神，顾全大局的牺牲精神。”国家交通部领导在大运高速公路调研后认为：大运高速公路建设对于进一步搞好西部开发，乃至促进全国经济发展都有积极的作用。大运高速公路在建设、管理、质量等方面都做得比较好，很值得推广。尤其是山西省交通厅实施资本运营，解决了公路建设资金不足的问题，是一次大胆的、有益的尝试，意义十分重大，很有必要认真总结、大力推广。所有这些，在大运路广大建设者中，在全省上下引起了广泛的关注和热烈的反响，为进一步加快大运高速公路建设起到了十分重要的推动作用。

“大运精神”继承了山西人民自力更生、艰苦奋斗的优良传统，发扬了改革开放和发展社会主义市场经济条件下与时俱进、开拓创新的时代精神，具有鲜明的时代特征和先进的文化价值，必将成为全省人民更好地实践“三个代表”重要思想，加快兴晋富民步伐，夺取我省改革开放和社会主义现代化建设新胜利的强大精神力量。

大运精神是争先发展的进取精神。在经济结构调整面临较多困难，在我省财力相对不足的情况下，建设一条666公里的高速公路实属不易。在这种情况下，大运高速公路还要不要上，什么时候上，尖锐地摆在了全省人民的面前。在这关键时刻，省委、省政府审时度势，果断作出了建设大运高速公路的战略决策。全省交通系统广大干部职工积极响应，坚决贯彻，抓住机遇，迎难而上，通过盘活路产、资本运营、金融创新，拓展新的融资渠道，成功地启动了大运高速公路建设。正是这种抓住机遇、争先发展的进取精神，得到中央有关部门的高度赞扬，得到了全省人民群众的广泛支持。这种争先发展的进取精神是一种十分可贵的精神。它是活力的集中体现，是前进的不竭动力，是发展的必备条件，是应当永远发扬的一种精神。

大运精神是求真务实的科学精神。在大运高速公路建设中，省交通厅及各建设公司坚持科学管理、科学施工，向科学管理要质量、要效率。实行了项目法人负责制、招标投标制、工程监理制、合同管理制，运用招标、合同等市场机制选队伍、管工程，组织施工；建立了政府监督、项目法人负责、社会监理、企业自检四级质量保证体系，实行质量、安全、廉政一票否决制，确保了工程质量万无一失。这种用科学态度、科学方法指导工程建设的精神，应当是社会主义市场经济和改革开放新形势下经济建设的必备精神。特别是在市场竞争日益激烈、知识经济初露端倪、科技作用日益突出的新形势下，我们再不能用那种粗放的方法去搞经济建设，必须大力弘扬这种求真务实的科学精神。

大运精神是改革奋进的创新精神。大运高速公路建设是完全按照市场经济规则和国际惯例进行的一项重大基础设施建设工程。从决策到实施，从筹资、招标到工程管理，都充分体现了市场化的要求。用创新的精神，建立了新的机制和办法，改变了政府投资、政府管理、政府一包到底的计划经济模式；紧紧依靠科技进步与创新，提高工程科技含量，依托项目建设开展了20多项科技课题攻关，从而提高了工程质量，降低了建设成本，也解决了科研经费短缺的问题，促进了科技成果转化，闯出了一条科技体制改革的新路子。这种精神是推进改革的思想动力，也是与时俱进的时代精神，从中我们可以更清楚地看到山西发展的曙光和希望。

大运精神是顾全大局的牺牲精神。沿线各级党委、政府以及省直有关部门积极配合、主动工作，为大运高速公路建设创造了良好的外部环境。广大人民群众顾大局、识大体，舍小家、为大家，拆新房、移果园、迁祖坟、献良田，做出了巨大的牺牲。全线共完成永久性征地56814亩，其中水地38127亩，旱地7165亩，林地2175亩，苗圃92亩，鱼塘54亩；拆迁房屋13万平方米，迁移坟墓22157座；文物勘探9.1万平方米，发掘4万平方米；“三电”拆迁1112处，水渠改建70多处。8万筑路员工风餐露宿，夜以继日，没有假日、节日，不顾家事、病痛，劈高山、打隧道、架桥梁，在千里大运线上奏响了一曲艰苦奋斗、开拓创新的创业者之歌。

5. 积十年之跬步　致世纪之千里*

高速公路突破1000公里，是我省认真实践“三个代表”重要思想、贯彻中央扩大内需方针及西部大开发战略，掀起公路建设新高潮的丰硕成果，也是我省公路建设史上的一个重要里程碑。

山西的高速公路建设起步于1993年。在邓小平南方谈话和党的十四大精神鼓舞下，1993年5月，我省第一条高速公路——太旧高速公路破土动工，揭开了我省公路建设史上的崭新篇章。1996年6月25日，太旧高速公路全线建成通车。1998年以来，国家坚持扩大内需的方针，连续实行积极的财政政策，我省高速公路建设进入了持续、快速、健康发展的轨道，建设规模之大、速度之快、质量之好均创历史最高水平。继太旧高速公路之后，全省相继建成了太原东山过境、原平—太原、晋城—阳城、运城—风陵渡、北京—大同、夏家营—汾阳、太原南过境7条高速公路。到“九五”末，全省高速公路通车里程突破500公里，达到518公里。

世纪之交，中央实施西部大开发战略，省委、省政府作出了掀起以大运高速公路和国道主干线为重点的公路建设新高潮的战略决策。全省交通系统以兴晋富民为己任，服从服务于全省经济结构调整的大局，拓宽筹资渠道，创新融资机制，集中力量加快大运高速公路和10条出口路的建设。2001年，纵贯全省南北的大运高速公路全线开工建设。经过近两年的艰苦奋战，大运高速公路建设取得了决定性胜利，洪洞—运城、大同—朔州、太原—介休3段建成通车。同时，晋城—焦作、运城—三门峡、长治—邯郸3条出口路相继打通，我省高速公路通车里程胜利突破了1000公里，达到1068公里，一个纵贯全省、通达四邻的高速公路网正在加速形成。

回顾10年来我省高速公路建设的历程，主要有4个特点。一是投资规模大，10年间高速公路建设完成投资320亿元，占同期公路建设完成投资总额的一半还多。2001年以来每年都在80亿元左右，占同期公路建设投资的80%左右，高速

---

* 2002年11月1日在山西高速公路突破1000公里暨大运高速公路太原—介休段通车仪式上的讲话摘要。

公路成为近年来我省公路建设的主战场。二是发展速度快，10 年建成 1068 公里，并有 140 公里正在建设，平均每年增加 107 公里。特别是 1998 年以来的 5 年，新增高速公路 862 公里，年均 172 公里，其中 2001 年新开工 560 公里，2002 年新增加 484 公里。三是建成了一批在全国有影响的公路和桥梁，太旧高速公路、武宿立交桥及太原南过境高速公路小店高架桥 3 项工程分别荣获国家建筑工程质量最高奖——鲁班奖，我省成为全国公路工程获“鲁班奖”最多的省份之一。晋焦高速公路丹河特大石拱桥主跨径单跨 176 米，创“大世界吉尼斯之最”。四是在建成一批现代化的高速公路的同时，创造了太旧精神、大运精神等具有时代特征的行业精神。

高速公路通车里程突破 1000 公里，是我省公路建设的一个历史性跨越，但与全省经济社会发展和全省人民的要求相比，与发达地区相比，差距还很大。我们交通系统要以此为新的起点，积十年之跬步，致世纪之千里，抓紧雁门关、韩信岭两大桥隧群的建设，确保 2003 年大运高速公路全线贯通；抓紧太原西北环、长治—晋城、德胜口—大同、汾阳—柳林、侯马—禹门口、太原—长治等高速公路的建设，尽快建成纵贯全省、通达四邻的高速公路网；抓紧县际公路、县乡油路改造和农村路网建设，形成覆盖全省、通达四邻、快速便捷的公路交通网；抓紧交通产业结构调整，大力发展智能交通、现代物流，推动交通产业升级，为建设一个经济繁荣、人民富裕、山川秀美的新山西作出新的更大的贡献。

6. 把县际与农村公路建设摆到战略位置*

在我国进入全面建设小康社会，加快推进社会主义现代化的新阶段，在我省经济结构调整初见成效之际，省委、省政府提出进一步加强县际与农村公路建设，这既是兴起学习贯彻“三个代表”重要思想新高潮的内在要求，又是新的历史条件下我省公路建设的新发展。除具有完善路网结构、扩大国内需求和对外开放、促进经济发展等重大意义外，又赋予了其新的时代内涵和时代特征。

加强县际与农村公路建设新高潮，是解决“三农”问题的内在要求。党的十六大提出了全面建设小康社会的宏伟目标，并把解决好农业、农村和农民问题作为全党工作的重中之重。解决农民问题的关键是增加农民加入；解决农业问题的关键是调整农业产业结构；解决农村问题的关键是改善城乡二元结构，加快城镇化进程。县际与农村公路直接服务于县域与农村经济，加强县际及农村公路建设，一是可以使沿线农民通过地材供应、劳动力投入等方式，获得直接收入；二是可以加强城乡沟通，使农民按照市场需求调整种植结构和品种结构，搞活农产品流通，提高农民进入市场的组织化程度和农业综合效益；三是可以引导乡镇合理集聚，完善小城镇功能，壮大区域经济，促进农村剩余劳动力更多更快地转移到小城镇就业。

加强县际和农村公路建设，是全面建设小康社会的内在要求。实现全面建设小康社会的宏伟目标，最繁重、最艰巨的任务在农村。在我省这样一个革命老区和经济欠发达地区，交通基础设施建设滞后仍然是制约经济社会发展的突出矛盾。落实全面建设小康社会的战略部署，必须更加重视和采取有力措施，加快推进县际及农村公路建设，把农民增收的路子铺到家门口，把农业和农村经济结构调整的路子修到家门口，把推进城镇化进程的路通到家门口。

加强县际与农村公路建设，是构建大运高速公路经济带、深化经济结构调整的重要内容。加强公路建设，是在工业生产能力过剩的情况下调整结构的必然选择，既可以消除交通对农村经济的“瓶颈”制约，又可以带动建材业、制造业等相关行业的发展，同时，有利于扩大对外开放，促进城乡经济一体化和区域经

---

* 2003 年 8 月 22 日在山西省县际及农村公路建设动员电视电话会议上的讲话摘要。

济的率先崛起，从而带动全省经济结构优化与产业升级。为此，省委、省政府把构建大运高速公路经济带作为推进经济结构调整、整合全省资源的战略性工程来抓。大运高速公路只有依靠县际与农村公路的支撑与延伸，形成覆盖全省、四通八达的基础网络，才能把全省分散的矿产、旅游、科技、生态等资源整合在一起，才有大运高速公路经济带的兴旺繁荣。

加强县际与农村公路建设，是实现交通率先发展的内在要求。目前，支撑干线路网的县际和农村公路发展相对滞后，总量不足，"通达问题"还未得到根本解决，"通畅问题"还未得到根本改善，影响和制约着交通运输的结构优化和整体功能的发挥。从交通发展的整体性、协调性、可持续性来讲，县际与农村公路建设直接关系到路网整体服务水平的提高；离开了农村公路的跨越式发展，也不可能实现交通的率先发展。

今后3年，是我省县际与农村公路建设的关键时期。我国加入WTO和实施西部大开发战略，对内对外开放进一步扩大，地区间交流与合作更加紧密，经济一体化进一步增强；全面建设小康社会加速推进，地区间竞争更加激烈，农村、农业、农民问题日显突出；我省经济结构调整进一步深化，投资对经济发展将长期发挥作用，扩大内需将是我省长期坚持的一项政策。所有这些，都对县际与农村公路建设带来了新的机遇和挑战，提出了新的更高的要求。前不久，省委、省政府提出了我省经济结构调整5年大见成效、10年达到全国中等或更好一些水平的奋斗目标。实现这一目标，必须把县际与农村公路建设摆动更加突出的位置，首先要确保到2005年基本适应农村经济社会发展要求。只有达到了这个水平，交通的"先行官"作用才能体现出来，加强县际与农村公路建设才有实际意义。"基本适应"的重要标志，就是全省县际与农村公路路况明显改善，结构明显优化，通达深度明显提高，基本实现技术标准等级化、路面结构高级化、路网布局网络化、群众出行便捷化。

今后3年，县际与农村公路建设的主要任务是实施"3大工程"：即县际公路及干线路网改造工程、乡通油路工程、村通水泥路（油路）工程；解决"3个问题"：一是通达问题，主要是提高路网通达深度。目前，全省还有95个乡镇不通油路、1478个行政村不通公路，这些乡村大部分集中在贫困地区、革命老区和偏远山区。公路是这些地区的生命线，不解决路的问题，小康建设就无从谈起。二是通畅问题，主要是提高公路技术等级。目前，在全省3万多公里的砂砾路、等外路中，绝大部分是县际与农村公路，还有未纳入统计的村与村之间的简易公路约8万公里，在46000公里的农村公路中，有19000余公里是晴通雨阻、缺桥少涵，这些公路抗灾能力低、路况差，亟须提高技术等级。三是连接问题，即大运高速公路与沿线大中城市、旅游景点、经济园区等的连接线。大运高速公路共52个出口，出口连接线规划了2000多公里。要把大运高速公路出口连接线建设作为县际与农村公路建设的重中之重来抓，优先使用中央专项资金、优先建设，为构建大运高速公路经济带创造良好的交通条件。我们一定要采取强有力措施，切实抓好县际与农村公路建设。

要加强领导、狠抓落实。县际与农村公路建设战线长、时间紧、任务重、责任大，省政府成立了以牛仁亮副省长任组长的县际与农村公路建设领导组，各市（地）也要成立相应的领导机构和办事机构，主要领导亲自挂帅，分管领导具体抓，明确目标，分解责任，一级抓一级，层层抓落实。计划、交通等部门要搞好协调，搞好服务，协助基层协调、解决好工程建设面临和存在的问题和困难。要进一步加强宣传工作，调动一切积极因素，把人民群众修路的积极性引导好、保护好、发挥好，不断增强县际与农村公路建设的合力。

要依靠科技，科学管理，确保工程质量。质量是工程建设的生命，责任重于泰山。确保工程质量，不仅是一项重要的经济工作，更是一项严肃的政治任务。县际与农村公路直接关系到农村千家万户的利益，虽然建设标准不要求太高，但质量要求决不能降低，一定要把质量工作置于万事之首，制定切实可行的质量保证措施，全面落实质量责任制，修“放心路”、修“民心路”，坚决杜绝“豆腐渣工程”，确保“修一条、成一条、发挥效益一条”。国债项目必须严格执行项目法人负责制、工程监理制、招投标制和合同管理制，建立政府监督、社会监理、企业自检三级质量保证体系，实行质量终身负责制。各级交通部门要切实加强质量监督，加大抽检巡视力度，强化薄弱环节，严查质量问题。不符合质量要求的工程要坚决推倒重来，宁当质量恶人，不当历史罪人。要及时发现和总结不同侧面的先进典型，把点上的经验拿到面上去推广，以点带面，整体推进。要依靠科技进步与创新，加快工程进度，提高工程科技含量，建精品、出全优、创一流。

要加大筹资力度，加强资金监管。要积极研究和争取一切可能的资金来源，认真落实扶持政策，优化投资环境，拓宽筹资渠道，多渠道落实配套资金，确保县际公路与农村公路建设健康发展，决不能出现“钓鱼工程”。省交通厅将保持政策的连续性，通村水泥路（油路）经省公路局验收合格后，按每公里1万元给予奖励，同时对一年完成300公里以上的县区，再奖100万元，用于完善道路安全、防护和排水设施。要切实加强资金监管，严肃财经纪律，实行定期审计制度。中央和省里的专项资金，必须严格按规定专户存储、专款专用，不得截留、挤占、挪用。各级交通部门、各项目单位要发扬艰苦奋斗的精神，用好国家和人民的每一分钱，提高投资效益。

要狠抓源头治理，加强廉政建设。公路建设投资大，备受社会关注，必须高度重视，警钟长鸣，加大从源头上预防和治理工程建设中的腐败的力度，防患于未然。要把反腐倡廉寓于工程建设的各项措施之中，严格招标投标行为，积极推行纪委书记派驻制和廉政合同制，公开办事程序，加强监督检查。各级领导干部要廉洁自律，树立正确的权力观、地位观、利益观，自觉抵制不正之风的侵蚀，在权钱利欲面前，守得住防线、顶得住诱惑，真正做到一尘不染、一身正气，真正做到“修好一条路、不倒一个人”。

要正确处理好“4个关系”。一要正确处理好加快公路建设与严格建设程序的关系。严格遵守建设程序，是维护建设市场秩序，保证工程建设质量的重要环节。加快公路建设，必须严格按程序办事，严格按程序审批，绝不能以强调加快建设而忽视程序，盲目开工建设，坚决杜绝“三边工程”。二要正确处理好加快公路发展与减轻农民负担的关系。加快公路建设，决不能搞强制性的“乱摊派”和“乱集资”，任何单位和个人，不得借县际与农村公路之名加重农民负担，侵害农民利益。要严格按政策办事，真正把好事办实，实事办好。在条件允许的情况下，尽量使用当地农民工，促进农民就业，增加农民收入，不断实现、维护和发展广大人民群众的根本利益。三要处理好公路建设与生态建设的关系。生态建设是事关人类生存的长远大计，公路建设必须贯彻可持续发展战略。从设计开始，就要尽量节约土地、耕地、林地，尽量减少高填深挖；施工中，要按照环保要求，不得随意取土、弃渣，对取土场、弃土场都要做绿化、排水和防护处理，防止水土流失。要把绿化纳入工程建设总盘子，建设绿色长廊，改善生态环境，实现公路建设与生态建设的协调发展。四要正确处理好加快公路建设与加强公路养管的关系。随着农村公路建设的发展，农村公路里程和等级将大幅增加和提高，加强对这些公路的养管将成为更为突出的问题。要坚持一手抓公路建设，一手抓公路养管，积极探索加强农村公路养管的长效机制，积极探索筹集公路养管资金的有效渠道，加强文明样板路、绿色通道和GBM工程建设，全面提高公路路况和路网整体服务水平，巩固和发展公路建设成果。

7. 山西腾飞的脊梁*

大运高速公路北起边塞古城大同，南至黄河三角洲新兴城市运城，纵贯山西南北，全长666公里，是国家二连浩特至河口国道主干线和临汾至三亚重点公路的重要组成部分，也是拉动经济发展、促进山西腾飞的“脊梁工程”，在山西经济社会发展中具有十分重要的战略地位。大运高速公路也是迄今为止山西投资最多、战线最长、地质地形最复杂、施工难度最大、技术要求最高的基础设施工程，北穿雁门雄关天险，南跨韩信崇山峻岭，全线有约1/4的里程在群山沟壑之中，桥梁和隧道里程占总里程的13%。全线采用双向六车道标准设计，计算行车速度分别为100公里/小时、120公里/小时，共动用土石方10656万立方米，建隧道17处、特大桥17座、大中桥226座、互通立交50处，总投资222亿元，总工期5年。

世纪之交，国家坚持扩大内需的方针，实施积极的财政政策，加强基础设施建设，并把公路建设作为西部大开发的第一要务来抓。山西省委、省政府从经济结构调整的大局出发，作出了掀起以大运高速公路和国道主干线为重点的公路建设新高潮的战略决策，正式拉开了大运高速公路建设的序幕。2000年9月，大运高速公路奠基，2001年大运高速公路全线开工建设。

山西近10年高速公路建设的实践，为大运高速公路建设提供了丰富的经验，但大运高速公路特殊的战略地位决定了不能以为修路而修路的常规思路去建设。在大运高速公路的建设中，我们紧密结合山西实际，把该项工程置于全省经济社会发展的大局中去构思，从整合资源、构建大运高速公路经济带出发，创新观念，创新思路，提出了“新大运、新山西”的构想。

“新大运、新山西”立足于效益的大幅度提高，力求充分应用大运高速公路所提供的快速、便捷，将我省离散化分布的资源整合为相互补充、相互配合、相互激发的整体，从而实现资源的优化配置，产生远远大于个体资源效益之和的经济效益、社会效益和生态效益。“新大运、新山西”着眼于形象的全方位塑造，力求以大运高速公路建设的高质量、高速度和沿途生态环境的优化，把大运高速

---

* 2003年9月19日在山西大同—运城高速公路通车新闻发布会上的讲话摘要。

公路塑造成为一条高水准的明星高速公路，为旅客提供一流的“线性环境”，提升山西的整体对外形象。“新大运、新山西”在大运高速公路建设中的具体体现就是“绿色大运、科技大运、人文大运、国防大运”。

构建“绿色大运”，坚持可持续发展的战略，工程建设中尽量减少耕地占用和生态破坏，并将绿化纳入工程建设的总盘子，一起规划、同步实施。公路两侧各规划了20～50米宽的绿化带，中央分隔带和互通范围内以树为主，草、灌、木立体绿化，每个服务区和互通内还因地制宜设计了面积不小于1平方公里的、风格各异的“绿色生态岛”，努力将大运高速公路建成一道春花、夏荫、秋果、冬青的绿色长廊。两侧各5公里范围内，建立产业发展的四级“梯度生态准入”标准。两侧各1公里区域为生态禁建区，严格禁止各类开发建设活动，并通过植树、种草等建立“绿色屏障”；两侧各1～2公里区域为严格控建区，2～5公里区域为一般控建区，大运路互通周围2公里范围内为自然生态区，努力把大运高速公路建成一条错落有致、景绿配套的高标准绿色长廊。

构建“科技大运”，坚持以科技进步与创新为动力，坚持走以信息化带动工业化的路子，综合运用高科技的设备、现代化的技术、信息化的管理解决质量通病，加快工程进度，降低建设成本，提高工程科技含量，提升高速公路管理水平和服务品位，努力打造一条高科技信息高速公路。

构建“人文大运”，坚持以人为本的思想，营造优美的旅途环境。根据国际惯例和国家标准，统一设计了规范、完善、醒目的标志标线。服务区内因地制宜设计了小超市、加油站、汽修厂、宾馆、快餐厅、儿童乐园、盲人通道等，并以密集式的绿化来营造旅途绿洲的环境意象，以解除旅客在高速公路旅行中的疲劳和枯燥。沿线则设计了内容不同、各具风格、反映不同地区文化特点的雕塑、壁画和景观，努力把大运高速公路建设成一条文化艺术长廊。

构建“国防大运”，突出重要地区和作战方向的战场交通建设，努力做到“五个结合”，着力提高“五大功能”。即高速公路与快速通道相结合、服务区与兵站相结合、隧道与防空战略隐蔽指挥所相结合、高速公路与飞机跑道相结合、高速公路与战备基地相结合；着力提高高速公路飞机跑道的应急起降功能、特大隧道的指挥隐蔽功能、服务区的兵站功能、物资储备基地的仓储功能和部队快速机动功能，努力把大运高速公路建设成部队的快速通道和坚固屏障。

为使大运高速公路尽快发挥效益，使山西乘上大运高速公路的快车高速发展，缩小与发达地区地差距，省委、省政府在深入调查研究、科学论证的基础上，作出了3年打通大运高速公路的决定。3年打通大运高速公路，不是盲目的赶工期，而是速度与质量、效益的相统一，是公路建设与生态建设、区域经济、城镇化建设的相统一。围绕这一目标，我们在大运高速公路建设中实施了一系列创新。

融资创新——以盘活路产为突破口，通过资本运作筹措资金。

大运高速公路投资巨大，根据国家积极的财政政策的有关规定，就是按国家和交通部最高标准补助，大运高速公路至少还有20多亿元的资本金缺口。在这种情况下，省交通厅通过资产重组，对太旧高速公路实施企业并购，从而置换出20亿资本金，走出了一条利用金融市场筹集公路建设资本金的新路子。这次资本运作，盘活的不仅仅是一条太旧高速公路，而且盘活了大运高速公路建设的全局，进而争取到国家26亿元的投资及亚行、开行、交行等国内外金融组织100多亿元的贷款，使大运高速公路建设资金得以落实。

体制创新——建立了既符合山西实际又适应市场经济的建设体制。

山西市场化程度不高，加之公路的公益属性，决定了大运高速公路建设既不能延用指挥部模式，也不能完全按照市场机制来运作。大运路建设把市场运作与政府指导有机结合起来，建立了"项目法人制+领导组"的模式。省政府及沿线各市地都成立了大运高速公路建设领导组及办公室，负责征地拆迁和建设环境的保证。而在工程建设中，分段组建项目法人，实行项目法人负责制，项目法人对工程建设和运营实行全过程管理，对工程质量终身负责。

这种体制的优越性，首先在征地拆迁中得到发挥。征地拆迁历来是公路建设十分棘手的事情。在大运高速公路建设中，省政府出台了"依法办、取低限、开绿灯、作贡献"的优惠政策，征地拆迁由地方政府包干负责，实行工作、费用、时间"三包死"，找准了工作的着力点。省、市、县、乡、村层层动员、各负其责，形成了工作上的巨大合力。大运路共征地5.68万亩，拆迁房屋13万平方米；迁移坟墓2.22万座；勘探文物9.1万平方米；拆迁"三电"设施1112处；改建水利设施70多处，仅用了3个月时间。

机制创新——充分发挥市场在资源配置中的基础性作用。

在选人用人上，采取公开竞争，选拔公司总经理，并实行了董事长任命制、总工程师聘任制、总会计师委派制、纪委书记派驻制，把一大批优秀人才聚集到了大运路建设中来。大运路600多公里的战线、200多亿元的投资，管理人员不足400人。在队伍选择上，实行了公开招标、专家评标、业主定标、交通部门监督的机制，建立了评标专家、企业资质、企业资信三个数据库，推广了复合标底，有效克服了"暗箱操作"，保证了公平竞争和队伍质量。在亚行项目祁县至临汾段，则首次推行了国际招标和低价中标，引进了国外监理，工程合同价也比交通部批准的概算降低了30%。在廉政建设上，把经济工作中的合同管理创造性地运用到廉政建设中来，全面推行廉政合同制，自上而下，工程、廉政两个合同一起签订、一起检查、一起考核，合同双方互相监督、互相制约，有效克服了工程建设中的消极腐败现象。

管理创新——实现了依法管理、民主管理和现代管理的有机统一。

大运高速公路建设，认真贯彻国家《土地法》、《文物保护法》、《环境保护法》、《水土保持法》、《森林保护法》、《河道管理条例》等法律法规及省政府关于大运高速公路建设的政策措施，严格基本建设程序，依法修路、依法办事，赢得了社会各界的充分理解和广泛支持。充分发挥专家、技术人员的聪明才智，组织他们进行广泛的咨询、论证和评估，为科学决策提供了依据；严格执行公路建设四项制度，建立政府监督、项目法人负责、社会监理、企业自检四级质量保证体系，层层建立质量责任制，确保了工程质量；实行概算投资总包干和合同管理计量支付，工程投资得到有效控制。把合同管理与劳动竞赛结合起来，每年组织一次百日大会战，以段段优良确保全线优良，以阶段性目标确保总体目标，以劳动竞赛确保合同目标，大大加快了施工进度，刷新了我省公路建设的多项纪录。把国际通用的菲迪克条款通过信息化技术运用到工程建设的各项管理中来，全面推广了 eFIDIC 网络化工程管理系统，实现了对工程建设质量、进度、资金的远程控制和管理扁平化，大大提高了管理的效率和效益。

科技创新——打造全国一流的高速公路。

大运路建设已不是前几年的大兵团人海战术，而是现代制造技术、信息技术、检测技术综合运用的精兵之路，主要表现为“四个新”。一是大力推广新设备，滑模摊铺机、全幅式摊铺机、综合拌和楼、大能量冲击式压路机等国际国内最为先进的交通建设设备在大运路得到广泛应用，不仅提高了质量，而且使工效大大提高，为处理好质量与进度的关系提供了保证。二是大力推广新技术，不仅大量吸收、应用国内外的先进技术成果，而且围绕工程建设，积极开展科技攻关，实现了工程建设在技术上的领先。全线先后开展了 34 个课题的研究。其中“盐渍土混凝土碱集料反应预防措施”、“混凝土抗盐蚀技术措施”、“山体滑坡综合处置技术”、“隧道穿越采空区施工技术”、“高大跨径桥梁设计与施工”等的研究，达到了国内先进水平。三是大力推广新工艺，对工程精雕细刻、精益求精。在路面铺筑中，将混凝土拌和由路拌改为场拌，保证了材料级配一致、拌和均匀。面层铺筑由一层摊铺改为三层摊铺，由单纯的钢轮碾压改为钢轮、胶轮综合碾压，大大提高了路面压实度和平整度。在仁义沟特大桥施工中，首次采用悬臂式浇铸，提高了桥梁强度，保证了刚性要求。四是大力推广新材料，针对大运路沿线季节性明显、气候差异大、交通量特点不同的实际，全线因地制宜推广了沥青改性，大大提高了路面抗裂性能、抗高温性能、抗车辙性能。同时将粉煤灰大量应用到路基填筑、路面铺筑中来，收到了良好的经济效益、社会效益和环保效益。经测算，使用粉煤灰混凝土，成本降低了 30% 以上，其后期强度高于水泥混凝土。

坚持以信息化带动产业化是大运高速公路建设的一个突出特点，主要表现在两个方面：一是在地质复杂、全国在建最长的公路隧道——雁门关隧道施工中，采用了瑞士 TSP-203 地质超前预报系统等世界领先技术辅助作业，大大提高了对地质病害的预控能力，加快了工程进度，创造了 14 个月打通 10 里长隧的奇迹和月掘进 371 米的全国新纪录，为全国长大公路隧道施工提供了科学依据和现成经验。二是充分发挥高速公路敷设光缆不占地、投资省、见效快的优势，在大运高速公路下面全部敷设了 6 孔光缆，以联网收费为突破口，将先进的电子信息技术和计算机网络技术有机结合起来，建立了集收费监控、紧急救援、安全运营、气象预报、信息发布等于一体的交通综合管理服务系统，推动了高速公路管理智能化。

经过广大筑路员工 3 年的艰苦奋战，大运高速公路建设胜利实现了“5 年工期 3 年完、投资概算不突破、工程质量创一流、安全生产无事故”的目标。该项工程 2000 年 9 月奠基，2003 年 9 月 28 日全线建成通车，前后仅用了 3 年时间。工程造价低于全国平均水平，投资不仅没有突破概算，而且节余 30 多亿元。工程质量经省重点办、省交通厅多次联合抽检，总合格率为 100%，优良品率在 85% 以上。康庄飞机跑道被北京军区评定为优良工程，赵康枢纽荣获山西省建筑工程质量最高奖“汾水杯”，雁门关隧道、仁义沟特大桥将申报国优工程“鲁班奖”。在 600 多公里的战场上，没有发生一起死亡事故，而且实现了“建好一条路、不倒一个人”的廉政建设目标，受到了中央政治局常委、中纪委书记吴官正同志的充分肯定。

大运高速公路是我省在新世纪之初取得的一项重大基础设施建设成果，它的建设，不仅有力地带动了全省经济的当前和长远发展，而且取得了巨大的精神成果，这就是大运精神。

大运精神继承了我省的优良传统。在革命战争年代和社会主义建设时期，山西人民在解放祖国、建设祖国的伟大实践中，先后形成了享誉全国的吕梁精神、太行精神、大寨精神、太旧精神、石圪节精神、李双良精神等。这些精神共同凝聚成为艰苦奋斗、勇于奉献的优良传统。在大运高速公路建设中，12 万建设者风餐露宿，劈高山、打隧道、架桥梁，在千里大运线上奏响了一曲艰苦奋斗的创业者之歌。沿线的广大人民群众顾大局、识大体，舍小家、为大家，为大运高速公路的建设作出了个人利益的巨大牺牲。所有这些，都是对艰苦奋斗、无私奉献的优良传统的忠实继承。

大运精神是我省优秀传统在新时期的发扬光大。大运高速公路的建设面临着全球经济一体化速度加快、我国加入 WTO、我省经济结构调整进入关键时期的新形势。为适应新的形势，省委、省政府认真贯彻“三个代表”重要思想，以与时俱进、争先发展的精神，抢抓国家实行积极的财政政策和西部大开发的历史机遇，把大运高速公路作为通贯山西南北、打通山西门户、扩大对外开放、促进山西发展的“脊梁工程”来抓，通过资产置换和资本运作，拓宽了融资渠道，克服了投资能力不足的难题，成功启动了工程建设。大运建设者视质量为生命，以工期为号令，在千里大运线上展开了管理与技术的全方位创新，取得了丰硕的建设成果。所有这些，使大运精神突出了创新的精神，而且创新的内容更具与时俱进的内在品格，创新的方式更具勇于超越的时代精神。正因为如此，大运精神不仅是对我省人民艰苦奋斗、无私奉献优良传统的发扬，而且是对其创新、创业品格的光大。

大运高速公路的建成，挺起了山西全面建设小康社会的“脊梁”，使山西实现了环境、效率、功能“三个跃迁”，为资源整合提供了新坐标。目前，大运高速公路沿线工业、农业、生态、科技、物流等各种经济园区不断兴起，各种生产要素不断向大运高速公路两侧集聚，一条以大运高速公路为主干，以50个互通立交为节点，中轴启动、辐射两翼、沿线开发、整体推进、生产发展、生态良好的经济带正在三晋大地迅速崛起，成为我省最具活力、最具效益的经济高地。

8. 走出高速公路科学发展的新路子*

高速公路建设一直是我省交通工作的重中之重。近年来，特别是“十五”以来，我省高速公路建设取得了巨大成绩，步入了全国先进行列。要全面落实科学发展观，总结经验，寻找差距，进一步改进工作，把我省高速公路建设推向一个更高的层次和水平。

一、坚持以科学的发展观统揽全局，与时俱进闯新路

科学发展观是我党在总结国内外发展经验教训的基础上得出的科学结论，是我党执政理念的重要升华，也是我党在发展观上的又一次与时俱进，既体现了“三个代表”重要思想的根本要求，又反映了当今时代特征。科学发展观是交通发展必须长期坚持的指导思想，也是解决交通发展过程中诸多矛盾必须遵循的基本原则。我们要牢固树立科学发展观，以科学发展观统揽全局，把科学发展观作为高速公路建设的根本指针，落实到加快高速公路建设的各项工作中去。

落实科学发展观，首先要抓住机遇，加快发展。发展是主题，发展是大局，发展是解决交通诸多矛盾的根本办法；没有发展，就没有出路，也就谈不上科学发展观。从经济发展的规律来看，交通发展是一个对经济社会发展从不适应到适应，再到新的不适应，再到更高水平上的适应，这样一个循环往复的过程。近几年，我省交通虽然得到较快发展，但对经济社会发展的“瓶颈”制约尚未得到解决，运输紧张的矛盾仍很突出，特别是我国经济进入新一轮上升期后，运输供应日益趋紧，加快高速公路建设，提高交通运输能力成为交通系统的一项紧迫任务。当前，我们仍面临着一个加快发展的大好机遇。去年以来，针对一些行业和地区固定资产投资增长过快、信贷投放增幅过大、煤电油运供应趋紧等问题，国务院采取了包括提高银行存款准备金、收缩银根在内的一系列宏观调控措施，严格控制部分行业过度投资和低水平重复建设。但是，能源、交通基础设施建设仍是国家鼓励和支持的重点。我们一定要抓住机遇，加快高速公路建设，从根本上解决交通对国民经济的“瓶颈”制约。

---

* 2004年5月21日在山西省重点公路工程建设工作会议上的讲话摘要。

落实科学发展观，必须更加注重以人为本。以人为本是贯穿科学发展观的一条主线，要把以人为本贯穿于工程建设全过程，以人为本抓设计，以人为本抓管理，以人为本抓建设，以人为本抓服务，不断提高高速公路的安全通行和公共服务能力，不断满足人民群众对高速公路日益增长的安全性、舒适性、可靠性、便捷性需求。

落实科学发展观，必须更加注重高速公路与自然的和谐发展。高速公路作为重要的基础设施，在拉动经济社会发展和给人们出行带来更大方便的同时，也带来了诸如耕地减少、生态破坏、水土流失、环境污染等负面影响。我省是一个土地资源紧缺、水土流失严重、生态十分脆弱的省份，在高速公路建设中落实科学发展观，就是要努力扩大高速公路的积极影响，把负面影响降低到最小程度。一是高速公路选线和设计要优化再优化，尽量少占耕地、少占好地、少占林地，能用荒地代替的不占耕地，就是多花几千万元，也要给国家多节约一点土地和生态资源。二是施工中要尽量减少环境污染、水土流失和生态破坏，多一些隧道，少一些大开大挖。三是要加大环保投入和生态补偿投入，对于穿越人口居住集中的路段，要增加有效的隔音设施。加强绿化工作，公路两侧、中央分隔带、互通、服务区、收费站及大开大挖地段等，能绿化的地方尽量绿化；工程完工后，施工、取土、弃土场等都要进行绿化，上下边坡尽量采用生态防护，以改善公路沿线生态环境。

落实科学发展观，必须依靠科技进步与创新。以先进的技术、先进的设备和科学的管理提高工程质量和科技含量，加快工程进度，降低建设成本，使科技成为速度与质量、效益相统一的可靠支撑。

二、坚持以国家的政策法律规范建设行为，严格程序依法办事

随着国家对固定资产投资宏观调控力度的加大，国家对基本建设程序和土地审批越来越严，出台了最严格的耕地保护政策和农民利益保护政策，并加大了对基本建设程序的督查力度。在这种情况下，我们既不能沿用原来的征地拆迁政策，又不能采取边建设、边审批的方法推进工程建设，必须认真贯彻党的“三农”政策和国家法律、法规，依法办事、依法建设。

第一，要认真落实国家《土地法》等法律法规和党的“三农”政策，提高征地拆迁标准，保护农民利益。省交通厅已根据国家最新政策向省政府上报了我省高速公路建设新的征地拆迁补偿标准，批准以后，要严格执行，及时足额支付地方征地拆迁补偿费，同时要根据计量结果及时支付施工企业工程款，并督促其按时发放农民工工资，做到“两不拖欠”：不拖欠农民征地拆迁补偿费，不拖欠农民工工资。

第二，要抓紧土地、林地占用审批。尤其是已经开工但用地尚未批复的项目，必须在7月1日前完成用地报批手续。拟开工项目也要抓紧报批用地手续，力争早日审批、早日开工。

三、坚持以科学的管理提升工程建设品位，认认真真树丰碑

高速公路是利在当代、功荫后世的重大工程，修建高速公路，实则是在书写历史，每一项高速公路工程，都是一座历史的丰碑，一定要以对党、对人民、对历史高度负责的态度，严严格格抓管理，认认真真树丰碑，努力做到工期不拖、概算不超、事故不出、干部不倒，工程一流。

第一，加快工程建设，突出一个“快”字。今年各个项目的最后工期已经卡死。要制定科学严密的施工组织计划，细化目标，倒排工期，加快工程建设，在确保质量的前提下，能快则快，尽量往前赶。要抓住制约工程，抽调精兵强将，集中优势兵力、优良设备全力攻克，确保各项工程协调推进。要抓住当前的施工大好季节，以决战的姿态、攻坚的精神，全面打响今年高速公路建设8·18大会战，为完成全年任务打好基础。

第二，依法加强管理，突出一个“严”字。质量是工程的生命，质量管理一刻也不能放松，越是在“加快”的形势下，越要加强质量管理。要将质量工作牢牢抓在手上，进一步健全质量保证体系，完善质量责任制，强化质量措施，争创优质工程。经过大运路的实践，我省高速公路建设质量无论是在理念上，还是内在品质上，都有了一个大的突破。要大力推广大运路的经验，力争在大运路的基础上有一个新的提高，使高速公路成为保护生态环境、推动科技进步、体现时代特征、富有文化内涵的示范工程。要严格资金管理，认真落实合同管理、计量支付和概算包干的各项规定，严格控制管理费开支，确保概算不突破。安全生产管理要突出特大桥梁、特长隧道和高填深挖工程及采空区、滑坡路段的施工安全，预防为主，消除隐患，确保施工安全。

第三，加强廉政建设，突出一个“源”字。消除腐败现象，根本在制度。近几年，我们对公路建设廉政建设采取了不少措施，实行了纪委书记派驻制、廉政合同制、廉政建设责任制和廉政工作监督制，这些行之有效的好经验要继续推广。最近，根据两个《条例》，省交通厅制定了加强工程建设领域廉政建设的十项制度，对容易滋生腐败的招标投标、设计变更、材料采购、资金拨付、分包转包等行为作了进一步规范。要认真贯彻执行这些制度和规定，加大对制度执行的监督力度，并根据工程建设中出现的新情况、新问题，及时加以完善，提高从源头上预防腐败的能力。领导干部要始终保持清醒的头脑，廉洁自律、防微杜渐。我用陈毅元帅的一句名言作为对大家的忠告：“莫伸手，伸手必被捉”。

四、认真研究社会资本进入高速公路领域的问题

党的十六届三中全会指出：放宽市场准入，允许非公有制经济进入法律未禁止的基础设施建设等领域。在高速公路领域引进非公有资本，有利于提高高速公路建设、运营效率，缓解资金紧缺的矛盾。从我省的实际来看，非公有制经济进入高速公路领域，我们不仅要处理好市场开放的问题，还要解决好引导和鼓励社会资本进入的问题，更要研究市场监管的问题。当前，阳城—侯马高速公路即将开工建设，这是我省第一条采用 BOT 方式建设的高速公路，要依托这个项目，认真研究社会资本进入高速公路的问题。一要以更加开放的姿态引进外资和民营资本，科学合理地利用好上市、发债、转让经营权、BOT、项目融资和直接投资等方式，吸引社会资本进入高速公路建设、经营领域。随着政府转变职能和《行政许可法》的实施，我厅再不能扮演高速公路大业主的角色了。要从高速公路建设领域逐步退出来，主要依靠社会资本发展高速公路，政府加强监管。二要科学设置进入市场的规则，制定转让经营权、授权经营、特许经营的具体实施办法。同时要加强市场分析和预测，及时发布信息，引导企业减少或避免投资的盲目性和随意性。三要认真研究特许经营条件下对投资人的监管工作，严格开工前审计，建立项目总监督制度，对项目建设质量、资金、进度及其他涉及公共服务、群众利益、环境保护等的行为，实行全过程、全方位的监管，促使其全面履行国家法律和合同条款。四要认真研究转让公路经营权的后续管理工作，建立运营监管机制，督促经营者建立安全可靠的保障机制，认真落实公路养护、安全生产、信息发布、紧急救援等公共服务和水土保持、环境保护等责任，防止企业经营的逐利性过度膨胀，弱化高速公路的公共服务职能，保证人民群众合法权益，保证国有资产不流失。

9. 以“绿色大运”展示“绿色山西”*

山西地处黄土高原，植被稀少、生态脆弱。到2000年底，全省森林覆盖率仅为20%，水土流失面积占全国水土流失面积的69%，水土流失率为60.76%。我省黄河流域水土流失面积为6.76万平方公里，年输沙量为3.66亿吨，约占整个黄河输沙量的28%。中科院公布的《2000年中国可持续发展战略报告》表明，在中国区域生态水平评估中，我省区域生态水平总指数为51.64，在全国排序第29位；生态支持系统总指数为23.56，位居第31位；发展支持系统总指数为30.98，位居第27位；环境支持系统总指数为43.40，位居第28位；可持续发展总体能力总指数为38.27，位居第26位。环境问题是制约山西可持续发展的“瓶颈”。

近年来，省委、省政府把生态建设作为事关山西长远发展的一项重要工作来抓，先后提出并实施了退耕还林、封山禁牧、建设绿色通道、建设雁门关生态畜牧区、开展环京津风沙源治理等多项生态建设的战略和工程。公路作为经济社会活动的重要载体，被确定为生态建设的重点之一，实行“两个优先”，即公路沿线优先使用国家的生态建设政策，公路两侧优先退耕还林还草，加快建设公路绿色通道，用3年时间建成了太旧高速公路、大运二级公路、108国道、307国道4条绿色通道。“十五”以来，我省把生态建设作为公路建设的一项重要工程来抓，提出了用5年时间把所有国省干线、60%的县乡公路建成绿色通道的目标，将绿化纳入公路建设、GBM工程、文明路建设的总盘子，与公路建养同时规划、同时设计、同时实施、同时验收，既解决了资金问题，又加快了公路绿化的进程。到2003年底，我省公路通车里程达到63122公里，其中绿化里程达到33389公里，占通车里程的52.9%。1211公里高速公路全部建成绿色通道，特别是千里大运绿色长廊的建成，标志着我省公路建设步入了与生态环境协调发展的轨道。

大运高速公路纵贯山西南北，全长666公里，总概算222亿元，是山西经济腾飞的“脊梁工程”，也是山西对外开放的形象工程，更是我省生态建设的示范

* 2004年6月在中国交通环保二十周年大会上的发言摘要。

工程。在大运高速公路建设中，省委、省政府从改善全省生态环境、提升山西整体认识形象的高度，提出了“绿色大运”的战略构想。经过3年的艰苦奋战，伴随着大运高速公路的建成通车，一条纵贯全省南北、展示“绿色山西”新形象的千里绿色长廊展现在世人面前。

一、着眼于山西形象的全方位塑造和长远发展，科学设计“绿色大运”

构建“绿色大运”，坚持可持续发展的思想，在大运高速公路的建设中，把工程规划设计和绿化规划设计同步实施，通过高标准的绿化、美化，把大运高速公路沿线建设成为生态环境优美的“千里绿色长廊”，使之成为全省生态产业带形成的重要载体。

构建“绿色大运”，坚持“不破坏就是最大的保护”的理念。在规划设计中，最大限度地保护生态，线路选择尽量少占耕地、少占林地，就是多投入几千万元，也要尽量为农民留一片生存生活的空间；穿山越岭路段多设计隧道，尽量避免高填深挖，尽量减少对生态的破坏和水土流失。在施工过程中，尽可能利用荒坡、废弃地作为施工场地和取土场、弃土场。工程结束后，对取土场、弃土场进行回填复垦，能作为耕地的还田于民，不能耕种的进行绿化，恢复生态。

构建绿色大运，采取建设与保护相结合的办法。建设，就是对大运高速公路全线进行高标准的绿化、美化。按照因地制宜、科学规划的原则，大运高速公路两侧各规划了宽度不等、具有纵深结构的多层次的主林带，花、草、树立体种植，点、线、面合理配置，努力将大运高速公路沿线建设成为春花、夏荫、秋果、冬青的一道靓丽风景线。在晋北的荒山地段，主林带适当宽一些，最宽的达到了100米，林带与两侧第一山脊线之间实施退耕还林、荒山绿化，宜林则林、宜草则草，视线范围内荒山、荒地全部通过绿化覆盖；而在晋南等农业地区，则因地制宜，不搞统一标准，宜宽则宽、宜窄则窄。高速公路服务区和互通立交则经过精心设计，建设成为面积不小于1平方公里的、风格各异的“绿色生态岛”，服务区内的加油站也要建设成为风格独特的、具有标志性的“绿色加油站”。沿途城镇、旅游景点与大运高速公路的连接线，在提高等级的基础上，进行高标准的绿化、美化，与大运高速公路“绿”为一体。保护，就是以大运高速公路为中轴，两侧各5公里范围内，建立产业发展的四级“梯度生态准入”标准。通过对沿线7000多平方公里区域内生态环境的有效保护，营造整个大运高速公路沿线优美的生态环境。两侧各1公里区域为生态禁建区，严格禁止各类开发建设活动，一些已有的影响美观的建筑物要搬迁出去，暂时无法搬迁的，用植树、种草等办法构筑“绿色屏障”，把其对整体美观的影响控制到最低限度。两侧各1~2

公里区域为严格控建区，禁止建设任何工业企业，已有的要全部搬迁。两侧各2～5公里区域为一般控建区，区域内的各类采矿活动要限期停止，建设项目要符合生态环境建设的要求。大运路互通立交周围2公里范围内自然生态区，禁止设立各种工业园区和集贸市场。

二、加强组织领导和政策倾斜，为构建“绿色大运”提供政策和体制保证

大运高速公路纵贯山西南北，穿越全省8个市地31个县市区312个乡镇495个行政村。构建“绿色大运”，是一项复杂的系统工程，不仅战线长，而且涉及部门多。为此，省政府大运高速公路工程领导组成立了规划设计、苗木供应、技术指导、督促检查4个工作小组，专门负责“绿色大运”工程，并在大运高速公路经济带10年规划中，将构建“绿色大运”作为首要任务来抓，政策上倾斜，资金上扶持。省交通厅、各地县也成立了相应的组织领导机构，切实加大对“绿色大运”建设的领导力度，保证了从上到下工程建设有人抓、有人管、有人干，形成了干部群众、社会各部门广泛参与，义务植树、部门绿化、工程造林一齐上的社会氛围。各有关部门按照各级政府的统一部署，密切配合、协同作战，形成了构建“绿色大运”的巨大合力。在建设体制上，采取省地共建、部门联合的办法，隔离栅及线内绿化由交通部门负责，线外林带建设和两侧退耕还林由地市政府组织、林业部门指导、县区具体实施。省林业厅组织专人对“绿色大运”进行了全面系统的规划与设计，并按照技术规程完成了业务性、技术性强的工作，建成了示范林带、示范路段。交通部门将绿化纳入了工程建设的总盘子，一起规划、一起实施，在没有现有经验的情况下，选择祁县至临汾段先行研究试点，并邀请园林部门对中央分隔带、护坡隔离栅、互通立交进行立体式设计与绿化，大大提高了绿化的品位和效益，完成绿化面积近千万平方米。水利部门对公路两侧植树造林所需的水利配套工程优先支持、优先建设，确保了苗木的成活率；环保、公路、农机、城建等部门对规划范围内污染企业和路基外、废弃地中的垃圾及时关闭、搬迁和清理，全线共搬迁环保不达标企业百余家。在政策上，将“绿色大运”工程与退耕还林、雁门关生态畜牧园区建设、环京津风沙源治理工程结合起来，“绿色大运”工程优先使用国家退耕还林、风沙治理等方面的政策。在资金筹措上，线外工程省地按6：4分级筹措，省里筹措60%，地市筹措40%。线内绿化由交通部门筹资，总投资达到了1.5亿元，在绿色大运工程的实施中发挥了典型示范作用。

三、坚持市场化取向，创新“绿色大运”的运作机制

在“绿色大运”工程的具体实施中，我们没有完全按照行政指挥的模式，

而是借鉴工程建设的先进经验，将市场机制引入“绿色大运”建设中。一是运用市场调节手段，解决土地问题。对公路两侧规划范围内的耕地，在地方政府的大力支持下，按照既有利于工程建设、又保护群众眼前利益的原则，运用旱地变水地、复垦土地、机动调地、反租倒包、无偿提供经济苗木等形式，较好地解决了工程占地问题。运城市积极引导农民在大运路两侧大力发展梨树、果树等，建成一条高产高效经济林带，既保证了绿色通道建设的要求，又增加了农民收入，使农产品借助高速公路加快了向商品转化的步伐。二是运用市场竞争办法，解决苗木调剂问题。根据全省地质、气候不同的特点，因地制宜选择树种草种，以绿为主、以活为主、以树为主，并在不同区域、不同层次举办各种苗木洽谈会、工程竞标会，省内及河北、河南、山东、陕西、内蒙、江苏、北京、天津的63个苗木生产单位参与了竞争，分别与苗木单位签订了供需合同，保证了苗木供应的数量与质量。三是用招投标的办法选择施工队伍。鉴于“绿色大运”工程的技术要求和施工标准较高，我们对整个工程采用资质认证的办法，线内绿化实行招标投标，选择专业队伍设计、施工、监理；线外绿化则以县、市林业技术骨干为主体，以乡村为单位组建造林专业队，实行工程承包。施工单位对“绿色大运”工程实行“三保”，即：保工期、保树木的成活率、保景观配套，并把树木成活率、保证周期按生态成长规律延伸到了3年，从根本上保证了“绿色大运”的质量。

四、加大科技投入，提高“绿色大运”的科技含量

“绿色大运”工程任务重、时间紧，为了保证工期，不降低标准，我们积极采取技术措施，加大绿化科技含量。一是积极探索边坡、中央分隔带及隔离栅绿化新技术。我们依托大运高速公路建设项目，开展了边坡植被防护技术、高寒干旱地区水泥混凝土路面中央分隔带植树等技术的研究，并取得了有效成果。边坡植被防护技术在大运路得到广泛推广应用，从上边坡到下边坡，从碎落台到路肩，从阴坡至阳坡，从土质边坡到石质边坡，全方位地进行了植被防护。中央分隔带接地植树在大同至新广武段试验成功的新突破，较好地解决了中央分隔带树木成活率低的问题。隔离栅绿化在全线推广了山荞麦等品种，既提高了成活率，又保证了当年见效。二是针对我省十年九旱的实际，广泛采用抗旱造林技术。径流林业、覆盖林业、根宝、生根粉、蘸根等实用技术得到了普遍应用。三是为保证工期，在林业部门的指导下，创造了四季植新模式。四是广泛采用了一次成景技术，运用大树带母土移植、大容器苗、大裸根苗袋装等办法，实现一次栽植、一次成活、一次成景。五是采用高标准、园林化的景观林营造模式。不仅乔、灌、草、花、攀齐用，点、线、片、带、网搭配，而且每段路的景观层次都在三

个以上，植物配置都在四类以上，景点、村镇绿色不仅有观赏性，还有游乐、休憩等园林功能。技术含量的提高，从整体上提高了公路绿色的技术水平，拓宽了绿化空间，为进一步搞好公路沿线生态环境建设奠定了基础。

五、加强全面管理，提高“绿色大运”工程质量

在“绿色大运”建设中，采用了系统工程管理。从线内到线外，从工程规划到工程竣工的各个阶段，科学制定了完善的管理制度，以管理促进度，以管理保质量。一是加强工程的责任管理。省政府以责任状、文件、合同等形式把各级地方政府领导和交通部门领导分别确定为“绿色大运”线外线内工程的领导；把各个规划设计单位负责人确定为工程的设计和督查责任人；把各级林业局长确定为工程技术负责人；把各承包单位、沿线乡镇组织的工程队伍负责人确定为工程的施工直接责任人，线内工程各项目公司负责人为第一责任人。二是加强技术管理。为规范苗木调、起、运、护等各个环节的技术操作，省林业厅出台了《苗木使用管理办法》、《苗木栽植技术规程》和《苗木指导价格》，并向各路段派出了50多名专业技术人员，保证了绿化进度和苗木成活率。三是加强资金管理。省政府出台了《“绿色大运”工程资金使用管理办法》，省、地、县三级都开设了专户，对绿化资金实行统一归口管理，专款专用、统一预决算。工程实行报账制，省里预拨部分苗木款，工程竣工验收合格后，全部资金按验收报账单逐级拨付。四是加强质量监管。我们把工程建设中的四项制度运用到绿化工程中来，建立了政府监督、社会监理、工程队自检三级质量保证体系，组织专业监理人员对绿化工程从进度到质量实行全方位监理，不合格的工程不验收、不结算，保证了绿化质量。省政府还多次召开现场办公会，组织参观交流，推动了“绿色大运”工程的顺利实施。

“绿色大运”是我省加强生态建设的一次新的探索，是“绿色山西”的标志性工程，也是公路建设与区域经济、生态建设协调发展的示范工程。我们要坚持以人为本和全面、协调、可持续的科学发展观，认真总结近年来生态建设的成功经验，坚定不移地走生产发展、生活富裕、生态良好的路子，开创“绿色交通”建设新局面。

10. 以“3 小时高速通达”工程构建“3 小时经济圈”*

“3 小时高速通达”工程既是一项宏大的高速公路建设工程，也是我省加快高速公路建设的重大战略。从布局上看，“3 小时高速通达”工程由省会太原到其余 10 个市的 5 条放射状高速公路和太原绕城高速公路构成，总里程 1322 公里，总投资 400 亿元，分 16 个项目历时 12 年建成。第一个项目是我省第一条高速公路——太旧高速公路，于 1996 年 6 月建成通车。到“九五”末，“3 小时高速通达”工程共建成太旧、原太、夏汾、太原东山过境、太原南过境 5 个项目 326 公里。“十五”以来，纵贯南北的大运高速公路的建设，大大加快了我省“3 小时高速通达”工程的进程。11 月 8 日，太长高速公路的建成通车，标志着我省规划的省会到市“3 小时高速通达”工程全面建成。目前，我省高速公路达到 1686 公里，一个以“3 小时高速通达”工程为主骨架，南通中原、北出长城、东联京冀、西达秦蜀的高速公路网初具规模。放眼三晋大地，大运通衢，人字鼎立，出省到市高速路，县际连接高等路，乡乡通了沥青路，村村基本通了水泥路，山西公路建设以发展速度快、工程质量好、网络化程度高跨入全国先进行列。

回顾我省“3 小时高速通达”工程的建设实践，有一个最显著的特点就是“创新”。“创新”使我们面临的一系列诸多困难得到较好解决，主要体现在以下几个方面：在建设理念上，我们牢固树立和落实了科技高速、人文高速、绿色高速的新理念，并以此指导工程建设，实现了高速公路建设与我省产业结构调整、生态环境建设相协调。在建设体制上，我们打破原来的指挥部模式，建立了“项目法人 + 领导组”的建设体制，运用政府的、市场的各种手段共同推动高速公路建设，既保证了高速公路建设专业化，又营造了一个良好的外部环境。在用人机制上，坚持不拘一格选人才，实行董事长任命制、总经理竞争上岗制、总工程师聘任制、总会计师委派制，把各方面的优秀人才集聚到了高速公路建设管理中来。在投资体制上，积极引导社会资本进入高速公路领域，在企业并购、采用

* 2005 年 11 月 8 日在山西太原—长治高速公路通车时接受新闻媒体采访时的讲话摘要。

BOT 方式、转让经营权、银企合作、利用外国政府和国内外金融组织贷款等方面进行了成功探索。比如：采取企业并购的方式，从太旧路置换出 20 亿资本金，顺利启动了大运路建设；鼓励效益好的高速公路运营公司或交通企业通过兼并、投资等方式，参与新的高速公路建设，建成了汾离、太长等高速公路。在工程管理上，坚持落实“责任是基础、建章立制是关键、科技进步是保障”，积极采用新技术、新设备、新工艺、新材料，推广信息化管理，攻克了许多重大技术难题和质量通病，建成了以大运高速公路为代表的一批国优工程。在廉政建设上，推行了纪检书记派驻制、廉政合同制和合理低价中标等一系列行之有效的监督管理办法，加强了对工程建设的全过程监督，铲除了滋生腐败的土壤，实现了“修好一条路、不倒一个人”的目标；在精神文明建设上，大力弘扬山西人民的优良传统和改革创新的时代精神，创育了享誉全省的太旧精神和大运精神，这是实现交通行业全面振兴的宝贵财富，永远激励我们不断夺取新的胜利。

“3 小时高速通达”工程的建成，将使我省形成一个以太原为中心、以 3 小时车程为半径、辐射全省重要经济区域的“3 小时经济圈”，带动省内人流、物流、信息流、资金流等经济要素的快速循环与合理流动。

从总体上看，“3 小时经济圈”应该包含以下 5 个方面的内容：第一，“3 小时交通圈”。从省会太原出发，在 3 小时左右可到达省内任何一个地级市所在地。第二，以太原为中心的“1 小时生活圈”。在这个生活圈内，太原与周围忻州、阳泉、晋中等市县的居民可以享受到同城生活的效应，等于太原多了 3 个郊区，忻州、阳泉、晋中等市多了一个新城区，两地居民同时可以享用大都市、大自然的政治、经济、文化、自然等各种资源，从而提高生活质量和生活水平。第三，“3 小时旅游圈”。从太原到省内任何一个重要旅游景区，均可在 3 小时左右完成，实现“旅行一日还、三晋一周游”的目的，进一步提升我省旅游产业的发展水平。如果说大运高速公路使我省旅游资源由点上的优势转化为线上的优势，那么“3 小时高速通达”工程则使线上的优势转变为面上的优势。第四，“3 小时物流圈”。“3 小时高速通达”带来的时空效应和人流、物流、信息流、资金流、商品流，将共同转化为经济发展的先进生产力，加速全省各地之间的物流速度，降低物流成本，提高物流效益，加强产业协作与产业渗透，推动产业互补与结构调整，形成新的产业基础和产业优势。第五，“3 小时文化圈”。在经济要素加速流动与合理配置的同时，省城太原政治、文化中心的优势也会进一步向全省各地辐射，同时通过萃取外省先进的文化、技术和管理，进一步提升我省的文化发展水平，以先进文化促进先进生产力发展，提升我省的核心竞争力。

紧紧把握“3 小时高速通达”带来的机遇，以现代化的交通为载体，构建“3 小时经济圈”，是引导山西区域整体协调发展的先行条件和有效手段，也是坚持科学发展观、全面建设小康社会的内在要求。第一，有利于促进区域经济协调发展。在全面建设小康社会的进程中，坚持科学发展观，促进区域经济全面协调可持续发展，必须充分发挥各区域的自身优势，形成优势互补、分工协作、相互促进、良性互动的协调关系。根据山西各区域发展不平衡、产业同构、互补性差、城乡分割的现状，构建“3 小时经济圈”，有助于加强各区域间的经济联系，强强联手，强弱互补，使太原的大都市效应辐射到全省，提高山西经济的整体实力和竞争能力。第二，有利于加速区域经济一体化进程。面对经济全球化步伐的加快和中国加入世贸组织的新挑战，依托高速公路主干线和城市群，构建以太原为中心的“3 小时经济圈”，整合“圈内”资金、技术、人才、资源等要素，形成产业布局与分工合理、经济联系紧密、内部聚集效应与对外扩散效应明显的经济区，有利于减少交易成本和重复建设，提高资源的配置效率和区域经济的整体素质，促进生产要素在整个区域内的自由流动，形成经济发展水平较高、综合经济实力较强的经济强区，对于加速区域经济一体化进程具有重要作用。第三，有利于形成特色鲜明的产业集群，推动区域产业结构的优化升级。区域经济实力的强弱主要取决于区域内产业实力的强弱。产业集群的形成是产业结构升级的主要途径之一。“3 小时经济圈”的构建，有利于增强优势产业、特色产业、潜力产品的要素吸引力，从而使具有传统优势的产业新型化，具有发展潜力的产业规模化，具有地方特色的产业品牌化，使我省产业结构向高级化发展。“3 小时经济圈”的构建，避免了由于行政区划的分割而造成的资源浪费，可以从总体上处理经济与环境的发展关系，使我省走向高增长、低污染、低损耗的可持续发展的道路。第四，有利于提高城市化水平。构建“3 小时经济圈”，有助于形成以大中城市为节点，以高速公路为“走廊”的城镇体系，从而能更有效地利用城镇基础设施存量优势，发挥城市的聚集、辐射效应和带动功能，以工业园区建设、市场体系建设、城镇基础设施建设、高新技术产业和新兴产业开发为途径，引导资源向城市和城镇集聚，加快劳动力由农村向城镇、由农业向工业和第三产业的转移，加速城市化进程，形成以城市为中心，城乡统筹、共同发展的格局。第五，有利于做大做强旅游产业。山西的旅游资源非常丰富，“3 小时经济圈”的构建，将加快古建佛教文化、晋商民俗文化、黄河根祖文化为代表的各种独特而丰富的旅游资源的整合，以合纵优势来进行区域旅游协作，有利于区域内旅游景区的开发，培育区域旅游品牌，形成旅游资源共享、旅游优势和客源互补的区域一体化“大旅游”格局，使旅游资源优势尽快转化为经济优势，做大做强旅游产业。

省会到市实现“3 小时高速通达”，仅仅是我省高速公路建设走完了第一步，今后的任务更艰巨、更艰苦、更繁重。根据省政府批准的《山西省高速公路网规划》，我省高速公路网的总体布局是“人”字骨架、九横九环，总里程 4050 公里。现在“人”字骨架刚刚建成，我省高速公路才达到1686公里，还有2400多公里的建设任务。“十一五”期间要集中精力建设“五横四环”（大同—右玉杀虎口、灵丘驿马岭—平鲁二道梁、五台长城岭—保德、和顺董坪沟—介休、长治—吉县七狼窝，太原区域环线、大同绕城环线、晋中区域环线、运城绕城环线），到“十一五”末我省高速公路达到3000公里，实现市到市和主要出省通道高速化。再经过10年的努力，到2020年，全面建成高速公路网。到那时，我省所有城镇人口在15万以上的城市都能连接高速公路，90%的市县能在1小时内到达高速公路，通达周边的出口路达到22条，山西形成一个全方位对外开放的新格局。

11. 艰苦奋斗修好小康路　自力更生建设新农村*

2001～2005 年的 5 年间，山西新改建农村公路 89592 公里。其中，改造县乡公路 13717 公里，新建通村水泥路、油路 75875 公里，是建国 51 年来农村油路、水泥路总里程的 5 倍。到 2005 年底，全省 100% 的乡镇、80% 的建制村通了水泥路、油路，83.6% 的建制村通了客车。这是为“三农”办的一件大好事，也是统筹城乡发展的一件实事。

一、坚持自力更生、艰苦奋斗，依靠广大人民群众修好致富路

山西是革命老区，自力更生、艰苦奋斗是山西人民的优良传统，也是新时期山西农村公路建设的优势所在。在农村长期落后、农产品长期滞销、农村资源长期得不到开发利用，以及东部发达地区改革开放的变化、经济发展的压力下，山西人民对修路的渴望越来越迫切。“宁可苦干、不愿苦熬”成为广大农民的时代强音。交通部党组“修好农村路、服务城镇化，让农民兄弟走上油路和水泥路”的决策，鼓舞和焕发了广大农民的修路热情；各级党委政府顺应民意、全党动员、全民发动，广大人民群众积极响应，发扬自力更生、艰苦奋斗的太行精神、锡崖沟精神，投工投劳、捐款捐物，涌现出了许多感人事迹。

长治人民发扬老八路精神，资金不足精神补、水泥不足石头补、机械不足力气补，一年完成通村水泥路 3138 公里，使全市基本实现了村村通水泥（油）路。运城人民在困难面前不低头、不服输、不甘落后，3 年完成村村通水泥（油）路 15000 公里，全市 99% 的建制村通了水泥（油）路，50% 的平川县实现了户户通水泥（油）路。平顺人民在申纪兰老大姐的带领下，“扛着镢头、挑着箩头、啃着窝头，斗着石头，越干越有劲头”。黄坪村党支部书记常书发，身患肝癌仍带领群众战斗在修路第一线，一条 8 公里的水泥路修通了，他却倒下了。

人民群众的广泛参与，使我省农村公路建设高潮迭起。三晋大地从东到西、由南向北，处处是红红火火的修路场面。2001～2005 年，我省农村公

* 2006 年 2 月 6 日在全国农村公路建设电视电话会议上的经验交流发言摘要。

路建设完成投资上百亿元，建成村村通水泥（油）路近76000公里，广大农民发挥了主力军作用。这既是山西农村公路建设的鲜明特点，也是发展农村公路的根本途径。

二、坚持政府主导、政策引导，带着感情支持“三农”工作

政府主导，就是农村公路建设由政府主抓、政府推动、政府组织实施。省政府成立了由分管副省长挂帅的农村公路建设领导组，每年召开一次农村公路建设工作会议，每年把“双通”（村村通水泥路、村村通客车）工程作为省政府为民办的实事之一。从省城到乡村，实行省长、市长、县长、乡长、村长“五长”攻坚责任制，层层签订责任状，明确目标，责任到人，一级抓一级，一级带一级，一级对一级负责，一级向一级交账。各级领导干部深入工地，现场办公、现场督导，不仅在实践中摸索了经验，取得了领导工作的主动权，而且用实实在在的行动教育、感染和激励了群众。老百姓动情地说：唐修庙、宋修祠、明朝墙、清修园，共产党领导人民修大路。

政策引导，就是打破以往对农村公路建设资金切块补助的办法，实行以奖代补，多干多奖，少干少奖，不干不奖，超额重奖。年底统一组织验收后，省政府、省交通厅每公里分别奖励1万元。对一年内完成300~1000公里的县（区、市），分别再奖100~800万元。2001~2005年，仅省交通厅就拿出以奖代补资金9亿元。与此同时，全省11个市政府也都出台了农村公路建设优惠政策，重点工程建设地方税收实行先征后返，并从新增的地方财政收入和煤焦等矿产品销售收入中切出一块，与省级奖励资金同步兑现，不断加大对农村公路建设的投入。

三、坚持科学管理、因地制宜，把好事办好、实事办实

我们坚持农村公路建设与“农业结构调整、农村资源开发、小城镇建设、农村文明文化建设、山水田林路综合治理、扶贫移民”相结合，制定了尽力而为、量力而行，因地制宜、就地取材、注重实效、确保质量，保护生态、改善环境，统筹发展、综合治理的建设原则，严格管理，科学管理，狠抓落实。

——坚持技术多标准。交通部门制定了通村水泥路最低技术标准，路面宽度不低于3.5米，厚度不少于18公分。经济发达地区可宽一些，车流量较少的路段可窄一点，但必须有必要的会车带和安全设施，保证行车安全。交通部门还将技术标准和施工工艺编制成册，分发到乡村，组织农民进行技术培训，并派出专业技术人员现场指导，开展技术服务，培养了一批“土专家”，保证了必要的施工工艺。

——**坚持路面结构多样化**。我们根据山西的自然条件，砂石材料丰富的特点，提倡多修水泥路，但不搞“一刀切”。对于建材丰富的乡村，因地制宜、因路制宜设计了砖砌路面、石板路面、片石路面等，既充分利用了地方建材，又降低了修路成本。

——**坚持科学规划**。农村公路建设充分利用旧路资源，局部改造完善，避免大填大挖。对村庄相对集中的平原微丘区，力求形成循环；对地形复杂的山岭重丘区，以相对集中的乡村连通为原则；对人口稀少的偏僻山庄，与移民并村接合起来规划，并将农村公路与街道巷道、园区道路统一规划、统一建设、统一补助，为建设社会主义新农村奠定了坚实的基础。

——**坚持统筹发展**。农村公路建成后，同步进行绿化、美化，及时管理养护，同时开通公交班车。国家级贫困县夏县在实现村村通水泥路后，同时建成高标准园林村 85 个、生态绿化型村 23 个、生态园林型村 50 个、园林游览型村 12 个。昔阳县及时出台了农村公路管养办法，管养经费列入财政预算，县财政每年拿出 160 万元用于农村公路管养。加快推进农村客运网络化进程，5 年全省建成乡镇汽车站 105 个、候车厅 1797 个、招呼站牌 11534 个，新增农村客运班线 962 条、客车 1930 台。

——**坚持“一事一议”**。农村公路建设规模、建设标准充分尊重农民意见，不修农民不需要的路。义务投工完全按照农民自愿的原则组织，不搞行政命令，不搞“乱摊派、乱收费、乱集资”，不增加农民负担。

农村公路建设，带动了农村经济社会的全面发展，得到了农民群众的普遍拥护和热情参与，成为建设社会主义新农村的重要载体。

——**推动了农业产业结构调整，增加了农民收入**。过去由于交通不畅，许多农村的农副产品常常因运不出去而烂掉，农民增产不增收。农村通了水泥（油）路后，收购车辆直接开进了村，开到了田间地头，大大激发了农民调整种植结构、发展特色农业的积极性。临猗县庙上乡盛产梨枣，农村公路建成后，各地客商开车上门收购，当地梨枣种植面积不断扩大，价格不断上升，农民人均纯收入由过去的 2000 元增加到 4160 元。

——**推动了农村公用事业发展，改变了乡村面貌**。教育方面，为整合农村教育资源创造了条件，永济市撤并了 37 所在校学生不足 50 名的小学，把 300 名城镇优秀教师分配到农村学校任教，农村班车接送孩子上学，提高了农村教学质量；医疗卫生方面，目前救护车能开到全市每一个建制村，甚至开到农民家门口，大大方便了群众看病就医；出行方面，解决了农民出行难的问题，农民们形象地说：“过去进城两三天，现在花上一块钱就可进城转一转”。

——**改变了农民生活方式，促进了农村精神文明建设**。路修好后，农业生产技术、科技书籍、文化节目及时送进了山村，农村科普和文化宣传工作得到了深入推进。许多村庄还建起了文化活动大院、图书室，进一步丰富了农民群众的精神文化生活。

农村公路是社会主义新农村的重要基础设施，农村公路建设则是交通部门服务“三农”工作的重要抓手，我们要紧紧依靠地方政府和广大人民群众，进一步加大农村公路建设力度，完善路网结构，提高通达深度，实现村村互通、乡镇联网、城乡互动，推动建设“生产发展、生活宽裕、乡风文明、村容整洁、管理民主”的社会主义新农村走上快车道。

12. 构建山西西部开发的通道*

沿黄干线公路是我省“三纵十六横”国省干线公路网的西纵干线，也是我省“十一五”规划的“两区”开发重点项目。起于偏关县万家寨黄河大桥，终于平陆县城，由北向南穿越忻州、吕梁、临汾、运城4市17个贫困县，辐射84个乡镇近600万人口，规划里程903公里。

沿黄干线公路穿越我省新型能源原材料基地、特色农业主产区和集中连片贫困地区，连接我省通往豫陕蒙3省区的15座黄河大桥，是我省继大运公路之后的又一条纵贯南北的大通道。它的建设，对于进一步完善我省路网结构，构建我省西部地区连南接北、承东启西的公路通道和综合交通运输体系，对于进一步开发晋西北煤田和柳林煤田，推动资源产品深度加工，发挥我省西部地区的资源优势，提升产业结构；对于加快我省西部对外开放和扶贫开发，弘扬黄河文化，开发沿黄旅游资源，构建沿黄经济带，促进区域经济文化交流和协调发展，加快特色城镇化进程和社会主义新农村建设，具有十分重要的意义。

建设沿黄干线公路，是交通部门认真贯彻党的十六大和十六届五中全会精神的重大决策，也是落实国家促进中部地区崛起战略和省委、省政府加快“两区”开发建设重大决策的实际行动。我们要以科学的发展观统领工程建设，服从大局，心系老区，艰苦奋斗，扎实工作，严格建设程序，创新设计理念，加强项目管理，认真贯彻落实项目法人、招标投标、工程监理、合同管理四项制度，建立和完善工程质量责任制，严格控制质量，严格控制工期，严格控制投资，高质量、高标准、高速度建成沿黄干线公路。要统筹沿黄公路与区域经济协调发展，统筹公路建设与资源综合开发利用，统筹公路与自然和谐相处，依靠科技进步与创新，把节约和环保放在首位，在设计时最大限度地保护生态，建设时最小程度地破坏生态，建成后最强力度地恢复生态，努力把沿黄干线公路建成一条生产发展、生活富裕、生态良好的示范路，建成黄河沿线的富民路，建成黄河人民的腾飞路，造福黄河人民。

---

* 2006年6月16日在沿黄干线公路开工奠基仪式上的讲话摘要。

13. 坚持科学养管　提升公共服务能力*

加强公路养护管理，是交通部门提升公共服务能力的重要内容，也是交通部门面临的一项重大而紧迫的任务。

一

“十五”以来，全省交通工作认真落实科学发展观，坚持“建设是发展，养护管理也是发展”的理念，按照“建养并重，协调发展；深化改革，调整结构；依靠科技，提高质量；依法治路，保障畅通；多方筹资，提高效益”的总体思路，调结构，增投资，抓管理，打基础，全力化解历史欠账大、车辆超限超载严重等新旧矛盾，积极适应人民群众日益增长的服务需求，公路养护管理迈上了新台阶。我省在交通部组织的干线公路养护管理检查中，取得了全国第五名的好成绩。

（一）强化薄弱环节，路网通行保障能力明显提高

“十五”期间，全省各级交通部门和地方政府不断加大公路改造和养护管理投入，集中整治和加强薄弱环节，改善公路技术状况，消除安全隐患，大大提高了公路通行能力和安全保障能力。省交通厅先后投资70多亿元，集中改造国省干线公路5329公里，支持地方新改建农村公路89592公里。到2005年底，国省干线公路二级化比重达到70%，全省100%的乡镇、80%的建制村通了水泥路、油路。

按照交通部统一部署，在全省组织实施了以保障桥梁安全运营为主题的危桥改造工程和以“消除隐患、珍视生命”为主题的公路安全保障工程。省交通厅投资4.8亿元，集中整治影响安全行车的视距不良、连续纵坡、急弯陡坡等危险路段4347公里，改造国省干线危桥361座，并对高速公路紧急救援系统、隧道消防系统和沿线监控设施进行了重点建设。省高管局对全省高速公路的桥梁进行

---

* 2006年9月6日在全省公路养护管理工作现场会议上的讲话摘要。

了安全检测和承载力实验，对桥梁支座和桥梁的变形状况进行了检测和维修，对存在问题的桥面进行了双钢筋混凝土处理，保证了桥梁安全运营。

根据我省公路养护历史欠账大、自然灾害和超限超载对公路损坏严重的实际，各级交通部门进一步加大公路大中修力度，加强了预防性养护，5 年高速公路完成大中修工程近 400 公里，国省干线完成大中修工程 3300 公里、砂改油 171 公里，全省干线公路消灭了等外路和砂砾路。市县两级交通部门在养护资金紧张的情况下，每年安排一定里程的大中修工程，逐步改善农村公路技术状况。“十五”期间，全省高速公路 MQI 平均达到 96.2；干线公路平均好路率达到 83.5%。

（二）适应社会需求，公共服务能力得到提高

坚持以人为本、以车为本，适应私驾车旅游发展和群众日益多层次、多样化、个性化的出行需求，努力拓展服务内涵，探索新方法、新举措，大大提高了公路综合服务能力。针对公路标志标线专业性强，缺乏社会认知度的实际，我们邀请包括外埠司机在内的社会各界朋友实地考察、提出意见，系统设计和设置公路标志标线，体现人性化服务，力求行业规范与社会需求相统一，一些交叉易错路段、隧道桥梁进出口的导向、指路、警告标志和干线公路、旅游公路的地名景名、指示引导标志和安全防护设施得到进一步完善，大大方便了群众出行。省高管局围绕保障公共服务、提高管理效能，全面落实“六高”目标，大力实施畅通、形象、阳光、温馨、素质“五大工程”，在太原绕城高速公路上增加了 2 个互通，对 6 个收费站进行了扩容改造，向全社会作出了高速公路雪后 6 小时开通等 3 项承诺，并在服务区和收费站开展了星级达标活动，大大提高了服务质量。省公路系统利用现有道班在部分重点旅游干线上设置了便民服务区、停车休息区和观景台等，为驾乘人员提供了基本的出行服务。全省所有收费公路都开通了“绿色通道”，对拉运鲜活农产品的车辆实行了“不卸载、不滞留、不罚款”和减免通行费的政策，保证了车辆快速通过，广大农民从中得到了实惠。

充分利用信息技术和大众媒介，不断满足人民群众快速增长的信息服务需求。省市两级交通部门和厅直各专业局都开通了对外服务网站，省公路局、省高管局分别开通了 24 小时客服电话。全省高速公路管理部门通过电台、电视台、网络、可变情报板等媒介，向社会和行路者及时发布气象和路况信息。5 年共发布信息 8 万余条，受理查询、投诉、救援热线电话 24 万次。

加强应急预案和保障机制建设。全省所有公路都建立了上下协调、运转高效、反应灵敏的公路应急保障机制及自然灾害应急预案。今年太旧高速公路寿阳段地质灾害发生后，立即启动应急预案，没有造成任何人员伤亡，并在事发后一周内修通了便道，恢复了交通，受到了交通部领导和专家的高度评价。省高管局

从中吸取教训，对全省高速公路全面排查，完善预案，进一步提升了应急保障能力。

（三）全面落实科技兴路、科学养管方针，科技创新能力得到提高

高速公路以信息化、网络化、智能化提升公路养护管理的现代化水平，建立起了监控、收费、通信三大机电管理系统，实现了全省联网收费“一卡通”，实现了省高管局、管理公司、收费站三级 IP 视频图像远程监控和语音、数据、图像的实时传输。省高管局还研制开发了拥有自主知识产权的授权加密系统，在国内首家采用了具备携带图像功能的 IC 卡。整合信息资源，初步建立起了高速公路信息网、信息数据库和业务管理系统，实现了资源共享。

针对国省干线公路养护管理出现的新情况、新问题及社会新需求，先后开展了旧桥加固、超龄油路病害处治、水泥混凝土路面病害处治、公路边坡生态防护等多项适用技术的攻关，双钢筋混凝土铺装、土工布和隔离栅治理龟裂、柔性基层、TST、箱型拱桥改装、沥青冷却再生利用技术等一大批先进适用技术、工艺和扫路王、多功能快速养护车等先进设备在公路大中修和日常养护中得到推广应用，在治理桥面路面早期破损、超龄油路改造、危桥改造、路面翻修、提高桥梁承载力和提高施工工效、降低工程造价中发挥了重要作用。省高管局和省公路局分别建立了公路、桥梁管理系统，大大增强了公路养护管理的主动性。

为鼓励和引导职工的创新热情，营造有利于创新的环境，省公路局每年举办一次公路养护技术比武，广大职工立足岗位开展小革新、小发明，以技术比武提高养护质量，以技术比武促进队伍素质提高，以技术比武推动养护技术进步与创新，涌现出不少技能型人才和优秀技术工人，成为我省公路养护管理的中坚力量。

（四）积极推动体制机制改革，养护市场化取得新进展

在管理体制改革方面，省交通厅认真贯彻收费公路管理条例，整合高速公路资源，实行集中统一、特许高效的管理模式，建立了统一管理、片区负责的体制架构。按照建养分开的原则，将工程处从公路系统分离出来，组建了路桥集团，把省公路系统的主要职能转移到了国省干线公路养护管理上来。农村公路管养体制改革按照国务院制定的改革方案，进一步明确了地方政府的职责和养护经费渠道。昔阳等县把农村公路养护经费列入财政预算给予了保证。

在养护机制改革方面，高速公路、干线公路、农村公路分别形成了片区养护和专项治理相结合，机械化大道班作业和企业、农民承包相结合，大中修专业化与日常养护社会化相结合的模式。按照管养分离、事企分开的原则，高速公路和

国省干线公路全面实行了养护工程市场准入和招投标制度，养护生产逐步由事业型向企业化过渡。省高管局和省公路局分别成立了5个大型机械化养护中心和60个机械化养护中心，辐射全省高速公路和国省干线公路。全省具备资质的养护企业达到175个，全部进入市场。晋中、长治等地在农村公路养护上进行了积极探索，为全省提供了新的经验。各级交通部门对公路养护严格标准、规范管理、科学考核，建立了有效的评比和竞争机制，保证了养护质量。

在用工制度改革方面，省公路系统将原有的协议工转换身份变为临时用工，正式工实行竞争上岗、择优录用、减员增效，减少了管理人员。同时以公路养护项目为依托，积极开辟第三产业，做好下岗人员的安置工作，公路系统长期积累的用工矛盾初步得到解决。

（五）抓热点、攻难点，依法治路取得新进展

公路养管法规体系不断完善。“十五”期间，我省先后出台了《山西省高速公路管理条例》、《山西省公路车辆通行费收取办法》两部公路管理地方法规和政府规章，《山西省农村公路管理养护办法》即将出台，《山西省公路保护条例》的立法和《山西省公路管理条例》的修改已列入省人大立法规划，一个与市场经济相适应的公路管理法规体系正在形成。

从队伍建设入手，进一步规范公路执法行为，规范收费站点和治超站点管理，加强执法监督。省厅制定并向社会公布了交通执法人员六条禁令和治超人员“五不准”规定。在省政府的统一领导下，全省交通、公安等系统联合组织实施了治理公路“三乱”专项行动，撤并了部分公路检查站和收费站，严肃查处了一批不作为、乱作为的执法人员。在国务院组织的多此明察暗访中，交通系统基本没有发现“三乱”案件，为创建所有公路基本无“三乱”省作出了积极贡献。

加大力度治理超限超载运输，超限运输下降到了10%以内。目前全省已建立超限运输检测点253个。2004年6月份以来，共查处“双超”车辆87万辆，恢复“大吨小标”车辆13万辆，卸载506万吨，交通事故明显下降，路产损坏明显减少，通行效率明显提高，运输效益明显增加，运力结构得到初步调整优化。

紧紧依靠地方政府，加强公路环境治理。晋中市不分国道、省道、县道、乡道，政府牵头，交通、公路、公安、工商等各部门齐抓共管，对区域内公路环境统一管理、集中整治，为全省发挥了带头作用。

（六）抓载体、促创建，行业文明建设取得新进展

紧紧围绕交通发展的中心任务，把行业文明建设贯穿于公路养护、收费、管

理和服务的全过程，认真组织开展了文明路、文明职工、文明示范窗口、文明单位的创建活动。5年创建文明路5000余公里，公路养护管理系统树立了396个“精神文明建设标兵”、193个“文明施工先进集体”。109国道山西段进入了“全国文明样板路”行列。大运高速公路被交通部树为全国交通行业“十佳交通运输文明畅通工程”。省公路局机关连续6年获省级“文明单位标兵”称号，省公路局和省高管局分别被交通部命名为“全国交通系统文明行业”。

5年来，我们在养护管理工作中积极探索、勇于实践，积累了宝贵的经验。概括起来主要有：坚持与时俱进，不断提升理念，是做好公路养护管理工作的前提；坚持建养并重，以建设促养护，是做好公路养护管理工作的基本方法；坚持管养分离，以改革促进养护，是做好公路养护管理工作的强大动力；坚持安全至上，不断满足人民群众日益多样化、个性化的出行服务需求，是做好养护管理工作的出发点和落脚点；坚持人才兴养，建设一支专业化、技能型、敬岗敬业的职工队伍，是做好养护管理工作的根本保证。

二

回顾我省“十五”时期的公路养护管理工作，还存在一些薄弱环节和突出矛盾。

——一些路段通行能力不高，结构性矛盾突出。目前，我省公路总量已达到了一定规模，但一些路段技术标准不高，通行能力较低，交通拥堵时有发生，直接影响路网整体功能的发挥；一些路段视距不良、急弯陡坡，标志标线不全，防护排水设施不完善，抗灾能力不强，存在安全隐患，给群众出行带来了不便。随着经济发展进入新一轮上升周期，交通“瓶颈”制约将集中反映在公路结构性矛盾和养护管理上。

——路政管理薄弱，路产路权受到严重侵害。集中体现为“一强一多两化”：“一强”是指超限超载运输反弹势头很强，超限超载运输经过两年多的治理，成效是显著的，但受利益驱动和体制弊端的影响，加之个别治超人员有法不依、执法不严、私放黑车、充当车托，超载与治超、治超与保畅的矛盾依然突出，成为社会关注的焦点问题。“一多两化”是指公路两侧违章建筑多，公路街道化、两侧市场化严重，并有继续扩大趋势。国家《公路法》、交通部《路政管理条例》和我省《公路管理条例》对公路两侧红线控制区内用地都有明确规定，不允许存在永久性建筑。“一多两化”问题反映了我们的路政执法不严，维权意识不强。如果这一问题不能得到很好解决，不仅影响公路安全畅通，而且为今后改扩建、提高生产能力埋下隐患。

——农村公路存在失管失养问题。地方政府对农村公路养护资金不落实，许多农村公路仅靠上级补助难以维持，路况质量下降，安全隐患增加，社会反映强烈。

——“重建轻养”的问题依然存在。客观地讲，“十五”期间省交通厅对公路养管的领导精力、资金投入的力度是从未有过的，但一些单位热衷于干工程、搞建设，不重视养护，总认为小修小补不是大事，小修小补干不成大事，等待观望，消极应付，削弱了日常养护，有的甚至放弃了养护，只修不养，缩短了公路寿命。

——管养体制机制改革不到位，养路与养人的矛盾突出。事企不分、管养不分、机构臃肿、管理队伍庞大、以路养人问题还没有得到很好解决。

“十一五”是我们全面建设小康社会的重要战略机遇期，也是构建社会主义和谐社会的关键时期。立足科学发展，扩大对外开放，创新发展模式，注重资源节约和环境保护，提高经济增长质量和效益，是这一时期的鲜明特点。同时，这一时期的人口、就业、资源、环境等矛盾将会更加突出，经济社会结构将发生深刻变化，改革的成本和难度越来越大。这些特点和变化，既给公路养护管理工作带来了新机遇，又增加了压力。

——满足快速增长的公路交通需求的压力加大。“十一五”期间，国民经济的持续快速增长，对外开放力度进一步加大，我省与国际国内的经济文化交流更加广泛，必然带来旺盛的客货运输需求。同时，城乡一体化和区域一体化步伐的加快，区间中短途公路交通的增长幅度会更加突出；消费结构的调整，机动化时代的提前来到，2010 年的汽车保有量将在现有基础上增长近 1 倍，日益增长的公路交通需求与公路基础设施有效供给不足的矛盾仍是交通发展的主要矛盾。目前，我省公路总量规模、公路密度已达到一定水平，缓解交通有效供给不足的矛盾，仅靠新建工程和总量扩张是不现实的，必须把更大的精力和财力放到存量升级上来，通过加强养护管理，充分挖掘现有路网通行潜力，改善路网技术状况，提高通行能力和效率，才能适应发展需求，才是现实的选择。

——满足多样化的出行需求的压力加大。当前，我国正由低收入国家向中等收入国家迈进，人民群众的出行需求发生明显变化。一是服务对象更加广泛，除传统的商务出行外，旅游、休闲、度假、探亲、访友等通过公路自驾车出行的比例大幅增加，个性化出行成为新趋势；二是评判标准提高，在保证公路通畅的基础上，还增加了安全、快速、舒适、便捷等更高层次的要求；三是服务内容升级，需要适时增加信息查询、应急救援、安全保障、交通调度等新的服务项目。四是维权意识增强。随着依法治国方略的推进，人们的法律意识、维权意识越来越强，消费与维权的矛盾更加突出，公路服务引发的法律纠纷也会增加。与这些新要求相比，目前我们所能提供的公路服务在不少方面处于短缺状态。近年来，党中央、国务院一再强调要强化政府的社会管理和公共服务职能，要求我们把不断满足社会公共需要作为我们工作的出发点和落脚点，牢固树立公共服务理念，不断强化公共服务职能，完善公共服务制度和体系。在这方面，我们还有大量的工作要做，任务相当繁重。

——资金严重不足使公路养管压力加大。从养护里程来看，目前我省公路通车总里程达近7万公里，加上没有纳入统计的乡村公路，总规模在15万公里左右。从路况来看，20世纪90年代义务修路建成的国省干线和县乡公路，由于标准低、基础差、负荷大，目前已进入超期服役、全面大修阶段。养护好、管理好这么大规模的路网，满足正常养护经费投入，再加上必要的大中修、灾害抢修、危桥改造等专项工程，给资金筹措带来巨大的压力。

——建设资源节约和环境友好型社会使交通发展压力加大。“十一五”时期，我国将大力发展循环经济，着力建设资源节约型和环境友好型社会。公路发展客观上对资源和环境存在影响，必须承担更大的社会责任。这就要求我们在公路养护管理过程中，要加快技术更新步伐，谨慎使用自然资源，把建设资源节约型和环境友好型社会放在更加突出的位置，下更大的力气抓紧抓好。

——农村公路养管的压力加大。农村公路是广大农村地区最重要的公共基础设施之一，建好农村公路、管好农村路，都是建设社会主义新农村的重要内容。在某种程度上，农村公路养护管理的任务更重。近几年来，农村公路建设取得了很大成绩，但与建设新农村的要求相比，与广大农民兄弟的出行需求相比，还有相当大的差距。特别是养护管理薄弱的问题十分突出，个别地方甚至出现了前修后坏的现象。构建农村公路养护长效机制，将成为“十一五”公路养护管理工作的重要任务。

在看到上述压力的同时，还要看到“十一五”期间公路养护管理工作也有不少有利条件。全面落实科学发展观所倡导的资源节约、全面协调、可持续发展等，要求我们在发展公路交通事业时，必须充分挖掘现有潜力，变数量扩张型发展为质量效益型发展，为做好公路养护管理工作奠定了思想基础；经济社会领域各项改革，特别是事业单位改革的不断推进，为做好公路养护管理工作提供了动力；各级政府对养护管理工作高度重视，不断完善政策措施，加大养护投入，为公路养护管理工作创造了良好的环境；公路建设的快速推进，建设技术水平和工程质量的提高，也相对减轻了养护管理工作的压力，为做好公路养护管理工作提供了前提条件。

三

“十一五”全省公路养护管理工作要以科学发展观为统领，坚持建养管并重，以改革创新为动力，以依法治路为保障，构建更安全、更畅通、更环保、更高效的公路交通网络，更好地满足经济发展和人民群众的需求。

发展目标是：维护一个安全畅通的公路网络；构建一个以人为本的公路服务体系；建立一个科学高效的公路管理体制；培育一个规范的公路养护工程市场；建立一个先进高效的公路管理信息平台；培育一支拼搏奉献的公路管养职工队伍。

（一）维护畅通安全、和谐高效的交通网络

提高路网的服务水平。“十一五”期间，按照我省经济发展需求和公路规划的要求，公路养护管理工作首先要提高公路的养护好路率和养护质量。好路率高速公路达到95%，干线公路达到88%，县乡公路达到85%；养护质量高速公路要100%达到安全保障工程要求，干线公路要达到80%以上，县乡两级公路要达到50%。高速公路和我省的7条国道以及主要出口路段，全部达到绿色通道和文明路标准，农村公路也要因地制宜地参照标准进行建设绿色通道；加强危桥险桥的治理，“十一五”期间消灭三、四类危桥，重点治理过村镇路段，并按照城镇发展规划和新农村建设发展的要求改善过村镇路段的行车条件。

加大养护投入，加强日常养护。养护是建设的延续，必须继续坚持“建设是发展，养护管理也是发展，而且是可持续发展”的理念。稳定可靠的资金投入是做好养护管理工作的前提和基础。要确保养护投入，养路费扣除征收成本和交警费用等支出后，用于公路养护的比例要不低于80%；公路建设与公路养护管理发生矛盾时，首先要保证养护。要加强养护资金使用监管，确保公路养路费用于公路养护。要积极争取各级政府财政预算内资金对农村公路养护的投入，建立稳定增长的财政投入机制。要牢固树立全寿命周期养护成本理念，认真贯彻执行“预防为主、防治结合”的方针，加大预防性养护的力度，围绕路况检测调查、分析评价、养护决策和工程实施四个关键环节，以路面小修保养为中心，以桥梁养护为重点，抓紧研究制订预防性养护相关制度措施，积极推广应用预防性养护新设备、新技术和新工艺。加强路况检测评定等基础性工作，定期开展路面、桥梁的技术状况调查，不断完善、更新路况数据库，及时掌握路面、桥梁的使用状况。加强公路大中修，每年安排的大中修里程应达交通部的要求，促进公路养护实现良性循环，路况质量稳定提高。要依靠科技进步，转变养护生产方式。高速

公路养护管理要向科学化、机械化、规范化、智能化发展，国省干线公路要由单一养护、粗放型养护向全面养护、集约型养护转变，不断提高养护科技含量与生产效率。

强化桥隧养护监管。要建立桥隧养护管理逐级考评体系和责任追究制度，明确相关单位的责任和义务，落实桥隧养护的技术政策和管理制度。要继续加大危桥改造加固力度，对发现的安全隐患要加强监护，及时采取措施处理，保证行车安全；加强桥隧养护工程师的培训和考核工作，每个公路段或工区都要设立专职桥隧养护工程师，建立桥隧管理系统，对桥隧实行动态跟踪管理，特别要加强特大型桥隧设施的动态实时监控，掌握技术状况，确保安全运行。加强桥梁养护管理技术研究，对特大桥隧的养护管理、维修与加固、通病治理、桥隧防灾、耐久性设计等开展科技攻关，推广成熟的桥梁检测、评价和加固技术。到2010年，全省建立起比较完善的公路桥梁技术管理体系、行政管理体系和监督检查体系，全面提高桥隧养护管理水平。

依法保护路产路权。要进一步加大治理车辆超限工作力度，建立长效机制，推广计重收费，加强出省口治超站点规范化建设，力争“十一五”末把超限车辆控制在5%以下。加大公路两侧环境整治力度，开展公路用地确权和登记、路产路权维护、建筑红线控制、清理非法占用公路等综合治理。切实加强公路和铁路平交道口管理，实现管理规范、秩序井然、通过安全。

(二) 提升公共服务能力，完善公共服务体系

构建公共服务型行业。研究制定以用户为评判主体的公路服务质量评价体系，进一步提升服务理念，拓展服务内涵，推进服务创新，提高服务水平，打造一批具有特色的公路服务品牌，让用户以最小的成本，使用到安全、顺畅的公路设施，感受到出行的便捷与舒适。

提升出行信息服务水平。建设并完善“一库一网一系统”。即，一个标准规范的全省公路数据库；一个提供公众出行信息的人性化公路信息服务网；一套以公路数据库为平台的业务应用系统，构建并完善公路网管理中心，使之成为数字化公路信息平台，具备大区域路网交通调度、出行信息提供、决策数据分析等功能。加强交通调度指挥体系建设，扩大服务范围和服务内容，在相关网站向社会公布出行线路参考、收费标准、服务网点信息、电子商务、救援服务，公示服务、行政执法监督等，通过多种媒介为公众提供及时、准确、可靠的出行信息服务。

提升公共突发事件应急处置能力。制定公路突发事件应急预案，完善省市县三级公路应急组织机构，建立信息搜集及预警、应急处置、应急保障和监督管理

机制。要以各种原因造成的堵车问题、恶劣天气情况下等车辆通行问题、水毁断路的及时修复问题、地质灾害监控和预防问题等为重点，构建应急快速反应体系，最大限度地减少公路突发公共事件给人民群众和社会经济所造成的损失。

加强养护施工路段交通组织工作。严格执行部颁《公路养护安全规程》，健全养护施工路段交通组织管理工作制度，加大监管力度，减少养护施工对公路交通的影响。加强养护施工中的环境保护工作，降低施工噪声、扬尘和废弃物对环境的影响。今后，重点旅游公路养护工程必须在“五一”黄金周之前完成，保证旅游高峰期交通畅通。

不断拓展公路服务内涵。提高高速公路服务区、加油站以及其他相关附属设施的服务水平，逐步建立干线公路的服务区（点）。推进公路政务信息公开，完善新闻发布和信息公布制度。增强规章制度和决策程序的透明度，建立问责制，接受社会监督。规范鲜活农产品运输“绿色通道”管理，减少收费站拥堵，保证公路安全畅通。积极探索公路服务新模式、新机制，鼓励和吸引社会力量参与公路服务工作。

（三）完善体制，激活机制，建立高效的养管体制

深化公路管理体制改革。结合国家行政体制改革，明确符合行业特点的公路管理机构职能定位，合理设置公路管理机构，科学划分各级管理机构事权，提高管理效率。强化省级公路管理部门的统筹调控能力，按照“分级管理”和“责权一致”的原则，以行政等级分类与路网功能分类为基础，严格界定各级公路交通主管部门对路网管理的职责，改变路网分割、资源浪费的状况。

加强收费公路管理。逐步理顺收费公路管理，进一步加大对收费公路的行业监管力度，健全收费公路监管机制。充分尊重民意，在设置收费公路、制订收费标准和年限时，要采取社会听证、问卷调查等方式，广泛听取社会公众的意见，使收费的标准更科学，更合理，更有利于收费公路的健康发展，切实维护公路使用者的合法权益。严格界定收费还贷与收费经营性公路。政府还贷公路的建养管应由不以营利为目的的事业法人组织负责。对依法转让收费权或国内外经济组织投资建设的经营性收费公路，则可按照“谁投资，谁受益”的原则，由依法组建的公路经营企业负责收费运营，逐步建立收费公路特许经营制度，规范和扩大利用社会资金。严格控制收费公路规模，清理整顿收费站点。有条件的地方应逐步减少公路收费站点。积极争取增加政府财政投入，降低国省道二级收费公路的收费标准，缩短收费年限，逐步建立起“职能清晰、权责统一、运转协调”的收费公路管理体制和运行机制。加强对全省高速公路的行业管理，整合高速公路资源，提高规模效益和自主发展能力。围绕建立公路特许经营制度，逐步完善相

关法规，规范高速公路资产和经营权管理。

完善农村公路养护管理体系。按照农村公路管理养护体制改革方案的要求，明确以县级政府为责任主体的各级政府对农村公路的管理养护责任，强化各级交通主管部门的管理养护职能，建立以政府投入为主的长期、稳定的养护资金来源。按照以县为主体、乡镇实施、行业管理、分级负责的原则，逐步建立起机构健全、职责明确、资金稳定、运行平稳的农村公路养护管理体制和运行机制，实现农村公路管理养护的正常化和规范化，做到“有路必养”。在不增加农民负担、保证养护质量的前提下，可以采取灵活多样的模式，因地制宜做好日常养护。

（四）培育并完善公平规范、竞争有序的养护工程市场

稳步推进养护运行机制改革。坚持“管养分离、事企分开”方向，充分引入竞争激励机制，从有利于维护社会稳定、有利于改善养护质量、有利于提高投资效益出发，围绕改革产权制度和理顺劳动关系两个关键环节，积极稳妥地推进养护运行机制改革。公路管理部门应把工作重点转移到制定和监督养护市场运行规则上来，逐步建立起符合社会主义市场经济要求的“政府主导、企业和中介组织参与”的科学高效、运转顺畅的公路养护新机制。

加快培育统一开放、竞争有序的养护工程市场，鼓励具备资质的养护公司跨区域参与养护工程竞争。对现有道班进行合并改造，加大养护机械投入，提高养护水平和市场竞争力，使其逐步发展成独立参与竞争的市场主体。抓紧完善公路养护工程市场准入、竞争和交易规则，建立健全养护监督、检测和评价制度。全面推行养护工程招投标和养护工程费制度，实行定额养护和计量支付。

（五）建立并完善反应灵敏、保障有力的支持保障系统

建立稳定充足的公路养护资金渠道。积极争取通过转移支付等方式加大政府财政投入。继续加强养路费征稽工作，确保国家规费应征不漏。科学安排公路养护资金使用，保证公益性养护支出。在新改建工程中积极探索吸引社会资金途径。在特许经营框架下，采用多种形式引入社会资金。

构建完善的制度保障。认真贯彻落实行政许可法，加快清理、废除和修订与之不适应的地方性法规、条例和规章，健全公路管理法律法规和标准规范体系。积极探索交通综合执法，提高执法效率，降低执法成本；加强行政执法监督，实行执法责任制和执法过错追究制，严格执行行政赔偿制度，提高依法行政及其结果的透明度，接受社会监督。加强交通行政执法队伍建设，调整和优化执法干部队伍结构，努力提高依法行政水平。制订高速公路、干线公路和农村公路养护技术政策、技术规范和养护管理办法，逐步建立科学合理的公路养护质量和服务水平评定标准体系。

构建强大的科技保障。提高科技投入，加大公路养护新技术、新材料、新工艺研究力度，加快科研成果转化应用。重点开展养护成套技术研究，提高公路设施的使用品质和寿命，降低养护成本。大力推广信息技术，提高养护管理的主动性和决策的科学性。积极推进公路养护机械化进程，全面提高公路养护技术水平和效率，保障养护人员生产安全。

构建充足的人才保障。着力培养和造就一支理论素质高、业务功底精、具有全局意识和战略眼光的高水平管理人才队伍；着力培养一支数量充足、结构合理、素质优良、具有创新精神的科技人才队伍；形成一支管理统一、行为规范、具有良好职业道德和奉献精神的公路从业人员队伍。努力为基层工作人员创造更多的学习交流机会，稳定基层队伍，提高基层工作人员素质。

营造宽松和谐的内外部环境。要加强与各级政府和相关部门的沟通协调，主动引导舆论，形成有利于行业发展的政策环境和社会环境，动员各方面力量广泛参与，使公路养护管理成为全社会共同关注的事业。加强省级管理部门的战略研究和政策研究，使政策制定更具前瞻性也更贴近实际，加强调研和交流，使基层更理解上级意图，提高政策执政力，形成目标一致、思想统一、政令畅通、上下顺畅的行业内部环境。

（六）塑造并展现服务人民、奉献社会的行业风貌

建设学习型、创新型行业。根据公路养护管理发展需求，研究制定建设学习型和创新型行业规划。切实抓好职工教育培训工作，培养正确的人生观、价值观、荣辱观，提高职工队伍的文化层次和知识水平，使职工队伍素质符合发展要求。培养职工的创新意识，在全行业大力倡导创新精神，激发职工的创新能力。

构建具有时代气息和行业特色的公路文化体系。大力倡导和培育“用户至上、安全第一”的服务和安全文化，“以人为本、人文关怀”的制度和管理文化，“以改革促发展、以科技促进步”的创新和进取文化，“呵护自然、珍惜资源”的节约和环保文化，“以共同愿景为基础、以团队学习为特征”的对用户负责的学习型文化。弘扬以“甘当铺路石、奉献在岗位，爱岗敬业、艰苦奋斗”为代表的实干精神；弘扬以“全省一盘棋、拧成一股绳，团结协作、互相关爱”为代表的团队精神。在全行业营造一种尊重人、信任人、关心人和理解人的文化氛围，以合理使用人的能力、综合开发人的潜能为重心，从文化层面引导职工提高对行业共同价值理念的认同度，培育职工的使命感、归属感和自豪感，最大限度地发挥公路职工的自觉性和创造力。要扩大公路文化的感召力和影响力，让社会公众在享受公路这种公共产品带来的快乐中感受到公路行业是一个负责任的行业，把公路打造成展现文化、传承文明的载体。

14. 交通建设与投资环境、城市品位*

交通是一个地区投资环境和城市建设的重要组成部分，近几年，山西交通建设的大跨度推进，对于改善投资环境、提升城市品位无疑起到了重要的作用。

交通建设改善了投资硬环境，促进了招商引资。山西地理条件封闭，交通是投资者评价投资环境极其重要的考虑因素。交通不通，万事无成；交通一通、一通百通，这是改革开放以来山西人民长期实践的结论。开放型的交通网络，带来了人流、物流、资金流、信息流的增加，不仅使山西的区位优势凸显，而且带来了先进的思想观念，为资源优势向经济优势转化创造了条件。市场经济是不平衡经济，这种不平衡使市场要素流动加快，而交通正是市场要素流动最重要的前提条件之一，它既能促进发达地区的技术、资金、人才等优势向欠发达地区流动，也能引导欠发达地区的资源向发达地区流动，使双方优势互补、共赢共利，从而带动区城经济结构调整与产业升级。山西纵贯全省的高速公路“人”字骨架和重要出省通道的建成，使山西在省内形成了一个以太原为中心、以 3 小时车程为半径的“3 小时经济圈”，这一经济圈覆盖全省、全方位对外开放，向北直抵以北京为核心的奥运经济圈，向东直入环渤海、长三角、珠三角经济圈，向南连通黄河经济协作区，向西直插西部腹地，为山西全面参与区域经济大循环，进而与全国、全球经济一体化接轨创造了条件，大大增强了山西对外资的吸引力。今年，山西在上海、香港举办的两次招商引资会上，共签订投资协议 470 亿美元。其中省交通厅签订了近 90 亿美元的引资合同。富士康公司董事长兼总裁郭台铭是山西晋城泽州人，很早就想在山西投资创业，但苦于交通条件差，一直未能如愿。山西实现省会到市“3 小时高速通达”后，郭台铭先生在太原、晋城投资兴办了两个富士康科技工业园，总投资达 15 亿美元。

交通建设提升了城市品位，促进了城市群的兴起。高速公路作为现代文明进步的象征，它的建设，对于改善城市环境质量、缓解市区交通压力的作用是显而易见的，对于提升城市品位、建设现代化的大都市和城市群也发挥着重要作用。太原绕城高速公路建成后，太原市对城市发展进行总体规划，实施“西进南移”

---

* 2006 年 9 月 30 日在中国城市学会 20 周年高层论坛上的发言摘要。

战略，城区面积增加了一倍。阳泉市高等级绕城公路和大同绕城高速公路的建设，也使两市分别增加了一个新城区。我省高速公路网规划了9条绕城高速公路，“九环”的建成，必将使山西的城市建设进入一个新的发展阶段。

国内外发达地区的实践表明，一条公路的建成，就是一条隆起的经济带，也是一条新兴的城市带。山西“3小时高速通达”工程建成后，大大增强了省会太原的集聚辐射功能，带动了周边的忻州、阳泉、晋中等中型城市的发展。太原市先进的教育、医疗、技术等资源同时被周边城市共享，周边城市自然、优雅、廉价的生活环境成为太原市民消费的方向。现在，晋中、忻州、阳泉等市的居民到太原就医、就业、就学的人越来越多，太原居民到周边城市居住、消闲、消费的人也越来越多，太原与周边城市的“同城效应”初步显现，以太原为中心的一个新型城市群正在兴起。

交通建设为区域经济发展注入了活力，促进了区城经济结构调整和城乡一体化进程。交通是经济发展的载体，我省公路建设的大跨度推进，加快了生产要素以公路为轴心的密集收缩，促进了资源优化配置和产业升级，使农村剩余劳动力由农村向城镇、由农业向工业、由第一产业向第二、三产业转移，促进了按产值计算的产业结构由“金”字塔型向倒“金”字塔型的合理结构发展。在公路建设超常规发展的“十五”期间，我省三个产业的产值由2000年的7.7：46.5：43.8转化为2005年的6.3：56：37.7。大运高速公路建成后，我省沿大运高速公路形成了一条中轴启动、辐射两翼、东西互动、南北响应的经济带，成为全省最具活力、最具潜力、最具前景的经济高地。特别是旅游业，通过高速公路的整合，点上优势转化为面上优势，2005年总收入达到292亿元，是2000年的3.6倍，年均增长29.1%。随着农村公路的快速发展，农村对外开放扩大，城乡一体化步伐加快，2005年全省城镇化率达到42.1%，比2000年提高了6.9个百分点。

15. 当代大禹治水的成功实践*

侯禹高速公路是国家规划并重点建设的“五纵七横”国道主干线二连浩特至河口公路在我省境内的重要路段，是我省“人字骨架、九横九环”高速公路网的重要组成部分，也是我省通往西部的重要通道。它的建成通车，是我省“十一五”交通基础设施建设和科技自主创新的重大成果，对于完善我省路网结构，提高路网整体服务水平，提升区位优势，扩大对外开放，加强晋陕两省经济文化交流，促进黄河金三角地区的崛起，加快我省现代化建设步伐，必将起到重要的推动作用。

侯禹高速公路龙门黄河大桥，相传为当年大禹治水之处。在工程建设期间，广大筑路员工大力弘扬大禹治水精神，艰苦奋斗，改革创新，科学施工，严格管理，圆满实现了质量、投资、工期、安全、廉政五大控制目标。特别是在龙门黄河大桥的建设中，广大建设者坚持科技领先、人才为本，广泛吸收国内外桥梁建设的先进理念和先进技术，紧紧依靠包括中国工程院和长安大学、东南大学等知名学府的院士专家的智力支持，克服了桥型结构复杂、工艺要求高、抗风动抗冰撞要求高、环保要求严和施工难度大等重重困难，建成了黄河上跨径最大、投资最高、结构最复杂的一座高矮塔斜拉、T 型梁混凝土连续组合式特大桥，大大提升了我省桥梁建设水平。

侯禹高速公路的建成通车，进一步增强了我们再掀公路建设新高潮的信心和力量。要坚持以科学发展观为指导，大力弘扬大禹治水精神，立足“三个服务”，即服务全省经济社会发展大局，服务社会主义新农村建设，服务群众安全便捷出行，抓住机遇，争先发展，与时俱进，开拓创新，再掀“三网并重”公路建设新高潮，全力推进文明和谐创新型交通行业建设，着力构建我省新型能源和工业基地的交通运输支撑保障服务体系。

---

* 2006 年 12 月 28 日在侯马至禹门口高速公路通车仪式上的讲话摘要。

16. 全面推进社会主义新农村公路建设*

在构建和谐社会、发展现代农业、建设社会主义新农村的新形势下，掀起农村公路建设新高潮，是对交通部门提出的新要求，也是做好“三个服务”、实现“十一五”目标的重大任务。

2006年，全省农村公路建设完成投资76.2亿元，占全省当年公路建设总投资的45.4%，新改建县乡公路1746公里、通村水泥（油）路19237公里、通村公路1735公里，完成农村巷道硬化11933公里，新增通水泥路、油路的建制村1032个，省里确定的1098个社会主义新农村建设试点村全部通了水泥路、油路。农村公路管理养护体制改革试点工作进展顺利，省政府批准下发了《农村公路管理养护体制改革实施意见》。农村客运网络化深入推进，全省建成县级二级客运站12个、乡镇汽车站108个，安装农村客运候车亭1221个、招呼站牌3134个，新增农村客运线路235条、客车483部，全省89.6%的建制村通了客车。农村物流快速发展，在城乡物资交流中发挥了重要作用。

但是，我们也清醒地看到，与建设社会主义新农村的要求相比，与全省人民的要求相比，与发达地区相比，我省农村公路工作中还存在着这样那样的一些不足和问题。主要有：一是农村公路通达度、连通度不足，全省仍有665个建制村不通公路，有5486个建制村不通油路、水泥路，一些已经通路的建制村只是停留在简单的通达上，村与村之间仍未形成有效连通；二是一些农村公路等级不高，通行能力不够，安全防护设施不全，抗灾能力不强，存在安全隐患；三是区域发展不平衡，“两区”经济基础薄弱，无论是农村公路还是农村客运，都明显落后于其他地区；四是超限超载运输对县乡公路损坏严重，增加了养护和改造的压力；五是个别地区农村公路建设项目配套资金不落实，存在资金缺口；六是农村公路养护不到位，重建轻养、失管失养的问题仍然存在。

2007年是“十一五”规划全面推进、重点突破的一年，也是我省掀起“三网并重”公路建设新高潮的关键之年。根据全省交通工作会议提出的今后四年社会主义新农村公路建设“实施两大工程、完成五万公里、实现双通目标”的要

---

* 2007年2月26日在贯彻全国农村公路工作会议精神大会上的讲话摘要。

求，今年的主要目标和任务是：集中精力完成“通达”工程，全省实现具备条件的建制村通公路；完成通畅工程10000公里，新增1000个建制村通水泥路、油路，省里确定的2000个新农村建设推进村全部通水泥、油路；完成县乡公路改造4000公里，全长1100公里的沿黄扶贫旅游公路全线开工建设，力争早日发挥效益；抓好危桥险桥、农村渡口改造和渡改桥以及防护工程完善，提高抗灾能力和安全保障水平，开工建设20个农村渡口改造项目；指导2000个新农村建设推进村完成主街道硬化，实现“双通一化”（通水泥路、油路，通客车，主街道硬化）；全面启动农村公路管理养护体制改革工作，进一步加强农村公路养护管理；继续实施村村通客车工程，推进城乡客运一体化，建成100个乡镇汽车站，全省90%的建制村通客车；完善农村物流信息、配送网络，鼓励和引导农村物流发展，活跃城乡物资交流。

政府主导、行业引导是我国农村公路建设的基本体制。坚持和实行这一体制，也是近几年我省农村公路建设的一条重要经验。从这几年的实践来看，凡是政府支持的地方，农村公路工作就搞得好、发展得快。这一点，在任何时候、任何情况下都不能动摇。要积极争取地方政府支持，多汇报、多请示、多协调，真正把部门行为转化为政府行为，将农村公路建设纳入当地社会主义新农村建设总体规划，统筹考虑小城镇建设、移民并村、农村综合改革、农业产业布局、生态建设与环境保护等因素，从领导体制、财政资金、土地利用等方面求得保障。要积极配合政府搞好农村公路建设规划、组织发动等工作，结合本地实际，细化工作措施，搞好分类指导，有序推进农村公路建设。2006年交通部与省政府签署《关于落实中央1号文件农村公路建设任务的实施意见》之后，省交通厅与11个市政府分别签订了农村公路行业、政府共建协议，这既是对部省共建意见的延伸和完善，也是落实中央1号文件精神、扎实推进社会主义新农村公路建设的有效措施。为保证共建目标和任务的落实，要进一步建立和完善行业、政府工作协调机制，加快信息沟通和协调，形成上下联动、沟通顺畅的工作机制。各市交通局要根据共建协议，按年度分解任务与目标，并逐级分解到各县区，层层签订协议，落实目标、落实责任。省交通厅在年底将组织对各地农村公路年度建设目标完成情况、实施效果和管理养护情况进行验收和综合考评，考评结果作为对各市政府年度交通工作业绩考核的主要依据。

调整投资结构。建立和完善政府投入为主导、农民积极筹资投劳、社会力量广泛参与的多元化投资体制，是搞好农村公路建设的关键。《中共中央、国务院关于积极发展现代农业扎实推进社会主义新农村建设的若干意见》中明确要求：加大农村公路建设力度，加强农村公路养护和管理，完善农村公路筹资建设和养护机制。国务院农村综合改革工作会议指出，农村公益性基础设施建设要逐步建立"政府投入为主导、农民积极筹资投劳、社会力量广泛参与"的多元化投资体系。实现这一目标，化解农村公路建设的资金矛盾，首先要改革政府投资体制，加大政府资金对农村公路建设的投入，形成公共财政对农村公路稳定增长的投资机制。2006年，省交通厅在确立确保"四个重点"、实行"两个倾斜"的交通专项资金投资政策的基础上，今年又提出了"三个高于"的思路，并从交通部和开发银行落实了100亿元专项资金，用于农村公路建设，其目的就是要加大对农村公路建设的投入。现在，我省的农村公路建设项目大都是难啃的"硬骨头"，地形复杂、工程艰巨、建设里程长、投资成本高、地方经济基础差，比以往任何时候都需要得到政府更大的投入和支持。尤其是"两区"，这是我省农村公路建设的重点，也是难点，省交通厅将继续在项目上、计划上、资金上、政策上向"两区"倾斜，积极争取落实"两区"50个贫困县享受西部大开发政策；支持贫困地区农村解决修路债务，今年省交通厅将组织对拨付给59个贫困县每个县1000万元用于解决乡村债务的专项资金使用情况进行专项审计。沿黄扶贫旅游公路是"两区"开发重点项目，在40万元/公里范围内，省交通厅决定与地方政府对项目实行等额补助，地方政府配套多少，省交通厅就补助多少。地方公共财政、拖拉机养路费对农村公路的投入，也要高于2006年。在此基础上，要通过采取"一事一议"的办法，鼓励和引导农民在自愿的前提下筹资投劳，广泛吸收社会资金投入农村公路建设。要进一步改革政府投资管理体制，完善"以奖代补"政策，加强资金监管，建立资金使用绩效评价制度。对使用50亿元开行农村公路建设贷款实施的农村公路新改建项目，在省交通厅规定的补助标准总体框架内，可实行项目打捆申请、资金调剂使用的办法，以增加地方在资金使用上的灵活性和项目实施的可行性，但资金不落实的项目不得开工。

加强对农村公路建设的行业管理，是各级交通主管部门的重要职责。农村公路技术标准要求不高，但质量要求绝不能降低，确保质量是保证农村公路安全畅通、减少后期维修养护成本的关键。要进一步完善"政府监督为主、群专结合"的质量监督体系，充分发挥各级质量监督机构的作用，动员群众参与监督工作；要严格落实质量责任制，建立工程质量责任档案，明确工程各环节和各单位的责任人。出现重大质量事故，要依法追究责任。要创新质量管理制度，工程质量要与项目资金补助挂钩、与政府工作考评挂钩、与企业信用挂钩；要大力推广应用新材料、新技术、新工艺，以科技创新提高农村公路的内在质量。

提高安全性，是农村公路建设的首要条件。农村公路在设计和方案比选时，要首先考虑安全问题，危险路段要设置安全防护设施，提高安全保障水平。要采取措施，保证施工安全。省厅继续支持地方在县乡公路上开展安保工程和危桥改造。各级交通部门要高度重视并切实抓好渡口改造和渡改桥工程，为农民安全出行提供保障。今年安排的20个农村渡口改造项目必须开工。

加强项目前期工作和指导服务，是加快农村公路建设的有效方法。要健全农村公路项目储备库，加强项目储备，依据项目库安排建设项目，规范投资管理。加强设计工作，结合农村公路所处的自然、地质和地形条件，因地制宜、量力而行，科学确定技术标准，合理选用设计指标，重视防护、排水和安全设计，注重节约用地和环境保护，努力提高设计质量。严格基本建设程序，按照交通部《农村公路建设管理办法》，结合农村公路特点，进一步简化审批程序，提高审批效率，保证项目尽快组织实施。充分发挥行业的技术优势和人才优势，搞好对农民的技术培训与服务。不仅要抓好农村公路建设，而且要指导农民搞好新农村建设推进村的主街道硬化，确保工程质量。要继续采用示范引路、经验交流、以点促面的方法推动各项工作。

全面落实农村公路建设巡查制度，是加快农村公路建设的重要保证。省交通厅将定期对农村公路建设程序、廉政建设、资金落实、工程质量、农村债务与农民负担、环保占地等开展全面巡查，发现问题，及时纠正，保证农村公路建设健康发展。

加强养护管理，是加快农村公路建设的内在要求。今年是推进农村公路管理养护改革工作的关键一年，要认真贯彻落实《山西省农村公路管理养护体制改革实施意见》，拓宽资金渠道，保障养护投入。省财政和省交通厅对农村公路养护的补助资金，主要用于大中修工程。省交通厅从今年开始按照1000元/公里的标准先行到位村道养护补助资金。仅此一项，就增加汽车养路费支出4000多万元。市县交通部门也要加强拖拉机养路费征管工作，努力降低征收成本，提高拖养费对农村公路养护的投入比例，同时积极争取地方政府出台政策，将农村公路养护列入公共财政预算予以保证。要进一步落实县级人民政府在农村公路养护管理工作中的主体责任，建立管养的协调、监管、考核机制。省交通厅将很快出台《农村公路管理养护指导意见》，各地也要制定有关的规章制度，完善养护质量标准、操作规程、检查评定标准等，使农村公路养护规范化、标准化、正常化，切实做到有路必养、保证质量。要进一步加大治超力度，今年上半年我省高速公路和干线将全面实行计重收费，必将有效遏制超限超载运输，但同时也会加重县乡公路的负荷，大量的超载车辆必然会集中到县乡公路上，各市县交通部门对此要有清醒的认识，积极争取地方政府和相关部门的支持，政府主抓、交通牵头，会同相关部门齐抓共管、标本兼治，坚决遏制超限超载运输反弹，巩固已经取得的成果，保护路产路权，保证公路安全畅通。

完善农村运输服务网络，促进路站运一体化发展，是农村公路建设的根本目的。要在加快农村公路建设的同时，加快农村和乡镇客运站场建设，大力发展农村客货运输。加快调整和延伸现有农村客运线路，增加班次密度，做好农村客运网络和城市公交网络的合理衔接，促进城乡客运一体化。积极协调有关部门，落实国家和省交通厅对农村客运的有关支持政策，争取地方政府支持，研究制订减免农村客运车辆相关税费的政策；积极推进农村客运公司化经营、公交化运行、规范化管理，提高抗风险能力，保证农村客运“开得通、留得住、有效益”。要切实加强农村客运安全管理，严把农村客运市场准入关，加强客运源头管理，强化对客车的安全检查，消除安全隐患。要总结推广平顺经验，进一步完善农村物流信息、配送网络，鼓励和引导农村物流发展。

实现农村公路建设又好又快，必须处理好三个关系。一要坚持统筹规划，处理好农村公路建设与社会主义新农村建设的关系。改善农村公路条件，既是建设社会主义新农村的重要内容，也是实现社会主义新农村建设总体要求的重要物质条件和前提。推进农村公路建设，一定要以建设社会主义新农村为中心任务，以促进农业发展、农民增收为目的，在确保完成国家和省统一安排的“通畅”、“通达”工程目标和任务的基础上，根据当地经济社会发展需要和农村公路实际，统筹规划，有序推进，切实把当地急需和重要的项目纳入到农村公路建设规划中来。二要坚持以人为本，处理好加快农村公路建设与维护群众利益的关系。农村公路虽然标准不高，但一定要有很高的服务理念。因为农村公路与广大农民朋友的生活息息相关，农村公路建设的落脚点在于服务农民和农村。我们在开展农村公路建设时，务必要突出公益性、服务性，提倡“以人为本”，紧紧围绕“为民、亲民、便民”，把维护人民群众的利益作为工作的出发点和落脚点。在政策和技术允许的情况下，要坚持就地取材用地，尽量使用当地农民工，增加农民现金收入，把好事办好、实事办实，决不能搞“乱摊派”和“乱集资”。任何单位和个人不得借农村公路建设之名加重农民负担。三要坚持因地制宜、实事求是，处理好发展与节约的关系。越是在“加快”的形势下，越要保持清醒头脑，讲科学、讲实际、讲大局，实事求是地确定建设规模、建设标准，合理确定建设进度，防止盲目铺摊子，一哄而上，绝不能以一种倾向掩盖另一种倾向。要修实用之路、修安全之路、修资源节约之路，从实际出发，因地制宜，实事求是，按客观规律办事，综合考虑建设资金、技术、管理力量和设计、施工、监理能力以及实际交通需求等多方面因素，确定合适的建设标准，量力而行，尽力而为，坚决避免脱离实际的高标准，绝不能搞不切实际的“形象工程”、“政绩工程”，更不能搞经不起考验的“劣质工程”。在工程设计和建设过程中，要尽量节约土地、耕地、林地，尽量减少高填深挖，防止生态破坏和水土流失，实现农村公路与自然和谐共处。

改革创新篇

GAIGECHUANGXINPIAN

上下无常，刚柔相易，不可为典要，唯变所适

——（中）《易·系辞下》

物无不变，变无不通，此天理之自然也。

——（中）欧阳修

1. 从和谐社会视野看我国高速公路运营管理体制的建立与改革

构建社会主义和谐社会，是开创中国特色社会主义新局面、指导我国改革开放事业的一项重大战略任务。公路作为社会经济发展最主要的公共基础设施，无疑是构建和谐社会不可或缺的重要内容。公路作为重要的社会基础设施，具有社会性、共用性和公益性等属性，这些特性要求政府对公路行业的发展进行统一规划和宏观调控，以便提供优质高效的服务。

基于以上原因，西方发达国家的公路主要由政府出资建设，借此保证其社会性、共用性和公益性。而在我国，由于经济还不够发达，政府的财力仍然有限，难以对公路建设特别是高速公路建设提供足够的资金支持，所以交通运输供需之间的矛盾十分突出。一方面，由于资金的短缺制约了公路建设的发展；另一方面经济的发展又迫切需要公路建设给予基本的保障与支撑，特别是长期以来公路建设的滞后发展，导致社会积蓄了巨大的公路运输需求，以至成为影响国民经济发展的主要瓶颈之一。

为了解决上述矛盾，1984 年 12 月，国务院作出“贷款修路，收费还贷”的重大决策，允许并鼓励地方政府利用市场经济的手段进行公路投资建设。第八届全国人民代表大会第 26 次常委会已通过的《中华人民共和国公路法》再次对“贷款修路，收费还贷”政策做了规定，明确收费公路有两种形式，即收费还贷型和收费经营型。《公路法》同时规定了公路建设资金的筹集主体和筹集方式的多样化。从此，收费公路建设资金来源除国家公路规费外，开辟了利用国内商业银行贷款、引进外资、发行债券和股票等多种新渠道。

收费公路缓解了我国公路建设资金严重不足的矛盾，促进了公路建设体制、投融资体制和管理体制的变革，对行业发展影响深远。但是，由于各种社会资金不断参与到高速公路的建设发展中，也使其公益性本质和经营性矛盾及问题日益凸显。社会资金是追求投资回报的，过分追求利润必然造成对高速公路的掠夺性经营，无法保证行车环境的安全、畅通、舒适，危害高速公路的可持续发展和其公益性本质，严重影响和谐社会的建设。

高速公路在我国发展 20 多年的实践证明，公益性是一切公路问题研究的出发点和最终目的，特别是围绕收费公路所产生的管理问题、体制问题以及社会效益与企业效益的矛盾，本质上都是公益性和部门及局部利益之间的矛盾。如何使高速公路充分发挥在构建和谐社会过程中的服务、支撑、保障作用，如何构建具有中国特色的和谐的高速公路投融资及运营管理体制，是摆在我们交通管理部门面前亟待解决的课题。

一、构建具有中国特色的新型和谐的高速公路运营管理体制

高速公路在我国尚属新事物，其投融资及运营管理体制还没有统一的行业模式，呈现出多样化的局面。就我国高速公路目前的发展情况，从其效益核算体制分析，存在着3种模式：事业管理型、企业经营型和事业单位企业化管理型。

（一）事业管理型

在事业管理型模式下，核算方式实行收支两条线管理，通行费收入全额上交主管部门，养护管理经费根据年度计划由上级主管部门审批划拨。辽宁省就采用这种体制。

这种体制的有利方面在于政府具有较强的控制性和行政管理性，体现了高速公路管理的政府职能及其公益性本质。弊端在于给政府财政带来债务压力，不能够借助市场机制进行投融资活动，解决资金需求瓶颈；同时，行政干预范围较大，独立行使自主权限较小，不利于技术及管理机制的创新，不能够发挥企业自主经营优势，运营效率较低。

（二）企业经营型

在企业经营型模式下，完全采用企业公司核算方法，在经济上实行独立核算，自负盈亏，实行董事会领导下的总经理负责制。虽然行政上受上级单位或董事会、监事会领导，但本身是较完善的经济实体。我国的北京市、江苏省、广东省均采用这种类型。

这种核算体制的有利方面是：在人事、财务、经营等各方面有较强的独立自主权，在社会主义市场经济中通过自主经营实现自我发展，有利于进行投融资创新和管理创新，降低运营成本、提高运营效率，实现经济效益。弊端是政府管理职能方面相对较弱，同时会出现因管养不善而破坏高速公路的可持续发展，危害其公益性本质。

（三）事业单位企业化管理型

在事业单位企业化管理型模式下，其机构设置及经费使用上基本沿用事业管理型体制，在财务核算上借助公司核算方法的某些优势，并根据核算方式的侧重不同，形成准事业型或准企业型的管理。安徽、上海等采用这种类型。

这是一种较为灵活多变的模式，是以上两种模式的有效融合。事业单位企业化管理可以有效避免以上两种模式的极端不利情况，同时又可以有效地吸收两者的有利方面，取长补短。弊端是在管理环节的衔接上尚不够完善，运营单位在具体的经营管理活动中常常感到无所适从。

总之，高速公路的公益性本质和商品性经营的矛盾需要一个均衡的投融资及运营管理体制来协调，这就对其运营模式的选择提出了要求。近年来的实践证明，事业单位企业化管理型是我国高速公路管理体制较为现实的选择。该种模式兼顾了事业管理型的宏观优势和企业经营型的微观优势，既能依靠政府强有力的宏观调控保证高速公路的公益性，同时又灵活地赋予高速公路运营单位一定的经营自主权以提高其运营效益。对于这种模式在很多管理环节的衔接上尚不够完善的问题，应该在实践中注意管理创新，建立相互协调的管理体制。高速公路发展的最终目的是要实现完全的公益性，这在本质上决定了高速公路实行企业化经营绝不同于一般的国有企业，事业单位企业化管理的模式虽然在表面上与“政企分开、事企分开”的要求有一些矛盾，但这一矛盾绝不构成高速公路发展的主要矛盾，更不会激化；相反，作为矛盾的统一体，将在长期的实践过程中逐步适应并求得和谐发展。

二、坚持政府在公路投资中的主导地位，建立政府—社会利益风险共担机制

科学认识和理解公路建设的责任与义务，是构建具有中国特色的和谐的交通投融资体制及管理体制的重要前提，针对我国目前公路建设体制的特殊性，如何建立起政府—社会资本的利益风险共担机制将是构建和谐公路投融资体制的核心环节。

公路投资体制决定公路管理体制。鉴于公路设施的公益性，在财力允许的情况下，应尽可能扩大政府对公路的投资，从而最大限度保证政府的宏观控制。在公路投融资体制中坚持政府主导原则并不意味着限制或排斥社会资金的进入，相反，应该鼓励企业进入公路建设领域以缓解政府的资金压力，可以肯定，在相当长的一段时期内，政府主导下的多元化投融资体制将是我国公路建设可持续发展现实而理性的选择。但是，投融资结构越复杂，越是要强调政府宏观调控的科学性和灵活性。既要通过政府为主导的宏观调控保证公共利益，又要通过保护社会投资者的利益激发社会各个领域投资建设公路的热情，从而建立起完善的政府—社会利益风险共担机制，实现公众利益和社会投资者利益的共赢。

在公路投融资体制改革引入市场机制以后，政府的调控手段不仅不能减弱，反而还应当加强。企业经营最终是以利润最大化为目标，而这一本质决定了在公

路建设与经营过程中，企业的趋利性与公路的公益性之间的矛盾和冲突。无论采取什么样的经营方式，保证公路为社会大众提供安全、便捷、舒适、顺畅的服务，是公路建设管理必须坚持的底线和基本原则。为了保证这一目标的实现，交通主管部门对公路建设及经营单位应加大力度进行更加适时、有效、全面、规范的管理和监督，以抑制企业可能出现的短期性和破坏性行为，从而建立起既遵循其行业特点，又有利于其可持续发展的高效、科学、合理、健康的公路建设及运营管理体制。

实践证明，坚持政府的宏观调控与引导是公路事业健康发展的基本前提。市场不是万能的，市场化步伐走得太快往往会给公路建设带来诸多负面的影响。经过长期的实践探索，我省已经建立起“集中、统一、高效、规范”的高速公路运营管理模式，通过宏观规制和微观搞活，实现了公路公益性和经营性的有效结合。在今后的工作中，应继续坚持和规范政府的宏观调控与监督，交通主管部门的工作重点应该放在搞好规划、定好规则、抓好监督等方面，为高速公路发展构建更加科学、规范的支撑体系、保障体系和服务体系。在此基础上，充分发挥市场资源配置功能，实现政府主导下的国家资本与社会资本并举，公益性与经营性相结合，科学、规范、高效的新型高速公路运营管理体制。

三、以创新管理提高服务效应

创新是一个国家和民族进步的不竭动力，也是提升高速公路运营管理及其服务效应的不竭动力。解决我国高速公路管理体制中存在的不足和弊端，根本出路在于创新，依靠创新化解矛盾、消除弊端、弥补不足，从而优化我国高速公路的投融资及运营管理体制，促进我国高速公路的发展。

这些年，我省围绕创新管理做了很多尝试，在不断思考总结和努力实践的过程中，逐步形成了“012358”的内部管理运行机制。“0”是指收费零成本运行机制，通过发展多种经营、增加路外收入维持收费正常运行，促进高速公路发展。收费零成本运营机制，是运用通行费以外的收入来开展收费工作的创新之举，能够有效减少还贷资金的分流，有利于还贷目标的尽早实现。“1”是指建立以1角钱为起点、以收费员绩效考核为核心的全员收入分配机制。公平、合理的收入分配机制是激发员工工作热情的有效手段，也是高速公路收费、养护、路政及管理各项工作有序进行的保障。“2”是指按通行费收入2%的比例返还运营单位一部分资金，用于激励运营单位创收积极性。“3”是以通行费的3%为基数收取行业管理费，为管理工作提供资金支持和保障。“5”是对已转让经营权的公路按照通行费收入的5%提取公路养护保证金，防止和避免公路养护资金的挤占，保证养护工作落实到位。“8”是指以通行费收入的8%为基数提取偿债平衡资金，由行业主管部门掌控，用于平衡债务的需要。

创新是历久弥新的工程，在“012358”内部管理运行机制初步建立之后，我们更需要进一步深入挖掘，不断完善，加强管理。目前要着重做好以下几个方面的工作。

（一）加强高速公路成本管理

从企业的经济效益来讲，成本管理力求以最小的成本换取最大的效益，即“开源节流”，这对企业的生存与发展起着至关重要的作用。提高高速公路的经济效益主要是通过增加收入和降低成本两个途径，亦即如何有效地“开源节流”。“开源”就是增加收入，要以积极务实的态度整合和完善服务区功能，通过发展物流业、旅游业拓宽收入来源；“节流”是指降低和控制成本，由于通行费收入的增加更多地受到客观经济环境的制约，因此，在日常的运营管理中，应更加注重通过降低和控制成本提高运营效率。在成本管理的实施过程中，要进一步完善管养费用的定额标准，减少管养支出的随意性，做到成本支出有理可依、有据可循。

（二）进一步完善分配激励机制

科学合理的分配激励机制能够从根本上激发员工的工作热情及爱岗敬业的精神。经过多方面的努力，我们已经形成一整套具有行业创新意义的覆盖高速公路各个部门、工种的收入分配方案，目前要加快推动该方案的具体实施，并针对推广过程中出现的问题予以及时调整和完善。要真正贯彻按劳分配的原则，建立与岗位职责、工作业绩、实际贡献紧密联系的，符合行业特点的，统一、规范、高效、和谐的动态工资调整机制。

（三）建立科学系统的动态风险预警机制

高速公路的建设任重而道远，尽管目前我省的高速公路运营呈现出良性循环的局面，但是，要充分考虑到未来各种宏观及微观因素变化对现有投资及债务形成的影响，在目前的投融资格局及负债规模下，经济周期以及利率的变化将导致融资成本极大的不确定性。要尽快建立起包括债务风险预警机制、投资风险预警机制、现金流风险预警机制、突发事件风险预警机制在内的省级—运营单位—路段三级动态风险预警机制，实现多层面、多角度的系统性风险管理。

2. 以金融创新促进高速公路建设的可持续发展

交通历来是制约我国国民经济发展的瓶颈，特别是作为国家能源重化工基地的山西省，一方面，产业发展高度依赖交通运输；另一方面，政府有限的财力难以对公路建设特别是高速公路建设提供足够的资金支持，交通运输供需之间的矛盾十分突出。因此，要想加快公路建设步伐，解决交通运输的供给不足，首当其冲要解决公路建设资金的筹措问题。可以说，资金问题关系到公路建设及发展的命脉。

资金问题的紧迫性和严重性在大运路建设之初便开始凸显。一方面，当时政府的财力难以提供大规模的支持；另一方面，又不愿采用建设太旧路时民众集资的办法，增加老百姓负担，引进民营资金更是困难重重。在当时的情况下，唯有金融创新一条路可走。针对当时存在的体制性限制，通过对太旧公司的分拆和并购，成功置换出20亿资本金，顺利保证了大运高速的全线开工，也由此开创了我省乃至全国公路建设金融创新的先河。一香迎得百花开，金融创新从此深入人心，创新成果层出不穷，可谓硕果累累。2000年和2004年，祁临高速和侯禹高速分别成功获得亚行贷款；2004年，京大高速成功通过经营权转让的方式，从江苏悦达集团回笼14亿资本金。同年，我省第一个BOT公路项目翼城至侯马高速公路开工建设，首次完全利用社会资本进行公路建设。特别是2007年，经过艰苦的谈判，中国平安保险公司在首次获准保险资金投资基础设施试点后将首选项目定在经济并不发达的山西，平安信托投资有限责任公司购买太长、长晋、晋焦三条高速公路的部分股权，投资金额22.7亿元，山西高速成为我国第一个保险资金投资基础设施的项目。

正是得益于不懈的融资努力和金融创新，山西省自“十五”以来迎来了公路建设和经济发展成就的双丰收。在过去6年的时间里，山西公路投资力度空前加大，投资规模呈现逐年高速增长态势，自2001年就首次突破百亿大关，以后年度的投资在这一基础上高速增长。高速公路通车里程从2000的518公里跃升到2006年的1752公里，高速公路“大”字形骨架全面建成，路网结构实现跨越性纵深发展。与此同时，依托公路运输的各大主导产业在这一时期全面辉煌，使山西经济取得了空前的成就，GDP、财政收入、居民可支配收入各项指标在全国的排名大幅提升。正所谓“穷则变，变则通，通则久”，有限的财力反而大大推动了金融创新的不断涌现，公路建设的突飞猛进为山西经济潜力的充分释放提供了广阔空间。

事实证明，不断的、因时制宜的金融创新是我省高速公路能够保持长期快速增长的重要保证。“十一五”时期，山西公路建设任务仍很艰巨，年均资金需求在200亿左右，融资压力依然巨大，因此，必须进一步加大金融创新的力度。具体来说，就是要做到观念创新、融资体制创新、融资方式创新和资金管理方式创新。

一、观念创新

金融创新，首先需要解决的就是思想观念的转变与创新。多年来，在山西交通系统广大干部职工的共同努力下，山西省公路建设发展取得了骄人的成绩，公路经营效益呈现出跨越式递增的特点，我省公路部门的广大员工也与公路建立起了深厚的感情。但在对外部资金进入的问题上，有少数同志或多或少有一定的消极心理。虽然这种想法是可以理解的，但是这种朴素的观念往往对公路的融资创新带来一定的压力。而主持具体工作的人员由于害怕受到责难，很容易产生“不求有功，但求无过”的思想，或者消极应付，或者向投资者提出较为苛刻的条件，很难与投资方形成真正意义上的合作。但是如果不转变和创新观念，山西省未来公路建设就难以获得稳定而充足的资金支持，山西公路规划网也将成为无源之水、无本之木。

观念的转变与创新得益于认识的提高。政府是不以盈利为目的的部门，为投资者提供保障始终是政府的重要职责所在，而企业才是追求经济利益的真正主体。作为政府的交通主管部门，其首要任务和最终目的是为广大公众提供更加安全、便捷、舒适、畅通的道路交通环境，而不是追求经济利益。民间资本总是在千方百计寻求有利可图的投资机会，意图使民间资本少盈利或者不盈利的想法是不切实际和违背市场规律的。在招商引资的具体实施过程中，要以积极的态度看待社会资本，充分认识引入社会资本对公路建设的巨大作用。在与社会资本进行合作的过程中，要本着互惠互利的原则，在吸收资金为我所用的同时，也能够给予投资者合理的回报。山西的投资环境和法律环境尚不完善，公路建设本身又耗资巨大，且投资回收期较长，因而很多项目缺乏对社会资本的吸引力，资本都是趋利性的，为了保证资本收益和风险的对等，为了争取谈判和合作的成功，必须在某些具体事项上做出让步，给予投资者一定的优惠政策和措施。任何合作都是有代价的，为了争取未来的更多利益，在短期内必须在某些方面做出让步。如果事事计较、只注重眼前的得失，只能失去未来更好的发展机会。

观念创新的过程是一个破旧立新的过程，也许会有阵痛，但我们只要始终坚持以“三个代表”重要思想为指导，坚持与时俱进和科学发展观，我们的观念创新就不会偏离正确的轨道，就势必会开创出一片更为广阔的发展空间。

二、融资体制创新

体制创新，是要改变目前单一的政府投资体制，实现多元化投资。尽管我省已初步实现了融资来源的多元化，但是以银行贷款为主的单一融资体制始终没有改变。公路建设资金来源仅囿于银行贷款，必定要受到该融资方式的诸多束缚。首先，银行贷款毕竟属于债务性资金，一旦遇到宏观经济政策紧缩，特别是在目前连续加息的情况下，如此大规模的负债必然带来沉重的付息压力，恶化公路企业运营状况，系统性、全局性的债务风险有可能一触即发。其次，银行贷款的规模受宏观经济政策的影响很大，一旦紧缩银根，银行特别是国家开发银行必然缩减贷款数额，很难为公路建设提供连续的支持。

改变单一的融资格局，实现融资的多元化，有助于化解和分散潜在的债务风险，提高总体的抗风险能力，消除融资的不确定性，确保资金对公路建设后续支持的连续性。同时能够更大限度地盘活资产，加速资金回笼。

融资体制创新，并不否定政府的投资主体地位，而是建立由政府主导的多元化融资体制。一是投资的整体规模要由政府来规划和引导，二是投资的资金应该主要由政府来筹集。特别是非收费公路和普通收费公路，政府投资的主导作用将无法替代。三是要加强对社会资本运营的公路进行适时、有效、全面、规范的管理和监督，抑制企业可能出现的短期性和破坏性行为，确保公路的公益性。

三、融资方式创新

公路属于政府规划建设的基础性设施，其建设任务是长期的，这就要求市场融资渠道具有相应的长期性和稳定性。中长期信贷市场、债券市场和股票市场是最主要、最成熟的三类资本市场，对应的贷款、债券、股票三种方式也将是今后最有潜力的融资渠道。因此，要在继续稳定银行贷款主渠道的同时，适当发展股权融资和债券融资。

上市融资与银行贷款相比，无需偿还本金，减少资金占用，可以大大提高资金使用效率，降低了融资成本；有助于风险的转移和分散；并且具有良好的再融资能力，从而开辟一条稳定的长期融资渠道；更为重要的是，上市将要求公路企业完全按照现代企业制度进行经营管理，从而有助于企业实现政企分开，改善管理水平，提高经营效益。

债券融资对于公路企业来讲，优势在于获得资金使用期比借款长，一般是三年以上，一次性筹资数额大，便于企业财务安排。同时，发行债券有利于优化融资结构，完善公司治理结构，合理避税，发挥财务杠杆的作用。

四、资金管理方式创新

融资工作并不随着资金的获取而结束，特别是对于债务融资而言，由于贷款资金最终需要偿还，所以在贷款期内加强资金管理，提高资金的使用效率同样是融资工作非常重要的环节。商品经济的发展，特别是金融市场的复杂多变，对我们传统的资金管理方式造成了极大的挑战。如何掌握和使用新的金融工具，防范、规避各种金融风险以及创新性地建立起符合行业特点的科学的风险预警机制，是关系到公路投资以及可持续发展的重要内容及环节。

3. 省交通厅机关机构改革的目标与任务*

这次省级机关机构改革是全省统一部署安排的，力度大、要求高、涉及面广、政策性强，群众的期望值也比较高。改革的目标与任务是：转变政府职能，优化人员结构，提高工作效率，建立办事高效、运转协调、行为规范的行政管理体系，完善国家公务员制度，建设一支高素质、专业化的行政管理干部队伍。

转变职能是解决现行管理体制中诸多矛盾和问题的根本措施，也是机构改革的核心。不转变职能，管理内容和管理方式就难以创新，各方面关系就难以理顺，机构和人员就减不下来，行政效率就无法提高。所以，这次改革一定要把转变职能、合理划分事权作为一项首要任务来抓，以减事为基点，确定并落实好各处室的职责，实现政企、政事、政资、事企分开，重点是政企分开，把厅机关的职能真正转变到集中精力研究制定交通发展战略和规划、政策，加强执法监督、组织协调以及为企业和公众提供服务上来，转变到为市场主体创造公平竞争环境上来。根据这一要求，省交通厅要取消与厅属企业的行政隶属关系，以市场为导向，以资本和产权为纽带，先行组建道路运输、公路桥梁两个集团公司，代行出资人职能，确保国有资产保值增值，省交通厅不再直接管理企业。要改革审批制度，对我厅现行的各项行政审批、审核、备案职能进行清理规范。当前要结合加快公路建设新的形势，重点抓好交通建设工程项目审批制度的改革与创新，做到该管的一定要管好，该放的一定要放开。凡是省交通厅投资的项目建设，必须经过省交通厅审批。同时要研究优化审批办法，简化审批程序，提高审批效率。可由下级部门承担的审批事项要坚决下放，应由下级部门审批的省厅不再审批。公路建设工程招标投标工作，省交通厅主要搞好监督。改革审批制度后，要研究建立行政审批责任追究制度，明确责任，建立审批、检查、监督制度，实行政务公开，接受群众监督。对审批不当，造成严重后果者，要追究审批者的责任，彻底改变重审批轻监管、重权力轻责任、重管理轻经营、重计划轻控制的现象。对新增审批事项要严格控制，部门随意增加的审批事项和扩大的审批范围要严肃查处。通过改革，建立科学规范、廉洁高效、公平公正、监督有力的行政审批

* 2000 年 8 月 24 日在 2000 年山西省交通厅机关改革动员大会的讲话摘要。

制度。

定岗、轮岗、竞争上岗是改革的手段，激活人才机制、优化人员结构才是根本目的。要坚持“以人为本”，匡正用人导向，以素质论人才，以实绩用干部。这次改革实行全员下岗、竞争上岗，就是要为机关干部创造一个公平竞争的机会，为优秀人才脱颖而出提供舞台，这突出体现了交通厅党组按照工作需要、事业需要选干部，凭实绩、凭公论用干部的思想。既要坚持党管干部，又要形成人才辈出的局面，鼓励和引导机关干部学知识、长才干、经风雨，不断提高自己自身素质，这对于干部的成长、发展将起到重要的导向作用。我们的交通事业需要一批德才兼备的优秀人才，而不是敷衍了事，以其昏昏、使人昭昭的混世庸才。如果有人曾经想通过要官、跑官甚至买官等不正之风来获取晋升职务的通行证的话，那么现在必须转变观念，通过刻苦学习、提高素质、勤奋工作、做出成绩、廉洁自律、联系群众来得到群众的信任和领导的支持。

要坚持干部“四化”标准，创新用人机制，优化干部结构。干部之间没有竞争，积极性就得不到发挥，创造性就无从谈起。这次改革，采取自愿报名、公开演讲、公开答辩、民主评议、组织考察的办法，把竞争机制引入干部管理之中，公开、公正、公平、择优选择干部，优胜劣汰，让干部在竞争中把握自己、认识自己、推销自己，让上岗者群众拥护，让下岗者心悦诚服，既体现了能力和水平，又体现了政绩和民意，还体现了党管干部的原则，增强了干部的紧迫感和干部管理工作的透明度，有利于克服用人上的不正之风，有利于解决干部能上不能下、能进不能出的弊端。这对于合理配置人才资源，增强机关活力，优化干部队伍结构，促进全系统干部人事制度改革都有重要的意义。希望通过这次竞争上岗，使机关形成层次配备合理、年龄搭配得当、知识结构优化的干部队伍梯次结构，从而使厅机关干部队伍的整体素质得到提高，成为一支能承担跨世纪交通改革与发展重任的干部队伍。

要坚持标准、鼓励竞争、量才使用、合理安置。竞争上岗既是中央和省委提出的选拔人才的方法，也是优化结构、提高机关干部整体素质的措施。竞争上岗，坚持标准是前提，鼓励竞争是手段，优化结构是目的。要结合机构改革大力推进人事干部制度改革，建立能上能下、能进能出的用人机制，创造有利于优秀人才脱颖而出的良好氛围。大家可以结合自己的实际情况申报和竞争适合自己的岗位。参与竞争的范围既可以是同职级人员，也可以是符合晋升条件的下一级人员，同时，上一级职务的现职人员也可以参加下一级职位的竞争。最近有些同志找我表露了思想，就是不竞争不甘心，竞争又不好意思。在此，请同志们正确理解、消除顾虑、积极支持、主动参与，不要畏首畏尾、瞻前顾后。交通厅党组决定先免除全部人员的职务，在此基础上符合条件的人员进行公平自由竞争。在正、副处级干部职位公开竞争之后，非领导职位人选采取个人申报、征求处长意见、组织决定的办法确定。主任科员以下职位采取双向选择、组织决定的办法。

要贯彻机关改革政策要求，积极推进干部轮岗，增强机关的生机和活力。我们欢迎和鼓励符合轮岗条件的干部主动申报其他岗位竞争，也欢迎其他岗位的同志竞争应轮岗位。一个干部在一个岗位干久了，就容易形成惰性，使工作失去活力；就容易形成小圈子，失去监督；就容易形成思维定势，制约工作。所以，从中央到省里，对机构改革的轮岗工作都有具体的规定，省委、省政府今年调整省直机关领导班子时也体现了这一点。这次机构改革大家对管人、管财、管物岗位上的干部轮岗问题比较关注。竞争上岗后，对应轮而未轮的岗位，要强制轮岗。

精简人员编制是消除机构臃肿、人浮于事、效率低下，减轻财政负担、提高工作效率的基本途径，也是促进职能转变的重要条件和组织保障，同时又是一项必须完成的硬指标。精简人员必然带来人员分流，这是历次机构改革的难点，也是机关干部关注的焦点。从交通厅这次机关机构改革的实际来看，人员精简和分流任务并不大，但也要高度重视。一是不能把人员分流简单地认为是机关人员的增增减减，要把分流看成是优化人员结构，发挥机关人员潜能、优势，提高干部队伍整体素质的一项重要措施；二是要切实做好分流人员的思想政治工作，解决分流人员的后顾之忧。分流人员要正确看待进退、得失，服从组织分配。根据《山西省人民政府机构改革人员分流实施办法》和《山西省人民政府分流人员培训实施办法》等政策规定，这次厅机关人员分流采取“带职分流、定向培训、加强企业、充实事业、加强基层、优化结构”的原则，采取一次定员、逐步分流的办法，三年内完成。分流人员的条件及主要分流途径：

①年龄在45周岁以下，不达大学专科学历的人员，原则上进行分流。

②严格执行离退休制度，坚持到龄退休。除国家有关规定外，男年满60周岁，女年满55周岁，或丧失工作能力的，应当退休；男年满55周岁，女年满50周岁，且工作年限满20年的，或者不论年龄大小，工作年限满30年的，本人提出要求，经批准可以提前退休。

③厅机关在编工勤人员应从行政编制中全部划出，分流到厅后勤服务中心或厅属其他单位。

④鼓励机关的同志到厅属企事业单位工作，愿意下去工作的，可以自愿报名。懂专业、有管理经验的优秀人员可到厅直单位任职。

⑤按照《国家公务员辞职辞退暂行规定》，经本人申请、组织批准，允许公务员辞职。鼓励科级及科级以下人员自谋职业，包括领办、创办企业和公益性事业或其他非国有单位工作。

⑥鼓励45周岁以下人员到高等学校或行政学院进行大学专科、本科、研究

生学历教育，或进行定向培训。厅属各单位要积极接收安排分流人员，为充分发挥分流人员的作用提供良好的条件。

当前，厅机关机构改革已进入攻坚阶段，我们要从交通改革发展与稳定的大局出发，切实抓紧抓好。要加强领导、精心组织。这次厅机关机构改革在交通厅党组统一领导下进行。交通厅党组专门成立了厅机关机构改革领导组，领导组下设厅机关机构改革办公室和厅机关机构改革申诉办公室。“两办”要认真负责、一丝不苟，公正无私地做好基础性工作，掌握改革动态，把握改革动向，及时了解机构改革过程中出现的新情况、新问题，做好机构改革的协调工作，当好厅党组的助手；机关各处室要紧密配合，确保厅机关机构改革顺利进行，确保机构改革过程中思想不散、秩序不乱、工作不断，国有资产不流失。要严肃组织纪律，认真做好思想政治工作。要对改革带来的一些波动有足够的思想准备，认真对待机构改革中产生的各种新情况、新问题，分清类别，查明原因，有针对性地做好思想疏导工作。特别是做好竞争后下岗干部的思想工作。对改革中涉及的敏感问题，要通过组织程序反映，及时研究解决，防止引发思想混乱。要严格执行国家的各项财经纪律，做好财产、档案的清理移交工作，绝不允许出现转移、私分、挥霍国家财物等行为。厅机关的干部绝大多数是党员和领导干部，受党教育多年，改革之际正是考验每个同志的时候，大家一定要讲政治、讲正气、讲党性、讲纪律，正确对待个人升降、进退、去留问题，以实际行动支持改革，主动投身改革。

厅机关是全省交通系统的“司令部”，厅机关改革备受全系统关注，牵一发而动全身，在改革过程中，要妥善处理好“三个关系”。一是处理好厅机关机构改革与后勤体制改革的关系。后勤体制改革是厅机关机构改革的重要组成部分。厅机关机构改革，对后勤工作提出了新的要求，也为后勤改革提供了思路。中央、省分别制定了机关后勤体制改革指导意见，交通厅也制定了相应的实施办法，总的要求是：后勤服务中心与机关脱钩，机关保留后勤行政管理职能，后勤中心承担具体事务。因此，在这次机关机构改革中，要把后勤改革纳入机关改革之中，在推进机关改革的同时，同步推进后勤体制改革。厅机关后勤服务中心要按照厅机关机构改革的总体思路和具体部署，主动把目前机关直接承担的后勤服务性工作承担起来，为机关精简机构、转变职能创造条件。同时要认真研究新形势下后勤工作面临的新情况、新问题，不断强化服务职能，抓住机遇，壮大自己，走出新路子，开创新局面。二是处理好厅机关机构改革和交通体制改革的关系。厅机关机构改革是交通体制改革的组成部分，也是交通改革的重点和难点，对全行业包括下一步的市县交通部门机构改革都有直接影响。推进厅机关机构改革，要立足于交通改革与发展的大局，紧密结合交通实际，有针对性地解决自身存在的阻碍交通改革与发展的问题，力求在解决难点问题上有新突破。机关定岗工作结束之后，要根据各处室职能调整情况，建立健全与之相配套的管理制度，就职能转移、划分等问题，用具体的制度加以规范和明确，便于操作，防止扯皮，保障工作的衔接和正常运转。三是处理好机构改革和当前工作的关系。当前，公路建养、运输管理、国企脱困等各项任务十分繁重。我们的工作等不得、拖不得，也慢不得，必须抓紧抓好。机关各处室都要把搞好机关机构改革与抓好当前工作有机统一起来，统筹兼顾，周密部署，突出重点，整体推进，在改革中清晰工作思路，明确工作重点，结合当前工作抓好机构改革；通过改革，转变职能，转变作风，振奋精神，提高效率，推动当前工作。

改革就是利益调整，改革必然会有阵痛，但只有改革，厅机关才能充满生机与活力，交通事业才能兴旺发达。希望大家都来关心改革，支持改革，参与改革，转变政府职能，匡正用人导向，创新用人机制，优化干部结构，提高机关效率，推动交通事业持续、快速、健康发展。

4. 论公路建设投资主体多元化*

改革开放以来，我省抓住邓小平南方谈话和中央实行积极的财政政策，加强基础设施建设，扩大内需的机遇，加快公路建设，取得了突出成绩，公路交通对国民经济的“瓶颈”制约得到了进一步缓解。之所以能够取得这样的成绩，很重要的一个原因就是不断推进公路建设投融资体制改革，拓宽筹融资渠道，公路建设由单一的政府投资逐步发展到贷款修路、引资修路、社会集资修路，建立并坚持了“国家投资、地方筹资、社会融资、利用外资”和“贷款修路、收费还贷、滚动发展”的投融资机制，有效地缓解了严重制约公路建设发展的资金短缺的矛盾。

“八五”以前，我省公路建设一直实行的是计划经济的投资模式，政府集规划者、投资者、建设者、管理者于一身，这种模式在建国初期和生产力水平尚不发达的时期确实发挥了重要作用，但随着社会主义市场经济体制的建立和发展，计划投资体制远不能适应经济和社会发展的要求。为此，我们按照中央提出的“国家投资、地方筹资、社会融资、利用外资”和“贷款修路、收费还贷、滚动发展”的政策要求，在公路建设投融资体制方面进行了一系列的改革。

——打破计划投资的体制，建立了政府投资与社会融资相结合的投融资体制。省委、省政府从山西省情出发，连续三次出台加快公路建设的政策措施，除采取征地拆迁实行省定额包干补偿、减免缓缴基本农田保护基金、新菜地开发基金、复垦基金和耕地占用税、水土流失治理费、临时打井取水和使用天然河道水水资源补偿费、文物勘探费、林木补偿费等政策节省投资外，还提高了养路费和公路客运附加费征收标准，并开征了新增车辆费、货物运输补偿费、出省公路和大交通量路段通行费等公路建设专项资金。开征8年多来，累计征收公路建设基金60多亿元，进一步拓宽了筹资渠道，有力地支持了全省的公路建设，特别是重点公路建设。1996年，省政府按照“谁投资、谁经营、谁受益”的原则，又出台了《山西省社会集资修建公路管理办法》，进一步调动了社会各界集资修路的积极性，收费公路建设步入了健康发展的轨道，成为我省公路建设的重要组成

* 2001年1月在全国交通厅局长会议上的发言摘要。

部分。

——打破公路建设主要依靠上级投资的体制，建立了省、地两级共同筹资的体制。省交通厅将公路建设投资由事前补助变为事后奖励，按照谁积极、谁先上的原则，采取以奖代补的办法，鼓励地方加快公路建设。具体标准为：原为三级油路改造为二级油路的，每公里奖励15万元；拓宽改造为一级路，每公里奖励45万元；砂砾路拓宽改造为二级油路，每公里奖励20万元；砂砾路或油路拓宽改造为二级油路，每公里奖励26万元，桥梁每延米奖励1万元，涵洞每道奖励1万元，通村公路每村5万元。省交通厅每年召开一次总结表彰会，会上当场兑现，并对公路建设突出的地区给予重奖，大大调动了各地和广大人民群众的积极性。1999年，我们又对公路建设计划与管理体制进行了改革，项目上实行“抓大放小”，资金上实行分级筹措，干线和高速公路由省交通厅负责资金筹措，重要出省公路由省地两级筹措，县乡公路主要由地方筹措，大大减轻了省级交通部门的筹资压力，确保了重点工程建设的顺利进行。

——打破公路建设单纯依靠政府投资的体制，建立了以项目为主体，项目融资和政府投资相结合的筹资体制。山西经济落后，市场体制不完善，公路建设完全按市场机制运作难度很大，但过分依赖政府行为，又有很大局限性。为此，我们把政府投资与项目融资结合起来，在加强政策指导的同时，大力推行项目法人负责制，把公路建设项目作为一种商品推向市场，依靠项目在资本市场上融资。交通部门确定政府投资后，银行贷款、利用外资等统一由项目法人负责落实，大大加速了公路建设市场化步伐，逐步形成了政府、金融部门、外商、社会各界等共同投资的格局，有效地缓解了公路建设资金紧张的矛盾，促进了公路建设的快速发展。

冲破原有体制，使我省实现了公路建设由国家单一投资向投资主体多元化的转变。目前，我省公路建设的主要资金渠道有五条。

交通规费是公路建设筹融资的基础。省交通厅把规费征收作为加快公路建设的筹资主渠道，与公路建设一起规划、一起落实、一起兑现，不断加大稽查力度、清欠力度，挖费源、查黑车、堵漏洞，大力开展“费收稽查大会战”，推广车户员专管制度和交通、税收、车管、保险等部门“一条龙”服务，变稽查人员上门分散收费为集约化管理，积极与公安、交警及法院等司法机关联手，依法稽查，依法清欠，严厉打击偷、漏、逃、抗费行为，保持了规费征收稳定增长。1996年，全省交通规费征收突破30亿元，交通规费征收步入了全国先进行列。“九五”期间累计征收养路费等各种交通规费150多亿元。交通规费不仅成为公路建设资本金的主渠道，而且成为与金融部门、外商合作的坚强后盾。

社会融资是公路建设筹资的重要来源。近年来，我们着力开发公路的商品属性，多渠道、多形式向社会融资，鼓励企事业单位和个人投资建设经营公路，大大促进了收费公路的发展。我省自 1990 年建成第一条收费公路——周犁公路至今，先后建成收费公路 4905 公里。晋中公路分局自筹资金 6 亿多元，建设改造了祁县至介休 73 公里一级公路、榆盂线寿阳段 46 公里二级公路、太长线榆社段 32 公里二级公路等一批收费公路。吕梁公路分局自筹资金 1.3 亿元，建成了汾阳至介休 32 公里一级公路。运城地区万荣、河津、永济、新绛等县市先富起来的农民集资 3000 万元，修建了 6 条收费公路和 3 座汾河大桥。乡宁县煤炭运销公司和陕西韩城市私营矿业开发公司以民间股份制的形式，共同投资 2900 万元，建成了乡韩黄河公路大桥。稷山县四位农民筹资 2600 万元建成了佛营公路。乡宁县农民企业家高玉龙自筹资金 2400 多万元，修建了一条二级公路。

资本市场是公路建设筹资的广阔天地。"九五"以来，特别是 1998 年以来，我们抓住中央实行积极的财政政策，扩大内需，加强基础设施建设的机遇，有效利用资本市场，实施资本运营，进一步拓宽了公路建设的投资领域。一是以国道主干线和扶贫公路为重点，选好项目，积极争取国债资金和发行债券。1998 年以来，先后争取国债资金 8 亿元，其中中央债券 1.35 亿元，地方债券 6.65 亿元，同时争取到公路建设企业债券指标 8 亿元，目前正在筹备发行。二是积极争取银行贷款，扩大贷款规模。"九五"期间，我省公路建设共争取到国内贷款 71 亿元，占同期公路建设投资总额的 22.54%。其中 1998～2000 年 3 年争取国内贷款 68 亿元，占"九五"贷款总额的 95.8%。全省先后建成了太旧高速公路、原太高速公路、运风高速公路、京大高速公路、夏汾高速公路、霍侯一级公路等一批高等级公路，并开工建设了运三高速公路、长邯高速公路、韩保二级公路等。三是实施资本运营，盘活公路资产。我们抓住金融部门支持企业并购的机遇，把公路当作资产来运作，实施高速公路资本化改造，推进高速公路资产重组。将太旧高速公路公司按效益分立为两个公司，由效益好的公司贷款去兼并收购另一个公司，从太旧路置换出 20 亿元资本金。这一举措，使我们找到了一条经济欠发达地区从金融市场筹集公路建设资本金的新路子，从而启动了大运高速公路的建设。与上市、出售、转让经营权相比，资产并购具有速度快、筹资量大、风险小的优点。

利用外资是公路建设筹资的重要渠道。"九五"以来，省交通厅大力推进改革开放，积极做好对外宣传与招商引资工作，通过转让经营权、合资合作建设经营公路，引进外资，拓宽筹资渠道，先后与美国、韩国、澳大利亚、香港、台湾等国家和地区的 300 多位外商，就 20 多个公路项目进行了洽谈，共引进外资 28.78 亿元，并就 15 条路组成中外合作企业，先后建设建成了阳济公路、太原东山过境高速公路、晋焦高速公路、太榆公路、榆次外环公路、小店汾河公路大桥等，大同市从马来西亚引资 1.3 亿元，合资开工建设了兴旺煤炭专用公路；运城地区利用世行贷款建成了 6 条扶贫公路；祁县至临汾高速公路被列为亚行项目，引进亚行贷款 2.5 亿美元，项目即将开工建设；侯马至禹门口高速公路利用亚行贷款正在积极运作之中。省交通厅连年被省委、省政府评为“利用外资先进单位”和“全省外商投资企业先进单位”。

艰苦奋斗、义务修路是公路建设筹资的有益补充。1993 年以来，省委、省政府组织全省人民大力开展全民义务修路，省委、省政府主要领导亲自挂帅，每年召开一次全民义务修路动员会和三项建设动员会，各级党委、政府亲自抓，一级抓一级，一级带一级，明确目标、制定措施、狠抓落实，全民义务修路高潮不断，公路建设实现了由部门行为向政府行为、行业行为向社会行为的转变。8 年来，我省新增的 2 万多公里通车里程中，有很大一部分是全民义务修路完成的；新增的 5875 公里二级公路中，有近 4000 公里是义务修路拓宽改造实现的。实践证明，全民义务修路，确实是一条“少花钱、多办事”的好路子，对于缓解公路建设资金紧张矛盾，弥补公路建设资金不足具有十分重要的意义。在我们这样一个经济欠发达省份搞建设，艰苦奋斗的精神永远不能丢。

我省公路建设投融资体制改革虽然取得了很大成绩，但与市场经济发展的要求相比，仍有许多不适应的弊端。一是对社会资金引导不力，融资渠道不宽。政府资金在全社会公路建设资金中仍占相当比重，对社会资金引导不力；公路上市、企业债券、BOT 方式等各种直接融资很少，公路建设过分依赖银行贷款等间接融资，债务性资金比重较大。二是我国的低成本优势正在逐渐消失。公路建设投资回收期长、回报率低，特别是中西部欠发达地区，公路的超前发展就使投资回收期更长、回报率更低，对外资吸引力不大，外商对公路项目直接投资较少。三是国有资产运营效益低下。由于经济发展水平不高，公路的运营效益不佳，导致高等级公路建设、养护和经营的企业化、市场化程度低，造成存量资产在实物形态上利用不合理，在价值形态上难以变现。同时，在交通行政管理机构之外，也缺乏一个能在资本市场上对全省公路资源进行全方位运作的企业主体，丰富的公路资源难以达到优化配置。

根据国家交通部提出的今后公路建设要有 65% 的资金来自资本市场，从未来经济社会发展出发，我们认为，公路建设投融资体制的改革方向和基本框架应当是：政府宏观调控、资金分类管理、资产授权经营、项目法人运作、发展资本市场，强化监督稽查。

——政府宏观调控。政府交通主管部门集中精力搞好政策研究制定与行业规划，充分发挥政府投资对社会资金的导向作用，调整投资结构，提高投资效益。

——**资金分类管理**。政府公路建设资金以公益属性和商品属性为标准，以特定时期公路建设中心任务为依据，按用途、按比例划分公益性资金和经营性资金。公益性资金主要用于公益性公路的建设和维护，以服务社会为主；经营性资金主要用于商品性高等级公路的建设和经营，以提高经济效益为主。

——**资产授权经营**。按照政企分开的原则，政府交通主管部门将公路国有资产授权资产运营公司管理和运营，资产经营公司对政府投资保值增值负责。

——**项目法人运作**。公路建设项目由出资人组建的项目法人负责筹资、建设、还贷和经营管理。

——**发展资本市场**。在国家政策指导下，积极稳妥地发展包括直接融资在内的多种融资方式，有效利用资本市场，盘活公路资产，促进国有资产变现。

——**强化监督稽查**。建立和完善国有资产保值增值考核体系，以资金监管为中心，加强交通主管部门对授权经营部门的监督，发挥中介组织、社会舆论对公路建设经营的监督作用。

5. 把信息化作为覆盖全局的战略任务来抓*

当前，以信息技术为代表的科技革命迅速发展，产业结构调整步伐加快，经济全球化趋势不断增强。以计算机技术、网络技术、通信技术为代表，信息技术革命已成为当代经济发展的主要驱动力之一。但是，推进信息化，并不是一件容易的事情，面临着许多的问题和困难。一是领导干部对信息化的认识不到位，认知程度低。有的是为了所谓的领导工程、面子工程，有的是迫于行政压力或舆论压力，有的只是为决策者提供信息简报，有的认为信息化建设投入大、见效慢、不合算，有的习惯于传统的工作方式，有的认为太复杂、难掌握、学不会，也不想学，对于信息化带来的全新的理念、管理方式的变化难以适应，成为信息化推进的阻力。二是人力、物力、财力投入低。信息化是一种革新，是一项资金密集和智力密集的工作，初期投入大，开发时间长，需要财力和物力，更需要人力的投入。但是实际上普遍存在机构不健全、专业人员缺乏、投入不足等问题，直接阻碍信息化的推进。三是信息技术的应用水平低，缺乏整体规划，系统扩展性不强。相当一部分企业接通了互联网，但多数仅开设了主页和 E-mail，对信息化的应用大部分停留在相互分割、专项应用、信息孤岛的水平上，信息流还存在分段现象，缺乏集成的信息平台，缺乏统一的整合和系统化。四是观念落后，把管理问题看成简单的技术问题。信息化绝不是技术部门的事，这不仅仅是因为它的重要性和实施难度，更重要的是因为信息化是一个管理的再造，技术仅仅是信息化的手段，信息化不是一个选择设备和使用软件的问题，它牵涉到管理的全部业务流程，是一个彻底的重塑过程。五是实施和培训力度低。常常可以看到，一些部门、企业花了大量资金投入进行信息化改造，但没有多少人会用，更没有多少人习惯运用，最终成了摆设。

交通作为国民经济和社会发展的基础产业和先导产业，面对全球信息化浪潮带来的新的历史机遇，把信息化与工业化结合起来，加快交通信息化步伐，以信息化带动工业化，为交通行业的再次创业提供新的空间和强大动力，已成为当前

---

* 2001 年 7 月 22 日在中国土木工程学会主办的菲迪克工程信息化管理研讨会上的发言摘要。

一项十分现实而紧迫的任务。

在信息化认知程度较低的初始阶段，“一把手”必须亲自抓，对信息化工作要亲自过问、亲自抓，加大支持力度，在人、财、物等方面给予保障。但“一把手”挂帅仅仅是一个方面，应当认识到在信息化过程中有大量工作，需要合理的信息化领导班子来合理规划和有步骤地推动工作，不能光写在纸上、喊在口上、做在面上，要真正落实在行动上。落实在对信息化建设的人才、经费、措施的保障上，落实在对交通信息化建设的规划、组织、协调上，落实在研究和解决交通信息化建设和发展中出现的新情况、新问题上。“一把手”要亲自指导、参与、解决实施过程中的部门协调、资源配置等管理问题。只有“一把手”才能确保资源比较合理配置，特别是要解决好重规划、轻落实，重投入、轻产出，重开发、轻应用的问题，身体力行推进交通信息化建设和发展。

信息化是一项高科技产业，初期投入大，开发周期长，经济和社会效益有个逐步显现的过程。这一特点决定了信息化建设既需要几代人的持续努力，又急需巨大的投入。要按照政府推动、市场引导、企业运作的方针，注重发挥各个方面的积极性，共同推动信息化发展。政府应把信息化建设列入行业固定资产投资计划，保证必要的资金来源。尤其是在当前工业化任务尚未完成、全社会信息化意识不强的形势下，政府更应带头推动，不仅要抓规划，而且要在信息化建设上先行投入。除了在电子政务上加大投资外，还要在行业信息化建设上舍得投资，设立信息产业投资基金，保证信息化发展必要的资金来源。

信息化是一个长期的过程，不可能一蹴而就，不能急于求成，必须循序渐进、分步实施。因此，信息化不可贪图一时之省事，而应与发展战略和长远规划相结合，从战略的角度来考虑对信息化的投资和定位问题。但在实施过程中，必须注意信息化需要一定的周期，需要各种资源的配备，协调各部门的关系，任何急于求成的想法都是错误的，不能贪多求快。信息化是一项全新的事业，是一项以高科技为支撑、人才为保障的产业，必须依靠创新，才能使其保持强大的生命力。从信息化建设的一开始，比如软件开发、网络建设、设备购置等就要坚持高起点、高标准、高科技，防止低水平的重复投资。信息化是对传统管理的挑战，要按照信息化发展的要求，认真研究、解决信息化发展中出现的新情况、新问题，以信息化促进管理创新，不断适应新形势的需要，以技术创新为信息化发展提供动力，以管理创新为信息化发展提供保障。信息化的最终目的不是追求高技术，而是为了追求高效率、高质量、高效益。

应用是信息化的基础。只有应用，才能发挥信息化的优势和效益；没有应用，信息化就失去了生存和发展的条件。信息化是实实在在的事情，需要务实而不是务虚。所以，在推进交通信息化进程中，一定要立足交通，着眼发展，强化应用。要求每一个员工和实际操作者参与，必须让每一位员工都能掌握新的业务流程，养成使用习惯。不仅技术人员要应用，各级管理人员都要应用；不仅要应用到机关办公，而且要应用到交通生产、管理的各个领域，应用到最能发挥效益的行业、企业中去，以应用促发展。

面对信息化到来的形势，现在出现了两种倾向，一种是认识不足，主动性差；一种是一哄而上，盲目发展。这两种倾向都是要不得的。我国是在工业化任务尚未完成的情况下开始信息化的，如果认识不足，将会错失机遇，使交通事业发展的速度减慢，加大与发达地区的差距，加大发展的成本；如果一哄而上，盲目发展，必然会导致低水平的重复建设，使信息化发展受到挫折。因此，在信息化建设中，现阶段的重点是实现管理的信息化，长远的目标是积极稳妥地开展电子商务，当前的任务是搞好信息化基础建设。政府要制定规范、统一标准、搞好规划。地方交通部门遵照统一的规范和标准，统一规划，制定中长期计划，理顺各种关系，规范主体投资行为，才能使信息化建设稳步协调向前发展，迎接“数字交通”的明天。

6. 对山西发展交通经济的探索*

按照市场化的需求，山西逐步形成了发展交通经济的战略思路：健全、畅通、安全便捷的现代化综合运输体系的要求，大力实施“3 小时高速通达工程”（省会到地市 3 小时通达），建立“两个平台”（物流中心和信息平台），推进“两个优化”（优化路网结构和优化运输结构），抓好“四项创新”（投融资体制、建养体制、管理体制和科技体制创新），努力构建“六大网络”（高速公路、物流配送、快速客运、站场枢纽、汽车维修和信息服务网络），并与军事战备相结合，实现“平战”统一，促进人流、物流、信息流、资金流的快速形成和协调发展，以信息化带动工业化，提升传统产业，发展高新技术产业，推进交通经济发展。

一、按照市场规则构筑交通经济发展的市场主体和制度基础

面对我国即将加入 WTO 的新形势，省交通厅从转变职能入手，大力推进交通改革，努力突破体制性障碍，实现交通资源的优化配置。首先建立了“交通厅+专业局”的交通管理体制，凡是应由企业管理的事务一律交给企业，加快现代企业制度的建立，通过市场调节的办法来解决企业存在的问题。其次引导交通国有企业重组整合，构建路桥建设、道路运输等主业突出、核心竞争力强、能主导行业发展方向的大公司、大集团。参照国际惯例营造交通经济发展的市场环境。

按照市场化的要求，参照国际惯例，根据国家法律法规，全力推进“依法治交”的战略。先后制定了《公路建设市场准入规定》、《道路运输市场准入规定》、《公路建设招标投标实施细则》和《道路运输企业资质制度》，打破地区分割、行业垄断和部门界限，依法规范竞争行为，进一步提高了市场的开放度。

为确保工程建设，还先后制定了《公路建设四项制度》（项目法人责任制、工程招投标制、工程监理制、施工合同制）、《公路建设监督管理办法》、《公路建设市场管理办法》和《公路建设质量管理办法》，并在工程建设中实行了廉政合同制。同时，在设计体制方面，建立了设计监理制和设计变更责任追究制；在

* 摘自 2001 年 8 月刊于中国社会科学院主办的《世界经济调研》。

招投标机制方面，推行了政府监督、专家评标、业主定标、公开招标的招投标办法和复合标底法；在质量保证方面，各个重点工程项目都建立了政府监督、项目法人负责、社会监理、企业自检四级质量保证体系。

二、拓宽融资渠道，实施资本运作

面对资金短缺和融资渠道不畅通两大难题，我们抓住中央实行扩大内需政策所带来的良好机遇，依据中央实行稳健的货币政策方针，对已建成的太旧(太原—旧关)高速公路，按公司化运作实施企业并购和重组，盘活路产，置换出20亿资本金。太旧高速公路资本运作的成功，使酝酿已久的纵贯全省南北、全长666公里的大运（大同—运城）高速公路全面开工，并继续拓宽融资渠道，积极利用外资，相继从亚行及国内金融机构筹资，使170多亿元的大运高速公路建设资金得到落实，目前正向上市融资发展。

三、实施“科教兴交”战略，推动生产力跨越式发展

实施“科教兴交”战略，培育新的经济增长点，实现交通生产力的跨越式发展。首先运用信息技术改造和提升传统运输业，围绕调整产品、提高质量，支持重点企业技术改造，提高装备水平。立足交通，有步骤地涉足交通高科技领域，在高速客运、快速货运尤其是现代物流中发挥主导作用。培育高新技术产业，形成多元化、开放式、智能化的新型交通产业发展格局。创建高速公路经济带，通过高速公路沿线资源整合和8个经济服务区的规划建设，吸引资源、资金、技术向高速公路两侧集聚，逐步形成以大运高速公路为轴线、以8个服务区为支撑的交通经济带。

四、依靠科学管理，加快交通经济发展步伐

在管理观念创新方面，突出“以人为本”的管理模式，使企事业单位的组织结构日趋规范化、科学化。积极推进公路系统建养管体制改革，实行建养分开、事企分开；建立了小业主、大监理的体制，实现人、财、物等资源的优化配置；深化交通企业改革，推进交通国有企业联合重组。在重点工程管理上，山西与国际接轨首家推广运用了 eFIDIC 计算机网络化工程管理系统，以科技手段加强党风廉政建设，促进工程管理程序化、网络化、科学化。

五、以信息化带动工业化发展智能交通信息产业

智能化是交通发展的大趋势。山西省充分发挥高速公路敷设光缆不占地、投资省的优势，在全省高速公路地下全部敷设了4孔或6孔光缆，在建设高速公路

过程中，同时建成了一条信息高速公路。利用信息高速公路调整产业结构，形成以现代计算机网络、通信技术为基础，以光导纤维通信和卫星通信为骨干，以数据库为信息源的跨越地区界限的双向高速度的多媒体宽带通信网络。在此基础上，发展公路电子商务系统、决策支持与综合应用系统、公路基础设施管理系统、车流调整辅助决策系统，实现交通的智能化管理和交通信息的产业化发展。初步估计，山西若把高速公路建设与信息高速公路建设协调起来，与西方发达国家的距离能缩短50年左右，从而实现智能交通信息产业的跨越发展。

六、构建物流平台，发展现代物流业

实施西部大开发，山西的物流业蕴藏着巨大的转机和潜力。利用山西承东接西、纵贯南北的资源和区位优势，以现代物流仓储为基础，以多式联运为手段，建立公、铁、空运相互衔接配套的物流运输网络。规划建设太原物流中心和大同、侯马两个支中心，发展物流园区；在互联网上注册了中国物流互联网站，以市场信息为先导，以信息网络为依托，建立全省物流信息网络系统；以产品加工配送为主业，实现商品包装、运输、储运、流通、加工配送和物流信息功能运用，建立全方位多功能的物流系统；以金融保障配套为内容，实施产品金融质押或保险索赔业务，增强物流中心的资信度；以标准服务为品牌，建立标准化服务体系，塑造物流业形象。

七、统筹建设高速公路经济带，促进区域经济一体化

正在建设中的山西大运高速公路和其国省干线经济带，做大了交通产业结构调整的文章，必将有力地促进区域经济一体化：一是发展快速直达运输，大力发展集装箱运输，促进冷藏、保鲜运输，长途卧铺运输和空勤式快速客运业务，扩大了交通运输服务经济结构调整的空间；二是配套开发沿线土地、房产、自然和人文景观资源，促进工农业、商业、金融业、房地产业、交通运输业、旅游业、邮政通信业等综合产业带的形成，并推动两侧产业结构升级；三是加快区域人流、物流、信息流、资金流的形成和发展，促进中心城市为大型货物集散地、中小城镇、农村营销网络的发展；四是对沿线城镇建设进行统一规划、统一建设，加快城乡经济一体化和农村城镇化，形成了可持续发展的交通经济；五是规划若干个开放型的经济园区，吸引沿线资源、资金、技术向大运高速公路两侧集聚，对沿线资源进行分类整合，形成规模效应，大运高速公路经济带必将成为山西最具活力、最具发展前景的经济增长极。

7. 构建大运高速公路经济带是山西经济结构调整的战略选择*

大运高速公路纵贯全省南北，全长666公里，是我省最重要的经济大动脉，是山西省“兴晋富民”战略的奠基工程。大运高速公路是先进生产力的体现；其建设过程中创造的“大运文化”是先进文化的反映；通过整合沿线资源，构建一条以大运高速公路为轴线的经济带，造福广大人民群众，才是建设大运高速公路的根本目的。

一

中央作出了西部大开发的战略决策，把交通基础设施建设放到重中之重的优先地位，并提出“交通先行、适当超前”的指导方针，集中力量抓紧建设一个与西部大开发进程相适应的综合运输体系。“交通先行”，不仅是建设时间的先行，同时也应起到带动地方经济的先行作用；“适当超前”，也不应只是建设规模的超前，更应是战略思想的超前性。因此，如何以一种前瞻性战略，将大运路建设与沿线资源的整合以及大运经济带的开发有机结合起来，进而将全省经济发展推上一个新的台阶，就成为大运高速公路规划建设必须研究的问题。

长期以来，地理条件的制约与基础设施的落后，成为山西省经济发展和对外开放的“瓶颈”。大运高速公路的建设，必将打破内陆省份的封闭性，为山西经济未来的高速发展和扩大开放打通出入口。大运高速公路北抵即将形成的以北京为核心的奥运经济圈，东联环渤海经济带，南接黄河经济协作区。经由南北两端的出入口，大运经济带必将全面参与省内外的经济大循环，率先实现沿线经济一体化，并带动全省经济一体化的进程，进而与全国经济一体化乃至全球经济一体化接轨。同时，大运高速公路纵贯全省，穿越我省产业集中区、资源富集区、经济发达区与人口稠密区。它的建成，将大大促进全省人流、物流、资金流、信息流等经济要素的快速循环与合理流动，大大缩短离散型资源间的时空距离，推动

* 2001年9月12日在山西省实施资源整合构建大运高速公路经济带大会上的发言摘要。

山西经济结构调整。

国内外经济发展的经验表明，一条高速公路往往能带动一条经济带的隆起。高速公路沿线产业的集聚效应，对推动地区经济的发展具有“脊梁”作用。例如：日本名古屋—神户高速公路与意大利的“太阳道”那不勒斯—罗马—佛罗伦萨高速公路建成后，都极大地促进了沿线经济的腾飞。而美国加利福尼亚的“硅谷”、英国的苏格兰电子中心等，都是沿高速公路发展起来的。我国的广深高速公路、沪宁高速公路、沈大高速公路沿线也形成了高速发展的产业带，在区域经济的发展中起到了不可估量的作用。山西属内陆省份，全省经济发展与公路尤其是高速公路的关联度极大，即将形成的大运高速公路经济带，蕴藏着巨大的发展潜力。

大运高速公路经济带具有独特的“后发优势”：它一无产业结构不合理的沉重历史包袱，二无自发的空间资源浪费型配置的既定格局。因此，在其规划建设之初，就能够广泛吸取省内外、乃至国际上以往开发建设中的宝贵经验教训，少走弯路。大运高速公路经济带的建设，必须坚持资源整合、科学规划的指导原则，使大运经济带的产业结构高效率、低成本地向以生态促进型产业、环境友好型产业、高科技产业与共生型产业为主导的绿色产业结构转型，使沿线区域经济和城市发展的空间布局以大运高速公路为坐标轴线、以大运经济带为参照系进行综合调整。在向大运高速公路大规模集聚、倾斜时坚持“生态优先”原则，坚持科学规划、严格管理，坚持土地资源的优化配置与空间布局的梯度结构，产生最佳的整体效益和综合效益，从而带动全省经济全面走上可持续发展的良性轨道。

二

整合资源，构建大运高速公路经济带，不是把资源简单地聚合或生硬地捏合，而是按照市场经济规律，通过大胆创新、科学规划、缜密研究提出目标，再经法律、政策与管理的保障，以及经济运作的支持，实现资源的优化配置，将原本离散化的资源结合成相互补充、配合与相互激发的整体，并使这个整体产生远远大于个体资源效益之和的经济、文化、社会、生态以及环境效益。

大运高速公路快速的人流、物流、信息流，以及通向省外的重要出入口，本身就为沿线经济带的建设提供了最重要的资源。大运经济带的资源整合，首先就应将沿线资源与道路资源进行整合，把高速公路的文章做足，充分发挥近路优势，打破条块分割，进行跨地区、跨部门、跨行业的协作，实现沿线经济与省内外经济的一体化。同时，各地区应在审视自身资源现状的基础上，认清自身的资源优势与短缺，从大运经济带的整体高度挖潜创新，进行地区内和跨地区、跨省界的共生型、互补型、系列型、主从型等各种类型的资源整合。

实施资源整合，构建大运高速公路经济带的最终任务，是实现“新大运、新山西”的战略目标。具体而言，这个“新”字体现为实现“三个跃迁”：即“环境跃迁”、“效率跃迁”、“功能跃迁”。

1. 环境跃迁

由于自然与人为的种种历史原因，造成山西省许多道路的沿途环境较为恶劣。这种对道路环境负面的“线性认知”，导致长期以来外界对山西整体形象的“认知受阻”，从而使山西境内绝大多数山清水秀、生态良好的地区被“屏蔽”在外界对山西的整体认知之外，使山西省整体形象严重受损。山西这种低品质的“认知形象”，已经在很大程度上影响了我省的投资环境、旅游环境以及吸引人才的环境，制约了经济社会的进一步发展。

在我国实施可持续发展战略、西部大开发着重强调投资环境建设的大背景下，如何从根本上扭转山西相对恶劣的环境形象，成为迫在眉睫的当务之急，而大运路及其沿线经济带的开发建设，为重塑山西形象、再造山西品牌提供了一个契机。要将绿色、科技、人文的观念贯穿于大运高速公路及沿线经济带建设的全过程。特别是“绿色大运”计划的实施，不仅通过精心营造优美的沿线生态景观，并对暂时难以改造的局部恶劣环境实施“绿色屏蔽”的方法，达到“形象重塑”的目标，更可使大运经济带成为生态环境的“绿色特区”，推动产业结构向环境友好型与生态促进型转化，最终以优化、整合后的绿色道路“线性认知”，置换并提升外界对山西综合形象的“整体认知”，实现形象与深层结构的双重环境跃迁。

2. 效率跃迁

长期以来，山西省内的许多宝贵资源，由于个体间缺乏整合的纽带，在社会的集体认知中未能形成资源带的集群形象，资源得不到合理配置与有效协同，尚处在非结构化的“散点认知”状态，由此造成效益与资源严重不成正比。根据山西目前的发展状况，任何一个离散型的个体资源都难以具备大规模吸引社会集体注意力的能力，这种认知与宣传的低效率，在山西省旅游业的发展中表现得尤为显著。

另一方面，资源的离散化导致各地区相似项目的大量低水平重复建设并相互牵制，产业无法形成规模，资源利用效率低下。同时，由于呈散点化布局的资源与产业的封闭性，产品和生产过程均难以参与跨区域的经济循环，使许多地区的产业只能长期滞留在低效率、低附加值的水平上。

针对这些问题，必须着重突出大运路的整体认知性与强整合作用。以大运路整合后的资源群或资源带，来抗衡周边省份由大城市整合而成的资源群。通过集中宣传大运路的品牌形象，使沿线资源得到整体认知，大大提高吸引“注意力经济”的投入产出效率。经过资源整合后的大运高速公路经济带，将对沿线资源进行结构化的优化配置，打通资源利用的效率“瓶颈”，实现“以路带省”式的效率跃迁。

3. 功能跃迁

在未经整合以前，山西许多潜在的资源优势得不到发挥，始终处在“养在深闺人未识”的状态。以旅游业为例，山西是全国公认的旅游资源大省，但却远远不是旅游业大省，其根本原因就在于未能将旅游业与其他产业、特别是道路产业整合起来。在大运高速公路服务区规划中，结合大运路自身的品牌优势与信息优势，向外界宣传沿线多样化的旅游资源，形成规模化的自助旅游、休闲度假旅游、生态旅游等新的山西旅游品种，使沿线旅游资源产生功能跃迁。通过资源整合，实现大运经济带的大范围功能跃迁，可以促进沿线产业布局的结构性转变，创造我省新的经济增长点，实现“以路兴省”的战略构想。

在山西省目前的发展条件下，没有任何一个城市在短期内具有建设成为如上海、深圳、大连一样的明星城市的潜力。然而，通过精心策划、规划与设计，可将大运路建设成为国家级甚至国际级的示范型、标志性明星高速公路。大运高速公路没有多年遗留下来的过多过重的历史包袱，可以在较短时间内，以较低的成本，从一个崭新的高起点启动以大运路为轴心的小规模良性循环，在沿线经济带实现“三个跃迁”，创建一个生机勃勃的、健康发展的局部环境，进而以高速公路带动沿线城市发展和小城镇建设，逐渐改善山西的整体环境，全面提高山西的综合竞争力。

三

实施资源整合，构建大运高速公路经济带，必须具有前瞻性与未来意识。形象塑造上“以路认省”，资源整合上“以路带省”，经济带构建上“以路兴省”，以整合后的“大运品牌”推出崭新的“山西品牌”，从而真正实现“新大运、新山西”的目标。

首先，要实施“绿色大运”战略，改善生态环境。大运高速公路是山西生态产业带形成的重要载体。实施“绿色大运”战略，大力种树、种草、栽花，营造“千里绿色通道”，绿化美化山西，符合“新大运、新山西”高速公路带动生态环境改善的要求。要把生态环境建设与交通规划结合起来，营建“生态长廊”和“大运绿洲”：在大运高速公路两侧形成具有纵深结构和景观层次的绿化带，依托大运沿线的8个服务区，结合规划生态产业园区，形成每个面积约1～2平方公里的“绿色生态岛”，逐步扩展生态建设的范围。大运高速公路的绿化工作要结合土地使用总体规划，因地制宜，结合当地实际，草、灌、林相结合，大力发展经济林，搞好林业示范园区建设。在形成视觉上的绿色通道的同时，更要成为生态环境的绿色通道。在开发建设中，要树立“生态补偿”观念，依照控建区的梯度结构设立从低到高不同级别的“生态准入标准”，严格禁止污染型产业进入大运经济带，实现产业结构的“生态转型”，改善生态环境。

其次，要发展智能交通，推进交通信息产业化，提高服务功能。近年来，我省在建设高速公路的过程中，同时建成了“信息高速公路”宽带网。要充分利用高速公路丰富的通信资源，发挥自己的优势，建设交通专业网络，搭建各种应用平台、数据库，研制应用软件和硬件；推广使用GPS系统，实现交通管理智能化，提升公共服务。通过租赁、经营等市场化运作，促进交通信息产业化。

第三，要整合运输资源，促进运输结构调整。大运高速公路的建成，以不可比拟的优势，成为山西交通运输的主通道，将促进沿线运输产业快速发展和运输结构的调整。其长距离、远辐射、门到门的运输优势，不仅加速了区域内人流、物流、信息流的体内循环，而且通过支线公路与全省各县区连接为一体，带动了跨区域的体外循环，从根本上缓解了交通运输对我省经济的“瓶颈”制约，促进了经济的发展。要按照健全、畅通、安全、便捷的综合运输体系的要求，整合运输资源，发展高速公路运输，改造和提升运输产业，促进公路运输由传统的短途、零散、中转和接卸运输，向中长距离的快速直达运输转变，由分散经营向集约化经营转变，逐步提高公路运输在综合运输体系中的比重，成为综合运输体系的基础；大力发展大吨位、大牵引、集装箱化运输，促进公路运输组织方式的优化；大力培育新的运输经济增长点，发展冷藏、保鲜货物运输、集装箱运输、长途卧铺客运、空勤式快速客运等，逐步从普通运输中分离出来，成为新的公路运输形式；大力发展公、铁、空多式联运，提高运输效率，降低运输成本。

第四，要抓好物流园区建设，发展现代物流业。大运高速公路功能的拓展，使我们可以把物流中心与公路主枢纽、陆地口岸建设结合起来，把物流园区与高速公路互通建设结合起来，有效利用资金，杜绝重复建设，提高资金使用效益。根据全省工、农业资源分布情况，太原武宿作为全国45个公路主枢纽之一，鸣李火车站为华北铁路集装箱编组站之一，太原机场为全国16个标准机场之一，在设有口岸的太原规划建设一个物流园区，大同、侯马两地各规划建设一个物流中心，沿大运线在各大中城市互通附近规划建设若干个物流支中心，形成以太原为中心，以大同、侯马为支点，以沿线若干个物流支中心为支撑，以交通信息网络为纽带，集加工、仓储、运输、保险、信息服务于一体的现代物流网络。

第五，要整合旅游资源，形成旅游产业链。旅游业是我省支柱产业之一。大运高速公路建成后，为沿线旅游资源开发提供了更为便利的交通条件，必将促进旅游业的快速发展。大运高速公路把晋北古建佛教文化、晋中晋商民俗文化、晋南黄河根祖文化三大旅游精品紧密地连在了一起，为十大旅游景区进一步突破地域界限，实现更大范围的旅游资源优化配置创造了条件。要结合全省旅游规划，加快旅游公路建设，打通各旅游景点与大运高速公路之间联结的通道，形成四通八达、环境优美、公铁空多式联运、分工合理、协作密切的旅游格局，促进旅游的产业化、规模化。

第六，要以特色农业为重点，加速农业产业化进程，推动农业生态园区建设。围绕我省“十五”计划确定的“优质杂粮、草食畜、干鲜果、蔬菜”四大特色农业，根据产品分布，规划建设生态农业园区。大运高速公路将为沿线农产品及农业所需物资提供方便快速的运输条件，将会缩短产销两地距离，加快农业产品、物资和信息的交流，不断调整农产品结构，进而优化农业产业结构，将进一步促进农业的规模化和集约化生产，加速农业产业化进程。

第七，要以高新技术为重点，抓好科技工业园区建设，形成工业走廊。在大运高速公路及沿线经济带的规划建设中，要强调科技资源与各类资源的整合，突出科学技术对沿线产业带的引导作用，凸显“科技大运”的主题。以高速公路为纽带，以高新技术为先导，通过横向经济联合与产业扩散，推进工业重组。根据产业结构调整需要，建立科技工业园区，重点支持一批潜力产品。要运用市场机制配置资源，促进生产要素向优势行业、优势企业、优势产品流动，在大运沿线形成工业走廊。

第八，要优化小城镇布局，加快城乡一体化进程。山西省的城市建设普遍存在规模小、功能不全、集聚效应不高的状况。通过大运高速公路经济带的建设，可以合理扩大城市规模、提升城市综合品质，加快中心城市和小城镇建设的步伐。大运高速公路建成后，将有利于促进沿线地区的农业经济和工业经济更加紧密地结合在一起，促进乡镇企业的发展壮大，逐步发展不同层次、不同规模的新型城镇，促使非农业人口不断增长，城乡差别逐渐缩小，城镇化水平不断提高，加快城乡一体化进程，从而推动经济社会全面发展。大运高速公路经济带沿线城镇建设，应紧扣绿色、科技和人文大运的主题，着力推进生态环境建设与科教文化建设，从而实现“人与自然和谐共存、人与环境协调发展”。

四

实施资源整合，构建大运高速公路经济带，是一项宏大而复杂的系统工程，需要各级各部门达成共识、共同努力。

第一，要加强领导。为实施资源整合，需组建专门的领导机构，负责组织制定规划和实施办法，及时研究解决工作中出现的问题，指导沿线各市、县、区、乡镇的资源整合和经济带建设，保证正确的发展方向。

第二，要规划先行。要从资源整合的战略高度做好科学的全盘规划，严格管理，使大运经济带的一切开发和建设都依照规划方案的指导进行。结合经济结构调整、地方产业特点、小城镇建设、生态环境建设等，集中力量专门研究大运高速公路经济带的规划问题，看得要远，标准要高，既要有前瞻性，又要切实可行。通过合理规划和统一管理，使资源得到健康有序、适度开发，杜绝建设性破坏，实现可持续发展。大运路沿线应形成从高到低的生态、形象梯度结构：大运路两侧幅宽各 1 公里内为生态禁建区，幅宽各 2 公里内为严格控建区，幅宽各 3 公里内为一般控建区，幅宽各 5 公里内为监督建设区；大运路沿线绿化带宽度，平微区原则上为 50 米、山岭区可视具体情况放宽到 30 米。8 个服务区及 46 个互通中心点半径 2 公里内为生态禁建区，3 公里内为严格控建区，5 公里内为一般控建区。禁建区内暂时冻结一切土地审批手续及建设项目立项审批；控建区内按梯度分级结构建立产业准入环保标准，规划提出相应的控高、容积率、覆盖率、绿化率的限制。各地经济园区的规划必须服从大运经济带的总体规划要求。

第三，要制度保障。在实施资源整合，构建大运高速公路经济带的建设中，要通过制度创新，确实转变政府职能，提高办事效率，改善投资环境，强化服务意识，为建立统一、开放、竞争、有序的大市场创造条件。

第四，要严格准入。树立“生态补偿”观念，制订市场准入规则，实施生态转型战略，鼓励发展环境友好型和生态促进型产业，鼓励高新技术企业、绿色产品企业进入园区，严禁“两高一低”（高污染、高耗能、低效益）企业进入园区，大力发展生态经济，实现可持续发展。

8. 在适应加入WTO中实现交通新跨越*

经过15年的艰辛谈判，中国终于成为世界贸易组织中的一员。加入WTO，是我国经济发展的需要，也是世界经济发展的需要。中国“入世”是一个双赢的结果，世界经济发展的明天离不开中国的参与。在当今这个经济全球化的时代，任何一个国家都不可能脱离世界经济的发展，关起门来自己搞建设。只有更加广泛深入地融入经济全球化的浪潮中去，充分利用自己的比较优势，充分利用世界上的一切资源，一个国家的经济才可能得到真正的、长足的发展。我国加入WTO，是参与经济全球化的重要一步，这是党中央、国务院面向新世纪作出的一项重大抉择，它将有利于继续深化经济体制改革和推动国民经济结构调整及产业升级，有利于扩大就业总量和提高人民生活水平，有利于发挥比较优势，更多地扩大出口和更好地利用外资，有利于实施“走出去”战略，在更广泛的领域内和更深的程度上参加国际竞争与合作，有利于我国参与国际经贸规则的制定，在多边贸易和经济全球化中受益。

加入世贸组织，也会使我国面临一些严峻的挑战，政府部门对经济的管理从观念上、体制上都需要做必要的调整，职能需进一步转变，法制建设和宏观管理需进一步加强；企业的经营理念、管理方法、经营机制也需要做相应的调整。随着更多的境外产品和服务业进入国内市场，我国的一些产业将面临更激烈的竞争，特别是那些成本高、技术水平低和管理落后的企业，会遭受一定的冲击和压力。因此，提前做好加入世贸组织后的各项工作，努力做到兴利除弊，力争实现全局上的利大于弊，从而进一步深化改革、扩大开放，推进我国的社会主义现代化建设，是摆在全国面前的一项十分紧迫的重大任务。

公路、水路交通行业属服务业范畴，其有关的国际服务贸易受世贸组织《服务贸易总协定》约束。我国公路、水路交通行业在我国申请恢复在关贸总协定中的地位和加入世贸组织的漫长历程中，积极参与了有关谈判工作，并作出了广泛的、实质性的市场开放承诺。承诺涉及到公路运输、水路运输、仓储、船舶检验、交通基础设施建设等多个领域，其中在公路货运、仓储、海上班轮运输、船

* 2002年8月发表于《山西政报》。

舶代理等方面作出了进一步开放市场的承诺。面对 WTO 带来的机遇和挑战，认真学习和掌握世贸组织规则及知识，深入分析和研究加入世贸组织可能带来的风险、影响，采取切实可行的应对措施，抵御和克服加入世贸组织后给公路、水路交通行业造成的冲击，趋利避害，用好机遇，实现交通运输经济的跨越式发展，才是我们唯一的正确选择。

放眼未来，“入世”对中国的影响是广泛而深远的，交通行业同样如此。在我国政府入世承诺中，涉及交通行业的主要内容有：从加入时起，允许外商设立合营企业从事道路货物运输、汽车维修服务和仓储服务，但外资比例不得超过49%；加入后1年内，允许外资控股；加入后3年内，允许外商独资经营，合营和独资企业可享受国民待遇。交通基础设施建设行业（公路、桥梁、隧道、航道、港口等土木工程建设服务和基建疏浚服务），从加入时起，允许外商设立外资控股的合营企业；加入世贸组织后3年内，允许设立外商独资企业，但只允许承揽下列工程项目：

①全部由外国投资、赠款或外国投资和赠款建设的工程；

②我国利用国际金融组织贷款并采取国际招标的工程；

③外商投资占50%以上（含50%）的中外合资、合作建设的工程，以及外商投资占50%以下但国内企业在技术上难以单独完成的中外合资建设的工程；

④国内建筑企业难以单独完成的国内投资建设的工程，经省级建设行政主管部门批准，允许与国内建筑业企业联合总承包或分包。加入后3年内，合营和独资企业可享受国民待遇。

从以上承诺中可以看出，加入 WTO，对交通行业来讲，既有机遇，又有挑战。所谓机遇，主要表现在以下几方面：

第一，加入世贸组织，将促进交通行业更快、更好地发展。世贸组织所建立的多边贸易体制是以市场经济为基础的，其有关规则反映了市场经济的一般原则。加入世贸组织，将进一步推动并加快公路、水路交通行业社会主义市场经济体制的建设步伐，促进管理观念的转变和行业管理体制的完善。同时，加入世贸组织，将加快公路、水路交通行业的法制化建设步伐，促进行业法律体系的建立；市场的进一步开放和竞争，也将有利于提高行业服务水平和技术含量，降低服务价格，造就高素质的企业队伍。

第二，加入世贸组织，将推动交通改革进一步深化。我国改革开放很重要的一条经验就是以开放促改革，经过20多年的改革开放，交通改革取得了巨大成就，但不可否认，目前交通改革已进入了攻坚阶段，改革中的深层次问题逐步暴露出来，严重制约了交通行业的进一步发展。这些矛盾和问题，在我省这些市场经济不发达的省份，显得更加突出。加入 WTO，作为一种外力，将迫使交通行业市场化改革，这在内部改革动力不足、各种利益调整错综复杂的情势下，是难得的动力。

第三，加入世贸组织，将使交通对外开放进入一个新阶段。随着我国加入WTO，贸易壁垒逐步清除，外资将大量进入国内市场，参与我省交通建设与经营，促进交通行业快速发展。同时，由于开放带来的竞争加剧，将促进国内市场国际化，国际市场国内化，这将从根本上提升我省运输服务、物流服务市场竞争档次和水平。这种竞争从短期看是被动的，但从长远看，一定会给我省交通企业带来许多有益的启示，推动我省交通企业改革体制、改进管理、发展创新。

所谓挑战，主要体现在以下几个方面：

第一，本行业的各级政府管理部门能否切实转变观念，使行业管理符合世贸组织的有关规则和要求，建立公平、公正、公开、统一、竞争、有序的市场环境。这取决于政府体制改革、职能转变是否到位，法律、规章是否符合改革开放的市场规律。这些都是政府首先要考虑和下工夫做的事情。

第二，由于市场进一步放开，我省交通企业能否承受外来竞争压力，并在竞争中发展壮大。我国加入世贸组织后，根据开放领域、时间和开放程度的承诺，预计外商将加大进入我国仓储物流服务、集装箱多式联运和场站经营、公路快速货物运输、汽车维修等市场的力度。而目前我省交通企业大多数规模小、技术落后、设备陈旧、现代化管理水平低，与参与国际竞争的要求不相适应。

第三，大量涌入的外国企业将凭借优厚的待遇等条件，加剧对交通人才的竞争，人才流失的现象将进一步加剧。

第四，行业涉外经济法规不健全，对市场的监管手段不完善，缺乏对市场中不正当竞争行为的监管力度，不利于建立和维护公平的竞争环境。

第五，随着外商逐步享受国民待遇，国有企业以前享有的保护措施和经营优势将逐步丧失，而一些企业的管理者和经营者在思想观念上还不能适应市场的变化，迎接挑战的准备工作不充分。

第六，加入WTO后，外商希望进入和控制的是道路运输业中技术含量高、附加价值高、市场潜力大的业务领域，特别是物流领域，以保证其经营运作的需要。这些领域也正是我省道路运输业新的经济增长点，也是发展的重点和方向。目前我省道路运输尚未形成统一规范的市场，不同程度地还存在着地方保护主义。这种不统一、不规范局面很容易使外商占据我省道路运输发展的“制高点”。

面对加入世贸组织，交通行业能否抓住机遇，迎接挑战、做好工作，争取利大于弊，关键取决于能否采取正确的策略和措施。既要敢于开放市场，又要善于培育和壮大民族企业实力，提高产业素质和行业竞争力，在应对挑战中抓住机遇、加快发展。当前，应在认真学习掌握WTO知识的基础上，切实抓好以下几方面的工作。

（一）清理不合理规定，加快交通法制化建设

改革开放20多年来，交通立法工作取得了一定进展，相继出台了一系列涉及行业管理的法律、法规和规范性文件，但总体上立法工作相对滞后，有些法规和规定比较陈旧，有些法规与世贸组织规则不相符合，不能适应我国加入WTO后的需要。为此，按照省政府安排，2001年以来，省交通厅集中清理不合理规定和行政性审批，共清理规范性文件800余份，精简、下放行政性审批45项。同时，结合世贸组织的相关规则和我国在世贸组织谈判中的承诺，进一步加强交通立法工作，出台了《山西省高速公路路政管理办法》等，开展了《山西省车辆通行费管理办法》、《山西省道路运输管理条例》等的立法和修订工作。下一步要进一步完善反垄断、反歧视、反制裁、反倾销、反不正当竞争等方面的法规，力争到“十五”末，初步建立起与WTO接轨、基本适应我省交通发展需要的交通法规体系。

（二）转变政府职能，提高行政效率

我国入世，实质上是政府入世。按照WTO的要求，转变政府职能，不能停留在组织内部简单的职能分解和权力收放上，更重要的是要具体整合、调整政府的行政权力，依据社会发展的需要，探讨职能的转移或输出、收缩或增加，从整体上建立能够满足当前和未来需要的职能体系。一要强化政府宏观管理职能，邓小平同志曾指出：“社会主义同资本主义比较，它的优越性在于能做到全国一盘棋，集中力量，保证重点”。因此，加入WTO之后，中国政府还应当是强势政府，具有较强的宏观管理能力。作为政府交通主管部门，在WTO框架下，要强化交通发展战略研究、规划、协调、监督等职能，运用法律、经济、行政等多种手段，对交通经济活动实施有效调控，保证交通行业健康发展。二要弱化政府微观管理职能，抓好行政审批制度的改革。凡与WTO规则相悖或在实际工作中已无法发挥作用的行政审批，都要坚决予以取消；凡可用市场机制代替的行政性审批，都要通过市场机制运作；对确需保留的行政审批，也要严格审批程序，规范运作方法，加强审批监督，提高审批环节透明度和审批效率，实行审批责任制。三要分化部分政府职能，充分发挥好省、地两级主管部门的积极性，合理划分省级和地方交通主管部门的责任和权力，实现责、权、利的相统一。四要转化社会管理职能，加快行业中介组织建设，将政府所承担的技术性、服务性、事务性工作，从政府职能中划出去，交由中介组织自治，进一步提高政府部门工作效率。

（三）进一步整顿和规范市场经济秩序，优化发展环境

WTO规则最主要的一条就是公平竞争。随着加入WTO，我国对外开放的格

局由政策性开放转变为体制性开放，建立一个公平竞争、长期稳定的市场环境成为吸引和利用外资的主要条件，而不是政策倾斜。2001 年以来，全省交通系统把整顿规范市场经济秩序作为一项重要经济工作来抓，严格市场准入、打击不正当竞争、打破地区封锁、开展专项治理，取得了阶段性成果。今后几年，要进一步加大公路水路建设运输市场秩序整顿力度，在打击非法经营、健全市场规则、完善市场运行机制、确保安全生产上下工夫，力争今年收到明显成效，“十五”末实现依法管理和规范有序，为经营者参与市场竞争创造一个公开、公平、公正的市场环境。

（四）进一步加大市场开放力度，集中解决发展中的突出问题

在经济全球化形势下，国家的经济利益不仅体现在依靠本国资源、保护本国市场和企业上，而且体现在能否充分吸引和利用国际资源上。因此，加快交通发展特别是基础设施建设，必须立足于利用好国际、国内两种资源、两个市场。目前我省交通发展中的突出问题仍然是基础设施建设薄弱，而基础设施建设的难点仍然是资金短缺。要抓住我国加入 WTO 带来的机遇，加快基础设施建设市场对内对外开放力度，积极尝试转让经营权、股份制、公路股票境外上市以及 BOT、TOT 等特许经营方式，鼓励和吸引国外资金、民间资金投向我省公路、运输站场及物流中心等的建设。要牢固树立“不求所有、但求发展”的思想，只要不违反 WTO 的规则，只要有利于交通发展，能开放的领域都要开放，以大开放促进交通大发展。

（五）充分运用缓冲期，大力提升产业素质和行业竞争力

我国加入世贸组织有 3～5 年的过渡期。从根本上讲，过渡期就是实现入世承诺过程中加速体制转轨和政府改革的过程；就是在减缓外部冲击的同时，不断增强自身竞争力的过程。因此，过渡期不应成为对传统产业的保护期，而应当成为产业素质和行业竞争力的培育期。

培育产业素质和行业竞争力，首先要抓好传统产业的结构调整与升级。一要完善市场准入管理，促进企业技术结构调整。对道路运输、汽车维修、公路施工企业实行严格的经营资质管理制度，根据企业技术水平、经济实力确定不同的经营资质等级，进而确定经营范围。凡投资兴办道路运输、公路施工企业，不论国内、国外投资者，均应按不同资质条件要求，开展相应的经营活动。通过经营资质评定，促进企业技术改造，提高装备水平，把企业发展的方向逐步转移到依靠科技进步上来。二要进一步开放市场，促进企业组织结构调整。地区封锁，严重束缚了交通企业的发展壮大。实行对外开放，首先要对内开放，尽快建立全省统一开放的市场，积极引导企业通过联合、兼并、股份制改造等途径，在较大范围

进行资产重组和结构优化，造就一批规模大、实力强、经营区域广、能主导区域乃至全省市场的企业集团。三要调整经营结构，增强企业抗御风险能力。充分发挥道路运输快速、方便、门到门的优势，鼓励和引导运输企业向运输的两端延伸，同上游的制造企业、下游的商业企业结成战略伙伴关系，以运为本，发展仓储、配送、流通加工、存货控制等物流服务和公路高速客运、快速货运、集装箱运输等特种货物运输，提高产品附加值和市场竞争力，培育新的经济效益增长点，使企业由单纯的车轮公司尽快成长为在信息化基础上的第三方物流公司或专业化的运输公司，实现产业升级。

9. 在结构调整中实现交通快速发展*

随着改革开放的深入和国民经济的发展，全党、全国的工作重心逐步转移到了经济结构调整上来，这既是世界经济发展的大环境所决定的，也是我国经济发展的内在要求。改革开放20多年来，我国生产力水平迈上了一个大台阶，但经济结构不合理的问题逐步显现出来，突出表现在产业结构不合理、地区发展不协调、城镇化水平低、国民经济整体素质不高、国际竞争力不强等方面。这种结构性矛盾越来越不适应加快经济发展的需要，越来越不适应扩大对外开放、参与经济全球化的需要，制约着国民经济的进一步发展。也就是说，我国经济发展已经到了非要对经济结构进行调整不可的阶段，即要以结构调整促进经济发展的阶段。这种调整，不是一般意义上的适应性调整，而是在新技术革命带动下，对经济全局和长远发展进行具有重大影响的战略性调整，包括产业结构、所有制结构、地区结构、城乡结构在内的全面调整。只有这样，才能使我国在经济全球化趋势不断发展，国际竞争更加激烈，特别是加入WTO的新形势下，抓住机遇、乘势而上，实现生产力的跨越式发展。

一

交通作为国民经济中具有全局性、先导性、基础性的产业，经济结构的战略性调整，既要求加强基础设施建设以保持国民经济的必要增长，又要求交通运输结构作出相应的调整。改革开放以来，交通同其他行业一样，得到了快速发展，高速公路从无到有，上升到世界第二位，今年将突破2万公里；“五纵七横”国道主干线建设取得重大进展，将提前10年建成；道路运输迅猛发展，在社会综合运输体系中的基础性作用得到体现，交通对国民经济的“瓶颈”制约逐步缓解。但与经济发展的要求相比，与发达国家、发达地区相比，仍存在不小差距。就山西而言，从纵向看，公路建设、交通运输成绩显著；从横向看，与发达地区的差距逐步缩小，但结构不合理的问题仍然比较突出。公路总量不足、等级不

---

* 2002年8月27日在全国部分交通厅局长座谈会上的发言摘要。

高、通达深度不够，道路运输组织化程度不高、发展后劲不足，现代物流、智能交通等新兴接替产业发展不快。如果不从结构上解决问题，交通将难以得到更快更好的发展。因此，结构调整是“十五”乃至更长一段时间交通行业的中心任务。

（一）基础设施结构调整——由线的建设向网的发展转变

结构调整，有存量调整和增量调整两层含义，基础设施建设是从增量层面调整结构的一个重要方面，它既能改变原有结构的构架方式，又能提升结构的质量和水平，疏通资源优化配置的通道，对于全面推进交通行业的结构调整、促进产业优化升级具有重要意义。单纯抓产业结构调整，交通发展没有后劲，最终也抓不好产业结构调整。因此，抓结构调整，应当先抓基础设施结构调整。从交通眼前和长远发展考虑，调整交通基础设施结构，最重要的是要抓好公路网和信息网的建设。

路网结构中存在的问题，归结起来都是网络化程度不高的问题。调整路网结构，应在抓好国省道干线公路等级提高的同时，由线的建设向网的发展转变，提高路网整体服务水平，以此带动交通运输结构调整与产业升级，促进区域经济发展。按照这一思路，“十五”期间，我省路网结构调整的目标是建好三个网：一是以大运高速公路、国道主干线、国家重点公路为重点，建成高速公路网；二是完成县际公路改造，实现县际公路上等级，建成国省干线公路网；三是实现县与乡之间全部通油路、乡与村之间全部通公路，完善农村公路网。

高速公路是运输大动脉，也是公路网的骨干。今后几年，我省高速公路网建设的目标是：纵贯全省、通达四邻。“纵贯全省”是指在省内建设一个“人”字形高速公路骨架，这个骨架由大同—太原—运城、太原—长治—晋城两条高速公路构成，总里程约954公里，其中大同—太原—运城高速公路正在建设，将于明年建成；太原—长治—晋城高速公路今年将开工建设。“通达四邻”是指在这个“人”字架上建10条通往周边省市的出口路，这10条出口路是：太原—旧关、运城—三门峡、运城—风陵渡、大同—北京、晋城—焦作、长治—邯郸、汾阳—柳林、得胜口—大同、侯马—禹门口、忻州—阜平，总里程约776公里，其中前5条已建成，其余5条正在建设或即将开工建设。另外，我们还将加快建设阳城—侯马、太原西北绕城高速公路等，进一步完善高速公路网。“十五”期间我省高速公路建设里程将达到1500公里，项目总投资达450多亿元。县际公路建设重点抓好5000多公里的县际油路改造，总投资60多亿元，力争在今、明两年完成。农村公路建设以乡通油路、村通公路为重点，力争使农村公路网在“十五”期间有明显提升。

以上任务完成后，我省公路通车里程将突破60000公里，高速公路突破2000公里，二级以上高等级公路达到12000公里，高次级路面里程达到32500公里，全省将形成“覆盖全省、通达四邻、快速便捷”的公路网，在省内实现省会到市地“3小时高速通达”，形成以太原为中心的“3小时经济圈”；向省外实现高速通达，形成全方位对外开放的格局。

人类已进入信息化时代，信息化将撑起交通的明天。在加快公路网建设的同时，要高度重视加强交通信息网建设，以互联网技术为支持，以国家公共信息设施为基础，整合、开发已有的信息资源，建立以政务内网、政务外网和相关数据库为基本构架的交通行政主管部门电子政务枢纽框架。同时充分发挥高速公路敷设光缆不占地、投资省的优势，在所在高速公路下面敷设4孔或6孔光缆，建成高速公路信息网，使之成为交通信息主通道，支撑全行业的信息化。

（二）产业结构调整——由传统产业向现代产业转变

产业结构调整是交通结构调整的出发点和归宿点，基础设施结构调整、所有制结构调整最终都是为产业结构调整服务的，其效应最终也是通过产业结构调整体现出来的。交通产业结构的调整，既要注重发挥比较优势，调整产品，提高质量，进一步拓展传统产业的发展空间、发展质量和经济效益；又要注重培育后发优势，稳健地、有步骤地涉足交通高科技领域，如现代物流、智能交通等，培育高新技术产业，努力形成多元化、开放式、高科技水平的新型交通产业化格局，实现交通产业由传统产业向现代产业的转变。推进这一转变，要从两方面来抓。

——传统产业现代化。道路运输是综合运输体系的基础。调整产业结构，首先要加强道路运输的基础性地位，运用信息技术改造和提升传统产业，特别要抓好高速客运和集装箱运输的发展，同时要加快公路主枢纽建设，完善服务系统。主枢纽建设，应当注重各种运输方式之间的衔接，客运枢纽还应当考虑与城市公共交通的衔接，把发展便捷的换乘系统作为首要条件，以满足广大人民群众的乘车需求。货运枢纽建设应当考虑物流发展的需求，把提高运输效率作为首要条件，把综合运输体系作为支撑平台，与物流园区、物流中心的建设结合起来，促进货运物流化。

——现代产业规模化。智能化是交通发展的大趋势。国外发达国家是在基本完成修路任务，高速公路网基本建成的情况下进入交通智能化阶段的。随着电信、通信业的迅猛发展，使我国有条件把高速公路建设与信息高速公路建设结合起来，形成后发优势。我们要大力开发利用高速公路宽带网资源，建设各种交通专业网络，搭建各种应用平台、数据库，研制应用软件。建立高速公路通信业务统计和计费系统、公路专用移动通信网，建立公路运输管理信息系统、车辆调度综合信息管理系统、营运营销管理系统、客运站管理信息系统以及决策支持与综合应用系统、公路基础设施管理系统、车流调整辅助决策系统，实现交通管理智能化和交通信息产业化。

现代物流被称为“第三利润源”，引起了世界各国的普遍重视。国家交通部等六部委专门出台了我国发展现代物流的指导意见，并制定了相关的产业政策。山西处于中西结合部，实施西部大开发，山西的物流业蕴藏着巨大的商机和开发潜力。我们要把发展物流业作为全省交通系统调整产业结构的一件大事来抓，制定规划、搭建平台，按照“六位一体”的模式加快物流业的发展。以市场信息为先导，以信息网络为依托，建立全省物流信息网络系统；以产品加工配送为主业，实现商品包装、运输、储运、流通、加工配送和物流信息功能动作，建立物流服务供应系统；以多式联运为手段，建立公、铁、空运相互衔接配套的运输网络；以现代仓储为基础，培育物流基地；以金融保险配套为内容，实施产品金融质押或保险索赔业务，增强物流中心的资信度；以标准服务为品牌，建立标准化服务体系，塑造山西物流形象，努力把山西打造成为我国北方物流大省。

（三）所有制结构调整——国退民进

所有制结构，是经济结构的重要内容，它既影响产业结构和经济增长，又影响职工生活水平。从中西部欠发达地区看，交通行业的所有制结构有三个特点：一是国有经济比重高；二是民营经济发展不足；三是股份制、“三资”企业和外资企业等其他类型经济发展缓慢。改革开放以来，我省大力调整所有制结构，民营经济得到较快发展，公路运输民营车辆的比重由“九五”初的28.8%提高到42.7%，其中客车民营经济成分达到53%，专用货车民营经济成分达到31.6%，以公有制为主体、多种经济成分共同发展的格局初步形成。但从整个交通行业来看，国有经济的比重仍显得比较大，特别是公路建设，虽然也有一些外资和民间资金的参与，但国家投资为主的大格局基本没有变。因此，现阶段所有制结构调整的方向仍然是国退民进。

——大力调整国有经济的战略布局，疏通国有经济退出通道。加大对国有独资企业的股份制改造力度，大力发展混合所有制经济。通过国有企业的兼并重组、参股控股等，让国有经济从一批行业和企业中退出来。这个退的过程，一方面使我们有能力去加强那些真正需要国有经济控制的行业和企业；另一方面，给非国有经济的发展让出一个空间，实际上是以退为进、“一退二进”，这对交通行业发展的全局是很有利的。

——放手发展多种所有制和混合所有制经济，疏通非国有经济进入通道。非国有经济是交通经济的重要组成部分，也是交通发展的活力所在，必须重视它的发展，给其公正的待遇、公平的竞争和宽松的环境以及必要的政策支持，推动非国有经济更好更快地发展。

二

面对经济全球化不断发展和我国加入 WTO 的国际国内形势，面对科学技术日新月异带来的挑战和压力，面对我国现代化建设的巨大需求，推进结构调整，归根到底要靠创新。没有创新，我们的结构调整就不能取得实质性进展。创新要从制约行业发展最突出的问题入手。从山西目前的情况来看，在推进结构调整过程中，我们主要抓好“四项创新”。

——公路建设投融资体制创新

投资体制创新以提高投资效益为目标，按照“谁投资、谁经营、谁受益”的原则，规范各投资主体关系，逐步形成企业自主决策、银行独立审贷、政府宏观调控的新格局。要把政府公路建设资金明确划分为经营性资金和非经营性资金两部分，经营性资金主要用于高等级公路建设，以保值增值为目标，实现滚动发展；非经营性资金主要以提供公共交通服务为目的，主要用于公益性干线公路、农村产业开发路、扶贫路和旅游路建设。

融资渠道创新要在坚持利用国家资金、交通基金、银行贷款、利用外资以及以工代赈等现有资金渠道的基础上，积极拓展新的资金渠道。一是通过发行股票和交通建设债券，引导社会资金流向；二是建立国有公路资本退出机制，充分利用好资本市场，以抵押、并购、拍卖、转让特许经营权等方式，变现存量资产，筹措建设资金；三是积极探索使用 BOT 等项目融资方式，吸引国内外资金；四是放宽市场准入限制，广泛吸引民间资金参与经营性公路建设；五是争取国家支持，设立公路建设产业投资基金；六是积极拓宽保险、证券资金进入公路投资领域的渠道；七是积极争取返还公路建设中缴纳的各种税收，减免从交通规费中征收的费用等，用于公路建设；争取土地、林业、水利、文物等方面给予公路建设优惠政策，探索土地入股。

——公路建养体制创新

公路建设体制创新要按照社会主义市场经济的要求，全面推行重点工程项目法人制度，进一步完善项目法人负责制、工程监理制、招标投标制和合同管理制；建立和完善重大项目稽查特派员制度、总会计师委派制度、纪检书记派驻制度，对建设项目和资金使用、廉政建设实行全过程监督。

公路养管体制创新要以提高养护资金使用效率为目标，按照管养分离的原则，健全公路养护运行机制，推进公路养护市场化，全面实行养护工程招标投标制、工程监理制和市场准入制度，推行定额养护和计量支付，使公路养护向社会化、专业化和机械化方向发展。

——交通管理体制创新

要按照政企分开、政事分开和事企分开的原则，正确处理好行政机关、事业单位和交通企业三者之间的关系，按照“交通厅＋专业局”的架构，积极推进政府部门和事业单位机构改革，深化国有企业改革，理顺管理体制，把政府的主要职能转变到研究制定交通发展战略和发展规划，制定完善交通运输法规和产业政策，加强市场监管，确保安全生产上来。

——科技进步与创新

要大力实施科技兴交战略，突出抓好交通信息化、交通建设与运输生产、交通安全保障、交通决策支持四个领域的技术研究与推广。

交通信息化建设坚持统筹规划、政府先行、分层建设、应用为主、面向市场、统一标准、网络共建、资源共享的方针，以电子政务为龙头，以信息服务为切入点，在政府行政管理和服务、交通产业结构调整、交通运输生产、安全与效益等方面大力推广和应用信息技术，开发各种应用软件，积极推进电子政务、交通建设、运输生产、现代物流和企业信息化，逐步实现全行业的信息化。交通建设与运输生产领域重点抓好特大跨径桥梁、长大隧道施工与运营成套技术、改性沥青路面修筑技术、高等级公路路面养护成套技术、公路桥梁检测技术、道路运政管理信息系统、汽车站智能化客运管理系统等新技术、新材料、新工艺、新设备的开发与推广应用。交通安全保障领域重点抓好高速公路紧急救援系统、公路隧道火警检测与报警系统的研究与应用。交通决策支持领域积极开展综合物流发展、公路建设投融资政策等的研究，探索交通改革与发展的新思路、新办法、新措施，提高交通科学决策水平。

三

交通结构调整是一项与经济领域各个方面密切相关的系统工程，必须统筹兼顾，整体推进，才能取得预期的效果。在推进交通结构调整中，应坚持以下“4个结合”。

——坚持服务区域经济结构调整与推进交通结构调整相结合

交通结构调整是区域经济结构的重要组成部分，交通结构调整必须服从服务于区域经济结构调整。同时，区域经济结构的调整，为交通结构调整创造了条件、带来了机遇。因此，推进交通结构调整，必须立足于全省经济发展的大局，在服务全省经济结构调整中抓好交通结构调整，这样才能使交通结构调整有方向，也才能为交通发展赢得更多更好的机遇。2000年以来，山西省一手抓基础设施建设，一手抓经济结构调整，开工了纵贯全省的大运高速公路，并掀起了县际油路与农村路网建设新高潮，使路网结构调整、产业结构调整步入了快速发展的轨道。

高速公路的快速发展，使我们面临的一个最大问题就是还贷，还贷周期的长短取决于区域经济发展水平，虽然高速公路的建设能带来区域经济的发展，但仅靠自然增长是满足不了高速公路巨额还贷要求的。为此，在大运高速公路刚刚开工之后，我们就适时提出了实施资源整合、构建大运经济带的设想，引起了省委、省政府的高度重视，省政府专门出台了实施资源整合、构建大同至运城经济带十年规划，运用市场机制，辅以必要的行政、法律手段，对沿线资源进行科学整合，尽快把大运高速公路沿线建设成为一条相对发达的高起点、高标准、高科技经济带。这一战略的实施，标志着我省经济发展逐步转移到了以路带省、以路兴省的轨道上来，不仅能够实现区域经济结构的调整优化与产业升级，而且能使大运高速公路的经济效益和辐射带动功能大大拓展。随着大运经济带的隆起，大运高速公路的还贷能力大大提升，高速客运、现代物流、智能交通等现代服务业呈现出强劲的发展势头。

——坚持推进结构调整与扩大对外开放相结合

我国加入 WTO，标志着我国的对外开放进入了一个新的阶段。进一步扩大对外开放，引进更多的资金、技术和管理经验，将为交通结构调整和产业优化升级提供更为有利的条件。同时，推进结构调整，将为引进和利用外资提供更为广阔的空间。因此，应把推进结构调整与扩大对外开放结合起来，改善投资环境，吸引更多的外商前来投资，提高利用外资的质量和水平。积极吸引外国企业特别是跨国公司投资交通高新技术产业和基础设施建设，鼓励外商参与国有企业的改组、改造，在开放中推进结构调整。扩大对外开放，要严格执行我国政府在入世谈判中的承诺，凡允许开放的领域，都应对外开放。要主动创造条件，吸引外资和外企，以大开放促进大调整，在大调整中实现大发展。

——坚持推进结构调整与转变经济增长方式相结合

结构不合理是导致粗放式经济增长的重要原因。推进结构调整，既是转变经济增长方式的必然要求，也是转变经济增长方式的重要途径。应把结构调整与转变经济增长方式结合起来，优化资源配置，坚决淘汰落后产业、企业与产品，大力发展技术、资本密集型的高新技术产业，改变分散投资、重复建设的状况，提高产业集中度，实现集约化经营和规模经济。通过全面的结构调整，使经济增长方式转变到依靠科技进步与提高劳动者素质上来。

——坚持推进结构调整与实施可持续发展战略相结合

实施可持续发展战略，是关系中华民族生存和发展的长远大计。在推进结构的调整中，必须处理好交通发展与保护资源、改善环境的关系，把合理使用和节约资源，提高资源利用率，加强生态建设，保护生态环境放在重要位置。特别是公路建设，绝不能以牺牲环境为代价，不仅要在建设中尽量不破坏环境、不浪费资源，而且要积极改善环境，大力实施绿化、美化、土地复垦工程，建设生态公路、绿色通道，使公路建设的过程，同时成为绿化祖国、改善环境的过程。

10. 加快建设创新型交通行业*

建设创新型交通行业，是贯彻落实党中央、国务院建设创新型国家的重大决定，着眼于新世纪新阶段的交通运输需求特征与发展战略而作出的一项重大决策。要进一步增强创新意识，提高创新能力，为建设创新型行业而努力奋斗，开创交通率先发展新局面。

一

今年10月份召开的山西省第九次党代会，着眼于新世纪新阶段的重大任务，提出了走出“四条路子”、实现“三个跨越”的发展战略，要求把改革创新作为加快科学发展的根本途径，破除制约发展的观念性、体制性、机制性障碍，更多地通过增强自主创新能力和提高劳动者素质推动发展，走出能源和老工业基地创新发展的路子。创新是一个民族进步的灵魂，是一个国家兴旺发达的不竭动力，也是一个政党永葆生机的源泉。实施省委提出的发展战略，必须走以创新促发展的道路。

当前，随着全面建设小康社会进程加快和中部崛起战略的全面实施，我省进入了转型、跨越、崛起的新阶段。这是一个社会财富迅速增加、经济结构、社会结构急剧变动，具有持续、巨大增长潜力的时期。交通运输是经济社会的命脉，也是改善人民生活的基础条件，必须主动适应新要求，抢抓新机遇，迎接新挑战。

——经济社会发展和人民生活水平的提高，对交通提出了新需求。我省人均GDP已达1500多美元。国际经验表明：人均GDP 1000～3000美元的发展阶段，是产生结构剧烈变化、社会格局急剧调整的时期。就经济结构而言，产业结构升级加快，重化工业、汽车工业、房地产业加速增长；受能源紧张的拉动，我省煤炭将继续在高价位、高产量轨道上运行，能源原材料运输需求旺盛。就消费结构而言，城镇和乡村居民对“行”的需求更迫切，除传统的商务、公务出行外，

* 2006年12月8日在全省建设创新型交通行业会议上的讲话摘要。

个性化出行成为新趋势，旅游、休闲、度假、探亲、访友等出行比例大幅提高，出行范围逐步扩大，对出行的要求除满足及时、方便外，舒适、快捷、安全性的要求日益提高。就产业结构而言，工业产品向轻型化、深加工、高附加值方向发展，单位产值的货运强度下降，但对运输速度、质量、服务提出了更高的要求，生产与流通供应链管理的低成本、高效益运输服务成为新的趋势。就区域和城乡结构而言，工业化、城镇化、市场化进一步加快，城市群和城镇带更加密集，人口聚集带动产业集聚，城市功能增强，城镇消费群体扩大，将引起大量人员流动和物资交流，交通需求不仅表现在数量的快速增长，也表现在高品质的运输服务的要求上。交通发展必须体现“以人为本”，更多地考虑方便公众，保障公众安全，更好地满足人民群众日益增长的交通运输需求。

——构建社会主义和谐社会和建设社会主义新农村，对交通提出了更高要求。交通是经济社会发展的基础产业，主要表现在对国民经济发展的支撑和保障作用，对生产力布局的引导作用，以及对区域经济协调发展的促进作用。我省地区发展不平衡，城乡收入差距较大。交通条件的改善，不仅可以推进社会主义新农村建设，提高欠发达地区人民群众生活水平，为农民增加收入带来机会，还可以带动产业结构调整，促进区域经济协调发展。交通发展不仅要着眼于促进经济发展，还要体现维护社会公平，促进社会和谐发展。一方面要因地制宜，满足不同阶段和发展水平的交通需求，特别是加快欠发达地区和广大农村的交通发展；另一方面，要主动配合全省发展战略的实施，发挥交通基础设施在生产力布局、区域协调发展、城镇化进程中的先导作用，推进城乡和区域交通一体化进程，加快重要运输节点和运输通道的建设，不断提高交通基础设施的网络化、规模化程度，加快综合运输体系的完善。

——建设环境友好型和资源节约型社会，对交通提出了新挑战。我省人均耕地少、土地资源十分宝贵，生态环境脆弱，环境污染十分严重。一方面，经济社会的发展，需要基础设施规模不断扩大；另一方面，建设公路需要占用大量的土地，消耗大量的资源，同时会破坏生态环境。如果继续沿用粗放的增长方式，如果资源消耗、生态破坏继续沿用现在的水平，如果没有集约节约利用土地、能源和加强生态环境保护的技术和方法，交通行业就无法应对未来挑战，“十一五”的目标也难以实现。

——建设和完善综合运输体系，对交通提出了新要求。建立综合运输体系是现代交通的发展趋势。各种运输方式有其各自的特长，在运输方式之间实现“无缝衔接”、“零换乘”，充分发挥一体化运输的优势，可以提高运输系统的整体效率。这就要求我们要站在全局的高度，统筹公路交通与其他运输方式的协调发展，优化布局，整合资源，提高效率。在交通规划、枢纽建设等方面主动沟通、主动协调、主动衔接，加大信息资源共享和完善公共信息服务系统，推动交通一体化进程，促进综合运输体系的建设和完善。

——新科技革命为交通发展带来了新的机遇和挑战。人类社会已步入了一个科技创新不断涌现的重要时期，这也是一个经济结构加快调整的重要时期。发轫于20世纪中叶的新科技革命及其带来的科学技术的重大发现和广泛应用，推动世界范围内生产力、生产方式、生活方式和发展观发生了前所未有的深刻变革，也引起全球生产要素流动和产业转移加快。就交通而言，高速公路的出现，极大地拓展了公路运输的发展空间；集装箱的诞生，引发了全球运输组织方式的变革；信息技术、网络技术和卫星定位技术的应用，促进了智能交通的发展。今后我省基础设施建设逐步向崇山峻岭迈进，工程难度越来越大，技术要求越来越高，经济社会发展还对交通安全、节能、环保、信息、管理、服务等提出更高要求，我们比以往任何时候都更加需要推进交通科技进步和创新，迎接新科技革命带来的机遇和挑战。

当今时代，国民财富的增长和人类生活的改善越来越依赖于创新。谁在创新上占有优势，谁就能在发展上掌握主动。面对我省经济迅速崛起的潮流，面对人民群众日益多样化的交通运输需求，面对世界科技迅猛发展的大势，我们唯有坚持创新、勇于创新、不断创新，才能把握先机、趋利避害，赢取发展的主动权。

近年来，特别是"十五"以来，我省交通发展取得了辉煌的成就，在公路建设、运输装备和运输服务等方面，总量不断增长，结构不断改善，质量不断提高，在综合运输体系中的地位和作用不断增强，交通"瓶颈"制约大大缓解，为经济社会发展和人民生活水平提高作出了重要贡献，山西跨入了全国交通先进行列。

取得这样的成绩，原因是多方面的，但最根本的一条就是勇于创新的结果。"十五"期间，我们"跨出行业看行业"、"跳出交通看交通"，做负责任的政府部门和负责任的行业，从更高层面和更深层次推动交通发展达到了新水平。我们面对资金缺口大、没有公路基金启动新的公路建设的困难，大胆运用资产重组、企业并购、授信合作、转让股权、转让经营权等方式对公路进行资本运作，极大地拓宽了融资渠道，缓解了资金压力，全省建成了以大运、太长为代表的1000多公里高速公路，走出了一条市场经济条件下加快公路建设的新路子；我们及时调整农村公路建设投资政策，取消切块分配，实行"以奖代补"，以10亿元左右的投资调动各级地方政府投资和农民投工投劳，完成了7.6万公里的村村通水泥（油）路，使全省80%的建制村通了水泥路、油路；我们不断加大对农村客运的扶持力度，对农村客运在政策上倾斜、许可上优先、规费上优惠、经营上规范、监管上从严，保证了农村客运开得起、留得住、有效益和老百姓得实惠；我们把党管干部与尊重民意结合起来，大力推行竞争上岗制、公开选拔制、考试录用制、民主推荐制等，有效克服了用人上的不正之风，营造了一个优秀人才脱颖而出的环境；我们结合工程建设和行业管理实际，大力开展科技攻关，集中突破了以长大公路隧道运营与管理、采空区处治、改性沥青路面施工、重载交通路面结构、粉煤灰综合利用、联网收费等为代表的一批关键性、适用性、环保型技术，并建成了以大运高速公路、雁门关隧道等为代表的一批国优、省优工程，大大提高了行业基础技术水平，显著增强了行业竞争力。

但是，我们必须清醒地看到，目前交通“瓶颈”制约的缓解，是相对于我省不发达的生产力水平而言的，与东部发达地区仍有较大差距，进一步发展还面临着一些突出的问题和矛盾。概括地讲就是“一个不足”、“三个凸显”、“两个加大”。“一个不足”是：交通有效供给不足，高速公路网络化程度低，干线公路技术等级低，农村公路通达度、连通度低，运输产业集约化程度低，城乡、区域交通发展不平衡。“三个凸显”是：交通发展受资金、土地、环保等的约束性凸显；交通发展的体制性、政策性障碍凸显；交通发展中由农民工工资、公路“三乱”、交通执法、交通堵塞、收费站点等引发的社会性矛盾凸显。“两个加大”是：运输需求持续增长而发展制约因素增加，使交通发展的压力加大；交通建设逐步向山区推进，使交通发展的成本加大。

以上这些矛盾和问题的存在，说明我们的创新意识还不强，创新机制还不活，创新动力还不足，创新水平还不高。面对未来，审视当前，我们必须勇于创新、不断创新、持续创新，用新思路、新办法解决交通发展存在的矛盾和问题，通过新理念、新举措应对未来发展的新挑战，推进交通事业全面发展。

二

21 世纪头 20 年，是我国经济社会发展的重要战略机遇期，也是交通发展的重要战略机遇期。我们必须认清形势、坚定信心，把握机遇、迎接挑战，增强自主创新能力，加快建设创新型交通行业。总体目标是：到 2020 年，公路水路交通行业的创新实力显著增强，解决交通发展重大问题的能力显著提高，在交通建设、运输、管理、服务各领域的创新工作取得显著进展，使交通行业成为富有创新活力、具有创新动力和拥有创新实力的行业，推动交通又好又快发展，建设一个更安全、更通畅、更便捷、更经济、更可行、更和谐的公路水路交通系统，为构建充满活力、富裕文明、和谐稳定、山川秀美的新山西提供有力的交通支撑。

建设创新型交通行业，是事关交通率先发展和现代化建设全局的重大战略。建设创新型交通行业，就是要把增强创新能力作为落实科学发展观、加快交通发展的战略基点，坚持以人为本，从人民群众的根本利益出发，做到“三个并重”、“五个统筹”，不断满足人民群众日益增长的交通需求，实现和谐发展；就是要把增强创新能力作为优化产业结构、转变增长方式、提高发展质量、增强服务能力的中心环节，正确处理速度与结构、质量、效益的关系，把发展速度建立在结构优化、质量提高、效益增长、资源节约和环境保护的基础上，选择最优的发展模式、最佳的发展途径，促进交通增长方式从粗放型向集约型、创新驱动型转变，以最低的成本、最小的代价实现交通发展的目标；就是要把增强创新能力作为化解矛盾、克服困难最主要的手段，深入分析各种矛盾和问题的成因，正确把握主要矛盾和矛盾的主要方面，用创新的思维、创新的办法，着力解决交通发展的突出问题和社会公众关注的热点、难点问题；就是要把提高行业的科技自主创新能力摆在突出位置，坚持以技术应用为主，在重视原始创新的同时，更加注重集成创新和引进消化吸收再创新，不断突破技术“瓶颈”，加快科技成果的推广应用，提高科技对交通发展的贡献率，进一步加快交通行业由传统产业迈向现代产业的历史进程；就是要把增强创新能力作为行业战略，贯穿到交通现代化建设各个方面，营造有利于创新的文化氛围和制度环境，激发全行业创新热情，培养创新人才，不断推进理念创新、科技创新、体制机制创新和政策创新，走以创新促发展的道路。

（一）坚持正确的指导方针，走以创新促发展的道路

走以创新促发展的道路，核心就是要坚持需求引导、科学统筹、重点突破、全面推进的指导方针。

需求引导是交通创新的出发点。要把党和国家制定的方针政策创造性地贯彻落实到交通各项工作中，以市场需求为引导，把满足国民经济发展与人民群众不断增长的交通运输需求作为交通事业发展的出发点和落脚点，深化各项改革、调整产业结构、转变增长方式，不断满足经济社会发展对交通运输的需要，不断满足节约资源和保护环境的要求，不断提高交通支撑保障能力和运输服务水平。

科学统筹是交通创新的基本方略。要用科学的理论指导创新，用科学的方法推进创新，深刻认识和把握交通发展的内在规律和行业特性，主动顺应客观规律的要求。交通行业有其自身的特性，交通基础设施公益性很强，既要发挥好政府的主导作用，又要发挥好市场机制的作用。公益性的交通设施，市场化的筹资和建设方式，是交通行业发展的一个特色，如何把政府主导作用和市场机制作用结合好，世界上没有经验可以借鉴，只能靠我们自己创新。创新不是全盘否定过去，推倒重来，而是继承基础上的创新。被实践证明的好做法、好经验，要继承发扬；对那些曾经发挥过积极作用，但随着形势变化已不适应发展要求、需要进

一步完善的体制机制、政策法规，要勇于创新和突破。要按照需要与可能，分清轻重缓急，远近结合、先易后难，分层次、有步骤地推进。

重点突破是交通创新的实施策略。交通发展中面临的许多问题和矛盾成因复杂，涉及面广，要认真梳理和研究，抓住不同时期、不同阶段面临的突出矛盾，选准交通创新的主攻方向和着力点。能够在近期突破的，要尽快组织攻关，重点突破；涉及长远发展的问题，要做好前瞻性、基础性研究；对那些涉及面广、协调难度大的深层次问题，要做好深入的调查研究，创造条件，积极突破。

全面推进是交通创新的内在要求。要把创新落实到交通建设、运输服务、安全保障、精神文明、廉政建设等各个方面，哪个方面创新的步伐慢了都不行。社会公众对我们的评价往往不都是看我们修了多少路，而有时关注的是我们做得还不够好的地方。我们必须增强各方面的创新实力，全面推进交通事业的健康发展。

（二）把握战略重点，着力提高创新能力

建设创新型交通行业的战略，重点是理念创新、科技创新、体制机制创新和政策创新。这“四个创新”四位一体，共同构成了建设创新型行业的战略基础。

理念创新是开展交通行业创新的重要前提。要把“以人为本”、“好中求快”、“协调发展”、“可持续发展”作为交通发展的核心理念，贯穿到交通发展的各个方面，把能否让社会公众满意、能否适应国家经济社会发展要求、能否实现全面协调可持续发展作为评判交通发展的标准，不断提升发展理念，指导交通各项工作。坚持以人为本，就是把满足人民群众不断增长的运输需求作为交通发展的出发点和落脚点，实现好、维护好、发展好最广大人民的根本利益，使人文关怀、人性化服务贯穿于交通建设、管理和运输服务始终。坚持好中求快，就是要处理好和快的关系，交通运输业不仅要保持快速的发展，以满足经济社会发展对交通运输的需求，而且要保证质量和效益，在“快”和“好”出现矛盾时，宁可慢一点，也要保证好。坚持协调发展，就是以科学的发展观为统领，统筹好经济社会、区域经济、城镇化建设、新农村建设和资源环境与交通的协调发展，统筹好基础设施建设养护、交通运输市场监管、支持保障系统以及行业文明建设，坚持区域、城乡交通一体化发展。坚持可持续发展，就是要坚持走节约资源、节约成本、生态良好的文明发展之路。

科技创新是推动交通生产力发展的主导力量。未来交通发展任务十分繁重，对工程技术的要求越来越高，经济社会还对交通安全、节能环保、信息服务等提出了新的要求。科技对交通发展的支撑是基础性、全面性的，要深入实施“科教兴交”战略，增强自主创新能力，突破牵动性技术，普及应用型技术，走科技引

领交通发展之路。首先，要抓好交通科技创新体系建设。通过政策的完善，营造科技创新的良好环境，通过资金的投入，引导社会科技资源的有效配置。要坚持“一个面向”、发挥“四个作用”，即面向交通生产建设主战场，充分发挥政府的主导作用，发挥企业的创新主体作用，发挥科研院所的创新主力军作用，发挥科技中介机构的成果推广应用桥梁和纽带作用，逐步形成各方互动、协调合作和资源共享的创新机制。要通过制定科技管理、科技评价和激励机制等规章制度，形成一个规范有序、开放竞争的科技创新环境。第二，着力解决关键技术。从现实紧迫需求出发，着力突破对基础设施建设与养护中具有基础性、全局性、牵动性的重大关键技术与共性技术，有效支撑基础设施建设与养护生产；充分利用现有的、成熟的、先进的电子通信、计算机、网络等技术，研究开发集成运用到交通运输经营和管理领域，以信息化带动交通产业的升级和交通现代化。围绕确保安全，抓紧开发道路安全保障技术、交通应急处治技术等，全面提升我省交通安全保障水平；着眼未来，组织开展交通环境预防与恢复、交通建设与养护材料再生、土地综合利用等方面的研究，从技术上保障建立一个与自然、与环境友好和谐的绿色交通体系，实现资源合理利用和生态环境的可持续发展。第三，要提高交通科技进步和应用水平，建设科技成果推广和重点实验室平台，提高成果转化率与重大科技研发能力。

体制机制创新是交通发展的必要保障。交通未来面临着更为复杂的发展环境，改革任务艰巨，要用创新的思路和办法，推进交通的各项改革，加快政府职能转变，理顺交通管理体制，完善运行机制，提高交通管理和服务水平。

政策创新是促进交通发展的有效手段。未来交通发展对政策环境提出了更高的要求，必须注重政策研究和政策创新，适时调整和完善相关政策，加强法制建设，促进政策制定的科学化、民主化和法制化，强化政策的跟踪、评估和调整机制，构筑完善的交通政策法规体系。

（三）坚持以人为本，提升行业管理和公共服务水平

我们要树立有限、服务、透明、法制的现代政府理念，加快政府交通部门职能转变和管理创新，不断提升行业管理和公共服务水平。首先，要树立“以人为本”的思想，将安全理念牢牢植根于交通规划设计、生产建设、管理服务的各环节，坚持安全第一、预防为主、综合治理，把握规律，完善突发事件应急预案，加强危险品运输和旅客运输安全等重点工作，健全安全监管体制，强化安全生产和安全监管机构，切实加强安全监管能力建设，建立快速高效的应急反应体系、安全防控体系和紧急救援网络，提高事故预防、人命救助和事故处理能力。其次，要加强政府自身建设和推进政府管理创新。在深化行政审批制度改革、大力

加强党风廉政工作、实施政务公开等基础上，围绕加强效能建设，进一步转变工作作风，改进工作方法，加快推进职能转变和管理创新，提高政府执行力和公信力。在充分发挥市场机制作用的同时，综合运用法律、经济和必要的行政手段，加大市场监管力度，着力培育和建立统一开放、竞争有序的运输市场，促进运输业健康发展。

（四）加强创新型人才队伍建设，培育创新型文化

牢固树立人才资源是第一资源的思想，深入实施“人才强交”战略，培养和造就一支结构合理、素质优良的创新型人才队伍。要完善交通科技人才的培养、引进和使用机制，加快造就一批交通科技领军人才，培养一批具有创新活力的青年科技人才。要完善交通人才教育与培训体系，加强教育基地建设，多层次、多渠道、大规模开展在职人员继续教育，加强技能型人才培养。要在全行业大力培育创新意识，倡导创新精神，营造创新环境，培育创新文化，积极营造尊重劳动、尊重知识、尊重人才、尊重创造的良好氛围，提倡崇尚创新、敢于创新、敢为人先的创新精神，形成严谨求实、百家争鸣和容忍失败的宽松环境。积极开展群众性创新活动，鼓励和支持职工开展小发明、小创造、小革新等岗位创新，树立和宣传创新典型，使创新成为交通行业的新风尚。

三

建设创新型交通行业，要紧紧围绕“三个服务”；即为国民经济和社会发展全局服务，为建设社会主义新农村服务，为人民群众安全、便捷出行服务。针对交通发展中的突出矛盾和主要问题，依靠创新，积极探索解决矛盾和问题的有效办法，寻求更好的发展模式和途径，把创新落实到交通工作的各个层面和各个环节。

（一）关于交通发展的资金问题

现阶段我省交通基础设施仍处于集中大规模建设期。“十一五”全省公路建设投资规模安排为900~1000亿元。资本金紧缺的矛盾仍十分突出，必须以创新的思路和方式来寻求有效的解决途径。要深化投融资体制改革，完善投融资政策，充分利用市场机制，多方筹集资金，为交通建设提供资金保障。既要扩大财政性资金来源，加大对农村公路及水上安全与救助设施等项目的投入；又要完善投融资政策，扩大对外开放，积极利用社会资金，加快公路发展，特别是要学会运用资本运作的方法盘活路产，扩大融资领域，广筹建设资金。

需要强调的是，在资金比较紧张的情况下，我们要认真按照国家宏观调控的

要求，调整投资结构，确保重点，使有限的资金真正用在刀刃上。中央和省交通专项资金的投资安排总的要求是，保证“四个重点”，坚持“两个倾斜”，强化“两个监管”。

保证“四个重点”：一是纳入国家规划的重点项目。主要是国家高速公路网规划、中部崛起交通发展规划的项目以及国道主干线项目的建设。二是国省干线与农村公路建设。主要是国道改造项目和运煤通道、红色旅游公路、扶贫公路及省交通厅安排的县乡公路改造项目、交通部支持的通达通畅工程项目。三是公路养护与安全管理。主要包括公路安全保障工程、危桥改造工程、路面大中修工程和交通安全监管、紧急救援体系建设。省养路费剔除征收成本、交警经费和水利基金外，保证用于公路养护的比例不少于80%，同时进一步提高对农村公路养护的补助，3年内达到国务院规定的标准。四是重大科技创新项目。实行“两个倾斜”：一是向“两区”和农村倾斜；二是向公益性强的项目倾斜。强化“两个监管”：一是资金安全的监管。要通过完善资金管理制度，强化内部监督制约，规范大额资金使用的集体决策程序，并注意结合交通建设项目资金使用管理的特点，探索建立业务、财务、审计、纪检、监察等部门协调配合的监管联动机制和利用外部监督力量强化交通资金监管的途径和方法，确保交通建设资金的安全。二是资金使用效益的监管。要开展交通建设项目资金使用的绩效评价，改进项目管理，减少损失浪费，切实提高资金的使用效益。

（二）关于交通基础设施工程质量和耐久性问题

交通基础设施是国家的基本物质财富。建设公路、桥梁、隧道的过程，就是不断为国家创造财富、积累财富的过程。交通要实现又好又快发展，一个基本的衡量标准就是交通工程的质量和耐久性。

影响工程质量和耐久性的因素很多，既有设计理论、施工工艺等技术上的问题，也有建设市场秩序、工程管理水平和后期养护管理上的问题，还有超限超载等方面的影响。提高工程质量，首先，要在全行业牢固树立质量就是生命、质量就是责任、质量就是财富的观念。如果通过有效的制度或机制真正做到保证合理工期和合理标价、不刻意去搞“献礼”工程和“政绩”工程，在工程验收、评奖时充分考虑是否按合理工期施工，把合理工期作为优质工程的重要考核指标，将工程质量作为政绩去考核，许多工程的质量就会有更大的保证。第二，要加强基础科研和理论研究。在设计上树立全寿命周期成本理念，合理设计方案和结构，不能片面追求建设成本最低，还要综合考虑使用期的维修养护成本；要研究建立有效的机制，解决目前在设计上不愿创新、不敢创新、做不到精心设计等问题，鼓励在设计中积极采用节能、环保、合理节约材料和资源的新技术。第三，要建立健全有效的质量保证体系和质量监控体系，严格落实工程质量责任制。通过建立交通建设设计、施工、监理市场信用体系，推行注册工程师执业资格制度，加强行业自律和社会监督。要完善工程施工招投标管理，研究和推行设计施工总承包和政府投资项目代建制，完善招投标制度，规范建设市场秩序。第四，高度重视技术标准规范工作，进一步完善标准规范体系，保持标准规范的先进性、合理性和可靠性。积极引进、消化和吸收国外先进标准，把先进、适用的科技成果及时纳入地方标准规范。

（三）关于高速公路管理体制问题

高速公路是国家的重要基础设施，是发展经济、造福社会、巩固国防的重要支撑力量，建好、养好、管好高速公路是交通部门的重要责任。当前，全国高速公路管理中存在的突出问题，主要表现在两个方面：一是投资主体多元化带来了管理主体的多元化，形成了分割管理、各成体系的局面，影响了路网的完整性，不利于发挥规模经济和网络经济效应；二是交通部门的管理职能在弱化，一些地方的高速公路管理游离于行业监管之外，优质资产的衍生效益不能用于还贷和滚动建设，影响了债务的偿还和下一轮建设资金的筹措。这些问题虽然没有发生在我省，但我们必须从中汲取教训，从有利于维护国家利益和公众利益，有利于维护高速公路网络的完整性，有利于提高管理效率、降低管理成本出发，认真研究适合我省省情和高速公路特征的管理体制。我们既要鼓励高速公路投资多元化，也要强调高速公路管理一体化，这是高速公路的公益性特征与网络化发展规律决定的，这种体制的核心要素有3条。

——**产权明确**。高速公路是国家的公益性基础设施，这个属性不应因投资来源和投资主体的不同而改变。吸引社会资本投资高速公路建设，是政府加快基础设施的投融资政策，是给投资者的特许经营权。但是，不管是政府还贷公路，还是经营性公路；不管投资者是国有企业，还是外企、私企，都不能改变政府对高速公路的所有者地位。《公路法》明确规定，国务院交通主管部门主管全国公路工作，县级以上地方人民政府交通主管部门主管本行业区域内的公路工作。这个“主管”涵盖了规划、建设、养护、路政管理、监督检查等几个方面。高速公路管理理应纳入交通部门的行业管理，这里不应该有特区。

——**集中统一**。高速公路是公路网的主骨架，大动脉作用十分突出。这个大动脉的形成，是国省干线公路和农村公路干支匹配的结果。没有其他公路的顺畅连接，“大动脉”可能成为“大孤岛”。公路的网络性，决定了管理的统一性。只有集中管理，才能最大限度地发挥网络效应。因此，必须处理好前期融资建设和后期集中管理的关系，坚决杜绝多元化管理、分割式管理等问题。

——依法监管。高速公路具有很强的公益性。即使是企业投资的高速公路，其本质也是一种政府监管下的特许经营。省高管局要切实履行起行业管理的职责，特别要加强对经营性公路的监管，以保障公共利益。既不应“越位”，干预企业的经营自主权；也不应“缺位”，不去行使监管职责。

（四）关于农村公路养护管理问题

加强农村公路养护管理，需要妥善解决好3个问题。

——明确养护责任主体。做好农村公路养护管理工作，是省、地（市）、县、乡四级政府的共同责任。省级人民政府担负着制定建设规划、编制养护计划、统筹安排养护资金、做好指导督查等工作，是领导主体；县级人民政府负责建设规划实施、筹集管理养护资金以及协调乡镇政府和组织沿线群众的任务，是直接责任主体；交通部门代表政府对农村公路养护进行监督管理，是监管主体；乡镇政府具体组织资金筹措和养护管理，是实施主体。

——落实养护资金。按规定，交通部门征收的公路养路费按照先养护后建设的原则，统筹安排用于国省干线与农村公路养护工程；市县两级政府安排的财政资金，用于保证农村公路正常养护。这种安排充分体现了统筹城乡协调发展的政策取向。我省农村公路养护里程大，单凭养路费收入，是满足不了需求的，必须在其他渠道上多争取政策。市县两级政府必须将农村公路养护经费纳入财政预算予以保证，并保证每年有适度的增长，逐步建立起稳定的养护资金来源。

——创新养护机制。要根据农村公路的属性和特点，积极探索适合本地实际的农村公路养护工作机制，政府出钱、农民出力、群专结合，加强预防性养护和路面养护，使管理养护工作逐步走上标准化、规范化、经常化的轨道，切实做到有路必养、保证质量。

（五）关于收费公路管理问题

“贷款修路、收费还贷”政策是支撑公路事业持续发展的重要保障。我省有约三分之二的高等级公路建设和养护资金的来源依赖这个政策。没有收费公路政策，就没有今天公路发展的巨大成就。目前，收费公路中存在的问题集中反映在二级及二级以下公路上，里程长、站点多、结构不合理，增加了运输成本，给老百姓的出行带来了不便，社会反映十分强烈。截至2005年底，我省共有收费公路9614公里，其中二级及以下收费公路7079公里，占74%；收费站点330个，其中二级及以下公路的收费站点有181个，占55%；而二级及以下收费公路通行费收入仅占总收入的28%。必须逐步完善收费公路政策，妥善解决好存在的问题。要进一步加大收费站点整顿撤并力度，严格控制规模、减少站点、优化结构。对不符合收费条件、收费到期、效益低下的站点，要坚决撤并。同时积极探索通过政府出资回购、“统贷统还”等方式逐步减少收费站点，积极争取有利的税费政策和财政支持，解决好撤站债务问题。

（六）关于走资源节约型、环境友好型发展道路问题

发展循环经济，保护生态环境，加快建设资源节约型、环境友好型社会，促进经济与人口、资源、环境相协调，是国家的重大战略。交通是资源占用型、能源消耗型行业，土地资源越来越宝贵，环保要求越来越高，交通基础设施建设面临新的问题和新的要求。能不能贯彻落实最严格的耕地保护政策和环境保护政策，走资源节约型、环境友好型的交通发展道路，事关国家大局，事关交通可持续发展。我们必须把“资源节约”、“环境友好”的要求落实到交通规划、设计、建设和管理的各个环节中，提高资源、能源的使用效率。要按照国家提出的建设节约型社会的要求，通过科技进步和优化设计进一步减少公路占地，降低营运车辆能耗，逐步使公路水路交通成为一个低能源消耗、低资源占用、低建设成本、低使用成本和低环境污染的行业。

应该讲，交通行业的节约和集约利用资源、保护生态环境这方面的潜力是很大的。通过提升勘察设计理念、优化设计方案、改进断面形式、减小互通立交规模等措施，可以节约相当可观的土地资源。目前，我国汽车产品已接近发达国家的技术水平，但是营运车辆的使用水平不高，运力结构不合理，运输组织化程度低，单位能耗高，节能的潜力也很大。要在节约和集约利用资源、保护生态环境、探索交通循环经济方面积极创新，坚持设计上最大限度地保护生态，施工中最小程度地破坏和最大限度地恢复生态，促进公路建设与自然环境的和谐；坚持因地制宜、科学规划、建养并重，优化交通基础设施结构，提升现有通道通行能力，提高土地等稀缺资源的利用率，开展资源（如废旧沥青）的综合利用，实现沥青、水泥旧路面、废旧轮胎等材料的再生利用。

（七）关于交通运输市场建设问题

建设统一开放、竞争有序、便捷通畅、高效安全的道路运输市场，是交通事业健康发展的内在要求，交通发展的成效最终要体现在运输效率和服务质量上。要更加重视和加强运输市场建设，创新体制、完善机制，消除体制机制性障碍，提高运输市场信息化、组织化、集约化、专业化水平，提高运输效率和服务水平。第一，要积极引导运力结构调整，注重依托信息技术提高运输组织水平，增强企业的竞争力。第二，努力推进现代物流业发展，积极引入现代管理手段和信息技术手段，整合传统运输企业，促进运输服务领域的拓展和运输服务方式的创新，降低物流成本，提高运输效率。第三，加快推进城乡客运一体化、公交化进程，加大对农村客运的扶持力度，解决好农民群众安全便捷出行的问题。第四，

完善运输市场价格形成机制，建立油运价格联动机制，降低运输企业负担。第五，建立健全交通运输法律法规体系，坚持依法治交，充分发挥市场配置资源的基础性作用。要逐步建立"两个体系"，即以服务为主要内容的市场动态监管体系和以诚信为主要内容的信用体系，打击不正当竞争和各种违法经营活动，维护合法经营者和旅客、货主的权益。第六，治理超限超载运输，鼓励合法装卸，维护公平竞争，用经济手段推行计重收费。

四

用15年时间使我省交通行业进入创新型行业行列，是一项非常艰巨的任务，全行业一定要充分认识建设创新型交通行业的重要性和紧迫性，把实现长远目标和抓好当前工作结合起来，加强领导，扎实推进，务求实效。

（一）加强领导，狠抓落实

建设创新型交通行业，是在新的历史条件下，实现交通又好又快发展的必然要求，各级领导干部务必站在时代的前列，解放思想，实事求是，与时俱进，充分认识建设创新型交通行业的长期性、艰巨性和复杂性，切实把建设创新型交通行业作为一件大事来抓，努力为建设创新型交通行业创造良好的法制环境、政策环境和市场环境。要针对当前发展中遇到的问题和矛盾，深入分析研究，提出措施，认真解决。各单位要结合实际，研究和提出创新的工作思路，明确创新重点，认真制定配套政策和落实措施，积极推动创新，促进"十一五"交通发展各项任务顺利完成。

（二）加强政策支持，加大创新投入

认真贯彻落实国家在科技体制改革、财税、金融、政府采购、知识产权保护、科技投入、人才队伍建设等方面鼓励自主创新的政策，研究和制定交通行业的配套措施。要建立多元化、多渠道的科技投入体机制，增加交通科技创新的投入，支持重大科技项目及发展战略、体制机制、政策法规等的研究。要通过科学立项、鼓励竞争、完善管理、强化信用、加强监督等手段，提高交通科技研发资金的使用效率。

（三）加强协调配合，形成创新合力

建设创新型交通行业，包括交通建设、运输管理、支持保障、行业精神文明和党风廉政建设等全行业的各个方面。不同部门、不同单位都要创新，创新的工作重点不同。因此，各有关部门要加强创新的有机配合。要树立全局观点，在创新工作中从大局出发，主动沟通，加强协调，建立紧密配合的工作机制，形成互

相支持的创新合力。

（四）加强精神文明建设和廉政建设

加强行业精神文明和廉政建设，与建设创新型交通行业相辅相成、互相融合。要以创新的精神推进行业精神文明和廉政建设，不断为行业精神文明和廉政建设注入新内涵、增添新动力、提供新保障，并逐步建立起长效机制。同时要通过推进行业精神文明建设和反腐倡廉工作，为建设创新型交通行业提供坚强的精神动力和政治保障，推动建设创新型交通行业目标的早日实现。

11. 公路设计创新的几点思考*

"十五"以来，在我省公路建设跨越式发展的过程中，公路设计水平显著提高。在我省目前已经建成和在建的近2000公里高速公路中，我省交通系统自主设计的高速公路占到了60%以上，特别是设计和建设了一批在全国有影响的公路、桥梁和隧道。全长5.2公里的大运高速公路雁门关隧道同时荣获"鲁班奖"、"詹天佑土木工程大奖"，临侯高速公路赵康枢纽荣获"鲁班奖"，祁临高速公路荣获"詹天佑土木工程大奖"。我们还设计和建设了全国第一座高矮塔组合式斜拉桥龙门黄河大桥、全国最高的高速公路桥梁晋济高速公路仙神河大桥、全国第二长公路隧道太古高速公路西山隧道等。

进入"十一五"规划以后，我省公路建设的任务更加艰巨，仅高速公路的建设规模就在2000公里左右，这对勘察设计工作提出了更新更高的要求，如何打破传统，进一步创新设计理念，提高设计水平，加快设计进度，确保设计质量，在交通建设快速发展的同时，加强能源资源节约和生态环境保护，增强可持续发展能力，落实节能减排要求，提高能源资源利用效率，实现交通与自然和谐发展，这是勘察设计工作必须正确面对和解决好的重大课题。

一、增强责任心，把质量第一、安全至上的要求落到实处

质量是工程的生命，更是一个行业的生命。一个高品质的公路工程项目，不仅是实体质量、功能质量、外观质量的完善结合，是结构安全、经久耐用、外表美观的优质工程，还应当是公众认可、使用方便、人民满意、有高水平服务质量的社会产品。如社会公众得不到便利、有效的服务，不能给予认可，就称不上是好工程。所以，我们不仅要站在交通行业自身的角度去搞工程设计，体现公路特有的线形美和工程结构物的建筑美，体现精细的工程质量要求，更应站在行车使用者的角度去设计公路。

在人的诸多需求中，安全是首要因素。改善公路线形，完善交通设施，对预防交通事故、提高行车安全具有积极作用。勘察设计一定要综合考虑公路功能、

* 本文系2007年7月25日王晓林在山西省重点公路建设勘察设计工作座谈会上的发言摘要

行车安全、自然环境等因素，既要坚持地形选线、地质选线，更要做到安全选线；既要充分考虑公路设施的自身安全和运营安全，又要消除公路事故多发点和安全隐患。要尽量采用改善平纵线形的措施，从根本上解决行车安全问题，尤其是对长陡纵坡行车安全问题要给予足够的重视。总之，在设计方案中要将安全放在首位，采取一切有效措施，为公路使用者提供安全保障和人性化的服务，切实提高公路交通的安全水平和服务水准。

二、坚持可持续发展，走资源节约、环境友好的发展路子

公路建设是线性工程，规模大，对土地资源有很强的信赖性。特别是要在一些地域有限的通道上进行合理规划，本身就是开发和节约国土资源不容忽视和不可回避的问题。公路建设决不能以浪费土地、破坏资源环境为代价。每一位建设者，尤其是设计人员，一定要增强节约土地资源意识，千方百计地节约每一寸土地，精打细算地用好每一寸土地。无论是在设计环节，还是在施工过程中，都要坚持“统筹规划、合理布局、远近结合、综合利用”的原则，正确处理适当超前与可承受能力的关系，做到“三个合理”。一是合理利用线位资源，确定合理的路线方案，避免重复建设或工程衔接不合理造成的浪费；二是合理确定建设规模，以满足功能为主要目标，不片面追求不符合实际需要和经济能力的高标准，不建盲目追求政绩的形象工程，不搞不切实际的贪大求洋；三是合理确定建设方案，能利用老路进行改扩建的不要新建，确需新建的要尽量避免占用耕地良田。在满足功能要求的前提下，合理采用技术指标。

三、高度重视设计优化，提高产品的社会认可度

在公路项目初测、初步设计、定测与施工图设计、招标、投标文件编制以及工程预、工可行性研究等工程项目实施过程中，要严格各环节控制和专业工序控制，严格中检、验收和“两校三审”制度，确保勘察、设计、咨询过程和产品质量得到有效控制。合理的设计周期是保证设计质量的前提，也是降低建设成本的必要条件。由于地质、水文等自然环境及项目功能、规模的不同，不同公路工程项目之间有共性，更有差异。要正确处理发展速度与工程质量的关系，给勘察设计留出足够的建设工期，严禁盲目倒排设计周期，或预先指定设计方案而误导设计单位不按规定要求进行深度设计；严禁以在不合理周期内拿出设计文件，作为投标中标条件。勘察设计单位也要珍惜企业的声誉，避免超越自身实力盲目承揽工程，以优质的设计成果、良好的信誉，不断增强市场竞争力。

加强设计方案专家论证和社会听证。在前期工作中，既要坚持对重大技术方案进行专家论证，又要大力提倡公众参与。增加建设项目前期工作透明度，是减

少工作后遗症、提高社会认可度的重要措施。在公路建设前期工作中，要注意听取社会公众的意见，特别是要注意听取沿线政府和群众的意见，使公路建设贴近大众需求，满足经济发展需要。这有益于完善设计方案，有益于保证后期建设的顺利实施。

坚持实事求是、因地制宜，合理选用指标。我省高速公路建设已大量转向山区，地形地质条件越来越复杂，都会对设计工作产生制约。为保证公路交通网的畅通和使用效率，需要对公路技术标准的规范正确理解和执行，切忌不分强制性标准还是推荐性标准，照抄照搬。要加强总体设计工作，充分考虑地区之间、不同地理条件之间的发展差别和不同情况，实事求是，因地制宜，针对工程项目所处的自然、地理、地质条件的特点，尊重每一个区域的特殊性和差异性，在满足安全性、功能性条件下，通过对工程方案和技术经济进行比选，科学确定技术标准，合理运用技术指标。

加强施工工艺研究，克服和解决常见问题。设计单位要及时跟踪设计产品的建设使用情况，对发现的问题，要在新的勘察设计工作中加以改进。组织勘察设计人员进行各种形式的设计回访，了解施工工艺，了解勘察设计产品的缺陷。对建成运营的高速公路项目，要进行现场考察，重点了解从管养角度考虑对设计方案的改进意见。要组织具有丰富的建设和管理养护经验的已建和在建的各高速公路负责人和工程技术人员，召开设计工作座谈会，听取他们对勘察设计工作的意见和建议，对一些常见问题和疑难问题进行充分交流，使设计产品更加符合社会需求。

四、坚持系统论思想，运用全寿命周期成本的理念指导设计工作

系统论的原理告诉我们，局部最优不等于系统最优。公路工程是一项系统工程。勘察设计工作要统筹考虑规划、建设、养护、运营的全过程，系统解决工程结构的耐久性、抗疲劳性、人车行驶的安全性、养护维修的可行性、防灾减灾的有效性，以及环境景观的协调性等问题，实现公路使用寿命更长、环境更美、行车更舒适、投资更省的总体目标，推动公路建设管理水平的全面提升。特别是在“四算”控制上，要很好地贯彻系统论的思想，保证估算、预算、概算、决算的合理性，在项目前期工作中做深做细，把各种因素考虑进去，做到科学合理、有依有据。

过去，由于建设资金严重不足，设计阶段对控制工程造价、节约建设资金考虑过多，忽视了由于先期投入不足，增加了运营期间的养护费用；忽视了由于养护设施设置不当，不能应对突发性公路灾害和保证施工作业的不阻断、不拥堵，降低了公路服务水平，并由此造成不良社会影响。由于先期投入不足，造成工程

使用寿命缩短，大修提早到来的例子屡见不鲜。比如，有的项目该建桥的以路堤代替，软基该处理的不处理，或因压缩工期而处理不到位，造成先天不足，导致路堤工后沉降处理费用增加，平整度下降，服务水平降低。又如，有的项目该修隧道的采用明挖，由于开挖边坡太高，增大了防护工程量，影响到环保和景观，甚至诱发了地质灾害，增加了后期维护费用。这些教训和不足，使我们承受了很多不该有的非议。因此，我们要树立全寿命周期成本的理念，合理确定建设成本，在可能的条件下，宁可先期投入大一些，也要减少后期养护费用，延长使用寿命，从而减少交通干扰，提高综合服务能力。另一方面，也要坚持从省情出发，从实际需要出发，不盲目追求和攀比我们力所不能及的高指标、高要求，继续倡导科学合理的经济设计理念，用好每一分建设资金。要增强成本意识，采用合理的工程规模、技术标准和建设方案，在确保安全和使用功能的前提下，努力降低工程造价，节约工程投资。要积极采用新材料、新工艺、新技术、新设备，通过提高技术含量，达到最佳的技术经济效益。

行业管理篇

HANGYEGUANLIPIAN

执政者如果管理有方，他应该得到双倍的荣誉，而这是能够做到的，只要他本人是法律的臣民，并且要求所有其他的人也成为法律的臣民；他履行自己的职责是为了要服从法律，而不是服从自己个人的意志。

——（英）温斯坦莱

求木之长者，必固其根本；欲流之远者，必浚其泉流；思国之安者，必积其德义。

——（中）吴兢

1. 新形势下重点公路建设财务监督管理体制的构建

财务管理是基本建设项目管理的重要内容。特别是对于重点公路建设，财务管理的重要性尤为突出。重点公路建设与一般基建投资项目相比，具有投资大、周期长、控制环节多等特点。创新的财务管理理念，完善的财务管理制度和办法，对于降低工程建设成本、保证资金安全、提高资金使用效率、确保工程质量以及按期竣工具有重要的作用和意义。

我省高速公路建设的实践证明，完善的财务监督管理体制是公路建设顺利进行的重要保障。大运高速公路建设工程从 2000 年 9 月奠基到 2003 年 9 月全线通车，前后仅用了 3 年时间，工程造价低于全国平均水平，不仅没有突破概算，而且节余资金 39 亿元，工程质量总合格率达到 100%，优良品率在 85% 以上，并且实现了“建好一条路，不倒一个人”的廉政建设目标。这些辉煌成就的取得与积极创新的财务理念，完善的财务管理制度以及严格、全面、扎实的财务管理工作密不可分。时至今日，大运高速公路竣工虽 3 年有余，但回头来看，大运高速公路建设财务管理体制总体上并不过时。遗憾的是，由于多方面的原因，这一机制并没有得到全面、有效的贯彻执行，有章不循、约束软化的情况时有发生。事实证明，财务制度及管理的弱化必将导致工程建设管理中的一系列漏洞的产生。针对上述情况，必须要本着创新的精神，在认真总结过去经验的基础上结合新形势、新任务、新问题制定出一套科学、规范、实用性强的重点公路财务管理制度，并在此基础上建立起完善而有效的财务管理运行机制。

一、坚决遏制超概现象的发生及蔓延，建立各部门相互协调、职责分明的约束机制

超概是目前重点公路财务管理中最为突出和普遍的问题。导致项目超概的原因是复杂的，就其主要原因来看主要有以下几个方面：第一，工程项目设计深度不够导致的变更。项目前期工可阶段如果缺乏应有的设计深度，如对地质情况了解不深、周边环境考虑不周、工程造价估算指标不合理等前期设计缺陷都必然造成建设工程方案局部失去控制，导致项目工程量不同程度地增加，进而导致超概

现象的发生。第二，利益动机驱使承包商及业主利用项目变更追加资金，人为地加大工程量，获取不正当收益。在现实中，由于客观需要和主观原因导致的工程项目设计变更其比例不相上下、难分高低。令人遗憾和痛心的是，项目前期设计深度不够往往被个别承包商所利用，作为项目变更的主要依据和理由，而在变更过程中，由于财务管理和监督的缺失，导致变更的随意性进一步加大，严重侵害了国家利益。第三，价格问题。重点公路特别是高速公路建设周期较长，在几年的建设期内，土地、主要材料（主材、地材）价格可能发生很大的变化。虽然在实际操作过程中可以通过预付材料款的方式不同程度地锁定价格风险，但还是不能完全避免由于价格上涨造成的超概压力。第四，制度约束软化。谈到这个问题，就必须向大家强调两个重要的事实，一是在大运高速公路建设中，祁临公司一家就节余资金16个亿（大运高速资金总节余为39个亿，祁临占到41%）；二是在近期完工的高速公路项目公司普遍超概的情况下，侯禹高速公路却没有突破概算控制，而这两个项目均为亚行项目，究其原因并不复杂。亚洲开发银行对其贷款项目有一个完整的项目管理周期，每个周期内都有严格的管理规定和程序要求，包括项目的立项环节、准备环节、执行环节直至完工阶段，均有不同的具体要求，这些要求是与项目各个环节的具体活动紧密相关的。亚行项目的采购均实行低价中标原则进行国内外招标，对招标单位进行资格审查时，除了审查技术能力和类似工程等相关经验外，还对投标人财务能力进行了严格的资格评审。在工程管理上，业主和承包商平等合作，双方依据合同严格履行各自的职责。在监理工作中，由国际监理和国内监理共同执行。此外，项目还实行了以项目法人、公司化运作为基础的合同管理模式，实行了索赔与反索赔的工程管理制度，在财务制度上实行严格的细化管理，并采用一年一度的外部审计报告制度。对于项目变更，亚行的管理更加严格而谨慎，特别是外方监理公正客观、不徇私情的工作作风，使承包商敬而生畏，使无理变更难寻可乘之机。相比较而言，使用国内贷款的项目往往是有章不循，严格的规章管理制度常常被强大的人情网、关系网所软化，甚至承包商串通业主或设计单位事例也时有发生。缺乏必要的约束机制是导致项目变更随意性加大的重要原因。

超概算的危害性直接体现在加大工程造价，有些甚至为滋生腐败及违章违法埋下了隐患，由于工程量加大，资金短缺，有可能拖长建设工期，并造成项目建成后的后续运营先天条件不足，而更深层的危害是使项目建成后，长期不能发挥应有的社会和经济效益，甚至成为国家和社会的严重负担。因此，必须针对超概现象的发生和蔓延予以坚决遏制，超概问题从表面上看是一个财务问题，但是通过前面的分析，我们不难断定这种现象实际上是一系列复杂过程所呈现的一个财务结果，中间每一个环节不恰当的处理都可能决定着超概现象的必然发生。所以，超概现象绝不是某一部门或某一环节所能控制得了的，它需要依靠系统的力量合力支持，每一个部门必须严格承担起应尽的责任和义务。优质的项目前期能够从源头上减少和消除变更发生的可能性；业主通过规范的、富有竞争机制的招投标管理，选择出优秀的承包商是提高资金使用效率，从内在动机上抑制超概现象发生的重要条件；公正无私的监理以及科学准确的计量、计价是控制超概的技术手段；职能部门各司其职、严格制度、恪守时效、相互协调是有效控制工程项目变更的制度保障；而财务部门作为相对独立的专业机构，既要在重点公路建设过程中，认真履行资金管理和成本控制的职责，更要注重将财务监督的作用贯穿和渗透到项目的每一部门、每一过程和每一环节。比如在项目前期阶段，财务部门可以对工程的计量和造价进行合理的参与和有效的监督；在招投标过程中，财务部门可以通过设立科学、合理的财务指标，对承包商的财务状况及其真实性进行客观地评估；在与承包商签订合同时，财务部门应对合同的内容及完善性从财务的角度予以审核；对于变更项目，各个环节、各个部门要严格遵守时效性，无概项目必须停工待批，未经批复的调概财务部门一律不予支付，从根本上扭转财务管理在超概方面的被动性，杜绝承包商“推倒算账”。

遏制超概绝不只是财务部门的事情，要在全系统大力宣传和提升财务管理的理念，将严格的财务管理制度覆盖到每一个层面，从上到下真正树立起对于财务制度的敬畏之心，建立起人人遵守财务制度的良好氛围。

二、构建重点公路建设新的财务管理监督体系的具体设想

要结合新形势下出现的新问题制定出一套完善的既具有理论上的先进性，同时又具有实际上的可操作性的财务管理监督模式及体系，是一项复杂的工作，也是下一步重点公路建设管理的重要内容之一。就基本框架和主要内容来看，我本人认为应该包括以下几方面的内容。

（一）在投资控制方面，要区分决策、设计、实施三个阶段进行分阶段方法和目标控制

1. 在决策阶段

要继续坚持项目投资采用集体决策制度，认真做好基础资料的收集，保证资料的翔实准确，在此基础上运用科学的方法从多角度、多层面做好市场研究。财务部门要从专业的角度对项目的必要性、远期社会和经济效益（对地方经济的拉动作用、交通运输市场的供给与需求、未来现金流状况、投资回收期）提供真正有价值的建议。

2. 在设计阶段

要做好以下几方面的工作：

（1）优化设计方案，有效控制建设投资。在制度上，应考虑业主在概算和施工图阶段提前介入，一方面可以保证概算和施工设计更加准确合理；另一方面也可以初步建立起施工单位和业主之间相互制约的机制。

（2）对工程项目实行限额设计以控制建设投资。

（3）改革设计费的支付办法，建立优化设计的约束和激励机制，即对设计单位要制定具体的奖惩办法和措施。

（4）考虑聘用注册造价师，发挥注册造价师作用，变被动为主动控制。

3. 在实施阶段

（1）首先要保证工期的合理性和执行的有效性，合理的工期是控制施工项目成本的关键。由于压缩工期会影响到施工的流水作业，增加机械设备的投入，必然导致成本费用加大。

（2）要想方设法降低材料成本，这是控制施工项目成本的核心，要充分利用材料预付款和反季节采购等手段锁定和控制价格风险。

（3）加强工程计量和工程付款的控制。在进一步严格工程计量的基础上，强化付款制度，对于不符合手续的合同拒绝支付，不允许借款事项的发生。

（4）加强合同管理。合同的条款及细则不规范、不完善极易引起工程的变更和索赔，所以，合同内容的详尽及完善也是投资控制的重要方法。

（二）在资金管理方面，主要应围绕资金成本的监督管理和进一步完善资金监督管理体系做足、做好文章

资金成本的监督管理可以分为两个层面，第一个层面是就项目总体而言，要做到科学测算项目资金总量，特别是准确度量项目负债空间，量力筹措信贷资金。第二个层面是就项目的具体实施而言，应合理安排使用各类资金，尽可能地进行细化管理，特别是要计划好信贷资金到位时间，减少利息支出。

建立健全资金监督管理体系，首先是要有完善的公路建设资金监督管理依据。高速公路在我国是一个新事物，投资建设体制较为复杂，国家的政策及法律法规还有待进一步完善，交通主管部门应根据实际中存在的问题对公路建设资金监督管理制度的内容和条款进一步明确、细化，使各级财务管理部门真正有章可循、循之有矩。其次，进一步加强银行专户管理，建立多级资金监管网络体系，尽快建立交通厅、重点公路建设单位、监管银行、施工单位多级资金监管的网络体系。最后，进一步强化业主对施工单位的资金管理。目前，要将业主支付给施工单位的全部资金都纳入监管范围，特别是要加强计量工程款的管理，从根本上杜绝各种形式的拖欠款。

（三）建立和完善合同管理体系

多元化、多层次、多角度的集体管理是完善合同管理体系的基本原则，要建

立以建设单位负责人为领导，各部门共同参与的合同制定层、执行层、监督层，形成职责分明、相互制约的完善的合同管理体系。应通过高效和广泛的参与将合同的内容及约束性覆盖到项目的每一个细节。因为每一个方面的缺失都会影响到合同的严谨性和执行的有效性，给后续的资金管理与控制埋下隐患。

总的来讲，新形势下重点公路建设财务监督管理体系的构建，就是要以完成概算投资控制为总体目标，以严肃经济合同管理为具体手段，强化建设期间全过程资金管理为管理核心，严格执行国家有关法律、法规为职业操守，不断探索、创新和完善建设项目内部财务管理的制度和办法，在重点公路建设过程中严格履行和充分发挥财务部门的监督管理职责。

2. 为公路建设提供资金保障*

多年来，全省各级交通征稽部门大力弘扬太旧精神，不断加强队伍建设，挖费源、查黑车、堵漏洞，积极争取交警、法院等司法部门的配合与支持，开展交通征稽大会战，依法征稽，依法清欠，严厉打击各种偷、逃、漏、欠费行为，克服了煤炭市场持续疲软、“费改税”迟迟不到位等诸多不利因素，遏制了费收滑坡，有力地支持了全省公路建设事业。

“十五”是跨入新世纪的第一个五年计划。按照省委、省政府掀起以大运高速公路和国道主干线为重点的公路建设新高潮的要求，省厅认真研究修改了“十五”计划目标，将全省交通基础设施建设投资计划由360亿元调整为400亿元。可以说，“十五”对我省交通征稽部门而言，责任重大，任重道远。一方面，公路建设急需大量资金，如果规费多征一点，就能多贷款多修路；如果征少了，任务都完成不了，就难以保证公路建设资金的到位。另一方面，掀起公路建设新高潮，首要任务就是要求我们在座的同志团结一致，不懈努力，完成规费征收任务。希望大家一定要从大局出发，放下包袱，坚定信心，稳定队伍，振奋精神，克服困难，确保收费任务的超额完成，以优异的费收业绩支持我省公路建设新高潮。

人是管理活动的主体，人的积极性和创造性的充分发挥是现代管理活动成功的保证。一切管理工作都应以调动人的积极性、做好人的工作为根本。在生产力诸要素中，人是最重要的因素。交通工作的主体是人，对象也是人。我在多次讲话中都反复强调要“以人为本”，强调“以人为本”抓管理。交通征稽系统现在处于关键时期，越是在关键时期，越要抓好管理，从加强队伍管理入手，切实做好费改税前的交通规费征收工作。要进一步强化法治意识，严格依法行政、依法征稽。首先，要把中央和我省交通工作的重大决策落到实处。

要大力宣传有关交通征稽方面的法规和规范性文件，努力营造良好的征稽环境，强化车户的依法缴费意识。其次，要严格依据法律赋予的职权，按照法定程序，搞好征稽工作。交通征稽执法行为，不仅代表着交通的形象，而且代表着政府的形象。征稽系统的广大干部职工一定要从“三个代表”重要思想的高度来认识自己手

---

* 2001年2月25日在山西省交通征稽工作会议上的讲话摘要。

中的权力，进一步强化法治意识，提高服务意识，文明执法，依法办事，坚决维护征稽系统的良好形象，坚决杜绝“三乱”现象的发生。第三，要继续加强与公安、司法等部门的协作配合。2000 年 1 月份，国务院办公厅转发了交通厅、财政部、公安部、国家计委联合下发的《关于继续做好公路养路费等交通规费征收工作的意见》，为我们交通征稽工作提供了强有力的政策依据。我们一定要积极争取公安、财政等部门的配合，加强与法院的协作，努力维护征费秩序，增加费收，保证公路建设的顺利进行。第四，深化通行费管理体制改革。全省通行费必须实行统一管理。省征稽局对通行费管理已经进行了初步的研究和探索，提出了全省通行费收费统一管理的体制模式，为下一步对通行费规范管理做了大量基础性工作。要继续加大改革力度，进一步深化对通行费管理体制的研究，探索加强和规范通行费征收管理的新思路、新途径、新办法，创新发展模式，在科学管理和科技创新上走出新路。

搞好交通征稽工作，班子是关键，廉政是保证。各级领导班子和领导干部一定要顾大局、识大体，维护团结、保持稳定，严格按照民主集中制和组织程序办事，决不能随心所欲，个人说了算。班子成员之间要互相信任、坦诚相处、尊重谅解、团结一致，齐心协力搞好工作。交通征稽是权、钱比较集中的部门，尤其是在费改税的关键时期，廉政建设一刻也不能放松。要在认真落实中央“收支两条线”精神的基础上，继续加强财务管理，绝不允许借改革之机，胡支乱花、损公肥私。一经发现，要严肃查处，绝不姑息迁就。稳定是做好一切工作的前提和基础，征稽系统不能出现任何大的问题，不能发生任何上访事件，不能发生有损于交通形象的事。交通征稽既是行政执法工作，也是经济管理工作，必须遵循规律，加强管理，把工作做到源头、做到平时。省征稽局要根据督导检查情况加大奖惩力度，不仅要采取经济手段，必要时要采取组织措施。对那些工作责任心不强、管理不善、费收下滑的单位主要领导要坚决撤换，绝不留情。在非常时期，就是要用严格的制度和非常的措施保证以费收为中心的各项工作的顺利进行。

3. 依法整顿和规范市场秩序*

在跨入新世纪、全面实施国民经济和社会发展第三步战略的新形势下，中央作出整顿和规范市场经济秩序的战略决策，并作为今年的中心工作，既是对社会主义市场经济体制的进一步完善，也是适应我国加入 WTO 的需要。

一

公路水路运输和建设市场是我国社会主义市场经济的重要组成部分。改革开放以来，我们一手抓公路建设，一手抓运输市场的开放、搞活，大大解放和发展了交通运输生产力，交通基础设施得到明显改善，运输紧张状况得到缓解。各级交通部门在培育和发展公路水路运输、建设市场的实践中，坚持标本兼治，加强市场监管，在净化市场环境，规范市场秩序，维护公正、公开、公平竞争等方面，取得了明显成效。但是，由于受到多方面因素的影响和制约，公路水路运输、建设市场秩序方面的新情况、新问题、新矛盾不断出现。在运输市场，收费项目繁多，企业和从业人员负担沉重，非法营运屡禁不止，运输秩序混乱，经营者行为不规范，宰客、甩客、倒客及私抬运价，欺诈、坑害旅客的现象时有发生，运输服务质量不尽如人意；客货车辆特别是货车超载严重；个别地方黑恶势力欺行霸市；一些地方“三乱”屡治不止，成为“顽症”；乡镇船舶事故隐患得不到解决。在建设市场，一些地方项目业主和主管部门行为不规范，搞地方保护主义，不按基本建设程序办事，有法不依；一些施工企业、监理单位在项目投标和施工中“两张皮”，高资质、高资信竞标，低素质人员进场；有的转包、非法分包工程，层层剥皮；有的偷工减料、以次充好，留下了质量隐患。这些问题，损害了合法经营者和广大旅客、货主的权益，给国家和人民群众生命财产造成了损失，影响了经济活动、社会生活的正常进行。如果我们对这些问题视而不见，让公路运输、建设市场秩序混乱的状况继续下去，就会影响先进生产力的发展，就会毒化交通的行业风气，就不能为国民经济和社会发展、为人民群众的出行提供优质安全高效的服务，必须大力整顿和规范公路水路运输、建设市场秩

* 2001 年 4 月 25 日在山西整顿和规范公路水路运输建设市场秩序工作会议上的讲话摘要。

序，严厉打击和影响市场秩序的各种违法行为，认真解决好市场发育过程中出现的各种问题，使之沿着正常的轨道健康发展。

整顿和规范公路水路运输、建设市场秩序，是加强社会治安工作的重要措施。市场经济秩序和社会治安环境是密切关联、互相影响的。社会治安状况不好，市场经济秩序不可能好转；而市场经济秩序混乱又给社会治安留下隐患，使形形色色的犯罪分子有可乘之机。交通运输是开放性、流动性极强的行业，车船港站是人流、物流的运动和集散场所，同时也是犯罪分子藏匿和流窜作案的高发部位。某些路段“车匪路霸”横行，群众出行缺乏安全感。交通建设近年来项目多、投资大，少数干部利用职权，进行钱权交易、收受贿赂，在社会上造成了不良影响。因此，整治社会治安秩序，必须同时整顿和规范公路水路运输、建设市场秩序，这对于维护车船、港站生产和运行秩序，遏制交通建设领域中的经济犯罪，巩固和发展交通发展的良好势头，都将起到积极的促进作用。

整顿和规范公路水路运输、建设市场秩序，是提高交通行业整体素质和竞争力的必然选择。良好的运输、建设市场秩序，既有利于提高行业整体素质，也有利于充分发挥市场机制，培育市场经济条件下企业的竞争力。在公路水路运输和建设市场全面开放的过程中，一些不具备经营条件、素质低劣的企业和经营业户，采取拉关系、送礼行贿及弄虚作假等手段混进了市场，有的甚至是无证无照经营。经营者的价值取向扭曲，不依靠科学管理、过硬的素质和优质的服务赢得市场，走所谓的“捷径”，搞歪门邪道，不仅导致市场秩序混乱，而且对广大诚实守信、守法经营的企业和经营业户也不公平，严重妨碍交通运输结构的调整，同时行业整体素质也难以提高。整顿和规范市场秩序，有利于形成优胜劣汰的市场机制，有利于充分发挥市场在配置资源中的基础性作用。

整顿和规范公路水路运输、建设市场秩序，是逐步完善社会主义市场经济体制的重要举措。公平、规范、有序的市场经济秩序是建立和完善社会主义市场经济体制的基石。交通运输虽是最早打破行业垄断、最早对内对外开放的行业，但与统一开放、公平竞争、规范有序的总体要求还有相当大的差距，阻碍着交通运输发展质量和效益的提高。在运输市场，地区封锁、地方保护和市场分割现象还不同程度或变相存在，有的管理部门既管理又经营，有的管理人员违反有关规定为亲朋好友搞经营开“绿灯”，扰乱了市场秩序。在建设市场，有的业主搞行政干预、“暗箱操作”，有的业主强行指定分包、采购。在行业管理上，或以罚代法、以收费代替管理，或头痛医头、脚痛医脚，治标不治本。随着社会主义市场经济体制的逐步完善，整顿和规范公路水路运输、建设市场秩序更显得迫切和势在必行。

整顿和规范公路水路运输、建设市场秩序，是交通领域进一步扩大开放的必要条件。我国即将加入世界贸易组织，将在更深的程度、更广的范围和更高的水平上参与国际合作和竞争，规范的经济秩序、良好的社会信用，是在国际竞争中赢得主动的重要条件，这也是关系我国国际形象的大问题。我国加入世贸组织后，会有更多的外国企业和资金进入我国公路水路运输、建设市场，我们的运输企业也会在更大范围和更多领域参与国际市场竞争。如果交通运输、建设市场秩序混乱，不按照国际通行的规则进行运作，保护公平竞争，信用度也很低，外国公司怎么敢来投资、搞合作呢？同时，没有规范的经营行为和良好的信用，我们的企业也不可能有真正的市场竞争力，难以走出去，参与国际市场竞争。

整顿和规范公路水路运输、建设市场秩序，是创建文明行业的内在要求。市场经济秩序与行业文明有着内在的联系。市场经济秩序混乱会导致经营者、从业者职业道德低下、助长行业不正之风。规范的市场经济秩序有助于提高队伍素质、培育与社会主义市场经济相适应的职业道德。近几年，有的企业思想教育放松、管理不严，职工职业道德水准下滑，生产纪律松懈，安全、质量意识淡薄；有的行政执法部门执法不规范，以权谋私，执法犯法，徇私枉法，损害了经营者、从业者的利益。我们必须认真吸取反面教训，引以为戒，通过整顿和规范市场经济秩序，为创建文明行业创造良好的氛围。

二

整顿和规范公路运输市场秩序，工作重点和主要措施是：

——打击非法营运，规范经营行为。各级交通主管部门要切实加强对道路运输市场的监管，重拳出击，依法行政，加大力度，从严打击和铲除一批在运输市场上欺行霸市、为非作歹的带有黑社会性质的犯罪团伙；坚决取缔无证无照非法经营的“黑车”、“黑户”；依法从重、从快查处靠不正当手段争抢客货源、欺行霸市等严重违法违章行为，对触犯刑律的要移交公安、司法机关处理；认真纠正服务质量低劣、严重损害旅客、货主和消费者合法权益的行为，对在社会上造成恶劣影响的经营业户，责令其停业整顿；高度重视并认真受理人民群众和经营业户的举报、投诉，以及行政复议申请。

——打破地区封锁，规范行政审批行为。一是对关系国计民生和人民生命财产安全的客运运输业务，要继续坚持和实行规范的审批制度，切实管住管好。二是认真清理审批、收费项目，减少审批项目，简化审批手续，减少审批环节，能核准的不审批，能备案的不核准。确需行政审批的要提高透明度，公开审批标准、程序、结果，接受群众监督。同时要全面清理涉及道路客货运输的行政事业性收费和政府性基金项目。对于国务院、省政府取消的收费项目，一律停止，不得再收或变相收费，杜绝乱罚款、乱收费。三是切实纠正客货运输线路审批中对等发车以及对外地车辆的歧视性做法。凡是不符合市场经济要求、阻止外地经营者和运输车辆进入本地市场的、不利于建立统一市场的各种规定,都应当撤销。四是严肃查处运政管理机构在经营许可、线路车辆审批中的不规范、不公正行为。

——继续开展专项治理工作,解决非法营运、市场不规范、管理不完善、宏观调控不力的问题。乱收费、乱窜线、随意拉客、宰客、甩客、兜客、卖客的问题;严重超载、妨碍交通安全、损坏道路的问题;垄断货源、欺行霸市等严重影响行业整体形象的问题,为道路运输创造公开、公平、公正的市场竞争环境。

整顿和规范水路运输市场秩序的主要措施是:

——精心组织,深入开展"水上运输安全管理年"活动。整顿水上运输秩序,严把市场准入关,从源头上加强安全管理,重点抓好旅游船舶的整顿;整顿船舶管理秩序,严把船舶检验关,不断加强对船舶的各项检验,确保船舶建造质量和适航性能,建立验船师责任追究制度;整顿船员管理秩序,严把船员考试发证关,船员领证实行培训、考试发证分离;整顿通航秩序,严把现场监督检查关,加强对"三无"船舶和乡镇船舶的整顿,确保运输安全畅通;整顿旅游船舶,严把船舶规范作业关,严禁超载,严禁安全设施不齐备的船舶营运,确保水上旅游安全。

——加大执法力度,依法治理水上交通。要按照《内河交通安全管理条例》的规定,坚决制止"三无"船舶参与运输,防止非运输船舶参与运输;要加强对验船机构和验船人员的监督管理,加大现场执法力度。对不适航的船舶,坚决不予发证,不予登记注册,不准投入营运,不予签证,不得放行。近期要集中力量组织一次水上执法行动。

整顿和规范公路建设市场秩序,工作重点和主要措施是:

——加强市场准入管理,坚决杜绝在招投标过程中的行政干预和"暗箱操作"。按照交通部《公路建设市场准入规定》,要对公路建设项目的项目法人实行资格审查,不符合规定标准的,要进行整顿。对公路勘察设计、施工、监理、试验、检测等从业单位实行资信登记,每年进行一次考核复审,结果公示,并实行动态管理。省交通厅要建立公路建设从业单位资信情况、建设项目管理和评标专家三个数据库。今后进行企业资质年检和晋级审批时,不仅要审查资本金、净资产、专业技术人员、业绩等指标,还要把是否有建设市场违法行为和工程质量、安全事故记录列为审查的重要项目。所有勘察、设计、施工、监理等单位,凡有建设市场违法行为的,包括串通投标、以行贿等不正当手段谋取中标、未取得施工许可证擅自施工、转包或者违法分包,以及发生重大工程质量、安全事故等,都将在年检中作不合格处理,按降低一级资质重新核定。情节严重的,依法清理出市场。

——规范招投标管理,坚决取缔工程建设中的业主指定分包、采购,施工单位违法分包的行为。省交通厅要加快建立和健全公路有形建筑市场,增加招投标工作中的透明度，对招投标活动实行集中场所、集中管理、“一条龙”服务，便于全过程监督，防止弄虚作假问题的发生。实行公开招标的项目，必须严格执行国家招标投标法和公路建设四项制度，不得跨越和减少程序，不得降低标准。省交通厅今年要对《招标投标法》和四项制度贯彻执行情况进行检查。对领导干部干预工程发包、贪污受贿、以权谋私等问题，要认真查处，依法严惩。对转包或违法分包工程的，项目法人必须终止合同执行；有经济问题构成犯罪的，移交司法机关追究刑事责任。

——加大对工程质量的监督力度，严肃查处工程质量责任制不落实、造成重大质量事故或严重质量隐患的单位和个人。要加强对建设单位及勘察设计、施工、监理单位的监督。对偷工减料、不执行强制性技术标准、造成工程质量低劣或重大安全事故的施工单位，不仅要追究责任人的责任，还要追究主管部门领导的责任。对造成人身伤亡和重大财产损失的，要依法追究有关人员的刑事责任。要建立质量举报和投诉制度，发挥舆论监督作用。对群众的举报和投诉，要严肃对待和认真受理。要加强对监理单位和监理人员的监督管理，切实发挥好监理的作用。对履约信誉差、把关不严、出现质量问题的监理单位，要批评警告；问题严重的要取消监理资质；对不讲职业道德、玩忽职守、滥用职权的监理人员，要取消其监理工程师资格，五年内不得重新申请。

三

整顿和规范市场经济秩序，是今年的中心工作，也是“十五”期间各级政府的一项主要任务。我们要下定决心，狠抓落实，务求实效。

加强领导，形成合力，是确保整治工作取得成效的关键。整顿和规范公路水路运输、建设市场秩序，要实行行政“一把手”负责制。各级交通部门要认真研究辖区范围内运输市场和建设市场存在的突出问题，制定切实有效的治理和整顿方案，并向同级党委和政府汇报，取得支持，把整顿公路水路运输和建设市场秩序纳入到本地区市场经济秩序整顿工作中去。路政、运管、征稽、质监、海事、船检等部门要各司其职，各负其责，密切配合，联合行动，综合治理。同时要加强与工商、税务、经贸等部门的联系和沟通，取得他们的支持和配合。对于重点地区、重点问题的整顿，要组织工作组，加强督查。对工作不力、失职、渎职的，从严追究责任。

深入发动群众参与是确保整治工作取得成效的基础。公路水路运输、建设市场中的各种不正当行为、违法行为，群众心里最清楚。要通过公布举报电话、设置举报信箱，建立举报奖励制度，奖励举报有功人员等途径引导广大人民群众参与。对于群众举报的案件和线索，不管涉及什么单位，涉及什么人，都要排除阻力、坚决查处，绝不允许包庇开脱、姑息养奸。

转变政府职能，推进依法行政，是维护和规范公路水路运输、建设市场秩序的客观要求。各级交通主管部门必须进一步实行政企、政事分开，切实转变职能，减少行政性审批，把主要精力集中到加强宏观调控和市场监管上来。能够通过依法办理的事项，要取消行政性审批；能够通过市场机制解决的事项，可实行报备制；必须保留的行政审批项目，也要实行政务公开。同时，审批权要与责任制挂钩，坚持谁签字、谁负责。失职渎职的，必须受到追究。

加强执法队伍建设，严肃查处违法乱纪行为，是维护和规范公路水路运输、建设市场秩序的有力保障。要坚持依法办事，严格执法，依法管理市场。要加强执法人员的业务培训和廉政教育，健全和完善规章制度，严格执法程序，严肃执法纪律。对于执法犯法或徇私舞弊的人员，要坚决清理出执法队伍。要在执法人员中广泛深入开展以"理想信念教育、法制教育、职业道德教育"为主要内容的三项教育，提高执法人员的政治业务素质，建设一支思想过硬、作风严谨、业务精通、依法行政的高素质的交通执法队伍。

坚持依法治国和以德治国相结合，加强信用体系建设，是维护和规范公路水路运输、建设市场秩序的内在要求。规范的市场经济秩序，既有赖于严格的法制，也有赖于良好的道德水准和信用意识。我们要在不断健全交通法制的同时，高度重视德治的作用，推进以德治交，切实加强思想道德建设，不断提高交通职工的道德水平。信用制度是现代市场经济制度的基石，要加强诚实守信的职业道德教育，建立包括政府、企业、个人在内的信用体系，加强职工诚信教育，做好对经营者的守法经营教育，共同建立和维护公开、公平、公正的市场竞争环境。

加强宣传工作，把握正确的舆论导向，是维护和规范交通运输、建设市场秩序的重要手段。要充分发挥舆论监督的作用，通过各种形式、宣传整顿和规范公路水路运输、建设市场秩序的意义，宣传正面典型和经验，并选择一些反面典型案例予以曝光，形成浓厚的舆论氛围。

四

公路水路运输、建设市场的秩序混乱，是存在大量安全生产隐患和诱发重大事故的一个重要原因。安全生产危及国家和人民群众生命财产安全。各级交通部门要以整顿和规范公路水路运输和建设市场秩序为契机，下大力气整顿安全生产秩序，建立完善的安全监管体系和监管机制，从源头上杜绝重特大事故的发生。

道路运输安全生产，要重点做好以下五个方面的工作：一是建立健全并严格执行安全生产制度。无论是本单位承包租赁的车辆，还是其他单位、个人挂靠而以该企业名义经营的车辆，企业都应承担监督、检查、教育、管理、事故处理等责任。发生事故，落实责任追究制度。二是对照问题认真整改。对安全管理制度不健全、安全管理措施不落实、事故隐患严重、安全生产没有保障的企业、经营户，要责令其停业整顿，停业整顿后仍达不到安全生产要求的，取消经营资格。三是加快车辆装备结构调整。鼓励优先发展科技含量高、技术性能先进、运行速度快、安全可靠、高效低耗的大吨位重型货车、专用货车和高档豪华客车。车况达不到二级标准的营运车辆，要坚决予以淘汰；车况达不到一级标准的营运客车，不得经营高速公路客运和运距在800公里以上的班车客运。四是加强道路运输从业人员岗位培训。积极做好营业性客货运输车辆驾驶员的从业资格培训，抓好对站务员、乘务员、维修人员等从业人员的职业培训，全面推行持证上岗制度。从业资格培训要突出安全生产、服务质量、职业道德、价格收费、保护消费者权益等有关政策法规和业务知识。五是大力整顿危险货物运输。关闭、取缔非法和不符合安全条件的运输企业。

水路运输安全生产，首先要建立健全各项安全生产管理制度和管理机构，全面推行水上交通安全管理责任制，在实行企业法定代表人安全生产第一位责任和船长负责制的基础上，进一步落实乡镇船舶交通安全管理责任制，狠抓乡镇船舶的管理，认真落实乡镇船舶政府管理责任，继续实行县长、乡（镇）长、村长、船长"四长"负责制。建立健全港监机构、验船部门各级人员岗位责任，并建立责任追究制度。其次要突出重点，切实抓好"三客"（客渡船、旅游船、高速客船）和"四区一线"（小浪底库区、万家寨库区、汾河一库区、汾河二库区、黄河全线）的水上安全管理，特别是小浪底库区的安全管理和节假日、集庙会期间的水上交通安全管理，严格执法，坚决打击"三无"船舶，坚决制止超载行为和人畜混载、人货混载现象，坚决报废老旧超龄船舶和不适航船舶，积极治理通航环境，逐步理顺和规范水上旅游市场。

公路建设安全生产要加强施工管理。建设项目要制订切实可行的安全管理制度，配备足够的管理人员，落实必要的管理经费。特别是要注重制度落实，对于项目法人和施工单位忽视安全管理，造成施工安全事故，或因工程质量低劣造成质量安全事故的，要通报批评，限期整改；情节严重的，要停工整顿。对施工单位同时要降低资质等级，对直接责任人和单位领导要给予党纪、政纪处分。造成群死、群伤的，要严格按照国家有关法律和制度从严处理。

4. 为全社会提供安全优质有序的春运服务*

春运工作关系党和政府以及交通行业的形象，关系人民群众的生活和企业生产，关系经济发展和社会稳定的大局。近年来，我省道路运输业得到了快速发展，尽管春运期间会有客流高峰，也会引发客运超载等安全隐患，但总体上讲，“走得了”的问题基本解决，现在关键的问题是如何做到“走得好”，也就是走得安全、走得舒适、走得快捷。面对道路运输日益严峻的安全生产形势，面对人民群众日益增长的旅客运输要求，全省交通系统一定要充分认识春运工作的重要性、艰巨性和复杂性，坚决克服麻痹厌战情绪，精心安排、精心组织、精心指挥，切实做到“安全、优质、有序”，确保万无一失。

今年的春运工作是在全国和全省道路交通安全形势比较严峻、重特大道路交通事故时有发生的形势下进行的。2003 年 1 ~ 11 月份，全省发生道路交通、工矿企业、火灾等各类事故 20204 起，死亡 3947 人。其中：发生道路交通事故 17095 起、死亡 3291 人，受伤 13067 人，分别占到全省各类事故总数和死亡人数的 84.6% 和 83.3%，因道路交通事故每天平均死亡 10 余人。事故给国家和企业财产造成了巨大损失，给人民群众生命造成了巨大损失，其教训是触目惊心的。分析事故多发的原因，尽管有多方面的因素，但挂靠车辆安全管理不到位、司机疲劳驾驶、超速行驶、严重超载运行、混合交通、雪雾天气变化不适应是主要原因。各单位、各部门特别是运输企业要高度重视春运安全工作，以安全生产为重点，立足防范，针对事故原因制定相应的防范措施，并将各项安全防范措施真正落到实处。

胡锦涛总书记在十六届三中全会上明确指出：“目前，我国安全生产形势还不容乐观，交通、煤矿等方面重大事故时有发生，给人民群众和国家财产造成严重损失。各级党委和政府要牢牢树立责任重于泰山的观念，坚持把人民群众的生命安全放在第一位，进一步完善和落实安全生产的各项政策措施，努力提高安全生产水平”。各单位、各部门要很好地学习和领会胡锦涛总书记重要讲话的精神实质，坚持“安全第一，预防为主”的方针，牢固树立“以人为本”和全面、协调、可持续发展的理念，扎扎实实做好春运安全工作。

---

* 2004 年 1 月 2 日在山西省交通系统 2004 年春节运输工作电视电话会议上的讲话摘要。

各级交通主管部门特别是运管部门要把好“三个关口”、搞好“一项监督”，也就是要把好市场准入关、司乘人员从业资格关、车辆技术状况关，搞好对汽车客运站的安全监督。在春运前对道路运输安全进行一次全面检查，对司乘人员从业资格及车辆技术状况进行一次认真的检验，并在春运期间加大稽查力度，严肃查处无证从业和无证营运的行为，认真做好查堵“三品”进站上车工作。对安全生产管理薄弱、安全生产没有保障的运输企业要限期整改，整改期间停止新增和更新客运线路。各级地方海事部门也要加强水路交通安全监管工作，重点做好黄河沿线节庙会期间及凌汛期间的渡运安全监管。

公路部门、高管部门及各市(地)交通主管部门要切实加强道路的养护管理，特别是加强危桥和急弯陡坡、险工险段的养护管理，备足防滑砂料，完善标志标线，做好打冰扫雪工作，为春运工作提供良好的道路交通条件。

运输企业要切实负起运输车辆安全管理的责任，汲取事故教训，做到警钟长鸣，常抓不懈，特别是要加强联营挂靠车辆及司乘人员的安全管理，做到安全管理常布置、常检查、不断档。运输企业是春运安全工作的主体，要把对司机的安全管理作为首要任务和防范事故的首要措施，大力推广车辆安全例检制度、安全嘱咐制度、安全家访制度、安全事故责任追究制度等，真正使安全生产措施落到实处。

春节运输，时间集中、任务繁重、工作要求高、作业难度大，既是对交通工作的一次检验，也是对交通队伍的一次考验，一定要以优质服务为目标，通过加强管理，规范市场，不断提高春运服务水平。

——树立执政为民、服务为民的理念，以最广大人民的根本利益为出发点和落脚点，努力做好春运工作。要做到心里装着群众，凡事想着群众，工作依靠群众，一切为了群众。要坚持权为民所用、情为民所系、利为民所谋，为群众诚心诚意办实事，尽心竭力解难事，坚持不懈做好事。要从思想上牢固树立为人民服务的思想，把旅客的事当作亲人的事和自己的事来对待，真正做到急旅客所急、想旅客所想、办旅客所需。

——坚持从小事做起，创新服务项目，丰富服务内涵，把为人民服务的理念变成为人民服务的行动。春节运输服务既有运管部门、运输企业的任务，也有公路养管部门的责任。要坚持从一点一滴的小事做起。比如优化乘车、候车环境问题；为旅客提供咨询服务，送水、送暖、送药、送报服务和影视服务问题；为车辆提供路况预报、安全提示问题；开展不甩客、不倒客、不宰客、不兜客、不粗暴待客的“五不”优质服务活动问题；使用文明用语、规范服务行为问题等。各级交通主管部门、运管部门、征稽部门、养管部门、运输企业都要结合本部门、本单位的实际，开展春节运输优质服务活动，不断提高服务质量和服务水平。

——强化督查,及时发现和纠正春运工作中存在的问题。春运工作点多、线长、面广、流动、分散,各单位、各部门一方面要精心组织,周密安排,制定春运组织方案和应急预案,合理调配运力;另一方面要强化督查工作,从省厅到各市(地)交通局,从各大口单位到所属各单位,从集团公司到各子公司及其客运场站都要组织春运检查组,深入春运第一线督查指导工作,及时发现和解决春运工作中面临的困难和问题。对发现的一般安全和质量事故隐患要及时整改,对发现的重大安全和质量事故隐患的要限期整改或停运整顿。

5. 把安全生产管理纳入法制化轨道*

2004 年是实现“十五”交通发展目标的关键之年，公路建养及道路运输任务十分繁重，安全生产工作面临着新形势、新挑战。全省交通系统安全生产工作要以“三个代表”重要思想为指导，深入贯彻党的十六大和十六届三中全会精神，坚持“安全第一、预防为主”的方针，实施“依法治安”战略，突出重点，落实责任，夯实基础，完善机制，控制一般事故，减少重大事故，杜绝特大事故，保持安全生产形势稳定，努力推进全省交通系统安全生产工作再上新台阶，为交通率先发展创造良好的安全环境。

一、深入贯彻党的十六大和十六届三中全会精神，进一步增强做好安全生产工作的责任感、使命感和紧迫感

安全是反映治国理念的一项重要内容，也是社会文明进步的重要标志。党的十六届三中全会通过的《决定》，不仅明确了完善社会主义市场经济体制的目标、任务、指导思想和原则，强调要树立和落实科学的发展观，进一步凸显了安全生产工作的重要地位和作用。有效保护劳动者的生命安全和健康，是全面、协调和可持续发展的起码要求；全面的发展、协调的发展、可持续的发展，哪一条都离不开安全生产。《决定》提出的“五个统筹、五个坚持”，特别是统筹经济和社会发展、统筹人与自然的和谐发展及坚持以人为本等，也包含着做好安全生产工作的丰富内涵。从更深层次讲，抓好安全生产是全面贯彻落实“三个代表”重要思想的具体体现。安全是先进生产力的重要组成部分，社会生产力的先进性必须体现在安全程度的提高上；安全理念和安全管理的法律、制度、经验等都是先进文化的重要组成部分，重视安全与否，反映了社会文明的进步程度；安全是广大人民群众最基本的要求，是实现最广大人民根本利益的有力保证。全省交通系统各单位、各部门特别是各级领导要从讲政治、促发展、保稳定的高度，充分认识搞好安全生产工作的极端重要性，把思想统一到十六大和十六届三中全会精神上来，统一到“五个统筹”和“五个坚持”上来，统一到党中央、国务院和省委、省政府、交通部对安全生产的各项重大

---

* 2004 年 1 月 7 日在山西省交通系统安全生产工作座谈会上的讲话摘要。

部署上来，坚持“安全第一、预防为主”的方针，以“隐患险于明火、防范胜于救灾、责任重于泰山”的政治责任感、使命感和紧迫感，扎扎实实抓好安全生产工作。

二、深入贯彻《中华人民共和国安全生产法》，进一步完善安全生产管理体系

《中华人民共和国安全生产法》是我国第一部关于安全生产的法律，也是指导安全生产工作的纲领性文件。新的一年，要继续深入学习贯彻《安全生产法》，并在建立和完善四个体系上下工夫，着力构建安全管理长效机制。

——**优化安全生产管理体系**。建立健全纵向到底、横向到边的安全生产责任制，完善考核指标和落实措施，提高责任制各项指标的针对性、适用性、可操作性和可比性；完善安全生产制度，整章建制，特别是加强安全生产操作规范建设和落实，提高职工安全防范能力；注重安全管理队伍建设，重视安全管理人才培养，搞好人才培训与教育，提高安管人员的地位；加大对安全管理工作的投入，做到机构落实、人员到位、经费保证。

——**构建重特大事故应急救援体系**。制定《重特大事故应急救援预案》，并结合交通系统安全生产工作中出现的新情况、新问题，不断完善，使其更加贴近实际、便于实施、有效运转，在全省交通系统构建起全方位、多层次、责任明确、协调配合、保障有力的应急救援体系。

——**建立交通企业安全生产评估指标体系**。在全面完成道路水路运输企业安全状况评估的同时，研究制定公路建养和高速公路营运企业安全状况评估标准，启动公路建养和高速公路营运企业安全状况评估工作，对照评估标准认真开展安全生产大检查和考核评估，把安全生产考核与安全生产检查有机结合起来。

——**完善安全生产信息体系**。从今年1月份开始，各市（地）交通局和厅直单位使用交通厅统一编印的安全生产报表，各市（地）交通局安全生产统计范围包括辖区内道路水路运输行业所有营运车船及站场和县乡公路建养安全生产状况；厅直各单位安全生产统计范围包括所属各单位和所管各业务范围内的安全生产状况。要按照管业务必须管安全的原则，把个体、民营、集体、国营不同所有制的道路、水路运输及公路建养业户的安全生产统一纳入统计范围，严禁迟报、漏报、隐瞒不报。

三、深入贯彻《道路交通安全法》及《危险化学品安全管理条例》，进一步履行好“三关一监督”的职责

《中华人民共和国道路交通安全法》已于2003年12月经十届全国人大五次会议通过，将于2004年5月1日起施行。各市（地）交通局、省运管局及道路运输企业要很好地学习贯彻，并以《道路交通安全法》颁布实施为契机，认真

履行各自的安全管理职责，进一步推进道路运输行业特别是道路旅客运输和危险货物运输行业安全生产。

——**严把道路运输市场准入关。**全省道路货物运输业户21万户、道路旅客运输9000余户。其中：班车客运4600余户。各级交通主管部门、运管部门要在继续做好客货运输企业经营资质评定的同时，加强对企业经营资质考核管理，对没有安全保障或疏于管理造成特大安全事故的客运企业和危货企业，要降低其经营资质等级，限期整改或停业整顿；而对安全生产管理好的企业，应当在客运线路审批等方面优先考虑，充分发挥安全生产优势企业在道路运输行业的主导作用。

——**严把营运驾驶员从业资格关。**全省道路驾驶员13.7万名，加强营运驾驶的培训考核工作，是搞好道路运输安全的治本之策。要继续贯彻实施交通部7号令，进一步总结经验，完善营运驾驶员的考核管理办法，提高培训与考核管理水平，坚决杜绝以收费代培训、重收费轻管理的倾向；要加强营运驾驶员的动态管理，健全档案，落实考核目标及措施，特别是要重点加强对大客车、汽车列车和危险货物运输车辆驾驶员从业资格的管理，对发生重特大责任事故的营运驾驶员要采取停业培训、吊销从业资格证等措施，保证营运驾驶员从业资格管理制度的严肃性和权威性；要加大打击伪造、买卖假从业资格证行为的力度，采用先进科学技术提高防伪水平和查伪能力。

——**严把营运车辆技术状况关。**全省营运货车15万辆、营运客车1.1万辆。其中：客运班车6400辆。要以强化营运车辆技术等级评定工作为重点，结合年度车辆审验，加强车辆综合性能检测，科学确定车辆技术等级。要加强营运车辆管理的基础性工作，逐步建立营运车辆技术档案管理制度和营运车辆技术信息数据库。达不到安全生产技术状况的车辆，必须退出市场，严禁车辆超期服役或报废在用。要继续积极推广营运车辆定期维护制度，引导运输企业和社会个体经营业户自觉做好营运车辆的定期维护工作，以确保在用营运车辆始终保持良好的技术状况，严禁带"病"上路。要严厉打击无牌、无证和报废车辆从事营业性客货运输行为，严格执行客货运输有关车辆技术等级的规定。

——**搞好汽车客运站的安全监督。**各级交通主管部门和运管部门要加大对汽车客运站场的安全监督力度；客运站要按照《汽车客运站管理规定》的要求，建立健全安全生产制度，严格执行车辆进出站例检制度、安全嘱咐制度等，严禁车站出售超员票，严禁超员车辆出站，切实履行好安全管理职责，消除站内安全隐患。要加强站场安全设施建设，提高事故防范能力。一级客运站要全部配备行包安检仪，其他没有配备行包安检仪的客运站则要配备专职行包安全检查人员，严禁"三品"进站上车；同时要加强站场内秩序管理，特别要加强春运、旅游黄金周等客流高峰期的站内安全管理及车辆安全管理。

——加强非营运车辆安全管理。交通行业是车轮上的行业，许多交通职工以路为业、以车为伴，保证交通安全十分重要。各级领导在抓安全生产工作的同时，必须高度重视本单位非营运车辆的交通安全管理，特别是要加强对小车司机的教育与管理，强化司机的安全意识，提倡文明行车、安全行车，不开超速车、不开疲劳车、不开赌气车、不开违章车。

四、深入贯彻《中华人民共和国内河交通安全管理条例》，进一步强化水上交通安全管理工作

修改后的《中华人民共和国内河交通安全管理条例》，是加强水上交通安全管理的重要法律依据，要很好地学习贯彻，把水上交通安全作为水路运输行业的首要任务来抓。

——落实安全责任。我省属非水网地区，虽然水运资源不够丰富，客货运输量也不大，但船舶老旧、船素质低、安全条件差，水域分布广，安全管理难度大、任务重。全省交通系统要把学习贯彻《内河交通安全管理条例》与学习贯彻国务院《关于加强内河乡镇船舶安全管理的通知》结合起来。一方面，督促市(地)县政府进一步明确和落实县乡政府对乡镇船舶安全管理的责任，落实市长、县长、乡长、村长四长安全责任制；另一方面，要明确和落实各级地方海事部门对水上交通安全监督和管理的责任。

——突出工作重点。要突出小浪底库区、万家寨库区、汾河一库、二库及黄河沿线"四区一线"重点水域，客渡船、客滚船、高速客船、旅游客船及危货船舶"四客一危"重点船舶，春运凌汛期、"五一"和"十一"黄金周及节庙会期间等重点时段的水上交通安全管理。各级交通主管部门、地方海事部门要制定应急预案，落实监管措施，加大执法力度，严禁船舶超载和人畜共载，坚决取缔"三无"船舶。特别要加强对水上旅游的安全监督，完善必要的航道、码头及救捞设施，保障游客生命安全。

——严把"三个关口"。一是严把水运市场准入关，严格水运审批制度，搞好水运企业安全生产状况评估，推进水运企业结构调整，培育区域性水运企业，发展规模化、集益化运输，提高水运企业安全管理水平；二是严把船舶检验关。要加强对船舶设计、制造、营运管理。不符合船舶技术要求和不符合消防、救生安全要求的船舶不得从事水上运输；三是要严把船员适任资格关，严格船员培训，提高船员技术水平，并不断加强对船员的动态管理与考核。要继续深化水上交通安全专项整治，严把市场准入关、船舶检验关、船员适任资格关，夯实水上交通安全管理基础。

五、深入贯彻《中华人民共和国公路法》和《建设工程安全生产管理条例》，进一步夯实公路建养施工安全管理基础

《建设工程安全生产管理条例》已经2003年11月12日国务院第28次常务会议通过，并从2004年2月1日起施行。全省交通系统公路建设、养护及民用建筑施工单位和建设单位，要认真学习贯彻《公路法》和《建设工程安全生产管理条例》，切实加强工程施工安全管理。

要学习贯彻好《建设工程安全生产管理条例》，明确建设单位、施工单位和勘察、设计、工程监理及其他有关单位的安全责任。要把贯彻实施《建筑法》和《建设工程安全生产管理条例》与贯彻实施山西省公路建设、养护和高速公路营运行业安全工作规范结合起来，理论联系实际，把公路建养安全生产各项措施落到实处。特别是要加强高填深挖、高架隧道等险工险段的安全生产监管。要以实施《建筑工程安全生产管理条例》为契机，以《建筑工程安全生产管理条例》和公路建设、养护、营运三个安全工作规范为教材，对广大干部职工进行一次工程建设安全生产教育和培训，强化安全生产意识，严格安全工作规范，提高安全管理水平。

要学习贯彻好《公路法》和《山西省高速公路管理条例》，加强公路养护管理，改善行车环境，为全省交通安全提供强有力的物质支持。一要增加投入，加大危桥险路改造和养护管理的力度，及时修补路面坑槽，着力解决好山区公路包括高速公路坡度过大、弯道过急等影响安全行车的明显隐患，保障公路安全畅通；二要完善标志标线，健全道路安全警示标志，发挥高速公路可变情报板的安全宣传教育和提示作用；三要在公路两侧增设防撞设施，特别是在事故多发段、危险路段及重点旅游路段增加护防撞护栏、护墩；四要巩固和发展治超成果，减少道路损坏，保障行车安全。

六、深入贯彻《中华人民共和国消防法》和《特种设备安全监察条例》，进一步提高全行业安全生产管理水平

消防安全和特种设备安全与交通系统日常生产生活密切相关，必须高度重视，切实抓好《中华人民共和国消防法》和《特种设备安全监察条例》的贯彻落实。

要高度重视并认真做好消防安全工作。我省交通系统消防工作的重点是汽车站场、交通院校及机关、酒店、会议厅室等人员聚集场所和油库、材料库、车库等易燃易爆物品堆放场所以及用电、用气等火灾易发场所。一要大力宣传消防常识，吸取省内外火灾事故血的教训，警钟长鸣，不断提高职工的消防安全意识和消防能力；二要加大投入，做到消防设施与主体工程同时设计、同时施工、同时交付使用，保证消防设施安全有效；三要配备足够的灭火器、沙袋、水桶、铁锹、灭火毯等消防器材，做到定期检查，专人管理；保证消防疏散通道畅通和应急灯常备有效。汽车客运站属于公众聚集场，要配足消防设施及器材、保障消防疏散通道畅通，严禁站

场内吸烟。

要高度重视并认真做好特种设备安全管理工作。特种设备是指涉及生命安全、危险性较大的锅炉、压力容器(含气瓶)、压力管道、电梯、起重机械、客运索道、大型游乐设施。全省交通系统涉及的特种设备种类还比较多,数量也比较大,要高度重视这些特种设备的安全管理。一要购置和使用经国家有关部门批准生产和合格的特种设备,防止购置和使用无证及假冒伪劣产品;二要定期检验。按照国家有关部门的规定,由劳动、质检等部门对特种设备进行定期检验,未经检验和检验不合格的产品必须停止使用;三要严格执行安全操作规程,从提高操作人员素质和加强安全管理入手,杜绝违章操作,保障特种设备安全运行。

6. 在治超中当好主力军、打好主动仗*

全国集中治超启动两个多月来，我省呈现出了强势开局、进展顺利、成效明显的良好态势，“双超”车辆和交通事故明显减少，运价和车流量不断回升，物价和社会保持稳定。下一个战役究竟如何打？这是战前我们必须解决好的一个问题。

——打持久战。超限超载运输形成原因复杂，形成时间长久，既有其存在的客观性，又有其形成的历史性。因此，治超是一项具有艰巨性、复杂性和长期性的工作，既涉及现有利益格局的再调整，又涉及社会经济秩序的除旧革新，不可能一蹴而就，也不可能毕其功于一役。我们在治理一开始遇到的困难和压力很大，以后的困难和压力会更多更大。现在，治理超限超载已进入了相持对峙阶段，车主在等待、社会在观望、媒体在关注，稍有松劲，就会前功尽弃，超限超载就会反弹，甚至是反扑，后果不堪设想。能不能把已经取得的成果巩固下去，能不能坚持到底，这是对我们交通部门执政能力的一次重大考验。在这个节骨眼上，坚持就是胜利，谁能坚持到底，谁就能掌握工作的主动权。我们一定要牢固树立长期作战的思想，克服厌战情绪，始终保持高昂的斗志，坚持不懈地把“双超”治理到底。

——打总体战。治超是一项复杂的系统工程，仅靠我们交通部门是很难拿下来的，必须紧紧依靠各级政府，紧紧依靠相关部门，形成治超的合力。前一阶段治超之所以能取得明显成效，一个重要的原因就是坚持了联合治超的方针。但是，实事求是地讲，联而不合、合而无力的问题依然存在，这一问题不仅存在于交通与其他部门、部门与政府之间，我们内部也比较突出。条块分割、地方保护、政令不一、各自为阵、推诿扯皮、利益驱动，不同程度地削弱了治超的力度。在下一阶段的治超工作中，我们必须着眼于解决好这些问题，调动一切积极因素打总体战。首先，我们内部要联合起来，厅直单位之间、厅管单位与地市交通局之间，都要加强配合，互相支持、互通信息，绝不能各自为阵。在线上，省高管局、省公路局应强化内部统一指挥、统一行动；但在面上，全行业必须服从地方政府的领导；在点上，要协调好公安、工商等部门的关系，联合各级各部门综合运用经济、法律、行政手段，增强治超的合力，始终保持对“双超”的高压态势。

---

* 2004年9月9日在山西省交通系统车辆超限超载治理工作第二次会议上的讲话摘要。

——打主动仗。治理“双超”，交通既是主战场，又是主力军。夺取治理双超的全面胜利，要靠政府，靠联合，但绝不能丝毫降低我们自己的主动性，我们自己才是最可靠的。各单位、各部门要增强主动性，打好主动仗。主动争取政府的支持，为政府当好助手、当好参谋；主动协调与相关部门的关系，当好治超的后勤保障；主动研究解决治超工作中出现的新情况、新问题，保证治超工作顺利进行；主动站在治超第一线，与超限超载作斗争，把治超工作抓紧抓实抓到底。

打铁首先本身硬。没有一支高素质的执法队伍作保障，不可能夺取治超工作的全面胜利。要继续把队伍建设放在首位，强素质、严管理、树形象，努力建设一支纪律严明、作风过硬、清正廉洁的执法队伍，具体要做到“四个严格”。

——严格教育。治超人员战斗在执法第一线，处在腐蚀与反腐蚀的最前沿，教育工作一刻也不能放松。要把对执法人员的教育放在更加突出的位置，坚持不懈地加强对执法人员的宗旨教育、廉政教育和法律、法规教育，使他们牢固树立起执法为民的思想，自觉在思想上筑起反腐倡廉的坚固防线，自觉做到依法行政、依法办事，拒腐蚀、永不沾。

——严格纪律。要严格执行新的车辆超限超载认定标准和执法纪律，在集中治超期间，对超限超载车辆的认定、卸载和处罚，必须集中在检测站进行。对超载车辆的处理，要坚持以卸为主。不称重检测，不能认定为违法行为，不能实施处罚；不实施卸载，不消除违法状态，一律不得放行。要严格坚持一事不再罚原则，对同一车辆的同一违章行为，已被处罚的，当日不得重复处罚。

——严格管理。要严格执行交通部提出的治超人员“五不准”规定和省交通厅提出的执法人员“六条禁令”，进一步建立和完善各项规章制度，从源头上杜绝执法人员的违规违纪行为。要切实加强治超领域党的建设，建立健全党的基层组织，做到治超战线延伸到哪里，哪里就有党的组织，哪里就有党的活动，使执法队伍始终在党的领导之下开展工作。

——严格监督。各级交通部门、纪检监督部门要进一步加强对治超工作的监督检查，加大明察暗访力度，严肃查处“乱罚款、乱收费”和内外勾结、徇私枉法等行为。对私放车辆、收黑钱等执法犯法、以职谋私的害群之马，要严惩不贷，一律清理出执法队伍，绝不姑息。

治超涉及方方面面，是一项系统工程。在具体工作中，要正确处理好四个关系。

——正确处理好路面治理与经济调节的关系。路面治理与经济调节都是治理“双超”的有效手段。在当前治超的关键时刻，既要保持路面治理的应有力度，严厉打击“双超”车辆，促使车主尽快恢复吨位，又要加大经济调节的力度，加快“大吨小标”恢复工作，为路面治理减轻压力。对于国家发改委已经公布的车型，省交通征稽部门要协助公安机关尽快办理“大吨小标”恢复工作，并保证优惠政策到位。

——正确处理好治理超限超载与保证经济发展的关系。当前,运输紧张的状况仍未得到有效缓解,电煤运输、重点物资运输的任务十分繁重。要妥善解决好在治超工作中出现的新情况、新问题,特别要解决好交通堵塞问题。对车流量较大的出入口,要适当增加称重设备,并积极探索利用红外线、笔记本电脑等先进技术和设备快速检测的途径和办法,加快检测速度,缓解交通堵塞,保证国家重点物资和城市居民生活品运输正常。同时要认真落实国家和省政府关于"绿色通道"的规定和农产品运输"三不"政策(不检查、不卸载、不处罚),保证"绿色通道"畅通。

——正确处理好治理超限超载与治理公路"三乱"的关系。治理超限超载和治理公路"三乱"是一个问题的两个方面。当前,治超工作要严格执行省交通厅制定的只卸不罚的规定,绝不能因治超引发新的公路"三乱"。

——正确处理好加大治超力度与加大宣传力度的关系。加强宣传是做好治超的必要条件,在加大治超工作力度的同时,要牢牢掌握宣传工作的主动权,紧紧围绕每一阶段的治超工作重点,调整宣传方向,进一步赢得社会的理解和支持,营造一个良好的舆论氛围和社会环境。

超限超载运输,说到底是利益驱动的结果,是市场不规范的结果。市场中出现的问题,只有通过市场机制才能从根本上得到解决。要认真研究超限超载形成的历史原因和客观条件,不断深化对运输经济发展规律的认识,通过加强宏观调控,规范市场行为,努力从根本上解决超限超载问题。

——认真研究道路运输产业政策。积极鼓励集装箱和多轴车辆的发展,引导运输企业与煤炭生产、经销企业联合、重组,发展厢式运输、甩挂运输和列车化运输,把运输增长方式转变到依靠科技进步上来。

——认真研究运输市场准入问题。目前,运输市场秩序混乱、超限超载严重一个重要的原因就是市场门槛太低。由于门槛低,市场主体又多又散。大多数车主,同时又是货主、司机,车主集运输、销售于一体,具备了不择手段逃避治超执法的条件。只有把市场门槛提起来,引导运输企业走规模化、集约化的道路,将运输环节与销售环节、所有权与经营权分开,才能使市场主体做到不超限、不能超限。

——认真研究收费公路货车计重收费。这是运用经济手段治理超限超载运输的有效机制,也是维护运输市场公平竞争的一种收费方式,这在山东、江苏等省已经得到证明。要加大调研力度,完善政策措施,积极推广计重收费。

7. 大力推进农村客运网络化*

解决“三农”问题，推进农村小康社会建设，离不开农村交通，离不开农村客运。各级交通主管部门要高度重视农村客运发展，积极主动地向地方党委、政府汇报工作，争取支持，理顺关系，优化发展环境，把行业行为变为政府行为和社会行为，切实抓好农村客运线路规划、组织经营、运力调整、市场监管等。

发展农村客运，必须坚持经营户有钱可赚和农民坐得起车即“双赢”。各级交通部门要深入实际，调查研究，科学规划客运线路，合理布局客运站点。在客运线路规划中，既要考虑新线路的开通，又要考虑现有营运线路的调整和改造；既要考虑到人便于行，又要考虑到经营者的经济效益。在客运运力规划中，要坚持运力与运量基本平衡、适度超前的原则，以中级客车和普通客车为主，满足不同层次需求。出行人员集中的乡镇，投放中型中级以上客车；偏远山区根据线路长短、出行人员多少，投放中、小型和普通客车。在站点的规划中，以经济实用、方便合理为原则，根据人口密度、农村经济发展、地方资源开发等条件，在较大乡镇、旅客集中地规划五级汽车站或简易站，较小乡和较大村规划候车棚，其余村设招呼站。此外，还要注意在实践中及时调整客运线路和运力布局，提高客运线路的经济和社会效益。对不宜开通日班的线路，可根据实际规划开通隔日班、周班、赶集班或早晚班；对村村间、村镇（乡）间、乡镇间运营的客运班车，可采用定区域经营、定线循环运行、滚动发车、电话叫车等灵活的营运方式；对经营县城至乡镇、较大行政村且经济效益较好的班车，可实行“定班、定点、定线”的公交化营运模式，有效提高农村客运集约化经营、规范化服务水平。

农村客运盈利空间有限，社会公益性较强，必须加大政策扶持力度。要认真落实已出台的加快农村客运发展的各项优惠政策，并研究出台其他新的优惠政策。经营困难的客运线路和与城市公交竞争激烈的客运线路，可采取比较灵活的扶持措施。要积极争取当地党委和政府的支持，妥善解决农村客运车辆“进城难”的问题，并配合相关部门打击无证营运和农用车载客等行为，维护农村客运合法经营者的权益。要制定和实施便民措施。对新申请开通的农村客运班线，只要符合运力

---

* 2004 年 11 月 2 日在山西省村村通班车经济交流会上的讲话摘要。

宏观调控和车辆技术条件，运管机构应及时办理有关审批手续；对开通村村、村镇(乡)、乡镇间客运线路或延续经营的，在不与原有经营者发生冲突的情况下，可实行报备制。要大力发展农村汽车维修网点，积极组织农村客运车辆和安全救援网络，确保人民生命财产安全。

发展农村客运，必须尊重市场经济规律，注重发挥市场机制配置资源的作用，切忌行政命令"一刀切"和形式主义。要按照"政府创造环境、企业创造财富"的思路，不断优化农村客运发展环境，并引导和指导大中型运输企业发展农村客运班线，提升农村客运服务水平。要正确处理经济效益和社会效益的关系，配合物价部门科学利用价格杠杆的作用，合理确定票价，保证经营者有钱可赚、农民接受得了。要加强与农村客运经营户的联系，及时排忧解难，严禁"乱收费"、"乱罚款"，严肃查处农村客运管理中的"三乱"行为。

我省农村客运站点建设比较滞后，欠账多，条件差，需要加大投入，加快建设。交通部将列专项资金进行乡镇汽车客运站建设；省交通厅将客运附加费金额用于站场建设，加快中心城市和县汽车站建设，完善农村客运站场网络。农村客运站点建设要按照"乡镇有站、大村有棚、小村有牌"的思路，搞好规划，并优先规范线路上的候车棚、候车牌建设，做到规范一条客运线路，建设一线客运站点，方便一方农民群众。要引入市场机制，采取出租广告牌等形式，吸引社会资金，降低站棚、站牌造价，加快建设。要探索农村客运站点管理的方法和途径，落实管理部门和人员，保障客运站点设施的维护和使用，做到建好一个站、用好一个站、管好一个站。

农村客运车辆技术等级低，农村客运人员整体素质差，农村客运线路遍布全省各地，客运市场管理难度大，安全隐患多，必须加强安全监管。要严把农村客运市场准入关，严禁无证无牌无照"三无"车辆、报废车辆、拼装车辆、农用车从事农村客运；要严把车辆技术状况关，督查经营户搞好车辆维护和技术检验，不达车辆安全技术标准的不得从事农村客运；要严把驾驶员的从业资格关，没有营运驾驶员资格证书的人员不得驾驶农村客运车辆；要积极发展公司化经营，提升农村客运生产力水平，提高安全管理水平。

8. 做好运管工作的几点意见*

一、关于落实科学发展观

党的十六大以来,我党在认真总结国内外经验教训的基础上,提出了科学的发展观。这些年,我省公路建设发展很快、投资很大,但修路不是目的,修路的根本目的是使运输更畅通、更快捷、更安全,修路的价值最终要靠运输来体现。没有运输的发展,公路投资就没有效益,也没有价值,我们的交通事业就不是科学的发展。要依靠发展运输,促进公路建设;通过建好公路,更好地发展运输,以最低的成本为社会提供安全、便捷的运输服务,这才是科学发展观。坚持科学的发展观,还要不断加快村村通公路、村村通客车进程。"村村通"是国家的民心工程,我们交通系统要全力支持,在政策上倾斜,减免规费,鼓励发展。当前要紧紧抓住中部崛起的战略机遇期,发挥山西贯东启西、通南联北的独特区位优势,发展运输网络,抓好运力结构调整、经济结构调整和经营结构调整。这三个调整,是落实科学发展观在道路运输上的具体体现。

第一,要调整运力结构,推动运输科技进步。在山西,公路旅客运输量占全社会旅客运输量的90%。但是,山西的运输结构还不很合理,与其他发达省份还有一定的差距。山西的高速路通车里程在全国排第9位,而全省的中档和低档客车仅占客车总数的26%和67%,中高级客车在客车中的比例肯定不是第9位。因为运力结构和运输结构不平衡、不合理,必须把它调整过来,使之达到相互平衡,这才是科学发展观。现在高速路多了,但运输车辆的发展跟不上,高速路上不能跑的尽是破车。搞交通就是要管好"车、路、人"。交通厅的一个主要职责是修好路、管好路,运输管理部门的主要职责就是管好车和人,依靠科技进步,提升运力档次,提高运输服务质量和附加值。

第二,要调整经济结构,壮大非国有经济。过去运输实行计划经济,所有场、站、车都由政府管理。改革开放以后,个体经济、集体经济大量进入,经济结构发生了很大变化,但目前我省还保持着省、市、县三级全民汽车客运站管理形式。怎样

* 2006年1月21日在全省运管系统工作会议上的讲话摘要。

进行经济结构调整，国有大型企业怎样转变机制、转变观念，需要好好研究。运管部门要认真研究解决市场主体多、小、散、弱问题。场站建设要从主要为企业服务向为社会服务转变，把司机、车主缴纳的客运附加费和运管费用来建设公共设施，更好地为社会提供公共服务。

第三，要调整经营结构，解决运输质量不高的问题。过去运输行业不竞争，包括铁路部门都没有竞争机制，现在高速铁路即将建成，铁路服务质量提高了，效率提高了，可供选择的出行方式多了，市场竞争日益加剧，道路运输必须进一步提高运输效率和服务质量。诚然，不管哪种运输方式，都无法代替我们道路运输"门对门"方便、快捷的运输服务模式。这是我们的优势，也是我们努力的方向。

二、关于落实以人为本

孙中山先生说过："交通乃文明之舟、产业之母"。以人为本，对交通部门来讲，就是为人民提供一个高效、便捷、畅通、安全的交通运输系统；对运管部门来讲，最重要的是狠抓安全监管，让人民群众安全便捷出行。要有安全的意识、安全的投入、安全的保障机制，以高度对人民负责的精神，切实把道路运输安全放在所有工作的首位，落实好"三关一监督"。现在，我们大力发展"双通"工程，继续实施村村通水泥路、村村通客车工程，就是要为老百姓提供方便快捷的交通运输服务，让农民一出家门口就能坐上客车。农村通了班车带来的巨大变化是有目共睹的，最近国务院内参表扬了我省运城的"村村通"工程。但是，村村通客车的发展，同时带来了安全问题。农村客车档次不高、驾驶员素质也不高，急功近利，加上维修跟不上，道路技术标准不高、线形不好，存在很多安全隐患，必须特别重视"村村通客车"的安全监管问题。沁源 11.14 事故、临猗黄河水上特大事故，教训都十分深刻。省政府把 11 月 14 日定为警示日，非常必要。农村客运发展起来后，要狠抓驾驶员培训关，切实为社会培训出符合要求的驾驶员；要管好车，把好车辆技术状况关；还要管好人，把好营运驾驶员从业资格关，切实做好道路运输安全监管工作。

三、关于落实执政为民

落实执政为民，要求运管部门必须提高自身素质，转变职能，提高效率，依法行政，强化市场监管，创造公平竞争的市场秩序。严禁运管人员从事所辖行业的经营活动。基层运管所也是政府机构，必须限制进人，提高在职人员素质。执法人员必须懂法律法规，文明执法。山西省有 20 万辆车、20 万名司机，这支庞大的队伍要在运输市场上平等竞争，必须靠我们来维护市场秩序，这就是政府职能的体现，这就是公共服务，这才叫执政为民。

四、关于落实立党为公

立党为公是对干部的要求。立党为公,要求党员干部必须廉政,认真学习党章、贯彻党章、遵守党章、维护党章。中央反复强调要抓廉政建设,要立党为公,“公”就是党章,一定要努力学习、贯彻、落实和维护党章,把队伍廉政建设抓好,把运管形象树好。

没有一个立党为公的好班子、好队伍,不按科学发展观推动运管工作,不贯彻以人为本、突出安全管理,我们的运管工作就做不好。运管部门一定要以科学发展观来统领一切,牢固树立以人为本的思想,紧紧抓住转变政府职能和强化安全监管这两个重点,构建和谐运管、廉政运管,促进运管事业跨越式发展。

9. 审计工作要为交通发展保驾护航*

“十五”是我省交通史上发展最好最快的时期。各级交通审计部门和广大审计人员紧紧围绕交通建设发展的中心工作，坚持“全面审计、突出重点”的方针，积极开展审计监督，全面完成了各项审计任务。进入“十一五”，我省交通发展的机遇更好、建设任务更重，审计工作要在保证国家资金安全、保护干部不犯或少犯错误、保证交通事业健康发展中继续发挥作用。

一

“十一五”是交通发展的一个重要战略机遇期。与“十五”相比，有以下三个新特点。从发展的速度看，“十一五”我省交通建设投资规模更大、战线更长、项目更多、任务更艰巨。五年投资 900 亿元，建设高速公路 2200 公里，建设和改造干线公路 5000 公里，新改建农村公路 6 万公里。无论是投资规模和建设战线，还是建设项目和资金流量，都将大大超过“十五”。从发展的内容来讲，“十一五”我省交通进入全面协调可持续发展的时期，不仅公路建养、道路运输要有长足发展，规费征收、科技教育、精神文明建设、和谐社会建设、党风廉政建设的任务也十分繁重。从发展的方式来讲，过去我们走的主要是自主发展的模式，自己筹资、自己建设、自求发展；从“十一五”开始，要逐步转向运用市场经济和改革开放的手段加快发展，交通部门逐步从具体建设事务中摆脱出来，转向主要为市场主体搞好服务和加强市场监管、创优发展环境上来。

总体来讲，经过近几年特别是“十五”的锻炼，我省交通建设、管理的各项工作上了一个新台阶。但是也必须清醒地看到，无论是工程管理，还是资金管理；无论是预算管理，还是资产管理，都还存在一些不容忽视的问题。从近几年审计所反映出的结果来看，较为突出地反映在建设程序不严格，设计深度不足，招投标不严格，转包分包严重，合同管理不严肃，设计变更不规范；工程建设资金不到位，建管费超支，概算控制不严；违反“收支两条线”规定，私设小金库，管理成本过高，以费养人

* 2006 年 2 月 12 日在全省交通审计工作会议上的讲话摘要。

以及资产管理中的国有资产不能及时入账、账物不符等。以上这些问题,有的是新出现的新问题,有的是屡查屡犯的老问题。这些问题的存在,直接影响到交通经济秩序的正常运行和交通事业的健康发展,必须引起高度重视。

审计是国家加强经济监管的重要手段。越是发展市场经济,越是加快交通改革与发展,越要强化审计监督。第一,加强审计工作是加强监督的重要内容和有效方式。新一届政府要求实行科学民主决策,坚持依法行政、加强行政监督。交通系统主动加强审计工作,正是对这一要求的具体贯彻和落实。第二,加强审计工作有利于帮助我们发现管理工作中的薄弱环节。交通部门要做负责任的政府部门,交通行业要做负责任的行业,就要不断发现管理中的薄弱环节,从而不断改进管理工作。第三,加强审计工作是密切同人民群众的联系,加强与人民群众沟通的有效方法。随着社会主义政治文明建设的不断推进,人民群众的民主意识越来越强,对权力透明化的要求越来越高。认真做好审计工作,可以为行政行为透明化提供保证。第四,加强审计工作是廉政建设的需要,加强对权力的制约和监督是审计工作的主要内容和职责,也是加强廉政建设的重要手段。审计工作搞好了,可以使我们及早发现问题、解决问题,防止腐败,这实际上是保护干部。

我们一定要正确把握当前交通改革发展的形势和机遇,站在做负责任的部门和行业的高度,充分认识审计工作的重要性和必要性,理解审计,支持审计,自觉接受审计,主动要求审计。一方面,对存在的问题要加大整改力度;对屡查屡犯的问题,要从根源上加以杜绝;对违法乱纪的领导干部和责任人要严肃惩处。另一方面,要认真研究和分析在机制和体制上存在的问题,进一步建立健全规章制度,抓好制度落实,从约束机制上、管理措施上建立防范违纪违规问题发生的长效机制。

二

加强审计工作,关键是要做到“三个坚持、三个服务、三个负责”。

“三个坚持”是:坚持“围绕中心、服务大局”,坚持“全面审计、突出重点”,坚持“人、法、技”建设与审计工作协调发展。

坚持“围绕中心、服务大局”,是审计工作的出发点。审计工作必须坚持以交通发展为中心,为交通发展服务,为交通发展保驾护航。做好交通审计工作,首先要了解交通工作的中心任务,把握中心工作。要清楚每个时期的中心是什么,重点是什么,各个时期存在的突出问题是什么,发展中的困难是什么,发展中的阻力是什么,发展的目的是什么,发展中实行的政策与策略又是什么等等。随着经济的不断发展和形势的不断变化,审计工作的重点也在不断发生变化。我们要经常自觉地从政治和全局的高度来认识和把握审计工作的任务和重点,更加自觉地为促进交通事业的健康发展服务。

坚持"全面审计、突出重点",是审计工作的重要指导方针。全面审计包含两层含义:一是审计部门要全面履行审计职能,凡是有政府资金的单位,都要纳入审计范围,不能留有"监督空白";二是对每个具体单位和项目的审计都要以真实性为基础,摸清家底,不留"审计死角"。所谓突出重点,就是要在审计对象上选择重点单位、重点部门、重点资金,突出各领域和社会关注的热点、难点问题;在审计内容上要揭露重大违纪违规问题,抓住要害,查深查透。

坚持"人、法、技"建设与审计工作协调发展,是提高审计工作水平的根本保障,这也是交通审计多年来做好工作的基本经验之一。"人、法、技"三者共同构成审计基础建设的有机整体,其中"人"是审计行为的主体,是决定审计工作水平的根本因素;"法"是审计行为的依据,是保证审计工作有效开展的制度因素;"技"是实现审计行为的手段方法,是促进提高审计工作质量和效率的技术因素。一定要高度重视制度的建设和制度的执行,国家的有关法律、法规和部门规章都要严格执行和遵守,各单位的制度建设工作也要抓紧抓好,以确保各项审计工作都能在制度规范中运行。要努力学习先进的审计理念和方法,积极探索信息化环境下新的审计方式,提高审计工作效率和质量。

"三个服务"是,为改进行业管理、塑造行业良好形象服务,为构建和谐交通、责任交通、节约型交通服务,为促进和保障交通事业健康、快速、全面、协调发展服务。

搞好"三个服务",必须站在政治和全局的高度认识和处理问题。党的十六大以来,中央一再强调要树立和落实科学发展观,弘扬求真务实的工作作风,坚持以人为本,走全面、协调、可持续的发展道路;一再强调要关心和解决好"三农"问题,注重节约耕地、节约资源,走资源节约型发展之路;一再强调要高度重视党风廉政建设和反腐败工作,切实把反腐倡廉的各项工作落到实处。厅党组对在交通工作中落实中央的要求非常重视,积极主动地采取了多项措施。各级审计部门一定要积极按照中央的部署和党组的要求,从大局出发创造性地开展审计工作,为交通改革发展出谋划策,扎扎实实地完成好各项审计工作事项,为构建和谐交通、建设负责任的部门与行业创造一个更宽松、更安全、更和谐的环境。

搞好"三个服务",一定要处理好监督与服务的关系。监督与服务相互依存,二者须臾不可分。我们提出坚持"围绕中心,服务大局",这是对内部审计工作的根本要求,也是对每一个审计人员的基本要求。其中包含了两层意思,一是审计监督的内容要紧贴部门、单位的工作实际,围绕中心工作实施审计监督;二是审计监督要服从、服务于交通改革与发展的大局。多年的审计实践证明,对内部审计而言,监督只是手段,服务才是目的,我们要有这样一个理念,即监督就是服务,服务体现监督。要寓监督于服务之中,也要寓服务于监督之中。监督不到位不可能达到服务的目的;服务没做好,也不能达到监督的要求。特别要增强主动服务的意识。审计人员的特长是熟悉财会业务,熟悉财经法规和国家的经济政策,具有丰富的查错防弊的实践经验。审计人员要发挥自身的优势,把审计当事业,多思考问题,想领导所想、急领导所急,当好领导的参谋。工作思路要有前瞻性,工作重点要有时代性,工作方法要有多样性,把原本单一的监督融于全局的工作中、融于行业的管理中、融于大家的关注中。这样,我们的工作就会更有成效,更具价值,更能赢得领导和大家的关心与支持。

“三个负责”是,对交通事业负责,对各级党组织负责,对被审计单位负责。

做到“三个负责”,就要敢于坚持原则,认真帮助查找管理工作中的薄弱环节和存在的问题。这一点是对审计工作最基本的要求。审计部门和审计人员要有对国家和人民高度负责的精神,不徇私情,敢于碰硬,不怕得罪人,不避重就轻,坚决维护国家法律法规和规章制度的权威性、严肃性,坚决查处各种违法违纪行为。工作中要实事求是、客观公正、敢于承担责任。对于查处的问题要反复核对事实,允许被审计单位申诉,善于听取不同意见,这也是负责任的表现。内部审计的基本职责在于通过审计帮助查找管理工作中的薄弱环节和存在的问题。如果有问题查不出来,或者查出来了不敢揭露,留下隐患和风险,是不负责任的表现。

做到“三个负责”,就要善于对审计中发现的问题进行研究,特别要加强对审计发现的一些带有普遍性、倾向性问题的分析研究,提出整改措施并转化为制度,从宏观上起到指导作用。要通过完善制度、规范管理,保证不再发生类似问题。同时还要注意采取以点带面、举一反三,力求收到审计一个、教育一片、规范一方的效果。

做到“三个负责”,就要认真搞好后续审计,继续加大审计成果运用的力度。要加大对审计查出问题的跟踪,对查出的问题有关单位改了没有,改得怎么样,要进行督促和检查。同时审计部门还要主动搞好与财务、人事、纪检监察等部门的协调与配合,建立审计决定(意见)执行、采纳情况的信息反馈制度。上级单位有责任对下级单位落实审计决定(意见)的情况进行督促、检查,帮助搞好有关整改工作。我们还要在“治本”上下工夫,关口前移,将事后监督转化为事前监督、事中监督,多参与到制度制订、决策的过程中来,随时发现问题,随时提出建议,帮助被审计单位从源头上预防问题的发生。

三

交通审计工作能否搞好,最根本、最关键的还是取决于是否有一支适合交通改革发展要求的审计队伍。这既包括审计人员的数量,也包括审计人员的素质。解决这个问题,可从两方面来考虑:一方面,各部门和各单位要按照“审计职责落实、分管机构明确、审计人员适任”的原则，建立健全内部审计工作制度，切实加强审计机构建设，配备审计人员。要重视和加强全行业审计队伍建设，保持内部审计人员的相对稳定，并按照干部管理权限和规定的程序任免审计部门负责人。要把好审计干部入口关，选调政治素质好、有专业特长、能适应审计工作、愿意奉献审计事业的人员进入审计岗位，不能滥竽充数。要坚持以人为本，关心爱护审计人员，努力为审计人员创造积极向上的成长环境，为他们提供施展才华的机会和平台。

另一方面，审计机构和审计人员要努力提高自身素质。审计工作水平的高低，取决于审计人员的政策理论水平，取决于审计人员的综合业务素质和依法审计能力。一要加强审计职业道德教育，进一步树立依法审计、实事求是的意识，进一步增强客观公正、廉洁执法的观念，进一步发扬爱岗敬业、无私奉献的职业精神，把维护人民群众的利益作为工作的出发点和落脚点。二要善于学习、善于总结、善于创新，认真学习国家财经法规、审计准则与规范以及各项规章制度，不断提高自身的政策水平和业务能力。各单位要创造条件并支持审计人员参加审计业务培训和继续教育。三是要严格审计纪律，从严治理审计队伍。要认真学习贯彻执行党中央、国务院、省委、省政府和厅党组关于廉政建设和反腐败工作的各项纪律、制度，进一步端正思想、转变作风，树立审计部门勤政廉洁的良好形象，确保交通审计干部不出问题、少出问题，为促进交通事业持续快速健康协调发展保驾护航。

10. 为建设和谐交通提供法治保证*

党的十六届六中全会通过的《关于构建社会主义和谐社会若干重大问题的决定》，把“社会主义民主法制更加完善，依法治国基本方略得到全面落实，人民的权益得到确实尊重和保障”作为构建社会主义和谐社会的目标和主要任务，同时要求“加快政府法制建设，全面推进依法行政，严格按照法定权限和程序行使权力，履行职责，健全行政执法责任追究制度，完善行政复议、行政赔偿制度，加强对权力运行的制约和监督，加强对行政机关、司法机关的监督”。

依法行政是依法治国的核心内容，是现代政府管理方式的一次重大变革，是现代政府管理模式的一场深刻革命。在建设社会主义和谐社会的进程中，推进依法行政，必须把握好以下三点。

在人民与政府关系的认识上，必须从公民义务本位和政府权力本位向公民权利本位和政府责任本位转变。依法行政的首要和根本问题，就是人民与政府的关系问题。现代政府是公共管理和公共服务的提供者，其权力来源于人民，受人民监督。公民权利是国家权力之本、行政权力之源；政府责任是行政权力的核心、政府属性的本质。对于政府而言，“法无明文规定即禁止”；对于公民而言，“法无明文禁止即许可”。在人民与政府的关系上，我们应当明确：不是人民为了政府而存在，而是政府为了人民而存在，人民政府始终是最广大人民根本利益的忠实代表和维护者。

在法治理念上，必须从依法治民、治事向依法治官、治权转变。依法治国、依法行政核心是依法治官而非治民，依法治权而非治事，依法规范和制约行政权而非扩大和强化行政权。依法治国的“国”首先是指国家机器，而不是指地理概念。我们必须摒弃法律仅仅治民、治事的工具主义意识，确立法律首先治官、治权的法治主义意识，在此前提下，通过地方和部门的依法治理，让法律真正贴近每个普通老百姓的日常生活，使法律真正成为他们的行为准则和生活方式。

在责任意识上，必须从片面强调公民责任向同时强化政府责任转变。我国现行立法比较重视设定公民责任，不太重视设定政府责任。一些规范政府行为的综

---

* 2006年11月2日在全省交通系统执法和执法监督高级培训班开班典礼上的讲话摘要。

合性重要法律法规难以及时出台，一些单行法律法规中对政府责任的规定或者处于空白状态，或者力度过软没有威慑力，或者过于原则无法追究。现行行政执法过于重视行使政权力，不太重视承担行政责任。一些执法者习惯于耍特权、牟取部门利益，甚至在少数地方和部门形成了以案件为资源，以执法为手段，执法护违法，违法养执法，执法与违法相互依存、恶性循环的黑色"执法产业"。现行的监督制度往往重视虚置监督形式，不太重视落实行政责任。内部监督由于部门"利益关联"，往往出现"相互礼让"；外部监督尽管主体众多，但难以形成监督网络；专门监督虽然制度不少，但实施起来阻力很大。监督者的监督责任同样缺失，很多监督都成了"软监督"。这些问题都是必须认真加以解决的。

构建便捷高效、法制有序、诚信博爱、安全畅通、环境友善的和谐交通，发展是前提，法治是保障。当前，我们正处于发展的重要战略机遇期，同时也处于矛盾凸显期，建设和谐交通的任务非常艰巨，交通改革发展方面的问题急需用法律手段来解决。这种新形势、新情况，迫切要求我们必须进一步提高依法行政的能力。

一、加强立法工作，提高立法质量

加强立法工作是依法治交的基础，必须从思想上、组织上、经费上对交通立法予以重视和保障。以宪法和国家法律为依据，围绕交通基础设施建设和交通行政管理等中心工作，制定立法的阶段性规划，把管理急需、实践证明成功的交通发展和管理的方法、政策、经验用法律规范下来，加速形成适应需要、体系健全的地方交通法规、规章、规范性文件体系。

加快交通立法，要注意提高立法质量。注重立法调研，收集立法信息，保持有一定的立法草案储备；注重发挥专家的咨询论证作用，提高公众和基层参与立法的程度，防止立法中的部门保护主义，增强立法的科学性和实用性。要加强立法力量，建立一支立法骨干队伍，确保立法经费；要加强立法草案的审查把关，法规、规章草案上报前，必须经集体审查；规范性文件出台，必须保持与法规、规章的统一性，并建立和落实规范性文件制定和备案办法。

二、严格交通执法，提高依法行政水平

要从实现我省交通"十一五"发展目标的高度，以维护国家费收，保护国家财产，提供良好的通行环境和建立公平的市场秩序出发，坚持以人为本，服务群众，加大执法力度，及时制止、纠正、惩处各种违章、违法行为。坚持有法必依、执法必严、违法必究，做到文明执法、不失职、不越权。要建立健全依法行政的各项工作制度，保证交通执法行为的公开、公正、公平、合法有效。各交通执法单位要根据省交通厅制定的行政执法有关制度，结合本部门的实际，完善和落实相关的配套制度。重

点建立三项制度：一是行政执法责任制。规范行政执法主体，确保执法单位和执法人员主体合法；严格界定执法范围，依法确立各级交通主管部门和各执法机构的执法职责。各级交通主管部门和各执法机构的主要负责人是依法行政第一责任人，要把执法的目标、任务、要求分解到部门、岗位，并建立相应的考核制度，做到责任明确，执法到位。通过实施执法责任制，实现行政执法的规范化、程序化和法制化。二是行政执法公示制。通过一定形式，把交通部门办事依据、办事制度、办事程序、办事结果等向社会公开，严格自律并接受社会监督，提高交通行政执法的透明度，保证交通行政管理工作的质量与效率。三是行政评议考核制。把依法行政作为各级交通主管部门和各执法机构年度考核的重要内容，同时将学习和掌握法律知识、依法办事情况作为对公务员和交通行政执法人员年度考核的重点，并作为录用、任职、晋升的基本条件之一。

三、强化行政执法监督，规范执法行为

加强交通执法监督是规范交通行政执法行为的重要措施。要在接受权力机关、司法机关、人民群众和舆论监督等外部监督的同时，加强交通内部上下级的层级监督。要完善和落实交通执法监督制度，就监督主体、监督内容、监督方法和程序、责任追究等作出规定。重点要突出：一是建立投诉举报制度。各级交通主管部门和所属执法机构要设立投诉举报电话、举报信箱，并明确部门和人员受理投诉、举报，及时处理投诉、举报监督意见。二是建立行政执法检查制度。通过行政执法检查，对执法主体、执法程序、执法依据的适用和执法文书的使用，以及执法风纪、廉政建设等方面存在的问题，及时发现、处理和纠正。三是建立错案追究制度。凡发生重大责任的错案，要追究错案单位负责人的责任，对执法人员个人要相应追究行政或其他法律责任。四是建立追偿制度。因执法人员履行职责过程中的故意或重大过失给公民、法人或者其他组织合法权益造成损害的，在所属单位赔偿损失后，应向责任人追偿部分或全部损失。五是认真开展行政复议工作。市县交通主管部门要健全交通行政复议机构，明确行政复议人员，按规定受理、处理复议事项，在法定时效内作出行政复议决定。

四、突出领导干部、公务员、行政执法人员三个重点，抓好“五五”普法工作

“五五”普法能否取得实效，领导干部、公务员、行政执法人员学法用法水平的提高至关重要。要把加强对全系统公职人员的法制宣传教育作为“五五”普法的重中之重，完善措施、落实责任，抓出成效。以提高依法执政能力为重点，深化领导干部的法制教育，进一步落实各级交通部门党委（党组）中心组学法、领导干部法制讲

座等制度，完善领导干部法律知识和依法办事能力的考试考核制度，把领导干部学法用法情况作为年度考核的重要内容，作为任免、奖惩、晋升的重要依据，推进领导干部学法用法的规范化、制度化，坚决纠正在少数单位存在的以言代法、以权代法的现象，促进领导干部依法决策、依法管理，更多地运用法律手段管理经济和社会事务，不断提高依法执政本领。

以提高广大公务员依法行政和服务社会的水平为重点，深化全系统公务员的法制宣传教育。在公务员录用中，要注重测试应试人员掌握法律知识的水平和运用法律知识解决实际问题的能力。继续推进公务员年度法制学习培训工作，进一步强化有权必有责、用权受监督、违法要追究、侵权要赔偿的观念。

以促进依法行政为重点，抓好交通行政执法人员的法制宣传教育，使他们自觉学法用法，提高依法行使公共权力的能力，做到严格执法、公正执法和文明执法，切实纠正有法不依、执法不严、徇私枉法等问题。通过严格执法，维护法律权威，维护党和政府的形象，维护人民群众的利益。

五、加快政府职能转变，促进依法治交

加快政府职能转变，使交通行政管理能够达到到位又不越位、缺位、错位，是我省交通行业能否适应体制改革的要求、促进社会经济发展的关键，也是依法治交的重要内容。要加快国有企业改革步伐，实现政企分开。要继续贯彻落实《行政许可法》，深化行政审批制度改革，着力在“减量”和“规范”上做文章，加强对审批窗口的规范化建设，公开项目、规范程序、简化环节、提高效能。加快建设交通政务大厅，实行交通行政审批“一个窗口”对外。同时依托山西交通网，努力实现网上申请、网上管理、网上审批。要做好已调整行政审批项目的后续监管工作，制定统一的管理规范和强制性标准，建立健全事后备案和日常监管制度，保证相关管理措施落实到位。要完善行政审批责任追究制度，按照“谁审批，谁负责”的原则，进一步完善相关责任追究的办法和措施，强化对审批职责和审批程序的有效监督。

11. 在落实"六高"目标中体现"三个服务"*

在今年的全国交通工作会议上，部党组提出了做好"三个服务"的新理念，即服务经济和社会，发展全局，服务社会主义新农村建设，服务人民群众安全便捷出行，这是多年交通工作实践经验的总结，也是对交通发展规律认识的深化，更是对交通工作全面落实科学发展观本质要求的新认识。运用"三个服务"的新理念，审视近几年我省高速公路管理的具体实践，我感到，厅党组提出的"六高"（高质量的工程，高效率的管理，高品位的服务，高效益的经营，高科技的应用，高素质的队伍）目标，正是科学发展观和"三个服务"在高速公路管理工作中的具体体现。在高速公路管理工作中，落实了"六高"目标，就是贯彻了科学发展观，做到了"三个服务"。

高质量的工程，是做好"三个服务"最基本的基础。质量是高速公路的生命。高速公路要服务经济社会发展全局，服务社会主义新农村建设，服务人民群众安全便捷出行，最基本、最基础的就是必须保证高速公路高质量。没有公路本身的质量，就失去了服务的物质条件，也就谈不上"三个服务"。因此，我们必须高度重视高速公路工程质量，既要重视建设过程的质量管理，也要保证运营过程的公路质量，使高速公路始终保持良好的技术状况，保持特有的舒适性和安全性。

高效率的管理，是做好"三个服务"的重要保障。高速公路这一特殊产品决定了其服务的首要表现形式必须是高效。实现高效的服务，必须由高效的管理做保证，以管理规范服务行为，以管理保证服务质量，以管理提升服务效能。因此，我们必须紧紧围绕提高效率这一中心，通过改革和创新，克服影响管理效能的体制障碍和制度性矛盾，完善激励约束机制，最大限度地激发人的积极性和能动性，不断加强管理工作，形成一个高效运转的管理系统。

高品位的服务，是做好"三个服务"的主要内涵。做好"三个服务"，体现在高速公路管理中，最重要的是提升服务经济社会发展和人民群众出行的品位，这是高速公路服务与普通交通产品服务最本质的区别之一。高速公路服务不仅要满足人民群众的安全便捷出行的要求，更要体现在服务经济社会发展，引导社会生产力布局，促进城乡、区域协调发展上，使高速公路真正成为一条产业带、文化带、生态带。

---

* 2007 年 1 月 26 日在全省高速公路管理工作会议上的讲话摘要。

高速公路管理工作落实"三个服务",必须既注重眼前,又着眼长远,让社会更多更久地感受到高速公路带来的文明和效益。

高效益的经营,是做好"三个服务"的持续动力。我省高速公路都是收费公路,其主要功能是保障公共服务。但是,由于每条路都有一定的负债,没有一定的经济效益作保障,公共服务很难得到保证。另外,我国现阶段的筹资方式也决定了高速公路必须同时注重经济效益,在保证社会效益的同时,努力降低管理成本,扩大边际效益,缩短还贷周期,提高还贷效益,保证按期撤站,这既是贯彻落实国家收费公路政策,保证国家权益的需要,实际上也是一种社会效益。虽然高速公路收费阶段不可避免地给社会增加了负担,但其快速发展带来的效益无法估量。从这个意义上讲,高速公路的经济效益和社会效益是辩证统一的,只有提高经济效益,才能保证持续永久的社会效益,才能有力地推动经济发展和社会文明进步。

高科技的应用,是做好"三个服务"的战略支撑。高速公路是高科技产品,这样的产品,无论是服务经济社会发展,还是服务群众出行,都必须体现高科技这一特征。事实上,离开高科技的应用,也就无法实现高效率的管理、高品位的服务、高效益的经营。尤其需要值得重视的是,我们在建设高速公路的同时,敷设了一个信息高速公路网,大力开发和运用现有通信资源,建设智能化高速公路管理服务系统,既是科技进步的需要,也是走资源节约型发展道路的关键,更是做好"三个服务"、引领高速公路未来最重要的战略支撑。谁能在科技上占有优势,谁就能在竞争中赢取主动。

高素质的队伍,是做好"三个服务"的根本。人是生产力中最活跃的因素,也是做好"三个服务"的根本,尤其像高速公路这样的行业,做好"三个服务",必须依靠建设一支高素质的职工队伍。没有一支高素质的职工队伍,其他五个目标也都等于零。因此,加强职工队伍建设,始终是高速公路管理行业的根本任务。

落实"六高"目标,既是高速公路管理工作贯彻落实科学发展观,做好"三个服务"的根本要求,也是做好高速公路管理工作的时代要求,我们一定要不断增强落实"六高"目标的主动性、积极性和创造性,并在实践中不断深化、丰富和完善,进一步提升公共服务能力和自主创新能力,加快推进高速公路由传统管理向现代管理转型的进程、为经济社会发展当好先行,为建设社会主义新农村作出贡献,为人民群众安全便捷出行提供保障。

公共服务是公路的本质属性。在高速公路建设过程中,虽然实行的是收费公路政策,但其公共服务的属性丝毫不能因此改变。越是在投资主体多元化的情况下,越要强化高速公路的公共产品属性,提高公共服务能力。按照做好"三个服务"的要求,要着力提高以下三种能力:一要提高通行保畅能力。"安全、快速、畅通"是高速公路区别其他普通公路的鲜明特征。提高高速公路通行保畅能力,就要进一步增强公路养护的预见性、主动性和养护作业的时效性，发现病害，及时处治，尽量克服封路作业；就要认真研究建立公共突发事件应急预案和快速反应机制，研究雨、雪、雾等特殊气候条件下的安全行车技术，尽量减少灾害和气候带来的损失和影响；就要切实加强薄弱路段的治理和收费站管理，科学规划通道数量，提高车辆放行速度，尽量减少交通堵塞。二要提高紧急救援和事故处理能力。继续抓好安保工程，消除安全隐患，特别要加强对特大桥梁、特长隧道等的养护管理，运用信息技术加强健康体检，实行动态管理，提高管理养护的主动性。要进一步完善高速公路紧急救援体系，建立部门合作、路地联动、反应灵敏、高效运转的紧急救援网络，提高人命救助和事故处理能力。三要提高服务公众出行的能力。进一步完善标志标线，虚心接受社会意见，邀请专业队伍对我省高速公路标志标线进行系统设计，把行业管理的专业化与社会需求的大众化结合起来，形成一套既便于行业管理，又容易让社会接受的标志标线标识，方便群众出行。要运用信息技术和现代通信手段，进一步完善公众出行信息服务系统，扩大服务领域，拓宽服务渠道，为公众提供从上路前、到行路中直至下路后全方位、全过程的信息服务，真正让公众做到上路前路况明、上路后路线清、下路后方向准。要进一步完善服务区管理，建立规范的服务标准和严格的监督体系，特别是对实行承包或租赁经营的服务区，要切实加强服务监督，坚决克服以包代管、以租代管或放任不管。

创新是一个国家和民族进步的不竭动力，也是提升高速公路管理服务能力的不竭动力。解决我省高速公路管理中存在的体制机制弊端和管理中的矛盾，根本出路在创新，依靠创新理顺体制、激活机制、化解矛盾。关于体制问题，需要强调的是，不论高速公路由谁投资，省里统管的体制不能变。吸收社会多元化投资是政府加快高速公路建设的一种融资政策，高速公路的公益属性不能因此而改变。从这一点出发，高速公路的管理体制必须实行管理一体化，越是投资多元化、越要管理一体化，在这里没有特区。关于激活机制，当前最重要的是积极探索和建立高管局、管理公司、收费站分级负责、点线结合、直线矩阵管理模式和“013358”内部管理运行机制。“0”就是建立收费零成本运行机制，通过发展多种经营，增加路外收入，维持收费正常运行；“1”就是建立以1角钱为考核单元、以收费员绩效考核为核心的工资分配制度；“3”就是要建立以通行费的3%为基数的行业管理费；“3”就是建立以通行费的3%为基数的突发事件准备金；“5”就是建立以通行费的5%为基数的公路养护保证金；“8”就是建立以通行费的8%为基数的偿债平衡资金。高速公路是现代经济社会发展的时代产物。对高速公路的管理，全国没有现成的完全成功的经验和模式可套，只能靠我们自己创新。借鉴别人的优秀成果，借助别人的聪明才智，加强对事关改革发展全局的重大问题的研究、认识，不断探索化解矛盾的新方法、新举措，就能不断推动高速公路管理创新，不断走出引领时代的新路子。

加强高速公路管理，领导干部作风是关键。胡锦涛总书记在中央纪委七次全会上强调，加强领导干部作风建设，是全面贯彻落实科学发展观的必然要求，是构建社会主义和谐社会的必然要求，是提高党的执政能力、保持和发展党的先进性的必然要求，是做好新形势下反腐倡廉工作的必然要求。从我们交通系统来讲，加强领导干部作风建设，也是做好"三个服务"的重要保证。我们一定要从全面落实科学发展观、践行党的宗旨的高度，从做好"三个服务"、推进"十一五"又好又快发展的高度，从履行行业管理责任、保障人民群众利益的高度，充分认识加强领导干部作风建设的极端重要性和紧迫性，切实把加强领导干部作风建设放在更加突出的位置，在思想作风、学风、工作作风、领导作风、生活作风五个方面下工夫，力求抓紧、抓实、抓出成效，为高速公路又好又快发展提供有力保障。

坚持解放思想，开拓创新，加强思想作风建设。从思想上解决认识问题，在方法上和措施上不断创新，在工作上不断开创新局面，这是领导干部思想作风建设的关键。各级领导干部要坚持用科学发展观，构建和谐社会的战略思想武装头脑，以更加强烈的政治责任感和发展意识、开放意识、机遇意识和忧患意识，不断推进理念创新、科技创新、体制机制创新和管理创新，做到发展有新思路，改革有新突破，工作有新举措，作风有新转变，方法有新创造，业绩有新成效，为做好"三个服务"不断注入新的活力和动力。

坚持勤奋好学，学以致用，加强学风建设。学习是提高领导干部贯彻落实科学发展观的自觉性和能力、增长才干、做好"三个服务"的重要基础。高管系统的干部大多是工程干部出身，工程建设是长处，而与之相比，高速公路管理则是一个新课题。要牢固树立终身学习的思想，始终把学习摆在第一位，坚持学以修身、学以养德、学以增智、学以致用，在认真学习马克思主义经典理论、马克思主义中国化最新理论成果、党的路线方针政策的基础上，加强现代经济知识的学习，提高驾驭市场经济的能力；加强科技知识的学习，提高推进自主创新的组织领导能力；加强社会管理知识的学习，提高服务社会的能力；加强法律知识的学习，提高依法决策、依法管理、依法办事的能力。

坚持求真务实，真抓实干，加强工作作风建设。自觉与中央保持一致，脚踏实地、力求务实、力戒浮躁。要在攻坚克难上下工夫，敢于直面困难，正视矛盾；要在改革创新上下工夫，求实、务实，深入实际、深入基层、深入群众，加强调查研究，勇于创新、敢为人先；要在狠抓落实上下工夫，定下来的事情就要雷厉风行、抓紧实施，部署了的工作就要督促检查、一抓到底，急难险重的工作就要身先士卒、靠前指挥。

坚持立党为公，执政为民，加强领导作风建设。领导作风的实质，是党群关系、干群关系问题。牢记"两个务必"，做到"权为民所用、情为民所系、利为民所谋"。

要严格执行民主集中制，按照领导班子议事规则的决策机制办事，坚持集体领导和民主决策，任何人不能凌驾于组织之上，不能游离于组织监督之外；要善于团结共事，自觉接受组织和群众的监督，形成心齐气顺、风正劲足的局面；要艰苦奋斗、勤俭节约，不出劳民伤财之策，不为铺张浪费之事。

坚持生活正派，情趣健康，加强生活作风建设。领导干部的生活作风和生活情趣，不仅关系到个人的品行和形象，而且关系到党在群众中的威信和形象。要清清白白做官，明明白白做人，自觉加强思想道德修养，正确选择个人爱好，培养积极健康的生活情趣，保持高尚的精神追求，净化社交圈，纯洁生活圈，规范工作圈，经受住权力、金钱、美色的诱惑，自觉抵御拜金主义、享乐主义、极端个人主义的侵蚀，以共产党人的高风亮节的人格力量影响和带动群众，以领导干部的文明之风和清廉之风取信于民。

12. 构建"三位一体"的交通战备保障体系*

当前，国际国内形势发生了深刻变化，交通战备工作面临新的机遇和挑战，各级交战办和交通系统各部门、单位，必须立足国家安全利益的全局，切实履行职责和义务，推进交通战备工作全面、协调、持续发展。根据全国交通战备工作会议提出的抓紧"三个建设"、确保"一个完成"的总任务，即抓紧战场交通设施建设、保障力量建设、法规机制建设，确保完成保障任务，我省交通战备工作要认真贯彻邓小平理论和"三个代表"重要思想，按照胡锦涛主席关于军事斗争准备要往前赶、往实里抓的重要指示，坚持以交通战备为建设方向，以军事斗争应急准备为牵引，以战场交通建设为中心，以保障力量建设为重点，突出信息化建设，进一步完善平时服务、急时应急、战时应战的交通战备体系，努力做好为国防建设服务、为经济建设服务，确保各项交通战备任务的完成。

抓紧战场交通设施建设。交通设施是部队机动的重要依托，是军事斗争交通准备的重要内容。要紧紧抓住我省交通建设又好又快发展的机遇，有效贯彻国防要求，增强地方交通基础设施的国防功能、军事功能，实现地方交通与战场交通的同步建设、协调发展。高速公路网建设要贯彻国防要求，增加必要的国防功能。对北京军区安排的军事专用公路建设项目，做到协调好、落实好、建设好。紧密结合地方公路的发展，打通省际"断头路"和"卡脖子"路段，逐步改善我省应急作战部队进出道路交通条件；结合县乡公路改造和农村公路工程，使地方交通条件与部队交通条件同时得到改善。按照省委议军会议安排，抓紧对我省首脑工程、训练基地和装备仓库交通设施进行修缮、改造。今年重点抓好交城县315后方基地进出公路改造工程、省军区训练场虎峪河两座桥梁、忻州军分区武器装备仓库进出道路改造工程、白娘国防公路、乔家瓦至后沟国防公路以及部队进出口道路在建工程、三个战储物资器材库和华北国防交通培训基地、山西省国防交通物资储备基地的建设。

精心组织交通专业保障队伍整训和点验。组织国防交通专业保障队伍整训和点验活动，是全国交通战备系统今年的一件大事。国家交战办、北京军区交战办、省国动委将在下半年要以首都防空交通保障为主题，组织一次点验拉动和观摩活

---

* 2007年3月20日在全省交通战备工作会议上的讲话摘要。

动。北京军区在第三季度对国防交通专业保障队伍进行抽查验收,国家交战办在10月份抽查点验拉动。围绕"首都防空交通保障为主题点验拉动和观摩活动",铁、交、信、航交通战备部门要按照《北京军区国防交通专业保障队伍整组和点验实施方案》,重新编组,优化队伍结构,提高队伍素质,在规定时间内抓好保障队伍整训工作。我省择时以运输保障队伍快速集结为主,对省运管局战略物资道路运输保障队伍进行拉动点验;以飞机跑道中央隔离带快速撤离与恢复演练为主,对省高管局飞机跑道专业保障队伍进行点验;以公路抢修抢建演练为主,对省公路局工程专业保障队伍进行点验。能够参加首都防空交通保障点验拉动观摩活动,这是大事,一是代表山西;二是必须过硬;三是要把红旗扛回来。我们的口号是:"只争第一,不要第二"。高质量,高标准完成国家、北京军区赋予我们的任务。

加快交通战备信息化建设的步伐。依据国家交战办《关于做好国防交通信息管理系统推广应用和再版军交图资料收集工作的通知》要求,按照国家网络数据平台建设总体规划,以国防交通网路、技术装备、保障队伍、运力动员、计划方案、物资器材储备的统计数据和图形资料为主要内容,梳理整合已有的交通战备业务软件,构建上下统一的交通战备信息数据库平台。近期还要举办一期国防交通信息管理系统应用培训班,在全省交通战备系统中推广使用《国防交通信息管理系统》。

尽快建立健全交通战备应急指挥保障机制。交通战备部门也是政府处置突发事件的应急部门,在多年实施交通保障过程中,各级交通战备部门形成了一套行之有效的应急保障体系、运行机制和保障预案,积累了丰富的应急经验,在保障部队重大军事行动以及抢险救灾等方面发挥了重要作用。今年是军事斗争准备的就绪年、检验年、关键年。要根据军事斗争准备和国家安全的形势,建立健全交通战备应急指挥保障机制,推进"三位一体"建设。

举办交通战备工作持续发展高峰论坛。根据中国国防交通协会关于开展"适应军事斗争准备,提高应急应战交通保障能力"专题研讨活动的通知要求,要组织有关人员选择和确定研究题目,探索新形势下适应军事斗争准备交通战备工作全面发展的特点和规律,重点研究解决战时交通基础设施的防护、快速抢修等技术难题和具体措施。第三季度将举办山西交通战备工作持续发展高峰论坛,届时将邀请国家、交通部、北京军区、兄弟省市交战办和有关院校的领导、专家、学者,为我省交通战备工作持续发展出谋划策。

加快交通战备法规制度建设。依据《民用运力国防动员条例》,推进《山西省实施〈民用运力国防动员条例〉办法》的制定出台工作,制定出台《山西省交通运输基本建设贯彻国防要求暂行规定》、《山西省交通专业保障队伍管理办法》、《山西省部队军事行动道路交通保障暂行规定》等,进一步完善我省交通战备法规体系。

继续开展正规化建设。开展交通战备正规化建设，是规范交通战备管理工作的有效形式，是推动交通战备工作发展的重要途径。要进一步推进新形势下交通战备正规化建设，首先全面达到工作机制规范化、基础设施配套化、资料信息网络化、决策指挥智能化、交通保障高效化的“五化”目标，上半年组织验收。县（市、区）级交战办正规化建设是今年的重点，每个市抓一个县级交战办作为试点，适时召开现场会，以点带面，整体推动，年内50%的县级交战办要达到“五化”标准，做到机构、编制和经费“三落实”。

今年，全省交通战备工作任务重、责任大、要求高，在工作中，要坚持交通战备“平时服务、急时应急、战时应战”的建设方向，又好又快地推动交通战备全面建设。

要平战结合改善国防交通网络。要坚持平战结合、军民结合的原则，正确处理好国家交通建设与国防交通网络建设的关系。国防交通网络建设要依托国家交通建设。在国家和地方交通建设中，要充分考虑国防的需要、军队的需求，优先安排军事斗争准备急需项目，并在配套资金上支持。今年开工建设的国防公路项目，必须全面落实项目法人、招标投标、工程监理、合同管理四项制度和工程质量责任制，科学组织施工，确保按时完工。为保证在交通基础设施建设中贯彻国防要求，逐步改善我省国防交通网络，交通部门在制定发展战略、产业政策、技术标准时，要主动征求相关交通战备部门的意见，并提供相关情况和资料；交通战备部门要根据上级交通战备部门制定的国防公路建设和贯彻国防要求，经过平衡后纳入本单位基本建设规划、年度计划；对于确定的国防公路项目和贯彻国防要求项目，其前期工作、设计文件审核、施工检查和竣工验收，必须有交战办相关人员参与。

要建设能力过硬的专业保障队伍。专业保障队伍建设和管理，要本着“平时有用、急时能用、战时管用”思路，科学编组，发挥属地领导优势和系统专业优势，实现训演一并统筹，计划一并制定，保障一并实施，使保障队伍真正成为平时服务的骨干力量、急时应急的突击力量、战时应战的拳头力量。交通企事业单位要将交通专业保障队伍的组织建设、装备管理、制度建设、教育训练和执行保障任务，纳入本单位生产经营管理和考评指标体系，实行统一考评。要结合保障队伍可能担负的任务及自身特点，把平时应急和战时应战任务落实到具体单位和每支队伍上，明确保障对象、集结地域和机动方式等，确保随时能够拉得出、用得上。保障队伍战斗力的形成，主要靠平时的教育、训练和演练。要通过严格有效的教育、训练和演练，确保保障队伍国防意识不断增强，业务技能不断提高，协同步伐不断加快，快速反应能力不断提升，保障能力不断加强。最近国家交战办印发了《国防交通专业保障队伍管理暂行规定》，从2007年1月1日起施行。《规定》对保障队伍建设的组建、管理、训练、使用都有明确的要求，各单位要认真组织学习，按《规定》要求对保障队伍进行建设和管理。

要加强交战办的自身建设。现行的交通战备领导体制，实行的是政府和同级军事机关双重领导体制，并接受上级交通战备主管部门的指导。各级人民政府交战办既是本级政府履行交通战备职能的主管部门，又是同级国动委的常设机构，是指挥体制平转战的组织基础。因此，要进一步加强各级交战办的建设，规范机构设置，落实人员编制，配齐配强人员，保障办公经费，使之与工作任务相适应。去年年底，省交战办对各地交通战备工作进行了检查，检查中发现机构不规范、人员不落实、不到位的现象。有的市级交战办有编制和机构，但人员不落实。有的县级交战办有机构，无编制和专职人员。这种状况要引起高度重视，认真加以解决。交通战备成员单位制度是由交战办牵头，政府有关部门、军队和交通主管部门领导参加的议事办公制度，要根据“三位一体”保障体系建设要求，进一步健全完善交战办成员单位制度，切实把这个制度固定下来，明确各自平时、急时、战时的职责权限、工作任务。通过军地之间、部门之间和行业之间的有效协调，组成平时服务、急时应急、战时应战的一体化组织指挥体系。

为贯彻落实北京军区国动委作出的《关于深入开展学习山西省交通战备工作全面建设经验活动的决定》，年内北京军区将对全区交通战备系统开展学习活动情况进行一次检查，我省各级交战部门要从正规化建设做起，加强干部职工队伍的思想建设、业务建设和作风纪律建设，进一步增强自觉做好军事斗争准备的紧迫意识、高标准贯彻落实上级指示精神的职责意识、坚持工作高标准的主动意识、创造性抓好工作落实的作为意识和着眼“两个建设”的服务保障意识，建设一支政治坚定、业务精湛、作风严谨、纪律严格、爱岗敬业、务实高效的交通战备队伍。

党建与行业文明篇

DANG JIANYUHANGYEWENMINGPIAN

信仰是精神的劳动；动物是没有信仰的，野蛮人和原始人有的只是恐怖和疑惑。只有高尚的组织体，才能达到信仰。

——(俄)契诃夫

没有一个善良的灵魂就没有美德可言，从每一样事物都可以发现到这样的灵魂——人们无需逃避它。

——(德)贝多芬

在一切美德中，正义是最有助于人类的共同福利的。

——(法)卢梭

1. 兴起学习贯彻“三个代表”重要思想新高潮*

党的十六大把“三个代表”重要思想同马列主义、毛泽东思想和邓小平理论一道确立为我们党长期坚持的指导思想，实现了我们党指导思想上的又一次与时俱进。这是一个历史性的决策，也是一个历史性的贡献。

本世纪头20年，交通要在全面建设小康社会的进程中实现率先发展，最根本的就是要以马列主义、毛泽东思想、邓小平理论和“三个代表”重要思想为指导，兴起学习贯彻“三个代表”重要思想新高潮，用“三个代表”重要思想武装队伍、统领全局，努力在对“三个代表”重要思想的时代背景、实践基础、科学内涵、精神实质和历史地位的认识上达到新的高度，在认真贯彻“三个代表”重要思想的根本要求、始终做到“三个代表”上取得新的成效，把全系统党员干部的思想和行动进一步统一到“三个代表”重要思想上来，把广大干部职工的智慧和力量凝聚到实现交通率先发展的各项目标与任务上来，不断夺取我省交通现代化建设的新胜利。

兴起学习贯彻“三个代表”重要思想新高潮，首先要把握精髓、领会精神，在深入学习上下工夫。“三个代表”重要思想是涵盖经济、政治、文化和党的建设等各个方面的系统的科学理论。深刻领会和学习“三个代表”重要思想的基本精神，就要牢牢把握“三个代表”重要思想的历史地位和指导意义，就要始终坚持解放思想、实事求是、与时俱进，就要毫不动摇地坚持党的基本理论、基本路线、基本纲领和基本经验，就要为实现全面建设小康社会目标而奋斗，就要坚定不移地抓好发展这个执政兴国的第一要务，就要不断促进社会主义物质文明、政治文明和精神文明协调发展，就要最广泛最充分地调动一切积极因素，就要始终做到立党为公、执政为民，就要大力加强和改进党的建设。学习“三个代表”重要思想，要发扬理论联系实际的学风，在解决认识问题上下工夫。要紧密联系交通率先发展的实际，进一步解决好发展的观念、发展的思路、发展的主体、发展的环境等问题，特别要解决好本地区、本部门影响发展的突出矛盾和问题，为交通发展提供强大的思想保证。紧密联系

* 2003年7月1日在山西省交通厅纪念“七一”暨抗击非典“双先”表彰大会上的讲话摘要。

党的建设实际，通过学习贯彻“三个代表”重要思想，落实“两个务必”，立党为公、执政为民，按照“八个坚持、八个反对”的要求，认真解决好党的建设和干部作风方面存在的突出问题；紧密联系思想实际，用“三个代表”重要思想武装头脑，进一步树立与时俱进、开拓创新的良好精神状态，营造聚精会神搞建设、一心一意谋发展的氛围。各级领导机关和领导干部要带头学习和实践“三个代表”重要思想，学在前面、用在前面，对照“三个代表”重要思想找差距，运用“三个代表”重要思想指导工作，做持久学、深入学的表率，成为学以致用、用有所成的模范，以带动全系统的学习。各级党组织、各单位要按照厅党组的统一部署，结合本单位的实际，制定具体方案，加强领导，周密安排，组织好全体党员的学习。要不断创新学习方式，加强学习制度建设和考核，使学习“三个代表”重要思想制度化、经常化，并成为广大党员干部的自觉行动。

兴起学习贯彻“三个代表”重要思想新高潮，对于我们交通系统来讲，最根本的就是要以经济建设为中心，围绕建设绿色交通、数字交通、诚信交通、廉政交通，突出抓好公路建设、产业结构调整、改革开放三个重点，大力实施科教兴交、依法治交、以德治交三个战略，全面加强党的建设、民主法制建设和行业文明建设，促进交通行业率先发展。要以兴起学习贯彻“三个代表”重要思想新高潮为动力，再掀公路建设新高潮。按照全面建设小康社会的要求，坚持“三网并重”的方针，集中精力抓好大同—运城、太原—长治、长治—晋城、太原西北环、汾阳—柳林、侯马—禹门口、得胜口—大同、晋城—洛阳、大同环城高速、忻州—阜平、阳城—侯马等高速公路和威海—乌海、青岛—红其拉甫两条国家重点公路在我省境内路段，全面建成纵贯全省、通达四邻的高速公路网。大力实施大运高速公路出口连接线建设、县际公路改造、通乡油路改造和村村通水泥路四大工程，加快建设功能完善、适度超前的公路网，促进交通现代化。当前，要按照党中央国务院提出的“坚持两手抓，夺取双胜利”和厅党组提出的“三个不变、一个力争”的要求，认真组织好下半年的工作，“三产损失二产补，运输损失修路补、客运损失货运补、主业损失副业补”，确保今年公路建设完成投资120亿元，确保9·28大运高速公路全线通车，确保太长高速公路等重点工程全面开工。力争到“十五”末，我省高速公路达到2000公里左右，全省县际公路改造全面完成，基本实现村村通水泥（油）路。要坚持“两手抓、两手硬”的方针，深入开展“两学四建一创”活动，进一步加强行业文明建设。今年要以创建千里大运文明路为龙头，再建2000公里文明路、50个“文明示范窗口”，创建一批文明车队、文明客车。以创建学习型行业为目标，以交通执法人员、窗口单位和服务人员为重点，进一步加强职工队伍建设，不断提高职工队伍素质。要巩固“抗非”战果，深入开展爱国卫生运动和“三讲一除一树”活动，推进非典防控工作制度化、规范化、科学化，进一步提升行业文明建设水平。要大力宣传和弘扬万众一心、众志成城、团结互助、和衷共济、迎难而上、敢于胜利的民族精神和太旧精神、大运精神，不断为交通文化赋予新的时代特征，注入新的时代内涵，推动交通文化不断创新，努力形成多形式、多层次、群众性的企业文化、道班文化和站所文化，不断增强交通行业的凝聚力。力争通过10年左右的努力，使我省交通行业进入全国文明行业。

兴起学习贯彻“三个代表”重要思想新高潮，必须以改革的精神推进党的建设，为交通改革发展稳定提供坚强的政治保证。要以“三个代表”重要思想为指导，进一步加强和改进领导班子建设。各级领导班子要进一步认真贯彻落实民主集中制原则，改进党委工作制度，完善决策机制，努力把“三个代表”重要思想的理论创新变为加强和改进领导班子建设的制度创新，推进班子建设制度化、经常化、科学化。要以提高素质、优化结构、改进作风和增强团结为重点，进一步深化干部人事制度改革，大力推行竞争上岗、公开选拔、群众推荐等多种选拔任用形式，建立广纳群贤、人尽其才、能上能下、充满活力的用人机制，努力形成朝气蓬勃、奋发有为的领导层，把优秀人才集聚到交通改革发展的各项事业中来。要进一步加强和改进党的作风建设，着力解决好领导班子和领导干部思想作风、学风、领导作风和生活作风方面存在的突出问题。各级领导干部要树立正确的世界观、人生观、价值观和权力观、地位观、利益观，坚决防止和克服形式主义、官僚主义，坚决反对各种奢侈浪费行为，真正做到权为民所用、情为民所系、利为民所谋。要坚持不懈地抓好反腐败工作，切实抓好领导干部廉洁自律、查处大要案、纠正部门和行业不正之风三项工作。进一步加大源头治理力度，通过完善制度、体制创新、加强监督，不断铲除滋生腐败的土壤。深化政府机构改革，转变政府职能，加强政风建设，建立行为规范、运转协调、公正透明、廉洁高效的行政管理体制。加强执法监督，加强执法队伍建设，巩固和发展国省干线基本无“三乱”成果，努力实现所有公路基本无“三乱”。

2. 把思想政治工作做深做细做实*

高度重视思想政治工作是我们党的优良传统,也是我们一大政治优势。在全面建设小康社会,加快推进社会主义现代化,交通率先发展的新的历史时期,做好新形势下的思想政治工作,是摆在各级党组织面前的一项具有全局性、战略性的重大而又紧迫的任务。党的十一届三中全会以来的改革开放实践证明,越是加快发展、越是深化改革、扩大开放、发展社会主义市场经济,越要重视思想政治工作,在当前改革力度不断加大,各种矛盾相对突出,人的思想比较活跃的情况下,发扬我们党的这一优良传统和政治优势,显得尤为重要,十分迫切。

近几年来,我省高速公路事业发展很快,但是随着规模的不断扩大,人员的不断增多,战线的不断拉长,对我们的管理工作提出了更高的要求,如何才能把党的路线、方针、政策和厅党组的决策全面准确地贯彻下去,如何才能把广大干部职工工作的积极性、创造性充分调动起来,形成同心同德干事业、一心一意谋发展的合力,确保厅党组提出的“六高”目标的真正实现,把高管行业建成现代交通先进生产力发展的标志、承载交通先进文化的阵地、实现最大人民群众根本利益的载体。这既是管理工作的目标,也是思想政治工作的中心任务。

要提高认识,加强领导,不断增强做好思想政治工作的自觉性。思想政治工作是全党的一件大事,党的各级组织要切实承担起做党的思想政治工作的职责,逐步建立以各级党组织为领导、党政领导干部为主导、广大党员为主体、政工队伍为骨干、党政工团齐抓共管的工作新格局和责任制。每个党员都应该成为一个合格的思想政治工作者,都应该在发挥自身先锋模范作用的同时,认真做好身边群众的思想政治工作。各级领导干部要牢固树立“抓好思想政治工作是本质,抓不好思想政治工作是不称职,不抓思想政治工作是失职”的责任意识,不断增强做好思想政治工作的自觉性、坚定性,努力为交通全面、协调、可持续发展营造氛围、创造环境,提供强大的思想支持和作风保证。

要贯穿主线,突出重点,全面加强宣传教育工作。理想信念教育是思想政治工作的核心内容,应该贯穿始终、贯穿全线。只有党员干部牢固树立正确理想信念,

---

* 2004年6月26日在山西省高管局思想政治工作暨“七一”表彰会上的讲话摘要。

才能不断增强凝聚力和战斗力，我们的事业才能不断取得成功。要大力加强党的基本理论、基本路线教育，大力开展爱国主义、集体主义、社会主义教育，坚定社会主义信仰，保持共产党员的先进性。当前要重点抓好科学发展观、正确的政绩观、群众观、人才观在全系统的落实，学习宣传许振超同志先进事迹，掀起学习许振超、宣传许振超、争当许振超高潮，让振超精神、振超效率生根开花，并结出丰硕的果实，努力培养一批许振超式的杰出人才和产业工人。

要围绕中心、服务大局，把思想政治工作渗透到高速公路管理、服务的各项工作中。党的思想政治工作归根到底是为党的中心工作服务。具体到高管系统，就是要落实到实现“六高”目标的中心和工作大局上来。要把思想政治工作的着眼点放在统一思想、理顺情绪、凝聚力量上来，落实到激发、调动人的积极性和创造性上来，更好地完成各项任务，更好地坚持以人为本，统一思想，提高认识，协调关系，理顺情绪，鼓舞士气，凝聚人心，不断提高服务质量，不断提升管理水平。要找准结合点，选准着力点，采取群众喜闻乐见的方式方法。不断凝聚广大干部职工的力量，推动高速公路管理事业向更高层次迈进。

要联系实际，注重实效，不断增强思想政治工作的针对性。思想政治工作的本质是群众工作，是宣传群众、发动群众、引导群众、提高群众的工作，必须坚持走群众路线。只有了解群众的思想情绪，把握群众的思想脉搏，思想政治工作才能切合实际，才能增强针对性。思想政治工作者一定要牢固树立群众观点，转变作风，带着感情深入到群众中去，诚心诚意为群众排忧解难。要深入实际、调查研究，准确把握思想政治工作面临的新形势、新变化，不断总结、分析思想政治工作的新特点、新规律，认真研究思想政治工作的新途径、新方法，不断创新思想政治工作的新载体、新阵地，不断总结思想政治工作的新典型、新经验，全面建设思想政治工作的新机制、新网络，使思想政治工作更加符合形势的发展要求和职工思想实际，实现思想政治工作内容、工作方法、工作机制的与时俱进。要把教育人、引导人、塑造人有机地结合起来，不断提高思想政治工作的感召力和针对性、主动性、实效性。

要典型示范，整体推进，注重并充分发挥先进典型的示范带动作用。注意发现、培养和宣传各个方面、各个层次的先进典型，用他们的先进事迹和高尚精神影响带动群众，使广大人民群众学有榜样、赶有目标，在全系统形成崇尚先进、学习先进、争当先进的良好风气。党员干部特别是领导干部要以身作则，树立言行一致的良好形象。榜样是无穷的力量，行动是无声的命令，领导干部带头做模范，对群众是一种最实际、最有力的动员和教育，也是掌握思想政治工作主动权的最有效方法，群众看干部、下级看上级，首先看的是他有没有高度的事业心和责任感，是不是心口如一、言行一致。作为领导干部，既要讲的对，又要做得好；要求别人做的，自己要首先做到；要求别人坚信的，自己首先不动摇。这样的教育，对别人才有说服力，你讲的道理才令人信服，思想政治工作才能收到实实在在的效果。

3.牢牢把握保持共产党员先进性的根本要求*

保持共产党员先进性，既是一个老课题，也是全党面临的新命题。

一

在新的历史条件下，共产党员保持先进性的要求是什么？这一点中央在开展保持共产党员先进性教育活动的意见中作了非常精辟的论述和阐述，就是要自觉学习实践邓小平理论和“三个代表”的重要思想，坚定共产主义理想和中国特色的社会主义信念，胸怀全局，心系群众，奋发进取，开拓创新，立足岗位，无私奉献，充分发挥先锋模范作用，团结带领广大人民群众前进，不断为改革开放和社会主义现代化作出奉献。胡锦涛同志在新时期保持共产党员先进性专题报告会上将其概括为“六个坚持”，即坚持理想信念，坚定不移地为建设中国特色社会主义而奋斗；坚持勤奋学习，扎扎实实地提高实践“三个代表”重要思想的本领；坚持党的根本宗旨，始终不渝地做到立党为公、执政为民；坚持勤奋工作，兢兢业业地创造一流的工作业绩；坚持遵守党的纪律，身体力行地维护党的团结统一；坚持“两个务必”，永葆共产党人的政治本色。

胡锦涛总书记提出的“六个坚持”，既有鲜明的时代特征，又有很强的针对性。对于这个问题，要从四个方面来认识。

——开展保持共产党员先进性教育活动，是用“三个代表”重要思想武装全党的重大举措。我们党是一个领导着有13亿人口的大国的执政党，是一个从无到有、由小到大、由弱到强，从挫折中奋起，在战胜困难中不断成熟，领导人民推翻了“三座大山”，领导国家不断走向繁荣昌盛的马列主义执政党。建党80多年来，党为实现民族独立、人民解放和国家富强、人民幸福，进行了长期伟大的斗争，赢得了广大人民的衷心拥护。80多年的奋斗历程，充分体现了我们共产党始终代表了中

---

* 2005年2月23日在山西省交通厅作“保持共产党员先进性教育活动”党课时的讲课提纲。

国先进生产力的发展要求，始终代表了中国先进文化的前进方向，始终代表了中国最广大人民的根本利益，具有并始终保持了马克思主义的先进性。也就是说，党的执政地位既是历史的选择，更是人民的选择。为人民掌好权，执好政，不仅是人民的要求，更是党的性质、宗旨决定的。党的执政能力不是与生俱来的，也不是一劳永逸的。在新世纪新阶段，在新的历史条件下，我们党如何更好地做到"三个代表"，如何继续保持党的先进性，不仅关系到我们党的执政能力提高和执政地位巩固，更关系到党和人民事业的兴旺发达和国家长治久安。我们党是一个拥有6800多万党员的大党，我们党从事的事业是建设有中国特色社会主义的伟大事业。这样的大党，这样的事业，需要我们结合新的实践发展要求坚持不懈地用科学理论武装全党。党的十六大明确将"三个代表"重要思想写入党章。"三个代表"重要思想，集中概括了新的历史条件下党的先进性的丰富内涵，揭示了党的先进性的本质特征，为新世纪、新阶段加强党的先进性建设提供了科学的理论指导。抓住了先进性建设，就抓住了党的建设的根本，就抓住了提高党的执政能力、巩固党的执政地位的关键。胡锦涛同志明确指出，"在新的历史条件下，认真学习、身体力行'三个代表'重要思想，是共产党员站在时代前列、保持先进性的根本要求。所有共产党员都要立足本职、联系实际，坚定自觉地实践'三个代表'重要思想，在自己的学习、工作和社会实践中全面体现'三个代表'要求，把共产党人的先进性在社会主义物质文明和精神文明建设中充分发挥出来。"当前，在全党开展以实践"三个代表"重要思想为主要内容的保持共产党员先进性教育活动，就是要努力使全党的马克思主义理论水平得到新的提高，更好地用发展着的马克思主义指导新的实践；就是要努力使广大党员成为"三个代表"重要思想的坚定实践者，使党的基层组织成为学习贯彻"三个代表"重要思想的组织者和推动者，使党的各级领导集体成为学习贯彻"三个代表"重要思想的坚强领导核心，使我们党不断增强创造力、凝聚力和战斗力，始终充满生机与活力，永葆先进性。

——开展保持共产党员先进性教育活动，是加强党的执政能力建设的需要。经过80多年的实践，我们党已经从领导人民为夺取全国政权而奋斗的党，成为领导人民掌握全国政权并长期执政的党；已经从受到外部封锁和实行计划经济条件下领导国家建设的党，成为在对外开放和发展社会主义市场经济条件下领导国家建设的党。面对党的执政条件的历史性变化，加强和改进党的建设，不断提高党的执政能力，成为党必须认真研究和回答好的重大课题。

提高党的执政能力，必须改革和完善党的领导体制和工作机制，改革和完善党的领导方式和执政方式，做到科学执政、民主执政、依法执政；必须加强党的基层党组织建设和党员队伍建设。党的领导水平和执政水平的提高，要以提高党员队伍素质和加强基层党组织建设为基础；党要团结带领人民群众实现奋斗目标，要靠党员队伍和基层党组织作骨干;党要密切同人民群众的血肉联系,要靠党员队伍和基层党组织来实现;党的路线方针政策在全社会各条战线的贯彻落实,要依靠高素质的党员队伍和强有力的基层党组织做保证。这些既是党的执政能力的重要体现,也是党的先进性的重要体现。

应当看到,在当前改革开放和现代化建设中,各级基层党组织和广大共产党员是先进的。但是也要清醒地认识到,在新世纪新阶段,国际国内形势的深刻变化,对我们党保持先进性提出了新的更高的要求。当前,和平与发展是时代主题,但国际局势错综复杂,综合国力竞争日益激烈,不稳定、不确定、不安全的因素明显增加。西方敌对势力千方百计对我实施西化、分化的政治图谋,特别是随着改革开放的深入和社会主义市场经济的发展,我们面对的经济基础、体制环境和社会条件发生了深刻变化;社会经济成分、组织形式、就业方式、利益关系和分配方式日益多样化;人们思想的独立性、选择性、多变性和差异性明显增强等等,使我们党员队伍中也出现了一些与形势的发展变化和保持先进性的要求不相适应、不相符合的问题。有的党员理想信念不坚定,党员意识和执政意识淡薄;有的党员宗旨观念薄弱,考虑个人利益多,履行党员义务少;有的党员纪律观念淡薄,不讲党性讲交情,不讲原则讲关系;有的基层党组织凝聚力、战斗力不强,软弱涣散,不能发挥战斗堡垒作用;一些新的经济社会领域中党的力量和工作薄弱等。这些情况和问题虽然是少数,但严重影响党的先进性,影响党同人民群众的血肉联系,损害党的形象和威信,损害党和人民的事业。基础不牢,地动山摇。如果不能结合新的形势变化和发展要求及时应对和解决这些问题,任其发展下去,就会使我们党失去民心,丧失执政资格,甚至会亡党亡国。

现在我们党的任务、对党的要求,我们的经济形势、体制环境,同过去截然不同。在新的形势下,党内存在的问题,关键是理想信念问题,是党的意识和执政意识薄弱的问题,个别党员考虑个人多了,考虑党员义务少了,只要组织照顾,不要组织纪律。在全党开展保持共产党员先进性教育活动,提高党的执政能力,就是要切实推动各地各部门努力解决影响本地区本部门本单位改革发展稳定、涉及群众切身利益的实际问题,切实解决党员和党组织在思想、组织、作风以及工作方面存在的突出问题。通过保持共产党员先进性教育活动,使广大党员和基层党组织努力在工作中创新观念、创新手段、创新方法,真正加深对各项工作的规律性认识,真正提出一些符合实际的工作思路,真正拿出一些解决问题的办法。通过保持共产党员先进性教育活动,不断增强党员队伍和党组织的创造力、凝聚力和战斗力,建立和完善保持共产党员先进性常抓不懈的工作机制,打牢新世纪新阶段党的建设的基础工程,不断巩固党的阶级基础,扩大党的群众基础。只有这样,才能使党始终走在时代前列,更好地肩负起历史使命。

——开展保持共产党员先进性教育活动，是通过建设学习型政党，带动建设学习型社会的重要步骤。当今时代是一个新事物、新知识层出不穷的时代，是一个要求人们终身学习的时代。一个不善于学习的政党，是难以担负起领导民族振兴的历史重任的；一个不善于学习的民族，也是难以屹立于世界民族之林的。党的十六大报告明确提出，要形成全民学习、终身学习的学习型社会。党的十六届四中全会《决定》进一步提出建设学习型政党。不用科学理论武装全党，就难以代表中国先进生产力的发展要求，就难以代表中国先进文化的前进方向，就难以代表中国最广大人民的根本利益。

近年来党内的学习空气明显增浓，但仍然有一些党员学习热情不高，自觉性不强；有的党员学习不深入，满足于一知半解；有的党员学习理论不能联系思想和工作实际，自觉改造主观世界不够，切实解决实际问题不够。这些情况说明，加强学习在党员队伍中仍然是迫切需要解决的重要问题。开展保持共产党员先进性教育活动，就是要引导广大党员把学习作为实践"三个代表"重要思想、增强本领、做好工作的重要手段，作为增强党性、加强修养、陶冶情操的重要途径，进而把学习作为一种政治责任、一种精神追求、一种思想境界来认识、来践行。要按照建设学习型政党的要求，逐步在全党形成良好的学习风气，提高我们的理论思维和战略思维水平，才能更好地把"三个代表"重要思想转化到各项政策中去，使具体政策更加符合新形势的客观要求，才能使"三个代表"重要思想为广大党员和干部所掌握，从而成为认识世界、改造世界的强大思想武器。在全党倡导学习，加强教育，可以带动全社会形成良好的学习氛围。我们要通过开展保持共产党员先进性教育活动，促进共产党员以身作则，努力把勤奋好学的风气推广到全社会。每个党员都坚持这样做，各级干部带头这样做，全社会的学习风气就会大大增强，文明程度就会大大提高，就能够逐步形成全民学习、终身学习的学习型社会。

——开展保持共产党员先进性教育活动，是实现党的纲领、全面建设小康社会的重要保证。《党章》的总纲中明确提出，"在新世纪、新阶段，经济和社会发展的战略目标，是巩固和发展已经初步达到的小康水平。到建党一百年时，建成惠及十几亿人口的更高水平的小康社会；到建国一百年时，人均国内生产总值达到中等发达国家水平，基本实现现代化"。小康社会的目标，是我们党的纲领中明确规定的。在新世纪新阶段，全面建设惠及十几亿人口的更高水平的小康社会，既是我们党立足国情，根据亿万人民的共同意愿提出的宏伟目标，也是我们党必须勇敢担负起来的艰巨历史任务。这一历史任务，体现了人民的根本利益，反映了时代的发展要求。完成这一历史任务，机遇与挑战并存、希望与困难同在。能否完成这一重大历史任务，是对我们党的凝聚力、战斗力的重大考验，是对我们党执政能力的重大考验，是对我们党能否始终保持先进性的重大考验。

全面建设小康社会,实现社会主义现代化不是一句空话。比如说我们山西,现在的国民生产总值人均才仅仅1100美元,要达到发达国家水平,人均5000美元,非常不容易。就我们交通系统而言,按照最近通过的高速公路网规划,到2020年,也就是到建党100周年时,山西要建成总规模4000多公里的、系统功能完善、能够满足经济社会发展要求的高速公路网。大家老问,公路总有修完的时候,不能老修路。但就目前来讲,为山西建设新型能源和工业基地构建一个良好的交通运输支撑保障服务体系,是交通工作十分艰巨的任务。我们的路不是修得多了,而是还很不够。今后10~15年时间内,仍是我省交通基础设施集中大规模建设的时期。

我们共产党员在入党誓词中讲,要"拥护党的纲领,遵守党的章程,履行党的义务、执行党的决定"。实现这一历史任务,要求我们必须通过开展保持共产党员先进性教育活动,引导广大党员统一思想,凝聚力量,紧密地团结在以胡锦涛同志为总书记的党中央周围,团结和带领全国各族人民群众为实现全面建设小康社会而奋斗。具体说,就是要做到全面树立和落实科学的发展观,用科学发展观统领经济社会发展全局,不断开创社会主义现代化建设的新局面。每个党员都要牢固树立发展是执政兴国的第一要务的观念,落实好保持先进性教育的根本要求,提高素质、增强本领,做到发展要有新思路,改革要有新突破,开放要有新局面,各项工作要有新举措,始终脚踏实地地为实现党在现阶段的基本纲领而奋斗。要通过开展好保持共产党员先进性教育活动,把广大党员的积极性、主动性和创造性更加充分地调动起来,把我们每一个基层党组织的作用更好地发挥出来,为全面实现建设小康社会的宏伟目标和交通率先协调发展的目标提供更加有力的政治保证和组织保证。

二

共产党员的先进性以及如何保持共产党员的先进性,是一个常讲常新的课题,需要我们结合时代的发展和社会的进步,联系当前改革开放和中国特色社会主义事业的新形势,联系加强党的执政能力建设和全面推进党的建设新的伟大工程的新要求,深入研究,积极践行。

第一,共产党员的先进性是品质、能力、行为的统一。共产党员的先进性,是共产党员这一特定身份人所应当具有的,为共产党这一先进政党所要求的一种重要特征。共产党员不应该混同于普通老百姓,而应该对普通群众起模范带动作用。马克思、恩格斯在《共产党宣言》中把共产党员的先进性称之为"胜过其余无产阶级群众的地方",列宁、毛泽东等也常常称共产党员是"特殊材料构成的人",是"工人阶级的先锋队"。共产党员应当具有的先进性,是品质、能力、行为三者的统一。

品质涉及到理想、信念的问题，涉及到品格、品行的问题，是素质、素养，是内在的、潜存的、稳定的、深刻的。一个人品质的优劣，构成其为人处世的基础，成为评判一个人的基本依据。一个人只有品质优秀、素质优良，才能是先进的，才能成为人们学习的榜样。共产党员品质上的先进性，关键是要按照"三个代表"的要求，树立正确的世界观、人生观、价值观，树立正确的权力观、政绩观和群众观，做到思想境界高、精神风貌好、道德品行优。对品质的要求，我们常说一个人人性不好、没有良心，而我们的党性应该比良心更高一个层次。有了良好的品质，还要有过硬的本领，也就是能力，特别是要具备加强党的执政能力建设中提出的五大能力，同时还要有行为，就是发挥好共产党员的模范带头作用。过去在战争年代，在最艰苦、最危险的地方出现的肯定是共产党员，冲锋陷阵的肯定是共产党员，吃苦在前的肯定是共产党员。没有他们的带领，就不可能有我们今天共产党的江山，也就不可能有我们的新中国。说到底，共产党员的先锋模范作用，代表着党的先进性，如果我们每个共产党员都能发挥好模范带头作用，就能体现我们党的执政能力，如果我们每个共产党员不能起到模范带头作用，就不能使我们党在群众中树立良好的形象和威信。我们也只有靠共产党员的行动，靠共产党员的实践，靠共产党员的业绩，才能对人民群众产生号召力和影响力。榜样的力量是无穷的。只有保持共产党员的先进性，才能使我们党率领广大群众克服各种艰难险阻，才能使我们党带领全体人民实现全面建设小康社会的奋斗目标。

第二，共产党员必须高度重视保持先进性。从实践上看，我们党有 6800 万党员，总体上是保持了先进性的，是有战斗力的。广大党员在改革发展稳定的各项工作中，在突发事件、关键时刻的考验面前较好地发挥了先锋模范作用。但是，在党员队伍中也存在着与保持先进性的要求不适应的问题。有一部分党员、包括少数领导干部，缺乏应有的先进性，不能发挥先锋模范作用，甚至有极少数党员在一定程度上已经丧失了先进性，已经不符合共产党员的基本标准和起码要求。党的十六届四中全会作出的《关于加强党的执政能力建设的决定》，在充分肯定党的历史作用和执政能力的同时，明确提出了部分党员干部存在的种种问题，比如：有的党员思想理论水平不高，很多党员、特别是有的党员领导，不看书，不学习，以其昏昏，使人昭昭；有的组织观念淡薄，有的甚至一年、两年不交党费；有的党员混同于普通老百姓，特别是当党和国家的利益、人民群众的利益与个人的利益发生矛盾时，首先想的是个人利益，有的甚至是公开跟党组织要名、要利、要官；有的党员面对复杂的问题束手无策，事业心不强，责任感不强，思想作风不端正，工作不扎实，严重的脱离群众；有的甚至不能廉洁从政，以权谋私，腐化堕落。一些党的基层组织凝聚力、战斗力不强甚至软弱涣散、不起作用等。这些问题严重影响了党的形象和党的执政地位，影响了党员队伍的纯洁性和先进性，必须认真加以解决。

从理论上看,保持共产党员先进性事关重大,关系到党的领导的正确实施和有效实现,关系到党在新的环境和条件下科学执政、民主执政、依法执政,关系到改革开放和中国特色社会主义事业大局。党的先进性要通过党员的先锋模范作用来体现,通过开展先进性教育活动,“提高党员素质、加强基层组织、服务人民群众、促进各项工作”的目标达到了,党员队伍和党组织的创造力、凝聚力、战斗力就会大大增强。如果每个党员都能够起好模范带头作用,带头践行“三个代表”重要思想,保持先进性,我们就能够经得住各种风浪的考验。如果每一名共产党员都能保持先进性,都能发挥模范带动作用,在各项工作中都走在前列,都能吃苦在前、享受在后,时时事事为人民谋利益,深受人民群众信赖拥护,我们党的各项事业就有了可靠的保证,我们党的各项任务就一定能顺利完成,我们党就必然能够带领全党和全国人民实现国家富强、民族振兴、社会和谐、人民幸福。邓小平指出:几千万党员都合格,那将是一支多么伟大的力量!我们每个共产党员特别是党员领导干部,都要对自己的一言一行严格要求,带头保持好先进性。要把保持先进性视为一种责任、一种义务,把这种责任和义务转化为一种压力、一种动力,时刻提醒自己、激励自己。要紧密联系改革发展稳定和加强党的执政能力建设的大局,进一步明确保持先进性的目标和方向,进一步明确保持先进性的关键和重点,明确保持先进性的措施和方法,特别是要紧密联系自身工作情况和思想实际,联系基层党组织和党员队伍建设的状况,着力解决好目前基层党组织以及党员队伍建设中存在的突出问题。只要真正重视,认真对待,付诸行动,持之以恒,我们党和每一名共产党员的先进性就能够保持好、发挥好、发展好,我们党和每一名共产党员的先进性就能够长期保持、有效发挥、不断发展。

第三,保持共产党员先进性是时代的要求。目前,我们正处在全面建设小康社会、加快推进社会主义现代化的新的发展阶段,党所处的环境、党所肩负的任务、党员队伍的状况都发生了重大变化。新的形势和任务,对保持共产党员的先进性提出了更高的要求。按照胡锦涛同志在新时期保持共产党员先进性专题报告会上讲话提出的“六个坚持”要求,我感到新时期保持共产党员先进性,必须做到以下四点。

——坚持以与时俱进的科学理论武装头脑,在思想上保持先进性。保持思想先进的关键在于用与时俱进的科学理论武装头脑。每一名共产党员都要掌握马克思主义的立场、观点和方法,当前更重要的是要以邓小平理论和“三个代表”重要思想武装头脑,努力提高理论素养,提升思想境界,掌握先进文化,提高自身素质。要发扬理论联系实际的学风,善于把马克思主义基本原理同改革开放和现代化建设的实践结合起来,同交通改革发展的具体实践结合起来,自觉运用党的最新理论成果去研究新情况、解决新问题,不断解放思想、转变观念,保持昂扬斗志和进取精神。

——坚持理想信念、组织纪律和民主集中制原则，在政治上保持先进性。政治上的先进性，是指政治上的清醒、成熟、坚定，即明确政治方向，站稳政治立场，遵守政治纪律，提高政治鉴别力，增强政治敏锐性，在大是大非面前保持清醒头脑，在关键时刻不迷失方向。要在政治上保持先进性，就必须要坚持组织纪律和民主集中制原则，作为一名共产党员，要坚定中国特色社会主义和共产主义理想信念，坚持党在社会主义初级阶段的基本路线和基本纲领，脚踏实地地为实现党在现阶段的目标和任务而奋斗；要坚持党性原则，严守党的纪律，增强组织观念，做遵纪守法的模范；要坚持民主集中制原则，维护中央权威，服从组织决定，维护党的团结和统一，反对自由主义、宗派主义和小团体主义。

——坚持全心全意为人民服务，在工作上保持先进性。履行岗位职责，做好本职工作，是共产党员保持先进性的最基本要求。共产党员要保持工作上的先进性，首先要积极投身到经济建设和各项社会事业发展中，站在改革开放的第一线，身体力行，埋头苦干，特别要带领人民群众树立和落实科学发展观，努力实现经济的可持续发展，实现经济社会的协调发展；二要认真实践为人民服务的宗旨，密切联系群众，尊重群众的首创精神，倾听群众的呼声，做人民群众的贴心人，维护好、实现好、发展好人民群众的根本利益，进一步提高组织群众、宣传群众、教育群众、服务群众的本领，进一步密切党群、干群关系。能否全心全意为人民服务，对共产党员来说不单是联系群众问题，不单是工作作风和工作方法问题，更重要的是一个执政党的态度问题，我们始终要把人民群众满意不满意、答应不答应、高兴不高兴、拥护不拥护，作为一切工作的出发点和落脚点。

——坚持牢记“两个务必”，谦虚谨慎，艰苦奋斗，在作风上保持先进性。作风是共产党员党性的体现，优良的作风是我们党保持先进性的有力保证。共产党员要有好的思想作风，实事求是，光明磊落，不弄虚作假、阳奉阴违，坚决反对官僚主义、教条主义；要有好的工作作风，扎扎实实，不懈进取，追求实效，不搞花架子和形式主义；要有好的生活作风，求真务实，言行一致，说老实话，办老实事，当老实人，廉洁自律，自觉抵制腐朽思想的侵蚀，做艰苦奋斗、反腐倡廉的表率。在作风上保持先进性，要求共产党员务必正确对待名利、地位和权力，严于律己，防微杜渐，夯实精神支柱，筑牢思想防线，真正做到心胸开阔、无私奉献，避免政治上蜕化变质、经济上贪得无厌、生活上腐化堕落。所有党员的腐化变质都是从小事开始，所以在组织上，我们要通过保持共产党员先进性教育活动，筑牢教育、制度、监督并重的惩治和预防腐败体系。而作为一名共产党员，要始终把自己置于党的教育之下，置于广大群众的监督之下。大量的事实证明，权力失去监督，必然走向腐化堕落。

总之，对共产党员保持先进性的要求，我们既要从总体上、从普遍性和共同性方面去把握，力求走在时代和社会发展的前列，在各方面工作中发挥先锋模范作用,成为群众的榜样和带头人,又要同共产主义的远大理想、建设小康社会的宏伟目标以及我们所处的环境、地位,所在的岗位和担负的职责密切联系起来。通过这次共产党员先进性教育活动,提出新时期保持共产党员先进性的具体要求,并在工作中身体力行,使先进性教育活动收到扎扎实实的成效。

三

共产党员的先锋模范作用,是共产党员在革命、建设和改革实践中,为实现党的纲领所起的带头作用和表率作用,是共产党员先进性的集中体现。"共产党员"称号,无论在革命、建设还是改革时期,都是一个光荣的称号,它是先锋战士的标志,是高尚人格的体现,是引领无数人们奋勇前行的旗帜。

第一,共产党员先锋模范作用的体现

党员的先锋模范作用在不同的历史时期有不同的体现。民主革命时期,集中体现在为推翻"三座大山"、建立新中国而英勇奋斗,冲锋在前,不怕牺牲,在这方面,老一辈无产阶级革命家为我们作出了表率。社会主义改造和建设时期,集中体现在为巩固社会主义制度,迅速改变"一穷二白"的落后面貌而自力更生、艰苦奋斗,做到"吃苦在前,享受在后",这一时期,我们交通战线上也涌现出无数这样的共产党员。在改革开放和社会主义现代化建设时期,共产党员的先锋模范作用,我觉得应体现为五个方面的模范。

——要成为勤奋学习的模范。共产党员要带头学习邓小平理论和"三个代表"重要思想,带头学习科学文化知识,带头学习工作业务知识,既成为政治上忠于党的事业的马克思主义者,又要成为业务上的行家里手。各级党组织要营造浓厚的学习氛围,创造良好的学习环境。广大共产党员要学习、学习、再学习。只有不断学习,才能与时俱进;只有不断学习,才能完成历史赋予我们党的伟大使命。

——要成为贯彻执行党的路线方针政策的模范。各级党组织和广大共产党员必须坚持党的基本理论、基本路线、基本纲领、基本经验,在思想上、政治上时刻与党保持高度的一致。要经常宣传党的路线方针、政策,坚定不移地贯彻执行党的路线、方针、政策,用自己的实际行动和模范带头作用去影响群众、感染群众、引领群众,带领群众去实践,努力成为党的路线方针政策和"三个代表"重要思想的坚定支持者和忠实实践者,努力把党的路线方针政策转化为亿万群众的自觉行动。

——要成为全心全意为人民服务的模范。全心全意为人民服务,是毛泽东主席在纪念张思德同志时提出的重要思想,我们过去要学,现在要学,将来也要学。这9个字看起来很简单,但要真正做到,很不容易。一个人做一点好事并不难,难的是一辈子做好事。我们每个共产党员都要一生牢记全心全意为人民服务的宗旨，活到老，学到老；要一生践行为人民服务的行动，活到老，做到老。

——要成为科学行政、民主行政、依法行政的模范。党员、特别是党员领导干部要带头落实科学的发展观，带头落实“五个坚持、五个统筹”，带头坚持走生产发展、生活富裕、生态良好的文明发展道路，带头构建和谐社会。要带头学法、守法、懂法，贯彻党的“依法治国”方略，严格在宪法法律法规的范围内依法行政，尽职尽责地搞好本职工作。要充分发扬民主，有效地调动各方面的积极性、主动性和创造性，凝聚各方面的积极性，为全面建设小康社会而努力奋斗。

——要成为勤奋工作的模范。共产党员发挥先锋模范作用不是空洞的口号，而是实实在在的行动要求。党员的先锋模范作用体现在多个方面，用群众的话说，就是要做到“平时能看出来，关键时刻能站出来，生死关头能豁出来”。而在全面建设小康社会，加快推进社会主义现代化的新的历史时期，共产党员的先进性，主要的、大量的、经常的是体现在广大党员立足本职岗位，出色地完成各项工作任务，为党和人民建功立业上；体现在日常的生产、工作、学习和社会生活中严格要求自己，从日常小事做起，从一点一滴做起，处处率先垂范，事事以身作则上；体现在关键时刻挺身而出，不畏艰险，勇挑重担上，让群众一眼就能看出你是共产党员。

第二，共产党员先锋模范作用的发挥

共产党员发挥先锋模范作用，是需要经过多方面努力才能做到的。

——不断增强党性观念。要带头遵守党的纪律，带头维护党的利益，认真履行党员义务，时时处处发挥先锋模范作用，把为党的事业奋斗作为自己的毕生的信念和追求。毛主席在七届二中全会上指出：“因为胜利，党内的骄傲情绪，以功臣自居的情绪，停顿起来不求进步的情绪，贪图享乐不愿再过艰苦生活的情绪，可能生长。因为胜利，人民感谢我们，资产阶级也会出来捧场。敌人的武力是不能征服我们的，这一点已经得到证明了。资产阶级的捧场则可能征服我们队伍中的意志薄弱者。可能有这样一些共产党员，他们是不曾被拿枪的敌人征服过的，他们在这些敌人面前不愧英雄的称号，但是经不起人们用糖衣裹着的炮弹的攻击，他们在糖弹面前要打败仗”。这些年党内之所以出现了这么多腐败案件，正如毛主席讲得那样，他们被糖衣裹着的炮弹打败了。最近，吴官正同志讲了个比喻，说：有人给你1万块钱找你办事，人家为什么给你1万块？不挣10万块会给你吗？我们的权利是党和人民给的，我们就应该也必须为人民掌好权、执好政。也有人讲，我们干了很多工作，大运路也修完了，听了之后我就想起了主席的报告：“夺取全国胜利只是万里长征走完的第一步，如果这一步也值得骄傲，那就太渺小了”。所以，我们要通过保持共产党员先进性教育活动，“务必使同志们继续地保持谦虚谨慎、不骄不躁的作风，务必使同志们继续地保持艰苦奋斗的作风。”这几年我们交通取得的成绩绝不是我们个人的功劳，是党的方针政策正确的结果，是我们全体共产党员带领职工群众共同努力的结果。大家现在议论，干完活以后，人家去“查”你。我想，为什么去查？你干了工作就要去“查”，“查”是一种监督，一个人要没有监督，你非犯错误不可。越是担当的责任重，越要主动接受党和人民的监督，这样才能使你不犯错误。为什么全国交通出事情多，很重要的一个原因，就是他们忘记了党的全心全意为人民服务的宗旨，而这些出错误的人往往是因为侥幸心理。我一来交通厅就强调厅党组成员不介入招投标，要制度约束，当时人们不理解。现在回过头来看，保护了干部。包括有人给党组提出来，关心和使用干部够，监督和管理干部不够，完全正确。我们共产党员要起好模范带头作用，就是要在平时就让群众看得出来，看出你是个党员。你的一言一行一举一动，不是要做给领导看，而是要做给群众看。对党负责、对领导负责和对群众负责是一致的，要从小事做起，严格要求自己，丝毫不能有放松的情绪，稍有放松就会出错误。党员干部自我放松了，就容易出大错误，会影响一个单位。所以，每个共产党员都要通过学习党章，加强党性修养，做到在关键时刻能站出来，在困难时刻能够迎难而上，在党和人民群众需要的时候能勇挑重担，勇敢地接受党的考验，在权力、金钱、美色考验和糖衣裹着的炮弹的攻击面前，经得住考验，自觉接受人民群众的检验。每个党员都要牢记自己为之奋斗的入党誓词，牢记党的全心全意为人民服务的宗旨，牢记党的群众路线，经常用党员的标准来衡量自己的言行。无论任何时候、任何情况下，都不能把自己混同于一个普通的老百姓，时时处处表现出一个共产党员、先锋战士的模范作用。

总之，作为一个共产党员，特别是党员领导干部，就应该有强烈的政治责任感，把党的事业作为自己的事业，主动为党承担自己所应该承担的责任和义务。只有党的成功，党的事业的发展，才有自己的成功，自己事业的发展。作为一个共产党员，就要用党员的标准，时时处处严格要求自己。要求别人做到的，自己首先做到；要求党员干成的，自己首先干成，真正做到理念常在、信念常在、宗旨不变、本色不褪。

——牢固树立党员意识。党员意识是从多个方面反映和表现出来的。在思想上，是对党的性质、纲领、宗旨和历史使命的认同；在行动上，是自觉履行党员义务，正确行使党员权利，时时处处发挥先锋模范作用。树立和增强党员意识，是对党员的起码要求，无论职务高低、党龄长短、资历深浅、退休在岗，都不能例外。每个共产党员都要时时刻刻牢记自己是一名共产党员，时时、处处、事事严格按照党员的义务要求自己。党章第二条明确指出，“中国共产党党员是中国工人阶级的有共产主义觉悟的先锋战士。中国共产党党员必须全心全意为人民服务，不惜牺牲个人的一切，为实现共产主义奋斗终生。中国共产党党员永远是劳动人民的普通一员。除了法律和政策规定范围内的个人利益和工作职权以外，所有共产党员都不得谋求任何私利和特权”。这是对共产党员保持先进性、起好模范带头作用提出的最起码的要求。我们不能因为不被提拔就不干了，不能稍微有点个人利益不满足，就对党大发牢骚。我认为，党对我们确实是恩德如海，党给予我们的太多了，而我们为党做的工作又非常有限，我们不为党努力做点工作能行吗？共产党员永远是普通群众的一员，就不应该有特权思想，除了法律和政策规定范围内的个人利益和工作职权以外，所有的共产党员，包括老党员也包括新党员，包括党员领导干部，都不得谋求任何私利特权。一个共产党员在糖衣裹着的炮弹面前不堪一击，败下阵来，一个很重要的原因，就是他们忘记了自己是一名共产党员，完全丧失了党员资格。每个党员都要经常想到自己的党员身份，经常想想党对自己的培养和期望，经常想想自己面对鲜红党旗的庄严誓词，经常想想党员应该做什么不应该做什么，经常想想党员应该在哪些方面比群众做得更好些，经常想想自己的言行是不是无愧于“先锋战士”的称号。一句话，就是在任何时候、任何情况下都不能忘记自己是一名共产党员。只有时时刻刻想到自己是共产党员，才能时时处处表现出先锋战士的模范行动。

——努力提高服务本领，争创一流业绩。共产党员仅仅有发挥先锋模范作用的热情，有坚定不移的政治方向是不够的，必须不断加强学习，不断增加为人民服务的本领。提高服务本领，最重要的途径就是加强学习。当今时代，是知识经济的时代，终身学习的时代，建设学习型社会、学习型政党的时代。作为共产党员，不努力学习就会落伍掉队，就会逐渐失去党员的先进性。现实生活中，我们的确有一些党员不重视学习，忽视提高自身素质。有的不求新知，知识老化，缺乏做好本职工作的专业知识和本领；有的把学习当成一种负担，缺乏毅力和钻研精神，浅尝辄止，应付了事；有的热衷于交际应酬、吃喝玩乐，不读书，不看报，不思进取，庸庸碌碌。以这种态度对待学习，就无法适应新形势新任务的要求，无法提高为人民服务的本领。因此，我希望我们交通系统的每个共产党员都要多一些时间学习，少一些交际应酬；多一些联系群众的时间，少一些吃喝玩乐的时间。既向书本学习，更要积极投身社会实践，向实践学习。要把学习作为一种政治责任、一种精神追求、一种思想境界来认识来对待，孜孜以求，学而不倦，不断提高自己的政治思想素质和业务素质。要尊重群众的首创精神，不断总结实践经验。既要总结改造客观世界的经验，又要总结改造主观世界的经验；既要总结自己的经验，又要研究他人的经验；既要总结成功的经验，又要研究和吸取失败的教训。所有共产党员，都应该这样长期坚持下去，使自己不断成熟起来，不断提高服务本领和工作水平。我们系统年轻的党员刘少文同志已经成为自学成才的榜样，交通系统所有党员都应该向刘少文同志学习。

共产党员的先锋模范作用发挥得怎样，主要是通过本职工作来体现，用本职岗位上创造的业绩来检验。共产党员要站在改革开放和现代化建设的前列，最基本的要求，就是立足本职岗位，埋头苦干，奋发进取，努力创造一流的工作业绩。必须具有敢为人先、追求卓越的精神。有了这种精神，争创一流才会有动力，才能克服各种困难，经受各种挫折，在平凡的岗位上创造出不平凡的业绩。在这一点上，新时期产业工人的杰出代表——青岛港模范共产党员许振超就是我们的榜样。他以"无论干什么，干就干一流，争就争第一"的精神，以一个初中生的文化底子，刻苦自学自动控制、英语等多门学科知识，打破外国专家的技术封锁，掌握了世界上最先进的超重设备桥吊的修理技术，练就了"无声响操作"、"一钩准"、"一钩净"等集装箱吊装"绝活"，带领他的团队，创造并不断刷新了单船装卸效率世界纪录，震撼了世界航运界。我们要以许振超为榜样，在各自的岗位上争创一流的工作业绩。

4. 切实加强厅领导班子先进性建设*

厅领导班子先进性建设是全省交通系统党的先进性建设的关键,也是一个必须正确面对和解决好的重大课题,事关全省交通行业的发展大局,必须抓紧抓好。

一

我们这届厅党组成立于2000年5月的省级机构改革之时,正是决战"九五"、规划"十五"之际。为应对亚洲金融危机,国家实行积极的财政政策和稳健的货币政策,加强基础设施建设,扩大内需,这为我们开展工作创造了有利的条件,也面临着严峻的挑战。西部大开发战略的实施,使西部各省交通发展日新月异,我们不仅肩负着追赶东部的繁重任务,也面临着被西部超越的巨大压力。不发展就是落后,发展慢了也会落后。同时,我省交通长期积累的深层次矛盾也开始显现,尤其是资金短缺的问题日益突出。到2000年底,公路基金缺口高达70亿元,根本拿不出公路基金用于新的公路建设。

面对新形势新任务,面对困难和挑战,我们坚持以邓小平理论和"三个代表"重要思想为指导,认真贯彻党的十六大和省八次党代会精神,牢固树立和落实科学发展观,深入研究事关交通全局和长远发展的方向性、战略性问题,团结带领全省12万交通职工,紧紧抓住发展这个第一要务不松手,励精图强,艰苦奋斗,交通工作实现了历史性跨越,厅领导班子执政能力得到提高。

——坚持用"三个代表"重要思想武装头脑、指导实践,兴起学习贯彻"三个代表"重要思想新高潮。"三个代表"重要思想是我们开展工作和交通事业发展的根本指针。我们把学习贯彻"三个代表"重要思想作为首要政治任务,多次研究部署,开展了多种形式的干部培训,加大宣传力度,推动兴起学习贯彻"三个代表"重要思想新高潮并不断引向深入。每位党组成员真学、真懂、真信、真用并赴基层宣讲"三个代表"重要思想,使广大党员干部对"三个代表"重要思想的认识达到新的高度,

---

* 2005年5月16日在山西省交通厅党组保持共产党员先进性教育活动民主生活会情况通报会上的讲话摘要。

用"三个代表"重要思想指导各项工作取得新的成效。我们自觉把"三个代表"重要思想的学习成果及时转化为加快交通发展的正确思路，不断深化对交通发展的规律性认识，先后提出了树立和落实科学发展观、加强交通部门行政能力建设的基本思路，并作出了一系列科学判断。主要有：经济社会和人民群众日益增长的交通运输需求与交通运输供给能力不足之间的矛盾，是当前和今后一个时期交通工作的主要矛盾；不断满足经济社会发展对交通运输服务的需求，是交通工作的主要任务等。这些判断和思路，为交通科学发展进一步指明了方向，也实现了"三个代表"重要思想与山西交通工作实践的有机结合。

——坚持以科学发展观统领全局，切实抓好发展这个第一要务。我们把握国家和我省经济社会发展的趋势和所带来的机遇，抓住事关交通发展全局的关键问题，作出了一系列重大决策和部署，先后提出并实施了掀起公路建设新高潮、交通发展3216工程、交通率先发展"三步走"战略等。大运高速公路建成通车后，及时提出并将交通发展的重点转移到了"三个并重"（三网并重、建养管并重、公路建设与运输发展并重）上来。国家高速公路网规划出台后，立即组织编制了以"人字骨架、九横九环"为主要内容的山西省高速公路网规划，并抓紧编制干线公路和农村公路网规划。这些战略和规划，从宏观与微观的结合上、长远与近期的结合上，把党中央提出的全面建设小康社会的长远目标与山西交通发展的阶段性目标有机统一起来，从而保证了我省交通持续、快速、健康、协调发展。抓住国家宏观调控带来的机遇，聚精会神搞建设，一心一意谋发展，全面实施"三小时高速通达"、县际公路改造、乡通油路、村村通水泥路四大工程，建成了1000多公里的高速公路，并改造县际及通乡油路7000多公里，完成村村通水泥路43000多公里，全省交通面貌发生了深刻变化，交通"瓶颈"制约得到明显缓解，山西这样一个中西部经济欠发达省份，步入了全国公路交通先进行列。在抓好交通建设运输的同时，我们更加注重科技、教育、文化等各项事业的发展，并从工作着力点和投入方面及时作出调整。面对严重的非典疫情，我们坚决贯彻中央和省委、省政府的各项部署，沉着应对、靠前指挥，带领广大干部职工一手抓防治工作不放松，一手抓经济建设不动摇，夺取了抗击非典和促进发展双胜利。

——深入推进各项改革，扩大对外开放。改革开放是推进交通发展的强大动力。我们按照完善社会主义市场经济体制的要求，抓住制约交通发展的突出矛盾，继续推进交通各项改革，努力消除体制性障碍。以转变政府职能为主线，以减员增效为手段，组织完成了厅机关机构改革，扎扎实实推进行政审批制度改革，精简审批事项，建立了路政、运政、征稽三个行政审批窗口，提高了政府工作效率和透明度，方便了人民群众。抓住长期困扰交通发展的政企不分、事企不分的问题，把握时机，整合资源，组建了路桥、运输两大集团公司。把市场经济中的竞争机制引入干部人事工作中来，积极推行干部竞争上岗、公开选拔等制度，进一步激活了用人机制，匡正了用人导向。坚持运用市场经济的思路化解制约交通发展的矛盾，通过对太旧路实施企业并购、盘活路产，置换出20亿元资本金，走出了一条市场经济条件下经济欠发达地区加快公路建设的新路子。坚持运用开放的手段推动交通改革发展，放宽市场准入，积极探索采用BOT方式、转让经营权、公路上市等引导社会资本进入高速公路领域，取得了重大突破。

——坚持依法治交，提升行业管理水平。我们强调，推进依法治交，立法是基础，普法是保障，转变政府职能和规范市场行为是重点，提高市场监管和社会管理能力、维护市场秩序、保证公开公正公平竞争是目的。加快构建与市场经济相适应的地方交通法规体系，带头落实"四五"普法计划，切实加强执法监督，规范执法行为，坚决纠正执法违法、越权执法等行为，严肃查处"三乱"问题，推动了法制交通的建设。坚持标本兼治，深入开展整顿和规范市场经济秩序工作，清理不合理收费，打击非法经营，完善市场规则，确保安全生产，公路水路建设运输市场秩序明显好转。

——选好载体，大力加强精神文明建设。精神文明建设，既代表一个行业的形象，也代表行业的发展水平。我们把精神文明建设工作摆到与经济建设同等重要的位置，加大投入，加大工作力度，与经济发展规划一起部署、一起实施、一起检查、一起考核兑现。制订了《"十五"精神文明建设规划》和《"千里大运文明路"精神文明建设规划》，以开展"两学四建一创"活动为载体，以提高行业文明程度和职工素质为目标，大力弘扬与时俱进、勇于奉献、讲求科学、争创一流的大运精神，深入开展学习赵家富、许振超、刘少文先进事迹活动和创建文明路、文明车、文明示范窗口、文明职工、文明单位活动，推动全系统文明创建工作由点到线、由片到面，不断向纵深发展。

——维护人民群众根本利益，竭尽全力为民办实事。我们强调坚持立党为公、执政为民，做到权为民所用、情为民所系、利为民所谋，把关心群众生产生活、维护群众根本利益，作为事关全局的大事抓紧抓好。从2004年开始，交通厅党组坚持每年为民办十件实事，公开承诺、说到做到。加强安全管理工作，落实安全生产责任制，实施公路安全保障工程，完善消防安检设施，严肃查处重特大安全事故。坚定不移地推进"双通"工程，修好农村路、开通客运车，着力改善农民生产生活条件。主动提出并开通绿色通道，对拉运鲜活农产品的车辆，不滞留、不卸载、不罚款，免收普通公路和出省高速公路通行费，让利于民，保证运输农产品的车辆快速通过，使农民得到了更多实惠。下大力气清理公路建设领域拖欠工程款和农民工工资，明确目标，责任到人，限期清欠，决不拖延，并积极构建防欠保障机制，保护农民合法权益。加大交通扶贫力度，派出一名厅领导带队扶贫，加大对贫困地区交通、教育、科技、生态投入，改善农民生产生活条件。加强信访工作，加强矛盾纠纷排查调处工作，及时缓解、化解、解决影响稳定的苗头事端和人民群众反映的突出问题，妥善处理群体性上访事件。运用市场化的办法实施交通安居工程，改善职工工作生活条件。

——坚持从严治党、从严治政，坚持不懈抓好党风廉政建设和反腐败工作。我们始终把推进党风廉政建设和反腐败工作摆在重要位置，切实加强对党风廉政建设和反腐败工作的领导，及时研究制定引申党风廉政建设的措施，全力支持纪检监察部门的工作，为他们开展工作创造条件、撑腰做主，建立了党委统一领导、党政齐抓共管、纪委组织协调、各部门各负其责、依靠群众参与的反腐败领导体制和工作机制。制定了贯彻落实党风廉政建设责任制规定实施办法，把党风廉政建设和反腐败工作与经济建设及其他工作一起部署、一起检查、一起落实。开展了制止奢侈浪费行为、纠正领导干部违规多占多购住房、清理领导干部超标配备小汽车和治理公路"三乱"等专项治理。从部分外省交通部门发生的腐败案件中深刻吸取教训，在重点工程中全面推行廉政责任制、廉政合同制、纪委书记派驻制和总会计师委派制，出台了交通基础设施廉政建设十项制度，重点加强对工程招标投标、设计变更、资金使用、物资采购等容易滋生腐败的关键环节的监督，坚决克服工程建设中的腐败现象。大力选树和宣传工程建设领域的廉政典型，总结经验、完善措施，努力构建教育、制度、监督并重的惩治和防腐败体系，进一步增强了全行业反腐倡廉、加快发展的信心。

——认真贯彻民主集中制，加强领导班子建设。民主集中制是党的根本组织制度。我们高度重视班子的自身建设，坚持民主集中制，制定了交通厅党组会议制度和议事规则以及中心组学习制度，并得到较好贯彻。五年来，我们党组成员努力学习、勤奋工作、发扬民主、团结一致，相互信任、相互支持，共同为交通改革发展作出了不懈努力；严于律己、勤政廉洁，公开作出六项廉政承诺，自觉接受群众监督，树立了廉政形象；坚持重大问题集体讨论、集体决定，既畅所欲言又民主集中，并在各自分工的职责范围内坚决贯彻厅党组的决策和意图，保证政令畅通，形成了既有民主又有集中，既有统一意志又有个人心情舒畅这样一种团结奋进的局面。总的来看，厅党组是一个坚强、有战斗力的班子，是一个团结、坚持民主集中制的班子，是一个解放思想、与时俱进、求真务实、共创大业的班子。

二

今后几年，是全面建设小康社会的关键时期，也是我省建设新型能源和工业基地的关键时期。我们要紧紧抓住发展这个第一要务，认真研究并抓紧解决关系交通发展全局的突出矛盾和重大问题，牢牢把握发展的主动权。要坚持以邓小平理论和"三个代表"重要思想为指导,以科学发展观统领全局,按照构建和谐社会的要求,加快构建我省建设全国新型能源和工业基地的交通运输支撑保障服务体系,扎扎实实推进党的建设,团结带领全省 12 万交通职工奋力开创交通工作新局面,实现交通率先发展的目标。

——坚持以科学发展观统领交通发展全局。 推进交通发展,必须坚持科学发展观。要从构建我省建设新型能源和工业基地的交通支撑保障服务体系的战略高度,从思想上、体制上、措施上加大工作力度,不断增强树立和落实科学发展观的坚定性,进一步理清发展思路,自觉地以科学发展观统领全局,坚持以人为本,把不断满足经济社会和人民群众日益增长的交通运输需求,作为交通工作的根本任务;坚持统筹兼顾,把发展的着力点放到"三个并重"上来,更加注重区域、城乡交通协调发展,更加注重交通与自然和谐共处,并从规划编制、投资安排等方面进一步向县际与农村公路建养、运煤通道建设及运输站场建设倾斜,促进交通全面、协调、可持续发展。

交通基础设施仍然是交通工作的薄弱环节,总量不足、质量不高的问题依然突出。要继续保持一定的投资规模和建设速度,全面启动高速公路网规划,集中力量推进规划实施,确保我省今年"人"字主骨架基本建成,实现省到市"三小时高速通达";2007 年国道主干线全部建成,我省高速公路达到近 2000 公里。加强干线路网改造与养护,在确保今年实现县际及通乡油路国债项目三年建设目标的同时,分期分批对路况较差的干线公路进行改造,加快运煤通道、红色旅游公路和国防公路建设,力争再用 5 年左右的时间,使全省干线公路路况有一个明显的提高。要进一步加强农村公路建设,实施五年百亿元工程,把这项惠及广大农民的好事实事办到底,让广大农民走上水泥路和油路。要进一步加大公路养护管理力度,继续实施公路安保工程、危桥改造工程和国省干线灾害治理、公铁立交安全整治工程,加大薄弱路段治理和文明路创建力度,提高公路技术状况和路网整体服务水平。要以确立稳定的资金来源为龙头,不断深化农村公路养护体制改革,研究新办法,走出新路子。车辆超限超载是公路最大的杀手,也是交通事故频发的主要原因。要坚持省政府提出的领导体制和工作机制,继续加大治理力度,保持对"双超"的高压态势,严防反弹。同时要积极探索长效机制,推广计重收费,加大源头治理力度,维护公路权益。

做好道路运输工作,保障经济发展需要,既是对我们执政能力的考验,也是提升产业素质的内在要求。要紧紧把握经济社会发展对交通运输的需求特征,整合运输资源,加快运输结构调整,引导运输企业走集约化经营道路,提高运输专业化、组织化程度和产业集中度。加强战略物资运输保障体系和交通战备保障体系建设,提高交通运输有效供给能力和应急保障能力。要继续做好煤炭等国家重点物资运输,加强组织协调和衔接配合,提高集疏运效率,特别要抓好冬夏两季电煤运输,保障我国经济建设需要。要切实做好春运和“黄金周”假日运输组织工作,加强客流分析、运力组织调配和安全监管,确保旅客“走得了、走得好、走得安全、走得有序”。要全面推进农村客运网络化,着力在规范经营、提高通达深度、完善农村客运站场体系上下工夫。农村公路建成后,力争在3个月内开通客车,并逐步引导农村客运走公交化管理、公司化经营的道路,确保农村客运开起来、长运营、有效益。

落实科学发展观、推进交通发展,必须高度重视科技创新和教育工作。要大力实施“科教兴交”战略,把科技教育放在优先发展的地位,集中力量研究制定促进交通信息化、产业化的政策措施,组织实施一批行业急需、与产业发展和工程建设紧密结合的重大科技项目,组织实施一批重大节能项目和节约型工程,鼓励发展循环经济,创新发展模式,转变增长方式。认真实施人才强交战略,营造鼓励人们干事业、干成事业的环境,以项目带动人才培养,提高人才创新能力。支持交通院校重点学科、重点专业、重点实验室建设,提高办学质量,培养更多适用人才。

深化改革、扩大开放,是推动交通发展从根本上解决制约发展突出矛盾和问题的必然选择。当前,改革处于攻坚阶段,开放进入新的时期,必须通过改革开放进一步发挥市场配置资源的基础性作用,促进解决交通发展的突出矛盾。要解放思想、实事求是、敢于攻坚、锐意进取,更加善于用改革的办法解决前进中的问题,更加善于用市场经济的思路化解市场化进程中的矛盾,更加善于用开放的手段加快发展的步伐。要继续推进公路建设、管理和投融资体制等方面的改革,努力实现建设市场化、管理专业化和投资多元化。推行投资人招标制度,研究制定相关规章,规范公路建设项目投资人招标管理。开展设计施工总承包和政府投资项目代建制的试点工作。进一步放宽市场准入,加大金融创新力度,通过特许经营、投资补助、境内外上市、“债转股”、转让经营权等多种方式,引导包括证券、保险资金在内的社会资本进入公路建设经营领域。积极引导高速公路业主同步建设项目影响区域内的连接线,提高投资效益。要围绕“高质量的工程、高科技的应用、高品位的服务、高效益的经营、高效率的管理、高素质的队伍”的目标,按照集团化、企业化的要求,理顺高速公路管理体制,整合资源,组建集团,提高我省高速公路经营企业化、集约化水平。

——切实加强行政能力建设。行政能力建设,是政府自身的根本性建设。加强行政能力建设,当前最重要的是要加强市场监管、社会管理能力的建设,做负责任的部门。要依靠和运用法律法规,不断增强市场监管能力,引导和规范交通运输市场和建设市场。坚持依法行政,简化和改革审批程序,切实转变以审批代管理、以管理代服务的传统做法,将工作重心从重审批、重处罚转向主要为市场主体搞好服务和创造公平竞争环境上来,运用信息技术改造提升市场监管能力和水平。要健全交通法律法规体系，完善市场准入和退出机制，打击非法营运和工程建设中的违法违规行为，破除地方保护和区域封锁，引导行业中介组织充分发挥作用，完善行政执法、行业自律、舆论监督、群众参与相结合的市场监管体系。要推进交通行政执法体制改革，加强交通执法队伍建设，提高执法人员的业务素质和执法水平，做到文明执法、规范执法。要推进诚信政府和法制政府建设，加快诚信体系建设，建立失信惩戒机制，依法加强诚信监管，对市场主体以及社会合作组织或协会建立信用登记，设立跟踪档案。对失信者要公开曝光，让其付出代价。

交通运输与经济社会和人民群众生产生活密切相关。加强交通安全管理，提高重大突发事件应急处置的能力和水平，是交通部门加强社会管理的重要职责。要从管理服务对象联系最密切的环节入手，从管理服务对象反映最强烈的问题入手，完善重特大安全生产事故、重特大交通安全事故、群体性事件、自然灾害事故、公共卫生事件、道路拥堵等重大突发公共事件的预防预案，完善应急反应机制，做到事前能够预防、事中能够控制和处置、事后能够妥善处理。当前和今后，道路交通安全要继续履行"三关一监督"职责，同时加强公路和桥梁险情的排查，把危桥诊断和维修加固技术、高速公路路面快速修复技术纳入应急处置体系。高速公路一旦发生拥堵，要与有关部门密切配合，迅速启动疏通预案，提供必要的紧急救援和有序疏导。水上交通安全管理和重大突发事件应急处置，要建立长效机制和完善应急预警机制，进一步健全制度，落实责任，加强水上安全监管应急反应机制和救助体系建设，加强水上执法和救助设施队伍建设，提高水上交通安全管理水平，增强重大突发事件应急处置能力。

——切实加强行业精神文明和思想道德建设。随着经济社会发展和人民生活水平的提高，人们对精神文化的需求更加广泛、更为多样、更加迫切。要选好载体，要继续围绕"两个提高"，进一步加强精神文明建设，深入开展"两学四建一创"活动。在继续保持"文明示范窗口"创建活动良好势头，推动"文明单位"创建上等级的同时，重点抓好"文明路"、"文明车（船）"和"文明职工"创建活动。以"千里大运文明路"建设为龙头，创建一批高质量的"文明示范路"；以开展"道路旅客运输优质文明竞赛活动"、"文明服务月活动"为载体，创建一批"文明客车"；要继续深入开展学习许振超、赵家富、刘少文先进事迹活动，努力在全行业形成个人干一流工作、企业创一流品牌、政府造一流环境的良好氛围，推动行业文明建设不断迈上新台阶。

提高全行业的思想道德素质和科学文化素质，是精神文明建设的根本任务和主要目标。要大力弘扬以爱国主义为核心的民族精神和以改革创新为核心的时代精神，弘扬集体主义、社会主义思想，加紧建立与社会主义市场经济相适应，与社会主义法律规范相协调，与中华民族传统美德相承接，具有交通特色的社会主义思想道德体系，使广大职工始终保持昂扬向上的精神状态。要大力营造人人学习、终身学习的氛围，积极鼓励和引导职工学习文化知识，提高自身素质，努力创建学习型组织、学习型机关、学习型企业，推动交通行业成为学习型行业。

——切实做好构建和谐交通的各项工作。构建和谐交通，是构建和谐社会在交通行业的具体体现，也是交通率先发展的重要任务。要按照中央提出的构建民主法治、公平正义、诚信友爱、充满活力、安定有序、人与自然和谐相处的社会主义和谐社会的目标，扎扎实实推进和谐交通的建设。

维护和实现社会公平，涉及最广大人民的根本利益，是我们坚持立党为公、执政为民的必然要求。要在加快交通发展的同时，从法律上、制度上、政策上努力营造公平的交通环境，保证社会成员都能够公平地接受交通服务，让交通发展的成果惠及全社会。要进一步做好关心群众的工作，积极支持厅属事业单位完善养老、医疗、失业等社会保险，提高职工的改革承受力，消除职工后顾之忧。用好国家政策，提高职工工资福利待遇，改善职工工作生活条件，让职工共享交通发展的成果。加大对农村和贫困地区交通建设的投入，做好定点扶贫工作，走开发式扶贫的路子。继续做好清理建筑领域工程款拖欠和农民工工资拖欠工作，高度重视和认真研究解决隐形拖欠问题，不断完善防欠保障机制，维护民工切身利益。进一步加大治理公路“三乱”力度，严格落实治乱责任制，加强监督，防止反弹。

稳定是推进改革发展的前提，什么时候都要高度重视并切实做好维护稳定的工作。对影响社会稳定的倾向和苗头要见事早、反应快、处置果断。加强信访工作，转变工作作风，注重从源头上减少人民内部矛盾的发生。要坚持依法办事，坚决维护群众的合法权益，积极预防和妥善处置群体性事件。要注意教育和引导群众正确认识改革发展中利益关系和利益格局的变化，正确认识和对待个人利益和集体利益、眼前利益和长远利益的关系，自觉维护安定团结的政治局面。

——切实加强党的建设和党风廉政建设。紧紧围绕中央提出的加强党的执政能力建设和先进性建设的要求，全面推进思想建设、组织建设、作风建设和制度建设，为交通改革发展提供坚强的政治保证。要大力加强领导班子和干部队伍建设，把科学发展观、正确政绩观的要求切实贯彻到干部考察考核的具体实践中去，进一步完善领导干部选拔提名、考核、监督的机制，扩大考核工作的民主，扩大选人识人的视野，真正把那些政治上靠得住、工作上有本事、作风上过得硬的干部提拔起来。要高度重视并切实加强培养选拔年轻干部的工作，坚持任人唯贤、唯才是举，对符合德才兼备原则的优秀年轻干部，看准了的，要大胆放到相应的领导岗位上去，精心加以培养，让他们在工作实践中得到磨炼，增长才干和胆识。继续深化干部人事制度改革，大力培养、积极引进、合理使用各类人才，形成优秀人才脱颖而出、各展其能的机制，造就一支德才兼备的高素质干部队伍。要深入研究解决基层党组织面临的新情况新问题，按照围绕中心、服务大局、拓宽领域、强化功能的要求，调整组织设置，改进工作方式，创新活动内容，把广大基层党组织真正建设成为贯彻“三个代表”重要思想的组织者、推动者、实践者。要继承和发扬党员教育管理工作优良传统和政治优势，积极探索建立党员教育管理工作的新机制，促进广大党员发挥先锋模范作用。要切实搞好先进性教育活动，坚持高标准、严要求，确保取得扎扎实实的成效，使这项活动真正成为群众满意的工程。

交通越是加快发展，反腐倡廉的任务越艰巨，越要坚定不移地反对腐败，越要提高拒腐防变的能力。要继续坚持不懈地加强党风政风建设，教育广大党员、干部坚持立党为公、执政为民，弘扬求真务实精神，大兴求真务实之风，继续保持谦虚谨慎、不骄不躁的作风，发扬艰苦奋斗、勤俭建国的优良传统，脚踏实地，埋头苦干，淡泊名利，一心为公，真正做到为民、务实、清廉，始终保持同人民群众的血肉联系。要下工夫完善领导班子民主生活会制度，认真开展批评与自我批评，充分发挥领导集体对班子成员的监督作用。要大力加强党的纪律教育，促使广大党员特别是各级领导干部增强纪律观念，坚决遵守党的各项纪律特别是政治纪律，自觉履行廉政承诺。要从体制机制上采取措施，坚决防范和克服形式主义、官僚主义和浮夸作风，坚决纠正一些干部作风简单粗暴、办事不公、侵犯群众利益的问题，进一步解决会议多、文件多的问题。要坚持标本兼治、综合治理，惩防并举、注重预防，抓紧建立健全与具有交通特色的教育、制度、监督并重的惩治和预防腐败体系。要加强对新形势下防腐倡廉工作的特点和规律的认识，注意总结经验教训，举一反三，加强权力观教育和廉政文化建设，督促党员领导干部加强党性修养，常修为政之德、常思贪欲之害、常怀律己之心，自觉经受住改革开放和发展社会主义市场经济条件下长期执政的考验。

交通基础设施建设领域是反腐倡廉的重点部位，要紧紧抓住工程建设招标投标、转包分包、设计变更、公路经营权转让等关键环节，全面落实交通基础设施廉政建设十项制度，加强监督管理和源头治理。进一步强化对公路建设资金使用、设计变更的监督，对重点工程项目的工程质量、建设资金使用和征地拆迁、拖欠工程款及农民工工资等开展审计和执法监察。进一步完善工程建设纪检书记派驻制、廉政合同制和总会计师委派制等。

三

在我省全面建设小康社会，建设全国新型能源和工业基地的新的历史进程中，交通肩负着艰巨的任务和光荣的使命。厅党组成员作为全省交通行业的领导集体，必须时刻牢记历史责任，倍加顾全大局，倍加珍视团结，倍加维护稳定，自觉加强自身建设，不断开拓进取。

——坚持科学行政、民主行政、依法行政。要更加尊重科学，坚持民主，完善各项制度，认真听取社会各界和人民群众对我们工作的意见和建议，了解群众意愿，集中群众智慧，进一步建立和完善重大问题集体决策制度、专家咨询制度、社会听证制度以及决策责任制度，自觉地把政府部门工作置于法律监督、行政监督、舆论监督和社会监督之下，按照法律的规定行使行政权力，强化法制观念，依法行政，不断提高法律素质和依法决策的水平，努力实现行政行为规范化和经济、社会管理法制化。要不断改进领导方法和工作方法，把注意力和主要精力放在全局指导和宏观决策上，放在研究解决影响发展全局的战略问题上，发扬理论联系实际的马克思主义学风，深入实际、调查研究，进一步使理论学习同实际工作更好地结合起来，特别要同研究解决一些重大理论问题、实际问题、战略问题更好地结合起来，以与时俱进的精神推进交通各项工作，使我们的各项决策和部署更加符合省情行情、更加符合人民利益、更加符合时代发展的要求。

——按照民主集中制原则，完善工作机制，加强交通厅党组的团结。要更加自觉地坚持民主集中制，坚持民主基础上的集中与集中指导下的民主相结合，坚持民主集中制基础上的分工负责制。厅党组的工作要紧紧围绕经济建设这个中心来展开，各位党组成员的工作都要自觉放到这个大局下来认识、来把握。凡是重大决策和事项，都要坚持提交集体讨论，发挥集体智慧，实行集体决策。同时，每位同志又都要大胆负责自己承担的工作任务，该抓的工作要按照中央精神雷厉风行、坚定不移地去抓。要以更多的精力、更大的力度抓落实，特别是要建立健全抓落实的工作机制。要继续保持相互沟通、相互支持、相互配合的好风气。要以对党、对国家、对人民高度负责的精神，珍惜和维护厅党组的团结，珍惜和维护全行业的团结。

——始终坚持立党为公、执政为民，自觉保持共产党员的先进性。党和人民把我们放在这样重要的岗位上，我们必须把党和人民的事业置于高于一切的位置，为山西的发展振兴和山西人民的幸福忘我工作。要始终以党和人民的利益为重，做到襟怀坦荡、一心为公，严于律己、以身作则。凡是要求别人不做的，自己首先不做；凡是要求别人做到的，自己首先做好。要牢记党的全心全意为人民服务的宗旨，把坚定理想信念和发扬求真务实精神统一起来，把坚持党的领导和坚持党的群众路线统一起来，把带领人民前进和向人民学习统一起来，始终谦虚谨慎、艰苦奋斗，始终真抓实干、清正廉洁，永远保持共产党人的政治本色和先进性。

5. 新时期的领导工作与干部队伍建设*

党的十六届六中全会从中国特色社会主义事业总体布局和全面建设小康社会全局出发，作出了《关于构建社会主义和谐社会若干重大问题的决定》。毛主席说：政治路线确定之后，干部就是决定的因素。构建社会主义和谐社会，要求各级领导班子和领导干部必须努力提高领导和谐社会建设的本领，履行好历史赋予的责任。

我党历来重视干部队伍建设，在不同历史时期，培养和造就了一批又一批、一代又一代适应革命、建设和改革需要的领导骨干和宏大的干部队伍。正因为有了一支在经受各种考验中不断得到锻炼提高的干部队伍，带领广大人民群众，坚决贯彻执行党在各个历史时期的正确路线，我们党才战胜了各种艰难险阻，始终保持着强大的凝聚力和战斗力，不断从胜利走向胜利。1956 年，当世界社会主义运动中出现风波时，毛泽东同志曾经讲过一段意味深长的话。他说，我们党有成百万有经验的干部。我们这些干部，大多数是好的，是土生土长，联系群众，经过长期斗争考验的。我们有这么一套干部，有建党时期的，有北伐战争时期的，有土地革命战争时期的，有抗日战争时期的，有解放战争时期的，有全国解放以后的，他们都是我们国家的宝贵财产。我们有在不同革命时期经过考验的这样一套干部，就可以"任凭风浪起，稳坐钓鱼船"。毛泽东同志的这段话，我们今天读来仍然发人深省。在改革开放和现代化建设的新的历史时期，邓小平同志多次强调，思想路线、政治路线的实现要靠组织路线来保证。在 1992 年视察南方的重要谈话中，他再次强调："中国的事情能不能办好，社会主义和改革开放能不能坚持，经济能不能快一点发展起来，国家能不能长治久安，从一定意义上说，关键在人。""中国要出问题，还是出在共产党内部。对这个问题要清醒，要注意培养人，要按照'革命化、年轻化、知识化、专业化'的标准，选拔德才兼备的人进班子。我们说党的基本路线要管一百年，要长治久安，就要靠这一条。真正关系到大局的是这个事。"正是有数以万计的党员干部团结全国各族人民努力奋斗，我国的改革开放和现代化建设才取得了举世瞩目的伟大成就，我国才有了今天经济发展、政治稳定、民族团结、社会进步的大好局面。

---

* 2006 年 10 月 24 日在省交通厅处级领导干部培训班上的讲课摘要。

但是,我们必须看到,随着改革开放的深入和社会主义现代化建设的推进,我们的领导工作的内容和所处的环境以及干部队伍的结构成分都发生了很大变化。从我们交通行业来看,交通发展已从单纯的就行业抓行业转变到在全省经济社会发展全局中谋划和推进行业发展上来,从相对封闭和计划经济体制下推进行业发展转变到在全面对外开放和发展市场经济的条件下推进行业发展上来,这种环境的变化对我们的领导工作提出了新的更高的要求。我们还要看到,在推进干部新老交替的过程中,确有相当一部分同志的素质特别是思想政治素质不适应党的事业的要求。有的干部特别是一些年轻干部,由于对党和人民奋斗的历史经验不够了解,缺乏艰苦环境的锻炼,政治上还不够成熟,在思想作风和组织纪律上还需要进一步锤炼;有的干部不认真学习党的理论和政策,不注意大局,不注意政治,甚至分不清基本的原则是非界限;有的干部作风漂浮,脱离实际、脱离群众,官僚主义、形式主义严重;有的干部忘记了党的宗旨,经不起考验,以权谋私,甚至违法乱纪,堕落为腐败分子、犯罪分子。还应该充分地认识到,在实行改革开放和发展市场经济的新的社会环境下,资本主义腐朽思想文化影响,历史上遗留下来的封建主义残余影响,对我们干部队伍的潜移默化的侵蚀不可低估。以上情况表明,要保证我省交通事业顺利发展,保证各项方针政策在交通行业得到贯彻落实,严重的问题在于干部。大力加强干部队伍建设,提高广大干部特别是领导干部的素质,已经成为一项刻不容缓的重大任务。

建设社会主义和谐社会,领导工作必须结合时代要求和新的实践,不断赋予新的内涵。具体到我们交通行业,领导工作必须做到以下5条。

——**判断形势、把握方向**。方向问题是关系大到国家、地区,小到行业、单位兴衰存亡的大问题,也是领导工作中最重要、最关键的一条。要取得领导工作的主动权,必须在以下三个方面作出科学判断、把握正确方向。一要对国际国内经济、政治、文化、科技、教育等方面的发展变化作出科学判断,从整体上把握国家宏观经济政策和经济发展走势,从而明确本单位、本行业的发展方向;二要在重大是非问题上及时作出反应和准确的鉴别,并对其发展趋势作出科学判断,使领导始终成为广大干部群众的"主心骨";三是对时代特征和社会发展趋势作出科学判断,推动观念创新、制度创新和科技创新,开辟新的道路。

——**谋划全局、提出战略**。做好领导工作,必须站在全省、全行业的高度来谋划本单位的发展,在事关全省、全行业发展全局的重大问题上深入研究,理清思路,提出发展战略。只有谋划工作做好了,战略问题定准了,发展才能有序推进。

——**制定政策、营造环境**。政策和策略是党的生命线。把握方向、谋划全局、提出战略最终都要体现在制定政策和营造环境上。有什么样的战略,就有什么样的政策和环境,好战略必须有好政策、好环境来保证。因此,作为领导工作,在提出战略的同时，要制定促进战略顺利实施的政策，并从人才、科技等方面给予支持，营造有利于战略实施的环境。

——审时度势、科学决策。决策是领导工作很重要的一项工作，也是比较费精力、看水平的一项工作。尤其是事关行业、单位改革发展稳定的决策，必须审时度势、因势利导，把握好决策的时机和条件，果断作出反应、作出决策，并付诸实施。

——化解矛盾、协调利益。这是构建社会主义和谐社会对领导工作提出的新要求，也是对党的思想政治工作的引申和发展。无论是一个行业，还是一个单位，随着旧的矛盾的解决，新的矛盾随之产生，尤其是在当前这个矛盾大凸显、利益大调整的时期，化解矛盾和协调利益的任务十分繁重，领导同志必须拿出一定的精力来研究和加强这方面的工作。

加强能力建设，是领导干部的基本功，也是一项长期任务。既要有紧迫感、危机感，也要坚持循序渐进，关键是要做到持之以恒。

（一）要充分认识学习的极端重要性，端正学风

我们党是一个善于学习的党，以毛泽东、邓小平、江泽民为核心的党的三代中央领导集体和以胡锦涛为总书记的新一届党中央，都高度重视全党的学习，特别是在革命、建设和改革的重大历史转折关头，在面临新的形势和任务的时候，总是把学习突出地提到全党面前。在我们党的历史上，曾开展过多次学习活动，其中有六次，意义特别重大，影响特别深远。

第一次是从延安整风到党的“七大”。全党同志特别是党的高中级干部，联系实际认真学习马列主义，深入总结党在历史上正反两方面的经验和教训。经过这次学习，全党在毛泽东思想的基础上达到了空前的团结统一，为夺取抗日战争和解放战争的胜利提供了有力的思想保证。

第二次是从建国前夕到建国初期。我们党从夺取政权到执掌政权，党的地位和面临的任务发生了根本性转变。毛泽东同志号召全党重新学习，用极大的努力去掌握过去不熟悉、不懂的东西。这次学习，对于巩固新生的人民政权，恢复国民经济，确立社会主义制度和顺利推进社会主义建设，起到了极为重要的作用。

第三次是改革开放初期。在邓小平同志的大力倡导下，全党开展了关于真理标准的大讨论。这次大讨论，对于我们党重新确立马克思主义的思想路线、政治路线和组织路线，实现党和国家工作重点的战略转移，全面开创社会主义现代化建设的新局面，产生了重大而深远的影响。

第四次是党的十四大以来。十四大提出用邓小平同志建设有中国特色社会主义理论武装全党的战略任务，十五大把邓小平理论确立为党的指导思想，由此兴起了学习邓小平理论的新高潮。这些年来，我们党能够毫不动摇地坚持党的基本路

线，经受住国际国内各种风险和困难的考验，领导人民把改革开放和社会主义现代化建设不断推向前进，从根本上说，主要得益于全党认真学习和实践邓小平理论。

第五次是以各级领导干部“讲学习、讲政治、讲正气”为重点的“三讲”教育。这次学习教育，是江泽民同志针对党的干部队伍建设提出的，对于保证我国改革和社会主义现代化建设事业的顺利发展，保证跨世纪宏伟目标的顺利实现，保证党和国家的长治久安，加强各级领导干部党性修养，有着重要意义。

第六次是党的十六大和十六届四中全会以来进行的保持共产党员先进性教育活动。这次活动是以胡锦涛同志为总书记的党中央，坚持用“三个代表”重要思想武装全党，提高党的执政能力，巩固党的执政基础，完成党的执政使命的重要举措，这次教育活动把学习实践“三个代表”重要思想作为贯穿始终的一条主线，达到了提高党员素质、加强基层组织、服务人民群众、促进各项工作的目的。

当前，我国已经进入全面建设小康社会、加快推进社会主义和谐社会的新的发展阶段。世界多样化和经济全球化趋势继续发展，科学技术突飞猛进，知识更新速度越来越快，以经济实力、科技实力、国防实力和民族凝聚力为基础的综合国力竞争日趋激烈。随着国家西部大开发、振兴东北老工业基地和促进中部崛起战略的实施，交通建设形成了全国竞相发展的格局，我们依然面临着发达地区经济实力强、发展步伐快和自身思想不解放、生产力水平低、经济基础差的双重压力，各级领导干部一定要做学习的楷模，学的更多一点、更深一点、更好一点。

——牢记使命，抓紧时间学。只有努力掌握新知识，不断增强新本领，才能取得领导工作的主动权，才能面对新的挑战，更好地团结带领广大群众实现既定的宏伟目标。我们每个人的工作都很忙，但再忙也不能冲淡学习甚至放弃学习。从思想方法和工作方法的角度看，读书学习是理论联系实际的重要环节；从与时俱进的要求看，读书学习是我们每一个领导干部始终走在时代前列的必修课。身处知识爆炸的年代，肩负实现跨越式发展的历史重任，如果我们还满足于过去所学的那点知识，“一张文凭打天下”、“一次学习管终身”，那么很快就将被历史淘汰，更谈不上引领潮流、建功立业了。所以，对于学习，我们没有任何稍稍懈怠的理由。广大干部尤其是领导干部要下决心减少不必要的应酬，把时间用在学习上，抓紧分分秒秒，力求学得更多一点，学习一切反映当今世界文明进步的新知识、新经验，做到“专”与“博”相结合，求知与修身共进步，使知识结构更加合理，个人素质全面提高。

——潜心钻研，尽量深入学。学习是一件苦差事，没有一股子钻劲、挤劲和韧劲，是很难深入下去的。各级领导干部要脚踏实地、刻苦钻研，尤其要在深刻领会党的理论创新成果上下工夫，自觉地反复咀嚼而不是浅尝辄止，全面消化而不是囫囵吞枣，完整吸收而不是有所保留。在认真学习邓小平理论和“三个代表”重要思想的同时，还要注意学习掌握反映当代世界政治、经济、文化最新发展的各种新知识，使我们的知识结构更为合理、系统和全面。要边学习边思考，不断深化学习成果。孔子曾经说过："学而不思则罔，思而不学则殆。"能不能处理好学与思的关系，做到学思并重，不仅是一个学习方法问题，而且是一个学习态度问题。要十分重视对现实问题的研究，学会理性思考，学会科学的思维方式。要善于用望远镜来看问题，看得更深远一些；善于用显微镜来看问题，看得更清晰一些；善于用变焦镜来看问题，看得更全面一些；善于用广角镜来看问题，看得更广阔一些。全方位观察世界，高精度认识事物。在对一些重大问题的看法、对形势的分析、对是非的判断、对工作的研究等方面，做到独立思考，不人云亦云，不随波逐流，不左右摇摆，逐步形成正确的、鲜明的、有见解的思想和观点，进一步增强工作中的预见性和创造性。

——知行相促，尽可能学有所用。读书使人明智，学习可以陶冶情操。只有坐得住、读得进、想得深的人，才能形成干一行、爱一行、钻一行的品性。要取得好的学习效果，就必须沉下心来，手脑并用，且读且写，真实记下自己的心得体会。学习的目的在于应用。在学习思考过程中还要紧密联系国际局势的新变化、国内改革开放和和谐社会建设的新进展以及党的建设面临的新情况，认真总结个人思想、工作实际，对照要求找差距，自觉地把邓小平理论和"三个代表"思想具体化为符合本地区、本部门、本单位实际情况的科学决策，从更高的起点上、以更宽广的视野创造性地谋划发展；自觉地把学到的理论和知识，把思考形成的想法和观点，运用到改造客观世界和主观世界的实践中去，实现理论和实践的有机结合。

（二）要不断加强自身修养，砥砺党性

刘少奇同志的《论共产党员的修养》，把确立共产主义信念、加强党性锻炼作为树立正确的世界观、人生观、价值观的出发点和落脚点，精辟地解答了"为何入党？为谁服务？为谁谋利？"的问题。目前，加强干部修养，要从以下三个方面入手。

——加强政治修养。无论在任何时候，广大党员干部都要增强讲政治的自觉性，努力把握政治方向，坚定政治立场，遵守政治纪律，增强政治敏锐性，提高政治鉴别力，始终保持政治上的清醒和坚定，始终与党中央保持高度一致，坚决贯彻省委、省政府的决策和部署，牢牢把握正确的前进方向。党员干部要善于从讲政治的高度认识和处理问题，善于在服务大局和服务社会的结合中找到最佳位置，创造性地开展工作，以保证党的路线、方针、政策的全面贯彻落实。

——加强作风修养。我们党在长期的革命斗争中，形成了理论联系实际，密切联系群众，批评与自我批评三大优良传统和作风。作风建设关系到党的形象，作风问题是领导干部的立身之本。面对新形势新任务，我们要牢记"我们党最大的政治优势是密切联系群众，最大的危险是脱离群众"，把加强和改进作风建设放在更加突出的位置，紧紧围绕保持党同人民群众的血肉联系这个核心，把立党为公、执政为民的本质要求落到实处,做到权为民所用、情为民所系、利为民所谋。要坚持与时俱进,反对因循守旧。要解放思想、更新观念,开拓进取、勇于创新,坚持用创新的观念指导实践,以改革的办法解决问题,努力使各项工作体现时代性、把握规律性、富于创造性。要大力提高干部的开放意识,用全局观念、世界眼光、宽广胸怀谋划发展,提高战略思维能力。要善于与外界打交道、求合作、共发展,拓宽促进发展的渠道,形成有利发展的氛围。实干兴邦,空谈误国。要在干部中提倡真抓实干,狠抓落实,提倡讲实话、干实事、求实效、抓落实的良好风气,改变有部署、无检查,有计划、无措施的现象。要从文山会海中解脱出来,减少事务性活动,用更多的精力深入群众、深入基层、深入改革发展第一线,了解民情,解除民忧,帮助基层解决问题。要注重开展批评与自我批评,虚心听取批评意见,决不能自以为是,听到表扬就春风得意,听到批评则不服气。不回顾、不反思、不总结、不开展批评和自我批评,长此以往,会严重影响自己的成长。

——加强道德修养。我们党对干部任用提出了德才兼备的原则,“德”放在了首位。“德”包含了较高的政治素质和良好的道德修养,只有政治素质好、思想品德端正的干部,才能为人民谋利益,才能成长为合格的领导干部。俗话说:“要做官,先做人”。古人云“其身正,不令而行;其身不正,虽令而不从”。改革开放以来,尤其是大力发展社会主义经济的今天,物质利益越来越被人们重视。一方面,我们在经济上突飞猛进,取得举世瞩目的伟大成就;另一方面,市场经济的负面作用也呈现出来,拜金主义、金钱至上、唯利是图、享乐主义、个人主义等腐朽思想沉渣泛起,并且每时每刻都对人们产生影响。党员干部要按照《加强公民思想道德建设实施纲要》的要求,率先垂范,以身作则,在遵守社会公德、职业道德和家庭美德等方面,成为人民群众的楷模。要经得起权力、金钱、美色和人情的考验和诱惑,堂堂正正做人,勤勤恳恳工作,正确看待名与利、成功与挫折、表扬与批评,时刻把党和人民的利益放在第一位,加强自身修养,加强党性锻炼,不断提高自己。

(三)要加强执政能力建设,提高素质

执政能力是执政党在领导、管理国家经济社会事务过程中表现出来的能力。党的执政能力最终体现在领导干部的工作能力上。

要增强理论思维能力。理论思维能力是指运用马克思主义的世界观和方法论,揭示客观事物发展变化规律的能力。在工作中,我们要用科学的思维方式,进行理性分析,及时调整工作思路,改进工作方法,把党要干的、群众盼的,作为自己工作的着力点和突破口,走出一条新时期做好工作的新路子。

要增强驾驭市场经济的能力。党的以经济建设为中心的基本路线,决定了党所需要的干部应该是既有坚定的政治信念,又具备领导和建设社会主义市场经济

的能力。党政管理干部尤其是年轻干部要注意强化中心意识、参与意识，努力学习经济理论，研究交通发展规律，努力探索市场经济条件下加快交通发展的方法和途径。要坚持以科学发展观指导新的实践，正确认识交通发展的主要矛盾，统筹交通与经济社会发展；正确认识区域发展的差异性，统筹区域经济与交通发展；正确认识农村交通的重要性，统筹城乡经济与交通发展；正确认识交通发展的资源制约，统筹交通发展与资源综合利用；正确认识交通对生态环境的影响，统筹交通与环境和谐发展。

要增强决策决断能力。决策水平高低是衡量一个领导干部能力大小的重要标志。决策前要进行深入调查，对调查来的第一手资料要进行科学分析，作出正确判断。看准了的事情要敢于拍板，敢于承担风险，不能拖泥带水、优柔寡断，做到审慎而不犹豫、果断而不草率。要养成扎实的工作作风和较好的知识修养，决不能当拍脑袋决策、拍胸脯干事、拍屁股走人的"三拍"干部。

要增强综合协调能力。综合协调能力就是能够处理好各种关系，充分调动各方面积极性的能力，创造一个和谐的工作环境，这是领导干部必备的能力之一。领导干部要做到能够兼顾各项工作，使各项工作有条不紊地进行，互不干扰，互相促进；能够协调各部门、各单位和班子之间、单位内部之间的关系，平衡利益冲突，做到统揽全局、协调各方。

要增强工作创新能力。"创新是一个民族的灵魂，是一个国家兴旺发达的不竭动力。"要以"敢为天下先"的精神，积极投身到改革和建设的伟大实践中，敢于创新，善于创新；打破一些陈规陋习，注重发扬和继承过去工作中的好经验、好方法；不怕栽跟头，不怕碰钉子，善于总结经验继续前进。要正确处理好创新和求实的关系，要树立实事求是的科学态度，不唯上，不唯书，只唯实，不断创造新的工作思路和工作方法。如果每个干部都能在自己的岗位上有所发现、有所创造，我们的交通事业就拥有了不竭的发展动力。

（四）加强廉政建设，以身作则

要提高廉洁从政的自觉性。权力用的好，可以造福一方；用不好，就是腐蚀剂。尤其是身居要职、有权有位的领导干部，一定要加强党性修养，强化自律意识、廉洁意识，认真执行领导干部廉洁从政各项规定，严格要求自己，防微杜渐，警钟长鸣，在思想上筑起廉洁从政的牢固防线，谨慎交往圈，净化生活圈，纯洁娱乐圈，正规工作圈。要树立正确的权力观、地位观和利益观，立志做大事、成大业，而不要立志做大官、谋发财，胸怀大志，脚踏实地，做一个党的好干部、人民的好公仆。

要提高坚持原则的自觉性。作为一名领导干部，一定要从巩固党的执政地位的高度去考察问题，解决问题，不随波逐流，不人云亦去。要光明磊落，襟怀坦荡，坚持讲真话、讲实话，敢于坚持原则，维护法纪，勇于顶住各方面的压力，坚决维护党和人民的利益。

要增强遵守纪律的自觉性。关键的问题是要坚决维护党的政治纪律和团结统一，不能凌驾于组织之上，自觉与党中央保持高度一致，不折不扣地贯彻落实好党的路线、方针、政策，保证政令畅通；坚决维护法律的尊严，不得凌驾于法律之上，坚决杜绝违法乱纪行为；坚决维护党员干部的形象，不能混同于一般群众，要求别人不做的，自己首先不做，要求别人做到的，自己首先做好，自觉做到为民、务实、清廉。

6. 交通行业精神文明建设的实践和思考*

今后一个时期,改革将进入攻坚阶段,各种深层次矛盾进一步显现,行业精神文明建设在统一思想、凝聚力量、振奋精神、促进发展、保持稳定等方面担负着光荣而艰巨的使命。

一

"十五"期间,全省交通行业坚持物质文明、政治文明、精神文明建设协调发展,党的建设、行业精神文明建设在交通跨越式发展中得到了巩固和加强。

一是党的先进性建设不断取得新成效,为交通建设改革发展提供了坚强的政治保证。多年来,全省交通系统高度重视并不断加强党的建设,尤其是去年先进性教育活动以来,各级党组织牢牢抓住学习实践"三个代表"重要思想这条主线,认真落实"关键是取得实效"、"成为群众满意工程"的要求,高标准、高质量地完成了活动任务,解决了一批与群众密切相关的突出问题,在建立健全先进性教育长效机制上,较好地形成了一系列针对性强、操作性强、体现行业特点、符合时代要求、适应任务需要的,有利于进一步加强党的先进性建设的工作制度。各级党组织深入开展学习贯彻党章活动,通过主题教育、专家辅导、集中培训、专题研讨、交流演讲、知识竞赛等方式,激发了广大党员学习党章的积极性,增强了遵守党章、贯彻党章、维护党章的自觉性。全行业广泛开展学习实践社会主义荣辱观活动,广大党员干部积极带头、发挥表率,较好地形成了"知荣辱、讲正气、树新风、促和谐"的氛围。通过一年来扎实有效的党建工作,全系统党员学习实践"三个代表"重要思想、落实科学发展观的自觉性不断提高,党性观念、党员意识进一步增强,先锋模范作用更加突出,服务基层、服务群众的行动更加自觉;党员干部思想作风、工作作风进一步转变,党群关系、干群关系更加融洽;广大基层党组织得到了一次全面整顿和加强,战斗堡垒作用充分体现,创造力、凝聚力和号召力明显增强。

二是形成了有效的工作机制,推动了行业精神文明建设。全行业一手抓物质

* 2006年6月30日在全省交通行业精神文明建设暨纪念建党85周年大会的讲话摘要。

文明建设，一手抓精神文明和政治文明建设；一手抓教育，一手抓管理；一手抓德治、一手抓法制，持之以恒，坚持不懈。省交通厅先后制订了《“十五”精神文明建设规划》、《千里大运文明路建设规划》，提出了“提高职工队伍素质、提高行业文明程度”的建设总目标和建设“安全交通、绿色交通、数字交通、法制交通、诚信交通、廉政交通”的总要求；出台了《创建文明行业实施办法》、《文明示范窗口管理办法》、《文明路创建实施办法》等一系列规定，把行业精神文明建设的重点任务、重要工作列入年度工作目标责任考核体系，全面加强了对行业精神文明建设的组织、协调、指导和考核，并投入300万元专项经费用于“文明示范窗口”建设。各级各部门坚持三个文明建设统一规划、统一部署、统一考评、统一奖罚，根据自身实际把任务目标层层分解、层层落实，把行业精神文明建设工作建立在单位、部门认真履行职责的坚实基础之上，逐步建立起了分级管理、分类指导、条块结合、权责分明的目标责任体系，并通过设立举报电话、举报箱、聘请监督员、领导接待日、公开公示、服务承诺等形式，加强社会监督，使全省交通行业精神文明建设工作逐步纳入了制度化、规范化、科学化、经常化的轨道，推动了行业精神文明建设。

三是群众性文明创建活动蓬勃开展，促进了管理服务水平提高。坚持典型引路、突出重点、整体推进，深入开展了学习包起帆、许振超、赵家富等先进典型活动，极大地振奋了广大干部职工的精神，在全行业唱响了主旋律，弘扬了正气，形成了学先进、比贡献、创一流的良好风气。广泛深入地开展了切合交通行业特点的文明路、文明车（船）、文明职工、文明示范窗口、文明单位（行业）“五个文明”创建活动，五年创建文明路5000余公里，创建文明客车541辆，创建全省交通行业文明示范窗口150个、文明示范窗口标兵10个，选树了百佳交通职工。这些先进典型在全行业“三个文明”建设中充分发挥了示范和带动作用。各级、各部门围绕“五个文明”创建，开展了形式多样的主题活动。公路系统以“路好人富环境美”为目标，开展了“建设家园、职工致富行动”、“十个一”、“千百万”节约竞赛及养护技术比武等活动，全省路网整体服务水平大大提高。交通征稽部门以文明收费、优质服务为目标，大力实施了“2111”文明创建工程，每年选树20个文明征稽所（站）、10个文明收费示范窗口、10个文明征稽所（站）长标兵和100名文明征稽员，树立了文明征稽新形象；高速公路管理系统以“六高”为目标，抓中心、抓基础，抓根本、抓关键，抓载体、抓特色，大力实施畅通、形象、阳光、温馨、素质“五大工程”，切实让司乘人员感受到了“满意在站区，服务在全线，舒适在旅途，安全到终点”。运管、运输部门以整治服务环境“脏、乱、差”，服务态度“冷、横、硬”为重点，创“三优”，达“三化”，努力为旅客、货主、车主提供安全优质、文明满意的服务；地方交通部门通过村村通水泥（油）路、村村通客车，服务社会主义新农村建设，传播和发展了交通文明，带动了农村新风。通过几年来大张旗鼓的宣传和实施，行业精神文明建设深入人心，产生了广泛的社会影响,有力地促进了管理、服务质量的创新和提高。

四是注重队伍建设,交通职工队伍整体素质明显提高。加强理论武装、提高干部职工思想政治素质是交通行业精神文明建设工作的首要任务。通过开展"学习'三个代表'、理清发展思路"、树立和落实科学发展观、构建和谐社会、提高执政能力等专题学习活动,大大增强了广大干部职工践行"三个代表"重要思想的自觉性和坚定性。加强思想道德建设,着力抓基本行为规范,培养良好的道德习惯。把职业道德要求融入管理、服务规范之中,大力开展"做人民满意公务员","创文明机关、当人民公仆"活动,开展争当"交通百佳"活动,广泛开展志愿者、送温暖、献爱心等活动,逐步完善服务承诺制、社会公示制等有效制度,广大职工在日常生活工作中遵守公民道德的自觉性进一步增强。加强职工教育培训,开展创建学习型机关、学习型单位、学习型行业活动,大力营造全员学习、终身学习、自觉学习的良好风气,提高了交通职工队伍的科学文化素质。在抗击"非典"斗争中,广大交通职工顾全大局,群防群控,共赴时艰,实现了交通不断、货流不断、人流不断、传染源切断的目标,为确保社会经济秩序的正常运转作出了重要贡献。

五是抓党风、促政风、带行风,行业风气明显好转。我们把党风廉政建设放在行业精神文明建设的突出位置来抓,认真学习宣传贯彻两个《条例》,加强党内监督。认真落实"为民、务实、清廉"的要求和"四大纪律、八项要求"。加强民主建设,建立和落实了决策咨询制度、专家论证制度、群众听证制度、省市联系制度和集体决策制度,推动了决策的科学化、民主化。不断加大反腐倡廉力度,在全系统推行了工程建设廉政合同制、廉政责任制、纪委书记派驻制、总会计师委派制,出台了交通基础设施廉政建设10项制度。在工程建设中邀请省人大、省纪委、省高检院、省发改委、省审计厅、省重点办等部门参与监督,使工程建设招投标等各个环节的工作更加公开、透明,有效地遏制了腐败,特别是商业贿赂问题的发生。注重发现和宣传廉政典型,推广经验,鼓舞士气,进一步增强了全行业反腐倡廉、加快发展的信心。重点公路工程建设中"修好一条路,不倒一个人"的经验,受到了吴官正同志的充分肯定。坚持标本兼治、综合治理,大力加强行风建设,较好地解决了拖欠征地拆迁补偿费和农民工工资等关系群众切身利益的问题。深化行政审批制度改革,交通行政许可项目经3次精简,由114项精简为23项,对外审批项目全部纳入了审批窗口集中管理。坚持不懈地抓好治理公路"三乱"工作,加大案件查处力度,并把治乱与纠风结合起来,认真开展行风评议工作,先后聘请了400多名行风监督员,并在新闻媒体上开辟了行风热线栏目,组织了多次行风听证对话会,就社会关注的热点问题作出承诺,去年落实承诺10项,今年又承诺了8项。各级交通部门以行风评议为契机,大力开展树形象、创一流活动,行业风气进一步好转,受到了社会各界的好评。省交通厅坚持每年为民办十件实事,认真落实。特别是村村通水泥(油)路、村村通客车、养路费银行代征、异地征缴业务、绿色通道开通以及农村客运优惠政策的出台,受到了社会各界的一致好评。“修好农村路、服务城镇化”,成为各级党委、政府的共识,“让农民兄弟走上水泥路和油路”受到了农民的欢迎,“双通”工程被群众称为是党和政府为农民办的实实在在的大好事。

六是创育了大运精神和大运文化,行业凝聚力进一步增强。大运高速公路建设认真贯彻“科技大运、绿色大运、人文大运、国防大运”和“以路认省、以路带省、以路强省”的理念,紧紧抓住“新大运、新山西、新风貌”这一主题,大力推进机制创新、体制创新、科技创新和融资创新,不仅以工程之浩大、建设之艰难、管理之科学、思路之超前、运作之规范、科技含量之高、工程质量之好赢得了全省人民和全国交通系统的高度赞扬,而且创育了“与时俱进、勇于奉献、讲求科学、争创一流”的大运精神。凝聚大运精神之魂的《大运高速公路建设管理经验集锦》、《大运经济带开发综合研究》、《大运高速公路建设志》、《大运放歌》、《大运群英》等大运系列丛书的出版,推动了大运文化的不断升华。大运精神、大运文化的创育,是山西交通行业坚持和注重行业文化建设的集中体现,是新时期交通行业精神的真实写照。

回顾过去五年来的工作使我们深深体会到,加强交通行业精神文明建设,必须坚持以经济建设为中心,服从服务于全省交通工作大局;必须坚持以人为本、服务人民、奉献社会,把人民群众的根本利益作为出发点和落脚点;必须坚持依靠群众,充分发挥广大交通职工在行业精神文明建设中的主动性和创造性;必须坚持重在基层,夯实交通行业精神文明建设基础;必须坚持常抓不懈,不断创新和提升行业精神文明建设工作的水平。这些重要的认识和成功的经验,我们要在今后的工作中继续坚持和发扬。

二

“十一五”是全面建设小康社会的重要时期,交通行业精神文明建设面临着新观念、新任务、新挑战、新要求。随着经济结构、体制环境、社会条件深刻变化,各种思想文化相互激荡,意识形态领域斗争日趋复杂,人们思想的独立性、选择性、多变性和差异性进一步增强,行业精神文明建设的地位和作用将更加凸显。交通运输是国民经济和社会发展的基础产业,也是改善人民生活的重要条件,作为窗口行业,社会性强,影响面广,与人民群众的生产生活息息相关。我们贯彻落实科学发展观,构建和谐社会、和谐交通,建设创新型行业,实现全省交通又快又好发展,必须从战略和全局的高度重视行业精神文明建设工作,把它作为交通现代化建设的重要目标、重要内容和重要保证。必须树立全面发展的理念,既高度重视建设便捷、通畅、高效、安全的交通运输体系,又高度重视建设服务优质、执法文明、管理科学的文明成果，建设有理想、有道德、有文化、守纪律的高素质干部职工队伍，实现人的全面发展；必须在全行业进一步统一思想、凝聚共识，形成步调一致、团结奋进、和睦融洽的内部和谐氛围；必须着力解决好社会关注的突出问题，提供让社会公众满意的服务，营造有利于交通发展的良好外部环境；必须发展具有鲜明行业特点的时代精神和创新文化，倡导创新精神，大力营造尊重知识、尊重人才、尊重创造、鼓励创新、支持发展的人文环境。今年3月份，胡锦涛总书记提出了以“八荣八耻”为主要内容的社会主义荣辱观，从全面建设小康社会、加快推进社会主义现代化建设的高度，把发展社会主义先进文化放到了十分突出的位置，成为我们新时期加强精神文明建设的重要指导方针。只有进一步加强行业精神文明建设，才能更好地引导广大干部职工树立正确的世界观、人生观、价值观，才能打牢广大交通职工团结奋斗的共同思想基础。在年初的工作会上，省交通厅党组确立了“一个统领、五个统筹、三个并重、三个加快、一个体系”的指导思想，提出了“一条主线、两个平台、三个基础、四项工程、五项创新、六大网络”的发展目标，我们必须把全行业的思想和行动统一到省委、省政府、厅党组的重大决策上来，统一到实现交通又好又快发展上来；必须唱响团结发展的主旋律，用文化和精神的力量凝聚全行业，建设一支政治强、业务精、作风硬的干部职工队伍。

“十一五”全省交通行业精神文明建设要坚持以邓小平理论和“三个代表”重要思想为指导，以科学发展观为统领，以学习实践社会主义荣辱观为主线，以“学先进、树新风、创一流”为载体，以提高交通干部职工素质为根本，以提高行业文明程度、创建文明行业为目标，以人为本，务实创新，不断提高行业精神文明建设水平，团结和激励广大交通职工为实现交通事业又好又快发展而努力奋斗。

围绕交通率先发展这个中心，“十一五”全省交通行业要广泛深入地开展学先进典型、树行业新风、创一流业绩的“学、树、创”活动，把精神文明建设有机地融入到和谐社会建设、构建我省建设新型能源和工业基地的交通运输支撑保障服务体系，建设充满活力、富裕文明、和谐稳定、山川秀美新山西的伟大实践之中，努力建设便捷高效、安全畅通、诚信博爱、法治有序、环境友善的文明和谐交通。“学、树、创”活动是“两学四建一创”活动的继承和发展，是多年来交通行业精神文明创建活动的经验总结，是加强交通行业精神文明建设的新要求、新举措。“学先进”就是要学习包起帆、许振超、陈刚毅等先进典型和大运精神、太旧精神，激励广大交通干部职工见贤思齐，积极向上。“树新风”就是要努力实践社会主义荣辱观，树立执政为民、求真务实、公正执法、清正廉洁的新政风；树立敬业奉献、诚实守信、文明服务、开拓创新、团结和谐的新行风。“创一流”就是要站在新的起点上追求更高的目标，创一流的队伍、一流的业绩、一流的行业。“学”、“树”、“创”三者是一个相互联系、相互促进的辨证统一体，“学”是重要基础，“树”是基本内容，“创”是目标任务。

我们要通过“学先进”产生强大的精神动力，通过“树新风”提升行业社会形象，通过“创一流”，实现以思想道德修养、科学文化水平、民主法制观念、业务工作技能为主要内容的交通职工队伍素质显著提高，实现以优美环境、优良秩序、优质服务、优秀文化为主要标志的交通行业文明程度显著提高，推动全省交通事业又好又快发展。

第一，加强理论学习，自觉树立和践行社会主义荣辱观。学习社会主义荣辱观，是加强科学理论武装的重要任务和重大举措。各级各部门要把学习社会主义荣辱观作为深入学习邓小平理论、践行“三个代表”重要思想，巩固党员先进性教育成果，落实科学发展观，构建社会主义和谐社会的重要内容。要大力开展社会主义荣辱观普及教育，采取有效措施，推动社会主义荣辱观进机关、进工地、进所站、进课堂，教育引导广大交通职工充分认识树立社会主义荣辱观的重要性、紧迫性和重大意义，深刻理解社会主义荣辱观的科学内涵、基本要求，增强荣辱观念，明辨荣辱界限，使“八荣八耻”在交通行业家喻户晓，深入人心，成为交通践行科学发展观的道德指南和价值保障。要用交通率先发展和构建和谐交通的实践不断丰富社会主义荣辱观的内涵，按照社会主义荣辱观的要求进一步修订服务承诺、规章制度和岗位具体行为准则，从具体的事情抓起，从职工群众和社会反映最强烈的问题抓起，尊荣斥耻，为荣弃耻，大力开展社会主义荣辱观学习实践活动，把社会主义荣辱观的要求更加充分地体现到各类文明创建活动和竞赛评比活动中，渗透到交通建设改革发展中的各个方面，贯穿于交通职工思想道德、职业道德、社会公德、家庭美德建设的全过程。

树立和坚持社会主义荣辱观是一项长期的战略任务，是行业精神文明建设的基础，也是当前一项重要而紧迫的工作。要把社会主义荣辱观学习教育作为中心组和干部理论学习的必修课，作为党的先进性建设的重要内容，教育引导广大党员坚持党的宗旨，增强党的观念，发扬优良传统，牢记“八荣八耻”。广大共产党员尤其是党员领导干部要带头学习、带头实践，学在前边、做到前边，用自己的模范言行为群众作出榜样，带动全系统形成学习实践社会主义荣辱观的良好风尚。

第二，拓展创建领域，大力开展“学、树、创”群众性精神文明建设活动。要把开展“学、树、创”活动作为“十一五”群众性精神文明创建活动的新载体、突破口和“龙头”，大造声势，扎实推进，使广大交通职工人人皆知、人人参与，努力形成踊跃争创、全员共创的工作局面。要牢牢把握方向性、创新性、广泛性、实效性的要求，紧密结合交通行业特点和单位、部门自身实际，紧密结合当前全行业广泛开展的文明路、文明车（船）、文明职工、文明示范窗口、文明单位（行业）“五个文明”创建活动，创新“学、树、创”活动的形式和内容。在交通行政管理领域，要深入开展“创建文明机关、当好人民公仆”活动，培育“团结、求实、廉洁、高效”的工作作风，推进依法行政，提高行政能力，做负责任的政府部门；在交通基础设施建设领域，要深入开展创优质工程、安全工程、廉政工程、文明工程、和谐工程活动，建设人民满意放心的工程；在交通服务领域，要深入开展“为人民服务，树行业新风”活动，为人民群众提供优质满意的服务；在交通行政执法领域，要开展文明执法活动，规范交通行政执法行为，提高交通行政执法队伍整体素质；在全体职工中要开展争创青年文明号、青年岗位能手、巾帼建功、“交通百佳”等群众性创建活动。要注重结合社会主义新农村建设，开展创建文明农村公路、文明农村客运班车的活动，把农村公路、客运站场、客运班车建成行业文明传播和延伸的示范阵地。要积极参加文明城市、文明社区创建活动，使交通行业精神文明建设覆盖全行业各个领域、各个层次和发展的全过程。要在创建活动中大力推进观念创新、载体创新、管理创新、服务创新，在发展中创新，在创新中发展，把握规律性，体现时代性，不断推行科学管理、规范管理，形成管理特色；不断拓展服务范围，提高服务质量，提升服务品位，形成服务特色；不断加强行业形象建设和行业文化建设，形成行业特色，努力使交通行业精神文明创建工作更具活力、更富实效，推动行业精神文明建设再上新台阶。

第三，坚持以人为本，全面提高职工队伍素质。职工队伍建设是行业精神文明建设的根本。要把促进人的全面发展作为行业精神文明建设的根本任务，以人为本，大力实施“科教兴交”、“人才强交”战略。要以理想信念教育为核心，紧密结合职工思想、工作实际，深入进行党的基本理论、基本路线、基本纲领、基本经验教育，用走中国特色社会主义道路、实现中华民族伟大复兴的理想信念凝聚人心，引导广大交通职工树立正确的世界观、人生观、价值观，把交通事业发展作为从业的追求，打牢交通职工团结奋斗的共同思想基础。要高度重视职工思想道德建设，进一步贯彻实施《公民道德建设实施纲要》，建立与社会主义荣辱观相符合、与社会主义市场经济和交通行业特点相适应的职业道德体系。要全面加强职工素质教育，发挥好厅属院校的教育基地作用，加强职工培训，广泛开展业务学习、岗位比武、技术创新等活动，促进职工学理论、学知识、学业务、学技能，不断提高科学文化素质和业务水平。要牢固树立人才资源是第一资源的理念，创新人才工作机制，抓好人才培养、引进和使用，营造人才辈出、人尽其才的良好环境。以提高行政能力和管理水平为核心，培养和造就一支掌握现代管理知识技能、有驾驭市场经济能力的管理型人才队伍；以提高创新能力为核心，培养和造就一支高素质的专业技术型人才队伍；以提高实际操作能力为核心，培养和造就一支熟练掌握交通施工、装备维修和现场管理等技能的技能型人才队伍，使交通人才队伍的总量、结构、布局与交通发展要求相适应，使全省交通行业成为学风浓厚的行业、人才聚集的行业，为交通率先发展提供强有力的人才支撑。

第四，服务人民群众，建设负责任的部门和负责任的行业。要不断增强执政为民意识，坚持科学行政、民主行政、依法行政，认真履行各项职责，落实肩负的政治责任、行政责任、法律责任和道德责任。要坚持以人为本，按照爱岗敬业、诚实守信、办事公道、服务群众、奉献社会的要求，认真履行行业职能，切实增强责任意识，努力为社会提供安全、优质、便捷的交通产品和交通服务，不断满足人民群众日益增长的交通需求。要坚持精神文明创建“群众参与”和“群众满意”的统一，把群众参与作为开展创建工作的深厚基础，把群众满意作为衡量创建效果的最高标准，认真解决人民群众最关心、最直接、最现实的利益问题，切实抓好影响交通改革发展稳定的安全生产、征地拆迁、工程质量、反腐倡廉、公路“三乱”、农民工权益保护等热点难点问题。要树立安全交通的新理念，建立健全交通突发事件应急保障机制，最大限度地保障人民群众生命财产安全，维护社会稳定。要大力推行信息公开和政务公开，继续推行承诺制、公示制、信誉制、首问责任制、新闻发布制等工作制度，向社会公布岗位职责、办事程序、服务规范、收费标准、工作纪律、查询办法、补偿规定等，提高社会各界对交通行业的知情度，主动接受社会监督。

第五，学习先进典型，充分发挥示范导向作用。要高度重视和发挥先进典型的示范和导向作用，既要学习宣传许振超、陈刚毅等交通行业的先进典型，又要学习宣传全省的先进典型，同时要注重从全省交通行业不同领域、不同岗位发现、培养和选树具有广泛代表性的先进典型，努力推出一批在我省交通行业立得住、叫得响的重大先进典型和交通知名品牌。当前要深入开展好陈刚毅先进事迹和“刚毅精神”的学习宣传活动，在全行业大力弘扬陈刚毅同志生命不息、奋斗不止的拼搏精神；刻苦钻研、勤奋好学的进取精神；不懈探索、敢于突破的创新精神；胸怀祖国、热爱边疆的爱国精神；恪尽职守、忘我工作的敬业精神；淡泊名利、清正廉洁的自律精神，教育广大交通职工像刚毅同志那样，不断加强自身思想道德修养，树立社会主义荣辱观，成为社会主义荣辱观的积极实践者和推动者；像刚毅同志那样，始终保持昂扬向上的斗志和革命乐观主义精神，勇于战胜一切挑战和困难，努力为党、为国家、为人民多做贡献；像陈刚毅、许振超同志那样，热爱交通、奉献交通、淡泊名利、开拓创新，干一行、爱一行、专一行、精一行，个人干一流工作，单位创一流品牌，行业造一流环境。

第六，优化行业环境，构建文明和谐交通。要把建设“便捷高效、安全畅通、诚信博爱、法制有序、环境友善”的文明和谐交通作为“十一五”行业精神文明建设的重要任务，大力加强软环境建设，创优服务环境，改进服务方式，提高服务质量，努力建设高效、廉洁、务实的政务环境，公正、公开、公平的竞争环境，健康、有序、规范的市场环境，鼓励创新、保护干事、支持发展的人文环境。加强服务场所、工作环境建设，注重改善直接为群众服务的窗口（包括车、船、港、站、所、场）的服务条件，拓展服务功能，努力创造功能完备、整洁美化、舒适便利的交通环境。要坚持以人为本，尊重人、理解人、关心人，倡导人与人和睦相处，注重解决职工工作和生活中的实际困难，充分调动和保护他们的积极性和创造性，最大限度地凝聚全省交通行业的力量。要高度重视利益协调、矛盾化解工作，畅通群众的沟通和诉求渠道，多做暖人心、得人心、稳人心的工作，使精神文明建设成果惠及最广大人民群众，形成构建和谐交通的强大合力。

第七，加强文化建设，增强行业凝聚力和影响力。要将交通文化建设纳入交通发展的整体规划，通过交通文化建设深化精神文明建设。坚持交通文化建设与交通发展相适应，坚持整体推进与重点建设相协调，坚持自上而下与自下而上相结合，不断加强物质文化、制度文化、精神文化建设，不断创造体现交通行业特点、体现时代特色的机关文化、校园文化、企业文化，通过交通职工的深入实践和身体力行，使之成为激励广大交通职工昂扬向上、奋发有为的精神支撑。要加强图书室、职工活动中心等文化设施建设，重视发挥大众传媒和信息网络的宣传优势，充分发挥工会、共青团组织的作用，精心组织交通职工开展形式多样、喜闻乐见、健康有益的文化体育活动。要积极引导交通文化产品的创作和传播，推出一批反映交通发展成就，热情讴歌交通职工新的精神风貌的文化作品，增强交通文化渗透力和影响力，为实现交通全面协调可持续发展打牢文化基础。

第八，加强行风建设，树立良好行业形象。要坚持标本兼治、综合治理、纠建并举、注重预防的方针，以交通行政机关、交通执法和服务窗口为重点领域，坚决纠正各种损害群众利益的行业不正之风。交通系统各级领导机关要重点解决效率不高、作风不实和以权谋私的问题，努力提高工作效能和服务质量；交通执法部门要重点解决粗暴执法、随意执法的问题，努力做到规范执法，文明执法；窗口服务单位要重点解决态度生硬、服务方式简单的问题，倡导以人为本、精细服务。要进一步巩固治理公路"三乱"成果，积极探索从源头上预防公路"三乱"的长效机制，坚决防止反弹。要大力开展诚信教育，强化广大交通从业人员的诚信意识，加强诚信制度、诚信信息平台和失信惩戒机制建设，使诚信成为全行业的共同准则和自觉行动，打造诚信受益、失信受损、违法受惩的诚信交通，提高交通行业的公信力。要把建设节约型行业作为行风建设的重要内容，以提高资源利用效率为核心，以节能、节水、节电、节地、资源综合利用和发展循环经济为重点，把建设节约型行业体现在规划、工程设计、科技进步、技术创新、政策措施和日常管理上，强化节约意识，使节约成为每一个交通职工的自觉行动，成为一种行业新风。

第九，坚持标本兼治，加强党风廉政建设。要把反腐倡廉工作寓于职业道德建设、行业文化建设和文明创建活动之中，认真落实党风廉政建设责任制，进一步加大领导干部廉洁自律教育的力度，深入开展理想信念和从政道德教育、党的优良传统和作风教育、党纪条规和国家法律法规教育，筑牢思想道德防线，促进领导干部廉洁从政；进一步加大监督检查力度，加强对贯彻落实科学发展观情况、损害群众利益的问题、引申“三项治理”和行风建设情况的监督检查；进一步加大从源头上防治腐败的力度，抓紧建立健全教育、制度、监督并重的惩治和预防腐败体系，扎实抓好党内监督和纪律处分条例的贯彻落实，形成预防和惩治腐败的合力，以反腐倡廉的实际成效取信于民，打造“廉政交通”新形象，争创人民满意的行业。

第十，加强党的先进性建设，保证全省交通各项事业又好又快发展。要继续牢牢抓住发挥党员先锋模范作用这个根本，抓住发挥党员领导干部带头表率作用这个关键，抓住发挥党支部战斗堡垒作用这个基础，抓住发挥党委政治核心作用这个保证，大力加强基层党组织和党员队伍建设。要切实巩固和充分运用党员先进性教育成果，扎实开展好学习贯彻党章的活动，进一步坚定理想信念、加强道德修养、发展党内民主、严明政治纪律、强化制约监督、加强制度建设。要把党的先进性建设成果转化为促进交通事业科学发展的动力，集中发展之智，谋划发展之策，优化发展环境，取得发展实效；转化为构建和谐交通的实际举措，准确把握职工群众的所需、所急、所忧、所盼，在着力解决党组织和党员队伍中存在的突出问题的同时，着力解决影响改革发展稳定的主要问题，解决好职工群众关心的热点问题；转化为行得通、做得到、管得住、用得好的制度成果和解决自身问题的能力，用党的先进性建设的新成效，推动全省交通行业物质文明、政治文明、精神文明全面协调发展。最近，中央办公厅印发了《关于加强党员经常性教育的意见》等 4 个保持共产党员先进的性长效机制文件。这 4 个文件的制定和印发，是建立健全保持共产党员先进性长效机制的重要举措，对于巩固和扩大先进性教育活动成果，更好地落实党要管党、从严治党的方针，坚持不懈地加强党的执政能力建设和先进性建设；对于更好地发挥基层党组织的战斗堡垒作用和广大党员的先锋模范作用，为全面建设小康社会、构建社会主义和谐社会提供坚强的政治和组织保证，具有十分重要的意义。各级党组织要高度重视，加强领导，认真抓好文件精神的学习贯彻，把这些文件作为培训党员和干部的重要内容，并结合工作实际，认真落实。

三

落实“十一五”行业精神文明建设任务，必须在加强领导、完善机制、注重创新上下工夫。

要提高认识，加强领导。加强行业精神文明建设，既是交通率先发展的战略目标，也是交通率先发展的重要保证。各级、各部门要充分认识新形势下党的建设、行业精神文明建设的重要性、艰巨性、长期性和复杂性，把精神文明建设纳入行业管理的范畴，作为推动交通全面协调可持续发展的重要管理职能来抓。要自觉适应完善社会主义市场经济的新形势，改进和完善行业精神文明建设的领导方式和工作方法，进一步完善党委统一领导、主要领导亲自抓、班子成员分工抓、职能部门组织协调、业务部门各负其责、党政群齐抓共管、全行业积极参与的领导体制和工作机制。行业精神文明建设，不仅仅是党群部门的任务，更是行政业务部门的任务；不仅思想政治工作者要抓，行政业务干部也要抓，做到两个文明建设在目标上同向、部署上同步、任务上同担，形成精神文明建设的强大合力，确保各项任务高标准、高质量地落到实处。

要完善机制，常抓不懈。要把精神文明建设纳入交通发展总体规划，统一部署、统一落实、统一考核。要进一步完善目标责任和检查考评机制，坚持集中考核与日常考核相结合、考评工作量与考评实际效果相结合，增强考核工作的科学性、透明度和可操作性，促进行业精神文明建设扎实进行。要进一步完善表彰激励机制，完善考核标准体系，以评促创，及时发现、表彰和宣传交通行业精神文明建设中涌现出来的先进典型，推动行业精神文明建设创建活动掀起新高潮。要进一步完善监督和责任追究机制，通过邀请群众评议、设立投诉渠道等途径和方式，充分发挥人民群众监督的主体作用，实现对交通行业精神文明建设社会监督的制度化。对在创建检查考核中弄虚作假、欺上瞒下、造成不良社会影响的，要追究单位主要负责人和直接责任人的责任。要明确资金渠道，切实保证精神文明建设的必要经费。

要注重创新，增强活力。要积极探索社会主义市场经济条件下行业精神文明建设的特点和规律，及时总结和推广行业精神文明建设实践中的新鲜经验，加强行业精神文明建设战略性、前瞻性研究，推动交通行业精神文明建设在理念、内容、机制、载体、途径上不断创新，使交通行业精神文明建设更好地体现时代性、把握规律性、富有创造性。要进一步加强行业精神文明建设工作队伍的建设，充分调动、发挥和保护他们的工作积极性、创造性，鼓实劲、出实招、办实事、求实效，推动交通行业精神文明建设不断取得新成效。

7. 创建人民满意的文明和谐交通行业*

开展创建文明和谐交通行业活动，是落实十六届六中全会精神、省九次党代会精神的具体行动。党的十六届六中全会把构建社会主义和谐社会提到党的事业兴旺发达和国家长治久安的战略高度来思考，放到中国特色社会主义事业总体布局中来谋划，作为全面建设小康社会的重大课题来部署。省委按照“加快科学发展，建设和谐山西，致力求真务实”的要求，提出了走出“四条路子”，实现“三个跨越”，建设“充满活力、富裕文明、和谐稳定、山川秀美新山西”的发展新思路，并要求“努力建设和谐文化，广泛开展文明和谐创建活动，凝聚人民群众力量建设和谐山西”。交通运输作为国家重要的基础产业，发挥着支撑经济发展、引导生产力布局、沟通城乡、保障国家安全和社会稳定的基础性作用，具有社会性强、影响面广，与人民群众的生产生活息息相关的特点，在和谐社会建设中有着十分重要的地位和作用。我们一定要把建设文明和谐的交通行业放在战略的高度来认识，作为事关全局的战略性工程来推动，以创建文明和谐行业的实际成效，开创交通又好又快的发展新局面。

开展创建文明和谐交通行业活动，是落实科学发展观的内在要求。科学发展观把和谐理念融进了发展之中，这种全新的执政理念和发展理念，对我们做好各项工作具有决定性的指导意义。落实科学发展观，必须坚持“好”字当头，把以人为本、好中求快、文明和谐、全面协调和可持续的理念融入到发展之中，把质量和效益放到更加突出的位置，注重推进创新，转变增长方式，强化行业管理。不“快”不足以满足广大群众日益增长的交通需求，不“好”就背离了发展的根本目的。我们创建文明和谐交通行业，就是要把满足经济社会和人民群众不断增长的交通运输服务需求作为根本出发点和落脚点，坚持“三个并重”，统筹经济社会与交通发展，统筹区域经济与交通发展，统筹城镇化建设与交通发展，统筹新农村建设与交通发展，统筹资源环境与交通和谐发展，为经济社会提供强有力的交通运输支撑保障服务体系；就是要围绕“三个服务”，既建设便捷、畅通、安全、高效的交通运输体系，又建设服务优质、执法文明、管理科学的文明成果，建设有理想、有道德、有文化、有纪

* 2007年4月4日在全省交通系统创建文明和行业暨“千里大运文明高速路”动员会上的讲话摘要。

律的高素质干部职工队伍，不断促进人的全面发展，促进交通与经济社会协调发展；就是要走资源成本节约、环境生态良好的文明和谐发展之路，实现交通与自然和谐共处，保证交通事业永续发展。

开展创建文明和谐交通行业活动，是交通实现又好又快发展的重要保证。站在新的历史起点，我们既要在“快”字上做文章，以高度的责任感和紧迫感，抢抓机遇，最广泛最充分地调动和利用一切积极因素，加快交通发展的步伐，决不让山西交通在我们这一代人手里落下步子；更要在“好”字上下工夫，认真解决交通发展中不断凸显的土地、环保等约束性矛盾和体制性、政策性障碍，解决好行业管理力量的有限性与建设规模不断扩大的矛盾，解决好交通发展中由农民工工资、公路“三乱”、治理超限超载、收费站点等引发的社会性矛盾，着力提高交通发展的质量和效益，提高交通服务和管理水平。做到“快”不易，做到“好”更难，全行业上下一定要充分认识开展文明和谐交通行业创建活动的重要性、紧迫性，迅速掀起创建文明和谐行业活动的新高潮，通过扎实有效的创建，推动全省交通各项事业在新的起点上又好又快地发展。

根据全省文明和谐创建活动总体部署，创建文明和谐交通行业要围绕“三个服务”，实现“三个提高”。即紧紧围绕服务国民经济和社会发展全局这个交通工作总任务，围绕服务社会主义新农村建设这个重中之重，围绕服务人民群众安全便捷出行这个根本要求，以“服务人民、奉献社会”为宗旨，讲文明、树新风、促和谐，通过创建实现以思想道德修养、科学文化水平、民主法制观念、业务工作技能为主要内容的交通职工队伍整体素质显著提高；实现以优美环境、优良秩序、优质服务、优秀文化为主要标志的交通行业文明程度显著提高；实现以交通行业内部、交通与公众、交通与社会、交通与自然和谐为主要目标的行业和谐程度显著提高，努力建设“安全畅通、便捷高效、诚信友爱、法制有序、环境友好”的文明和谐交通行业。

第一，要以崇高的理想培育文明和谐。要以社会主义核心价值体系为主线，全面加强职工思想道德建设，坚持用马克思主义中国化的最新理论成果武装头脑，扎实抓好中心组和干部理论学习，推动政治理论进机关、进工地、进所站、进课堂。要强化中国特色社会主义理想信念教育，大力弘扬以爱国主义为核心的民族精神和以改革创新为核心的时代精神，打牢交通职工团结奋斗的共同思想基础。要广泛深入开展社会主义荣辱观学习实践活动，用构建文明和谐交通的实践丰富社会主义荣辱观的内涵，使社会主义荣辱观成为广大交通干部职工的行为规范和道德准则。

第二，要以优良的作风塑造文明和谐。要大力倡导胡锦涛总书记提出的八个方面的优良作风，从勤奋好学做起，坚持学以致用，把学习成果转化为谋划工作的新思路、促进工作的实际举措；从密切联系群众做起，顺应民意、为民谋利，全心全意地为人民服务；从真抓实干做起，不尚空谈，察实情、讲实话、办实事、求实效，在抓好工作落实上狠下工夫；从艰苦奋斗、勤俭节约做起，精打细算，严格把关，把有限的资金和资源用在刀刃上；从令行禁止做起，顾全大局，坚决维护中央的政令畅通，做到对上负责与对下负责的统一；从发扬民主做起，做到心胸开阔，虚怀若谷，从善如流，平等待人，乐于听取各种意见包括不同意见，自觉接受监督，与大家团结共事；从秉公用权做起，时时处处警惕各种诱惑，始终做到廉洁从政；从艰苦奋斗做起，讲操守，重品行，模范遵守社会公德、职业道德、家庭美德，培养健康的生活情趣，坚决抵御腐朽思想观念和生活方式的侵蚀。

第三，要以严格的制度规范文明和谐。没有规矩不成方圆，没有制度就没有和谐，科学配套的制度是确保行业文明和谐的重要机制。无论是管理机关、还是基层部门，都要把制度建设放在突出的位置。要按照文明和谐的要求，进一步建立健全全面规范的管理服务标准体系，每个岗位做什么，怎样来做，达到什么要求，都要严格规范。要进一步建立健全教育、制度、监督并重的约束机制和激励机制，认真落实好工作目标责任制、首问负责、限时办结、服务承诺、工作监督、责任追究等有利于改进工作作风、提高服务质量的管理办法和规章制度，严格管理，严格考核。

第四，要以严明的纪律保障文明和谐。要加强交通行政执法队伍建设。在思想观念上重点解决为人民服务思想不牢，法制观念、程序意识、证据意识、责任意识淡薄，特权思想滋生的问题；在行为上要有效解决只看重“行使权力”，忽视“履行义务和承担责任”，重审批、轻检查，重实体、轻程序，重处罚、轻教育，重管理、轻服务，以罚代纠，以罚代管，简单粗暴，随意执法的问题；在作风上要彻底根治“衙门”作风和门难进、脸难看、话难听、事难办的“四难”现象；在纪律上要坚决杜绝有法不依、执法不严、权大于法、利大于法、情大于法，甚至搞权钱交易、徇私舞弊、贪赃枉法的行为。通过文明和谐创建，努力使交通行政执法过程成为加强管理、延伸文明、展示形象的过程，树立交通行政执法队伍严格规范、文明公正的新形象。

第五，要以优质的服务展示文明和谐。交通行业是服务性行业，交通系统的绝大部分单位和部门都是直接面向群众、服务社会的“窗口”，文明和谐窗口建设十分重要、尤为关键。要根据各窗口的职能和工作实际，努力从服务环境、服务态度、服务技能、服务规范、服务效率、廉洁自律、承诺兑现、服务监督 8 个方面全面加强自身建设，不断提高服务能力、质量和水平。要加大对服务场所、工作环境的建设和改善力度，特别是要注重改善直接为群众服务的窗口（包括车、船、港、站、所、场）的服务条件。要下工夫解决服务环境脏、乱、差的问题，注重服务软环境建设，注重服务环境的清洁美化，努力营造功能完备、整洁优美、舒适便利的交通服务环境；要下工夫解决服务态度冷、硬、横的问题，加强职业理想、职业道德、职业责任教育，强化服务意识，彻底杜绝群众反映强烈的态度冷漠、办事拖沓、推诿扯皮、吃拿卡要的行为；要下工夫解决服务能力低下、服务效率不高的问题，努力提高从业人员的业务技能和熟练程度；要下工夫解决服务内容单一粗糙和服务行为“剃头挑子一头热”的问题，倡导精细化管理、人性化服务，充分了解顾客需求和心理，定期征求服务对象的意见，定期进行服务满意度测评，提前谋划，以“早”保优。全省的交通服务窗口都要以优质文明的服务展示交通新形象，真正做到群众无投诉，效益大提高。

第六，要以优秀文化引领文明和谐。要将交通文化建设纳入交通发展的整体规划，从行业文化、系统文化、专业文化、组织文化四个层次加强对交通文化的研究，从物质文化、制度文化、行为文化、精神文化四个方面加强对交通文化的培育。要加强文化设施建设，重视发挥大众传媒和信息网络的宣传优势，积极开展丰富多彩的文化活动，鼓励和引导文化作品的创作和传播，在全行业大力倡导团结和睦、平等互助、宽容友爱、共同发展的和谐理念，积极塑造自尊自信、理性平等、积极向上的良好心态，努力形成融洽和谐的人际关系、工作环境、学习环境、生活环境，形成创建和谐文化的浓厚氛围。要跳出交通看交通，既要着力交通内部和谐，又要放眼交通与社会、公众的和谐，放眼交通发展与自然的和谐，努力形成体现时代特点、行业特色的交通和谐文化。

第七，要以良好的环境促进文明和谐。要切实加强行业软环境建设，不断创优服务环境，改进服务方式，提高服务质量，努力建设高效、廉洁、务实的政务环境，公正、公开、公平的竞争环境，健康、有序、规范的市场环境，鼓励创新、保护干事、支持发展的人文环境。要不断强化交通从业人员的诚信意识，使诚信成为全行业的共同准则和自觉行动，提高行业的公信力和信誉度。

第八，要以响亮的品牌带动文明和谐。在创建活动中，要把品牌培育和提升作为加强行业管理、引导行业健康发展的重要抓手，作为推动交通又好又快发展的重大任务来抓。注重发现和培养具有广泛代表性的先进典型，立足“三个服务”，体现“又好又快”，突出文明和谐，着力打造一批在社会上立得住、叫得响的管理品牌、服务品牌、文化品牌、育人品牌。特别是要抓好“千里大运文明高速路”创建。高速公路管理部门要进一步加大创建力度，在基础管理和服务上狠下工夫，夯实基础，苦练内功，全面抓好基础管理、基本技能、基本素质“三基工作”，推动思想观念、体制机制、作风方法“三个转变”，开展组织、纪律、作风“三项整顿”，当好创建文明和谐交通行业的先锋队。要注重学习、借鉴行业内外的先进典型和先进经验，汲取行业内外的优秀成果，进一步加大创新力度，大力推进理念创新、科技创新、体制机制创新和政策创新，出精品，出亮点，努力把千里大运高速公路创建成为山西交通的知名品牌。

第九，要以扎实的创建推动文明和谐。要把开展学先进、树新风、创一流的“学树创”活动有机地融入到文明和谐行业创建活动中，继续广泛深入地开展好文明路、文明车（船）、文明职工、文明和谐示范窗口、文明和谐单位（行业）“五个文明”创建活动；开展优质工程、安全工程、廉政工程、文明和谐工程创建活动；加强农村公路、农村客运班线、站场的文明和谐建设。要坚持文明和谐创建活动群众参与与群众满意的和谐统一，把群众参与作为创建活动的深厚基础，把群众满意作为衡量创建效果的最高标准。各级各部门要深入基层，深入实际，深入群众，调查研究，认真查找本部门、本单位在服务群众、服务社会中的问题和不足，主动听取社会各界对创建工作的意见和建议，从群众最关心、最直接、最现实的问题，影响交通改革发展稳定的突出问题入手，选准突破口，加以推动，认真解决，让广大职工群众不仅在活动中受到教育、得到提高，而且能看到实惠、分享成果，使活动具有持久的动员力和广泛的参与度，形成人人崇尚文明和谐、追求文明和谐、促进文明和谐的生动局面。

第十，要以严格的监督引导文明和谐。要建立健全内部督促与外部监督相结合的督查机制，畅通职工群众的沟通诉求渠道，采取综合检查与专项检查、定期检查与经常检查、明察与暗访相结合的办法，积极开展自查自纠、自评自议，主动接受社会、公众、舆论的监督，确保任务落实和创建质量。要高度重视协调利益、化解矛盾的工作，认真对待群众投诉，及时调解纠纷、解决问题，与服务对象建立起良性和谐的相互关系。要将本单位重点解决的突出问题、实现的创建目标向社会公开承诺，积极践诺，并通过公布举报渠道、设立意见箱、聘请社会监督员等形式，实现监督公开化、社会化，全面加强对行业服务行为的监督。要把创建效果与岗位责任挂钩，同职工群众的切身利益挂钩，做到纪律严明，奖罚分明，充分调动、发挥、保护好各方面的积极性，确保创建目标高标准、高质量地落到实处。

创建文明和谐行业，是一项系统工程。在具体工作中，要正确处理好四个关系。一要正确处理好"三个文明"建设的关系。开展文明和谐创建活动，既有大量的宣传思想政治工作、组织动员工作和教育引导工作，同时也有大量的业务工作、管理工作，我们必须坚持"两手抓、两手都要硬"的方针，把日常性的创建活动纳入经营管理的各个方面。各级领导班子要把开展创建文明和谐行业活动作为"三个文明"建设的"总抓手"，确实担负起领导责任，真正做到认识到位、措施到位、工作到位。全行业党政群团要协调配合，形成合力。二要正确处理好管理与服务的关系。交通运输是服务性行业，我们所提供的生产性服务，面向国民经济的所有生产部门，服务过程贯穿于社会生产流通的各个方面，是与国民经济其他部门关联度最高的行业之一。我们所提供的消费性服务，与人民群众的生产生活息息相关，是惠及千家万户的普遍性服务，服务对象涵盖了所有社会群体和个人。全行业上下一定要强化服务意识，牢固树立"三个服务"的思想，在服务中加强管理，在管理中体现服务，加快推进交通由传统产业向现代服务业转型的进程，为经济社会发展当好先行，提供保障。三要正确处理好继承与创新的关系。开展文明和谐行业创建既是交通又好又快发展的一项新的战略举措，也是多年来全行业群众性精神文明创建活动的深化和升华，我们既要善于总结和继承过去创建的好经验、好方法，更要结合新形势、研究新情况、探索新途径。要按照交通行业不同领域的不同特点，适应“大交通”发展的趋势，适应价值取向多元化、精神需求多样化的特点，不断创新观念，创新载体和方法，不断寻求对和谐有促进力、对社会有影响力、对职工有吸引力的新载体，不断拓展文明和谐创建活动的新途径和覆盖面，提高创建的质量和水平，努力使文明和谐创建活动更具活力，更富成效。四要正确处理好局部与全局的关系。交通行业点多、线长，涉及面广，创建文明和谐行业千头万绪。要将创建任务目标层层分解，落实到部门，落实到岗位，责任到人，以岗位文明和谐保证部门、单位文明和谐，以部门、单位的文明和谐保证行业文明和谐，努力把交通行业创建成为人民满意的文明和谐行业。

8. 大力加强党的先进性建设，保证交通事业又好又快发展*1

在几年来的交通大发展中，山西省交通厅党组高度重视党的执政能力建设和先进性建设，注重发挥各级党组织的政治核心和战斗堡垒作用，大力加强党的思想建设、组织建设、作风建设和制度建设。尤其是通过开展保持共产党员先进性教育活动，贯彻落实中央《关于加强党员经常性教育的意见》等四个长效机制文件，有力地保证了全省交通事业又好又快地发展。

一、坚持围绕中心，以党的先进性建设推动交通科学发展

我们把加强党的先进性建设和执政能力建设与树立落实科学发展观、推动交通事业又好又快发展紧密结合起来，把党的先进性建设融入全面建设小康社会、构建社会主义和谐社会和交通率先发展的具体实践之中。

——紧紧抓住党员经常性教育这个基础，不断增强落实科学发展观的自觉性。厅党组和各单位党委中心组带头坚持中心组学习制度，各单位在保证每个党员每年集中学习教育时间不少于12天的基础上，多数党支部坚持了每周一次的集中学习制度，做到了学习有计划、有资料、有记录、有监督、有交流。中央四个长效机制文件印发以后，我们及时下发了学习贯彻《实施意见》和《保持共产党员先进性长效机制文件资料汇编》等学习资料，认真组织学习宣传和贯彻落实，广大党员较好地掌握了四个长效机制文件的基本内容，明确了目标要求和方法措施，提高了思想认识，增强了贯彻落实文件精神的自觉性。在此基础上，我们加强了集中培训，在省直党校轮训处级干部300余人，依托厅直党校定期组织处级干部、新提拔干部、党支部书记、入党积极分子等培训班，每年干部培训达到1000人次以上，处级干部培训覆盖率达到了100%。坚持理论联系实际、学以致用，教育引导党员干部学习新知识、新观念，转观念、强素质，结合四个长效机制文件的学习贯彻，就永葆先进性、推动科学发展、促进行业和谐开展了理论研讨，征集论文200余篇，并编辑出版了《基层党的先进性建设

* 2007年6月11日在向中组部检查组所做的山西省交通厅学习贯彻四个长效机制文件情况的汇报摘要。

思考》，有效地提高了党员干部的党性修养、理论水平和实践能力。

——紧紧抓住领导班子建设这个关键，着力提高谋划发展的能力。在党的先进性建设和4个长效机制文件贯彻落实中，我们把各级领导班子建设放在了突出的位置，特别是在提高谋划和推动发展的能力上下工夫，集中行业之智，谋划发展之策，学理论、议大事、转观念、出思路，较好地把先进性建设成果转化为促进科学发展的实际举措。厅党组认真学习、深刻理解中央、省委一系列重大战略部署，站在全省经济社会发展的全局，对交通又好又快发展做了深入理性的思考，进一步理清了"十一五"发展思路。在发展理念上，我们针对山西交通发展总量不足、区域发展不平衡的实际和建设"充满活力、富裕文明、和谐稳定、山川秀美"新山西的具体实践，确立了以科学发展观为指导，统筹经济社会与交通发展、统筹区域经济与交通发展、统筹城镇化建设与交通发展、统筹新农村建设与交通发展、统筹资源环境与交通和谐发展和服务经济社会发展全局、服务社会主义新农村建设、服务人民群众安全便捷出行的"五个统筹"、"三个服务"指导思想。在发展思路上，我们从坚持高速公路、干线公路、农村公路"三网并重"转到了同时坚持建设与养护管理并重、公路建设与运输发展并重的"三个并重"上来，推动交通基础设施增长方式由以外延式增长为主向外延式增长与内涵式增长并重的转变，交通发展模式由粗放式发展向资源节约型、环境友好型发展转变，交通产业由传统产业向现代服务业转变。在发展措施上，我们抓住提高行业自主创新能力这个根本，大力推进理念、科技、体制机制和政策创新，提出了建设创新型交通行业的任务目标。通过党的先进性建设，实现了交通发展理念、发展战略、发展思路、发展方式的新跨越。

——紧紧抓住效能和作风建设这个根本，强化工作落实。在效能建设上，我们制定并严格实行了首办负责、一次性告知、限时办结、部门首长问责制、行政不作为和过错责任追究等制度，建立了重大投资项目跟踪服务、规范性文件前置审批制度，完善了政务公开和公务员、公职人员绩效考核机制，进一步增强了广大党员干部的大局意识、责任意识、效率意识。在作风建设上，我们从具体的行为抓起，从加强学习、调查研究、接待群众信访、精简文件、提高会议质量、提高应急反应能力、办理上级批示、实事求是汇报工作、减少事务性活动、改进领导干部新闻报道、勤俭节约等20个方面提出了具体要求，严格规范。特别是在深入基层、深入群众调查研究上，明确规定厅领导每年深入基层的时间必须在3个月以上，单位党政主要领导和厅局机关处室负责人不少于2个月，抓住对事关全局的重点、热点、难点问题深入调研，提出解决办法。通过效能和作风建设的加强，党员干部作风有了新的改进，带头表率作用得到进一步发挥，全省交通系统的公信力和执行力有了新的提高。

二、坚持服务大局，以党的先进性建设促进管理服务水平的提高

交通行业是服务性行业，服务过程贯穿于社会生产流通的各个环节，与人民群

众的生产生活息息相关。在贯彻落实4个长效机制文件中，我们紧紧围绕服务国民经济社会发展全局、服务社会主义新农村建设、服务人民群众安全便捷出行，把落实文件的各项要求、抓好先进性教育活动整改提高后续工作、巩固和发展先进性教育活动成果，同提高全行业的管理服务水平结合起来，在服务中实施管理，在管理中体现服务，努力把党的先进性建设成效体现到交通做好“三个服务”的工作上。

——围绕“三个服务”，落实整改措施。一年多来，我们坚持思想不松懈、工作不松劲、力度不减弱，进一步落实整改任务、整改措施、整改时限、责任单位和人员。对已经解决的问题进一步巩固成果，防止反弹；对虽已整改但效果不好、群众意见较多的问题，认真分析原因，修订措施，进一步整改；对未整改的问题进一步加大工作力度，积极创造条件，采取措施，加紧整改；对因客观条件暂时解决不了的问题，实事求是向群众作出说明。特别是对已经向群众、向社会公开承诺的整改问题，困难再多、难度再大，也坚决兑现，决不失信于民，厅党组在集中教育活动中查找出的107个问题已全部得到了整改。在巩固和扩大教育成果工作中，我们既解决关系群众生产、生活的紧迫问题，又规划解决影响交通改革发展稳定和行业和谐的长远问题，立足当前，着眼长远，全面提高交通运输的公共服务和保障能力。针对群众提出的沿黄河地区公路密度低、交通欠发达的问题，我们在沿黄河流域分别规划了一条纵贯19个贫困县（市）的干线公路和扶贫旅游公路，两条路全长1600多公里，已开工建设。针对群众反映强烈的“高速不高、低速不畅”的问题，我们不断增加投入，对原有二、三级旧路进行翻修改造，大大提高了通行能力，同时强化高速公路管理工作，发挥经济杠杆作用，全面推行计重收费，有效地解决了治理超限超载与收费站入口广场堵车和引发公路“三乱”的矛盾。进一步深化公路收费站点清理整顿和撤站并站工作，严格控制新增站点，去年安排对300个收费站进行了审计调查，已有6个不符合规定的收费站经省政府批准正式撤站，还有30多个收费站正在清理论证之中。密切关注涉及群众切身利益的问题，认真解决拖欠农民工工资问题，三年共清理拖欠农民工工资8743人计5251万元，拖欠施工企业工程款3.14亿元，全面完成了清欠任务。我们还结合长效机制建设，与劳动部门联合下发了《重点公路工程保障农民工工资管理办法》等，将建立农民工工资专户作为投标资格预审的强制性条款之一，使这项工作逐步走上了制度化、规范化。

——围绕“三个服务”，加强长效机制建设。在提高交通整体服务能力上，我们制定并组织实施了《山西省“十一五”公路水路交通发展规划》和9个专项规划，编报了《山西省干线公路网布局规划》、《山西省农村公路建设规划》、《山西省综合公路网建设规划》3个长远规划。根据建设社会主义新农村和“两区”开发的战略部署，与各市政府分别签署了“十一五”社会主义新农村公路建设合作协议。这些规划，从战略上对“十一五”交通发展做了科学布局，进一步增强了交通发展的系统性、前瞻性和主动性。在制度建设上，着力健全和完善党的基层组织和党员队伍建设的制度体系及党建工作与业务工作协调推进的运行机制，建立和完善了重大问题决策专家咨询制度、社会听证制度和决策失误责任追究等制度，先后印发了《关于进一步加强高速公路管理系统党的建设的意见》和《关于进一步加强重点公路建设系统党的建设和党风廉政建设的意见》。加强交通法制建设，颁布实施了5部地方交通法规和政府规章。各级党组织对照4个长效机制文件要求，对过去的制度文件进行了认真的梳理，总结先进性教育活动中好的做法和经验，按照行得通、做得到、管得住、用得好的要求，紧密结合交通实际，对党建工作制度进行了全面的修订和完善，同时进一步规范了业务工作制度和工作流程，建立和完善了管理服务标准体系。通过建章立制工作，较好地形成了一批针对性强、操作性强，体现行业特点，符合时代要求，适应任务需要，与4个长效机制文件相互衔接、相互配套，保证党建工作与业务工作协调发展、规范有序的制度体系，为交通又好又快发展提供了有力的制度保障。

——围绕"三个服务"，提高交通公共服务能力。"服务人民、奉献社会"既是对交通行业自身的要求，也是我们党为人民服务宗旨的具体体现。在贯彻落实4个长效机制文件中，我们以提升服务能力、质量、水平为目的，把党的先进性要求落实到每个基层党组织、每个党员岗位、每一项具体工作中，从服务环境、服务态度、服务技能、服务规范、服务效率、廉洁自律、承诺兑现、服务监督等各个方面全面加强自身建设，努力实现群众无投诉。各级党组织下工夫解决群众反映强烈的服务态度冷、硬、横和办事拖拉、效率不高的问题，大力推行"温馨服务"、"便民服务"、"一站式服务"，聘请行风监督员，开辟行风热线栏目，组织行风听证对话，就社会关注的热点问题作出承诺，严格落实治理公路"三乱"责任制，取得了全省公路基本无"三乱"的好成绩。全省设立了高速公路、运政、征费服务热线电话，建立了"黄金周"期间路况信息公告制度，建立了网站等信息平台，重要旅游干线、经济干线上建设了小型服务区、休息区和停车区，跨省、市客运线路许可实行了服务质量招投标制，组建了12支战略保障车队，交通公共服务和应急保障能力有了新的提高。出台惠民措施，让人民群众享受交通发展成果，全省高速公路"一卡通"、交通规费银行代征、异地征缴业务、鲜活农产品运输绿色通道、农村客运优惠政策的实施，受到了社会各界的一致好评。尤其是村村通水泥（油）路、村村通客车，我省起步早，力度大，成效明显，广大农民乘车难、出行难的问题基本得到解决，为全省社会主义新农村建设创造了良好的交通条件，为全国农村交通发展积累了经验，被广大人民群众誉为党和政府为农民办的一件实实在在的大好事。

三、坚持以人为本，以党的先进性建设促进行业文明和谐

在党的先进性建设和四个长效机制文件贯彻落实中，我们坚持以党的先进性

建设促进文明和谐建设，通过创建文明和谐，更好地服务人民群众。

——注重文化和精神的力量，加强职工思想建设。各级党组织以社会主义核心价值体系为主线，强化中国特色社会主义理想信念教育，加强民族精神和时代精神的培育，打牢广大交通职工团结奋斗的共同思想基础。广泛开展社会主义荣辱观学习实践活动，用构建文明和谐交通的实践丰富社会主义荣辱观的内涵，使社会主义荣辱观成为广大交通职工的行为规范和道德准则。去年，我们在全系统开展了回顾"十五"辉煌成就、展望"十一五"美好前景主题教育活动，较好地把广大职工的思想和行动、信心和智慧凝聚到了交通又好又快发展上来。在太旧高速公路建设中，我们创育了"自力更生、艰苦奋斗、不屈不挠、勇于奉献"的"太旧精神"，在千里大运高速公路建设中，我们创育了"与时俱进、讲求科学、勇于奉献、争创一流"的"大运精神"。这些精神既是山西交通发展的见证，更是山西交通这几年来持续、健康、快速发展的有效保证，是山西交通职工精神风貌的真实写照，也极大地激发了广大交通职工服务人民、奉献社会的自觉性。

——密切党同人民群众的血肉联系。各级党组织认真开展党员联系群众工作，特别注重了在党组织力量比较薄弱、工作难度比较大的地方建立联系点。厅直各级党组织建立党员领导干部联系点70个。一年来，各级党组织高度重视理顺情绪、协调利益、化解矛盾工作，坚持激励与疏导相结合、解决思想问题与解决实际问题相结合，畅通职工群众诉求渠道，设置意见箱128个，举报电话90部。开展联企帮困送温暖活动，把党的温暖送到广大困难职工心里。厅直机关开展联企帮困的党组织达到了11个。省交通厅对扶贫点吕梁市石楼县每年投入资金180多万元，帮助老区群众脱贫致富。开展结对帮扶活动，既立足于解决实际困难，又帮助他们树立信心，提高工作技能。一年来，厅直系统党员与群众结成帮扶对子990个，帮扶困难职工825人。去年以来，厅直单位用于帮扶困难职工、慰问困难党员的资金达到30万元。通过这些措施，进一步拓展了党员联系群众渠道，丰富了党员服务群众内容，密切了党同人民群众的血肉联系。

——组织开展各种形式的文明和谐创建活动。千里大运高速公路北起长城，南抵黄河，是山西的中轴快速通道和最具活力的经济走廊。几年来，我们围绕高质量的工程、高效率的管理、高科技的应用、高素质的队伍、高品位的服务、高效益的经营"六高"目标，大力实施畅通、形象、阳光、温馨、素质"五大工程"，开展"五比五看、服务创优"活动，大运高速公路的管理服务水平和公共服务能力不断提高，被交通部评为全国十佳"交通运输文明畅通工程"。今明两年内，我们将争取把千里大运高速公路建成全省乃至全国有影响的精神文明建设精品工程。今年，我们在全行业广泛开展了争创文明和谐行业活动。围绕"三个服务"，努力实现以思想道德修养、科学文化水平、民主法制观念、业务工作技能为主要内容的职工队伍素质显著提高；努力实现以优美环境、优良秩序、优质服务、优秀文化为主要标志的行业文明程度显著提高；努力实现以交通行业内部、交通与公众、交通与社会、交通与自然和谐为主要目标的和谐程度显著提高，努力建设“安全畅通、便捷高效、诚信友爱、法制有序、环境友好”的文明和谐交通行业。各级党组织充分发挥组织者、推动者的作用，把党的先进性建设成果较好地体现到了交通建设、改革、发展的各个方面，行业文明和谐程度有了新的提高。截至目前，全省公路、征费、高速公路管理三大子行业成为全国交通系统文明行业，有6个单位被交通部评为“创建文明行业先进单位”，有4个基层单位被命名为“全国交通行业文明示范窗口”。同时，创建国家级文明单位和先进集体3个，省级文明单位标兵9个，省级文明单位70个，“国家级青年文明号”13个，省级“青年文明号”148个，“行业文明和谐示范窗口”155个。通过广泛深入的文明和谐创建活动，收到了我们与服务对象共建共享的良好效果。

四、坚持党要管党，以“三基工作”保证党的先进性建设有一个牢固的基础

党的基层组织是党的全部工作和战斗力的基础。在贯彻落实四个长效机制文件中，我们把加强基层组织、加强基础管理、提高党员基本素质“三基工作”作为党的先进性建设的基础性工程来抓。

——强化基层组织建设。针对近年来我省交通发展较快、新增单位较多的实际情况，我们不断加大组织建没力度，所有新成立的单位都同步建立党组织，对不健全的组织及时进行充实，对软弱涣散的党组织及时进行整顿。尤其是针对工程建设点多、线长、流动分散的特点，专门成立了重点公路工程建设领导组织办公室党委，对所有在建工程项目党的工作实行统一领导，同时要求所有新开工项目的管理单位都同步成立党委，所有参加建设的施工单位、监理单位在进驻工地的同时，都要健全党组织，设立专门的办事机构，配置专职工作人员，并像战争年代将党支部建在连队那样，将党的基层组织建到了工队、班组，全面加强工程建设一线的党建工作特别是党风廉政建没。对系统内长期在野外流动作业的单位，我们根据项目分布情况及时设立党支部，并根据项目变更和党员调整情况及时调整组织设置，做到了那里有需要，哪里就有党的组织；哪里有党的组织，哪里就有党的工作。在确保了党的路线、方针、政策及时传达贯彻到基层、一线的同时，为任务目标完成提供了坚强的组织保证。

——强化基础管理工作。特别是强化了党的工作目标责任制落实。每年召开全省交通工作会议，都要将党建、精神文明建设、党风廉政建设作为重要内容，与业务工作同部署、同动员，并签订工作目标责任书，与业务工作同考核、同奖

罚，做到任务、目标、责任三明确，考核中所占分值达到20%以上。各级党组织也逐级签订目标责任书，将任务目标层层分解、层层落实。与此同时，厅直机关党委制订实施了《厅直党的工作目标责任制考核办法》，从组织建设、思想建设、作风建设、廉政建设、精神文明建设5个方面20个项目严格要求，每年进行一次考核。以目标责任考核为依托，广泛开展了“创先争优”活动，2002年以来，厅党组每年“七一”都要对“创先争优”活动进行总结部署，对“一先两优”进行表彰，有力地推动了基层党建工作。

——提高党员基本素质。在加强政治理论学习培训的同时，我们从严格组织生活入手，通过严格的组织生活强化党员意识，增强党性观念，提高党员综合素质，特别是对“一课三会”制度、党员活动制度、民主评议党员制度、开展“创先争优”活动制度等，从活动内容、活动要求、活动记录等方面严格要求，定期进行检查，对无故不参加组织生活的党员及时给予批评帮助，对不按制度办事的党组织严肃批评并限期整改。加强流动党员管理，目前我厅共有26名流动党员，其中19名为流出党员、7名为流入党员，流出党员全部发放了流动党员证，流入党员全部纳入党支部，过组织生活。为了给流动党员提供良好服务，各级党组织共设置流动党员咨询专用电话24部。注重加强党员的实践锻炼，全系统共没立党员先锋岗204个，为党员服务群众、加强党性锻炼搭建了平台。各级党组织通过党员先锋岗、党员先锋队、党员突击队、开展劳动竞赛等形式，有效地提高了党员队伍的整体素质。

五、坚持从严治党，以党风廉政建设保证行业健康发展

党风廉政建设是事业成败的关键。在贯彻落实四个长效机制文件、加强党的先进性建设中，我们始终把党风廉政建设放在了突出位置。特别是交通基础设施建设规模大、投资大、项目多、战线长，我们尤其注重了重点公路工程建设中的党风廉政建设，采取了一系列切实可行的措施。

——严把选人用人关。在工程建设项目管理人员选配上，我们特别注重德才兼备的原则，从全行业选配抽调优秀干部，加强项目管理，严格把关，但不注重品德修养、自律意识不强的干部，我们坚决不用。

——制定严格规范。在项目管理上，我们认真贯彻国家《公路建设市场管理办法》，制定出台了《设计施工监理企业资质管理办法》、《招投标管理办法》、《招投标监督办法》、《设计施工监理企业信誉评价管理办法》、《公路养护工程场管理办法》、《农村公路建设养护纪检巡查办法》等，进一步规范了市场主体行为。特别是在工程招投标管理中，我们不断扩大领域，完善管理办法。目前，我省交通基础设施建设除工程预可性研究、可行性研究外，全部实行了招投标制。在具体实施中，我们针对市场中出现的泄露标底、人为干预、围标串标、低价抢标等情况，深化改

革、不断创新,招投标工作先后经历了由业主标底到复合标底、由暗标底到明限价、由高低合成标底到随机浮动合成标底、由专家评标业主定标到合理低价中标,调价系数由会议研究决定到现场随机抽取、由专家打分评标到专家审查定标。通过不断的改革创新,逐步与国际接轨,达到最大限度地堵塞漏洞,消除人为因素影响,保证市场公平、公正、公开的目的。

——加强监督。在工程建设中,我们坚持内外监督并重、纪检全程监督、部门各负其责、群众积极参与的方针,重点建立和完善了三个监督体系。一是在交通部门加强行政监督、纪检监督的基础上,建立了人大、司法、审计和财政多部门联合监督体系,每项重点工程都要请省人大、省纪委、省检察院、省发改委、省审计厅、省重点办六部门全程参与招投标监督工作,亚行项目同时邀请省财政厅参与。各部门各负其责、相互制约,增加了监督的效力,保证了招投标过程规范运作。二是建立了"纪检监察部门全程监督+纪委书记派驻制+总会计师委派制"的监督体系。出台了工程廉政建监监督管理10项制度。纪检监察部门尤其是派驻项目的纪检书记和总会计师代表省交通部门,对工程建设从招标投标到竣工验收实行全过程、全方位监督。三是建立和完善了社会监督、舆论监督网络。工程招标公告和资格预审、中标结果都要在政府门户网站和报纸上公示,公开接受社会监督。凡公示期间有举报的,都要及时进行调查核实,情况属实的坚决纠正,并奖励举报人;对弄虚作假者,计入信誉不良档案直到"黑名单"。通过这些积极有效的措施,较好地遏制了腐败现象特别是商业贿赂的发生,实现了"修好一条路,不倒一个人"的廉政目标。

六、坚持强化功能,以"四个作用"的发挥保证任务目标实现

在加强党的先进性建设和贯彻落实四个长效机制文件中,我们牢牢抓住发挥党员先锋模范作用这个根本,抓住发挥党员领导干部带头表率作用这个关键,抓住发挥党支部战斗堡垒作用这个基础,抓住发挥党委政治核心作用这个保证,把"四个作用"的发挥作为党的先进性建设与交通又好又快发展有机融合、协调推进的最佳结合点,通过"四个作用"的发挥保证交通建设改革发展目标实现。厅党组加强了统一领导力度,进一步健全了基层党组织抓党建工作责任制,强化了书记抓基层党建工作第一责任人的责任,把是否抓基层党建工作情况纳入领导班子和领导干部考核内容,作为领导干部选拔任用、培养教育和奖励惩戒的重要依据,较好地形成了党委(党组)统一领导、职能部门各司其职、密切配合的工作格局。各级党组织把作风建设作为党员先进性发挥的重要保证,特别是强化了领导干部作风建设,对党员领导干部更高标准、更严要求,要求各级党员干部从勤奋好学做起,坚持学以致用,把学习成果转化为谋划工作的新思路、促进工作的实际举措;从密切联系群众做起,顺应民意、化解民忧、为民谋利,全心全意地为人民服务;从真抓实干做起,

不尚空谈，察实情、讲实话、办实事、求实效，在抓好工作落实上狠下工夫；从艰苦奋斗、勤俭节约做起，精打细算，严格把关，真正把有限的资金和资源用在刀刃上；从令行禁止做起，顾全大局，坚决维护中央的政令畅通，做到对上负责与对下负责的统一；从发扬民主做起，做到心胸开阔，虚怀若谷，平等待人，乐于听取各种意见包括不同意见，自觉接受监督，与大家团结共事；从秉公用权、廉洁从政做起，时时处处警惕各种诱惑；从培养健康的生活情趣做起，讲操守，重品行，模范遵守社会公德、职业道德、家庭美德，坚决抵御腐朽没落思想观念和生活方式的侵蚀，时时处处发挥好表率作用。注重发挥班子集体智慧，厅党组带头坚持科学行政、民主行政、依法行政，带头坚持民主集中制，凡重大决策都要集体讨论，并征求专家和地方政府意见，有的还要通过听证会、座谈会等形式征求意见；带头坚持民主生活会制度，开展批评与自我批评，加强沟通交流，增进团结，有效地提高了班子的创造力、凝聚力和战斗力。

9. 把大运高速公路创建成为千里文明高速路*

大(同)运(城)高速公路北起长城,南至黄河,纵贯山西南北,是山西的中轴快速通道和最具活力的经济走廊,途经大同、太原、运城等8个市,44个县(市、区)。于2000年开工建设,2003年全线通车运营。在大运路建设期间,按照省委、省政府把大运高速公路建成千里文明长廊的要求,坚持"科技大运、绿色大运、人文大运、国防大运"和"以路认省、以路带省、以路强省"的建设理念,结合交通部组织开展的"三学四建一创"活动,开展了以"新大运、新山西、新风貌"为主题的大运文明路创建活动,大力推进观念创新、融资创新、体制创新、管理创新、科技创新,取得了"五年工期三年完、投资概算不突破、工程质量创一流、安全生产无事故"和廉政建设"建好一条路、不倒一个人"的佳绩,工程总合格率达到了100%,优良率达到了85%。祁临高速公路、雁门关隧道、赵康枢纽荣获国家"鲁班奖"和"詹天佑奖",大运路多个项目获国家和省科技进步奖,康庄战备飞机跑道被北京军区评定为优良工程,全线节约资金20亿元,创育了"与时俱进、勇于奉献、讲求科学、争创一流"的"大运精神"。

大运高速公路通车运营以来,我们始终把千里大运高速公路作为文明和谐行业创建的重点和亮点,作为山西交通品牌建设的突破口,坚持以"服务人民、奉献社会"为宗旨,提出并落实了高质量的工程、高效率的管理、高科技的应用、高素质的队伍、高品位的服务、高效益的经营目标,全面实施了畅通、形象、阳光、温馨、素质"五大工程",着力提高高速公路的公共服务保障能力、重大事件应急处置能力,大力推进运营管理的信息化、网络化、智能化建设,大运高速公路的管理服务水平和公共服务能力不断提高,被交通部评为全国十佳"交通运输文明畅通工程"。

在"十五"的基础上,我们认真贯彻落实交通部和省委、省政府精神文明建设工作会议精神,按照科学发展观、构建和谐社会、和谐交通、建设创新型行业和开展

---

* 2007年12月2日王晓林在国家交通部和山西省政府联合召开的大运千里文明高速路命名表彰大会上的发言摘要。

"学树创"活动的要求，作出了"抓好大运千里文明路创建，全面落实'六高目标'，提升管理服务水平，努力把千里大运路创建成为全省乃至全国有影响的精神文明建设精品工程"的重大决策。通过连续7年坚持不懈的创建，大运高速公路在硬件软件、管理服务、文化建设、队伍素质等各个方面，都较好地走在了全行业前头。大运千里文明路创建活动，对推动全行业的文明和谐创建起到了很好的带头和辐射作用，大运沿线地区已成为全省最重要的经济增长带。一条中轴启动、辐射两翼、南北呼应、东西互动的经济带正在沿大运高速公路崛起，成为山西经济结构调整的标志性工程和最具活力的经济走廊。

一、坚持以人为本，创新文化理念，建设人文大运

以人为本是科学发展观的核心，也是高速公路运营管理的出发点和落脚点。我们坚持全力打造人文大运品牌形象，较好地实现了人、车、路的有机统一。

——着力提高队伍素质。队伍建设是行业精神文明建设的根本。我们始终着力于基层组织、基础工作、基本素质的"三基工作"，着力于干部队伍、党员队伍、职工队伍的"三支队伍"建设，强化理想信念、公民道德、综合技能三项教育，深入广泛地开展了创建学习型机关、学习型单位、学习型行业活动，营造了全员学习、终身学习、自觉学习的良好风气，初步形成了大投入、大储备、大培训、大提升的格局。干部的带头表率作用、党员的先锋模范作用和职工的主人翁作用进一步发挥，树立了良好的交通行业形象。

——积极推进管理创新。在管理理念方面，以科学发展观为指导，深入落实"六高"目标，全面建设"五大工程"。坚持服务创优，全面提升运营服务品位；坚持用户至上，全面提升顾客满意度；坚持规范管理，全面提升运营管理水平；坚持路段间的协调配合，全面提升路网整体效能；坚持以人为本，全面提升员工队伍综合素质；坚持改进管理方式，全面提升经济效益，着力提高高速公路的公共服务能力、行业核心竞争能力、重大事件应急处置能力和依法维权能力。

在管理体制方面，按照"集中统一、特许高效"的原则，重点在有效发挥路网的整体效能和确保高速公路公益属性两个方面作为推动全省高速公路发展的立足点，对全省已运营高速公路管理单位实行党的统一领导，积极推进高速公路行政区域化公司管理进程，实现了资源的优化配置，进一步加强了全省高速公路统一领导、统一指挥、统一调度。

在运行机制方面，紧紧抓住"制定行业标准，提供指导服务，加强监督检查，实施考核评比"四个环节，统一了管理标准和规范，建立起层次分明、各司其职、各尽其责、高效闭合的规范化管理体系；建立起运营与管理、社会效益与经营效益、定量分析与定性分析相统一的绩效考核体系；建立起与工作量和劳动强度相挂钩，与岗

位职责、工作绩效、实际贡献紧密联系的薪酬分配体系；建立起由省社情民意调查中心进行调查、以顾客满意度为考核标准的服务测评体系和行风监督、工作指导、智囊策划为一体的顾客满意度测评体系，为我省高速公路的发展营造了良好的工作运行环境，有效地提高了运行管理效率。

——全面建设行业文化。继续弘扬“太旧精神”和“大运精神”，以文明共建为突破口，以和谐共赢为着眼点，以先进文化为引导，以规章制度为保障，引入“和”理念，丰富“路”内涵，提炼传统文化，强化“以路认省”，塑造了颇具特色的“和”文化和“路”文化，形成了以“和谐包容、智慧诚信，务实创新、与时俱进”为内容的行业文化体系，用“和”文化开启山西高速新局面，用“路”文化引领山西高速新发展。

二、推进科技创新，提高管理水平，建设科技大运

大运千里文明高速路创建是运营管理的重要手段，把创建活动渗透到运营管理的各个环节，不断提高科学技术在管理服务中的贡献率，达到了优化管理、相融相长、促进发展的目的。

——构建高速公路智能专网。一是由监控系统、收费系统、通信系统组成的机电管理系统，并以大运高速公路为主体，全面开展了“一网一库一站”管理信息网建设，在全省高速公路实现了业务管理工作的信息化、网络化、智能化，信息资源在全省得到共享。二是由 96565 客服子系统、对外传媒子系统等组成的综合信息服务系统，保证了广大司乘人员的安全快捷高效出行。三是由高速交警部门、当地政府、定点急救医院等组成的紧急救援指挥系统，有效提高了伤员救助能力，切实保证了司乘人员的生命财产安全。

——加大重点科技项目攻关力度。充分发挥自身技术力量，紧密结合高速公路运营管理实际，积极进行科技攻关，2005 年实现了不同软件的互联互通，率先在全国实现了高速公路的联网收费“一卡通”，并研制了拥有自主知识产权的 IC 卡图像传递密钥系统，有力地提升了大运高速公路乃至全省交通管理服务水平。

——加快新技术、新材料、新工艺的推广应用。在养护管理中，推广了高速公路路面管理系统、高速公路桥梁管理系统；在收费管理中，推广了计重收费应用技术，收费稽查系统及放行能力考核系统等；在路政管理中，推广了高速公路路政管理系统，在路政巡逻车辆安装了 GPS 系统和监控系统，积极推广应用雨、雪、雾等特殊气候条件下的通行保障技术。

三、注重持续发展，营造优美环境，建设绿色大运

针对山西地处黄土高原、水土流失严重、生态环境脆弱的现实状况，坚持公路

与生态环境和谐发展的理念,突出"绿色、自然、环保、美化"的标准,大力实施"三大工程"。

——大力实施通道绿化工程。坚持"科学规划、因地制宜、景观协调、易于养护"的原则,以防风固沙、保护路基、稳定边坡、美化环境、满足公路交通安全和交通功能为目标,将通道绿化工程划分为晋北防风固沙区、晋西黄土丘陵区、中部土石山区、中南部盆地区来组织开展,乔、灌、草、花合理布局,带、网、片、点相互配合,将沿线建成春花、夏荫、秋果、冬青四季为景的一道道亮丽风景线,给人一种"人在车中坐、车在画中游"的美感。

——大力实施蓝天碧水工程。站在建设生态山西示范工程的高度,按照"大运高速公路环保走廊"的要求,依据"蓝天碧水工程"有关技术标准和要求,对大运高速沿线各收费站、养护工区等驻地单位使用原煤的茶浴炉和食堂炉灶全部进行了更换。大运沿线所有站区均与当地环卫部门签订了清运合同,生活垃圾由专业人员进行清运和处理。

——大力实施节能环保工程。大力推广应用沥青混凝土路面"热再生"、"冷再生"等新技术,既节约了路面材料、降低了工程造价,又减少了沥青废料对环境造成的污染。积极研究隧道车辆通行的最佳亮度,利用贴反光膜、间隔开启照明灯等手段,有效降低隧道的电耗,取得了较明显的效果,全省高速公路隧道照明年耗电量降低近1/3。

四、突出"三个服务",实现共建共享,建设和谐大运

——全面提高服务能力。一是着力提高通行保畅能力。研究制定了合理安排施工路段间距、避开车辆通行高峰的施工方案,有效解决了施工路段堵车问题,从根本上提高道路的运行质量。二是着力提高快速放行能力。进一步加强收费现场管理,完善了突发事件应急处置机制,采用增开备用车道、便携机复式收费等方式保畅分流。三是着力提高依法行政能力。着重加大对破坏高速公路设施尤其是毁坏护网、割盗光缆等行为的打击力度和对路产赔偿案件办理的监督力度。四是着力提高精细化管理能力。加强对服务区公益设施的维护和服务质量的监管力度,注重服务区特色化经营和品牌经营。

——深入开展劳动竞赛。与省劳动竞赛委员会联合开展了养护管理比技能看保畅能力,收费管理比放行看窗口建设,路政管理比规范看执法效能,服务区管理比温馨看服务质量,综合管理比素质看工作绩效的"五比五看、服务创优"立功竞赛活动,有效提高了广大职工的综合素质,树立了爱岗敬业、作风过硬的队伍形象,务实诚信、科学严明的管理形象,服务经济、强省富民的社会形象。

——努力推动共建共享。创建活动中,坚持"共建共享、惠及群众"的原则,把

创建着眼点放在“便民、利民、富民”上，总揽全局，点滴入手，加大共建力度，变系统内的人本管理为系统外的人性化服务，想方设法拓展服务功能，提高服务质量，为社会提供更优质的服务产品，很好地满足了人民群众的出行需求。

创建大运千里文明高速路是一项复杂的系统工程和长期的艰巨任务，以后的工作更艰苦、更繁重，我们要认真总结经验，完善长效机制，丰富创建内涵，开拓创新，真抓实干，追求卓越，勇创一流，使千里大运文明高速路创建工作再上档次、再上台阶、再结硕果，让大运红旗高扬、大运典型永存、大运青春常驻，带动全省交通系统行业文明建设不断取得新成效，为新基地新山西建设不断作出新贡献！

反腐倡廉篇

FANFUCHANGLIANPIAN

一个人对社会的价值首先取决于他的感情、思想和行动对增进人类利益有多大作用。

——(美)爱因斯坦

制度问题带有根本性、全局性、稳定性和长期性。制度好可以使坏人无法任意横行,制度不好可以使好人无法充分做好事,甚至会走向反面。

——(中)邓小平

腐化败坏一定要用纯洁清廉来加以抵制。

——(法)雨果

1. 当前交通纪检工作的形势与任务*

进入新世纪，如何进一步加强党风廉政建设和反腐败工作，保证交通事业健康发展，是我们必须研究和解决好的一个重大课题。

一

当前，我省公路建设突飞猛进，道路运输加速发展，改革进入攻坚阶段，发展处于关键时期，稳定面临新的形势，这些都给我们提出了新的任务，也使我们面临许多新的情况和新的问题。江泽民同志强调："治国必先治党，治党务必从严"。要完成交通现代化建设的历史重任，必须坚持党的领导，高举廉政建设和反腐败的大旗，从严治党、从严治政，在加强和改进纪检监察工作上下工夫。

腐败不是社会主义的特殊产物，古今中外，由来有之。在我国从计划经济向市场经济转轨的过渡时期，各项制度和体制都不完善，产生消极腐败是不可避免的。我国社会主义制度的建立，为消除腐败提供了根本性的制度，我国现阶段出现的一些消极腐败现象，绝不是制度腐败，相信党有能力、也有决心消除腐败。党中央对廉政建设和反腐败斗争始终非常重视，力度一年比一年大，揭露和惩处了一批腐败分子，包括严惩了少数违法犯罪的高级干部，有效遏制了腐败现象的蔓延和扩展。

近几年来，在中央扩大内需、实行积极财政政策的指导下，公路建设规模大、投资大、战线长，很容易发生腐败现象。这几年全国交通系统有一个共同的结论就是：抓工程必须抓质量，抓生产必须抓安全，抓领导干部必须抓党风廉政建设和反腐败斗争。按常规，纪检是属地管理，省交通厅作为行业管理部门，为什么要把纪检监察会议开到全行业？就是因为这几年我们交通比较热，备受社会关注。每一级交通部门，都掌握着大量的资金，很容易出问题，这也是这几年交通行业的一个鲜明的特点。随着以大运高速公路和国道主干线为重点的公路建设新高潮的掀起，我省交通系统反腐倡廉的任务越来越重。我们一定要认真学习贯彻中央、省、部关于党风廉政建设和反腐败斗争的战略部署，统一思想，提高认识，既要看到反腐败斗争的艰巨性、复杂性

* 2001 年 1 月 18 日在山西省交通系统纪检工作会议上的讲话摘要。

和长期性,又要充分认识当前反腐败斗争的严峻性、尖锐性和紧迫性,切实增强危机感、责任感和紧迫感,牢固树立有腐必反、反腐必严、常抓不懈的思想,深入推进党风廉政建设和反腐败斗争,为交通改革与发展保驾护航。

开展反腐败斗争,是一项严肃的政治斗争,事关重大,必须切实加强领导。各级党委、各单位、各部门要自觉按照党委统一领导、党政齐抓共管、纪委组织协调、部门各负其责、依靠群众支持和参与的反腐败领导体制和工作机制,坚持领导干部廉洁自律、查处大案要案、纠正部门和行业不正之风为主要内容的反腐败三项工作一起抓的工作格局,战略上总体规划,战术上分阶段部署,从群众反映最强烈的问题抓起,严格落实党风廉政建设责任制,加大从源头上预防和治理腐败的力度,重实际,使实招,出实效,不断取得反腐败斗争的阶段性成果。主要领导要及时检查指导纪检监察工作,关心纪检监察干部,帮助他们解决工作、生活上的困难,支持他们开展工作,坚决不能设置障碍。

腐败具有系统性,它源于腐败意识,表现为腐败行为,造成了腐败后果。治理腐败,一定要坚持系统论的观点,在腐败的产生、发生和发展的各个环节布控设防、综合治理,才能从根本上解决问题。

千里大堤,毁于蚁穴。沾染腐败意识是走向腐败深渊的第一步,极其严重的腐败行为往往起源于最初微弱的腐败意识。要消除腐败,就必须首先遏制腐败意识的蔓延,加强思想教育,这是反腐倡廉的第一道防线,决不能忽视。

制度与思想教育相比,具有根本性、强制性等鲜明特点。邓小平同志指出:“我们过去发生的各种错误,固然与某些领导人的思想作风有关,但是组织制度、工作制度方面的问题更重要。这些方面的制度好,可以使坏人无法任意横行;制度不好,可以使好人无法充分做好事,甚至走向反面。”对于那些利欲熏心的个人主义者,仅靠思想教育是不够的,更需要制度的硬约束。因此,在加强思想教育的同时,必须加强制度建设,构筑反腐倡廉的第二道防线。

有了制度,得不到落实,也等于零。改革开放以来,党中央、国务院在党风廉政建设和反腐败方面出台了许多制度,但腐败之风并没有因此得到有效遏制,其中一个很重要的原因在于由于执法不严,制度、规定甚至法律失去了对腐败分子应有的威慑力。我们党历来提倡艰苦奋斗,反对铺张浪费。为制止公款吃喝,从中央、到省里,规定下了一个又一个,但时至今日,大吃大喝之风并没有得到控制,且有了新的发展,这在我们交通系统可能表现得更为突出。可见,第二道防线也有许多局限性,还要加大执纪力度,违规必究、严惩腐败,构筑反腐倡廉第三道防线。执行党纪国法、严惩腐败,必须动真格的。对于那些害群之马,对于那些顽固分子必须严惩,增加其腐败成本,让其付出沉重的代价。惩处过轻,检讨一阵子,享福一辈子,无疑是鼓励腐败。有人说,党员干部腐败是叛党行为。对于叛党分子,决不能心慈手软。对腐败的仁慈，就是对人民的犯罪。

“打铁首先本身硬”。纪检干部处在反腐败斗争的前沿阵地，面临着腐蚀与反腐蚀的严峻考验，必须加强自身建设，讲学习、讲政治、讲正气，淡泊名利，经得住清贫，耐得住寂寞，特别是要经得起权钱美色的诱惑，做执行纪律的模范，真正做到出淤泥而不染，受腐蚀而不变，见钱财而不贪。己身不正，焉能正人，作为监督和查处违纪行为的纪检干部，只有自己一身正气、堂堂正正，才能掌握反腐败斗争的主动权。各级党委要切实加强对纪检干部的教育管理，组织纪检干部认真学习党的基本理论和基本路线、基本方针，学习法律知识，提高政策水平、执纪水平和办案水平，特别是要提高拒腐防变的能力，适应新形势下反腐败斗争的需要。

二

今年交通系统反腐败斗争的主要任务是：“建设两支队伍（领导干部队伍和执法队伍）、净化两个市场（运输市场和建设市场）、巩固一项成果（国省道干线公路基本无“三乱”）。”领导干部队伍和执法队伍建设是廉政建设工作的重点。从总体上讲，我们的这两支队伍主流是好的，但不可否认，也有一些人行为不规范、思想不健康，自觉不自觉地违反了党的纪律，触犯了国家的法律，也有些人成了害群之马，损害了交通的形象，必须从严治理，从源头上解决问题。建设“两支队伍”，教育是根本，惩处是手段，提高是目的。要坚持不懈地抓好对他们的思想教育，使他们逐步树立起正确的人生观、价值观和世界观；要加强对他们的管理和监督，从制度建设入手，进一步规范和约束他们的领导行为和执法行为，尽量克服和避免个人权力过大或权力过度集中，解决好权力运行中的不规范问题。严惩部分腐败分子是很必要的。要严肃查处行贿受贿、投机倒把、以职以权谋私等腐败问题，狠刹工程招标投标中的“暗箱操作”和道路运输线路审批中的“吃拿卡要”等不正之风。通过对少数人的严惩，达到教育大多数的目的。

净化“两个市场”，制度是基础，整顿是手段，规范是目的。要按照市场经济的发展要求，及时建立健全公路建设和道路运输市场管理的法规体系，依法治理市场；同时要根据工程建设、道路运输市场出现的新情况、新问题，加强纪检监察部门对建设、经营的全过程监督，关口前移，重心下移，全面推行工程建设、廉政建设双合同制和运输经营资质制度等行之有效的工作机制，加强对市场行为的监督，整顿市场秩序，制止不正当竞争，逐步使市场行为规范化。

巩固国省道干线公路基本无“三乱”成果，既要防止反弹，又要扩大成果。2000年以来，特别是治理超限运输以来，治理公路“三乱”出现了新的情况和新的问题。要把治理公路“三乱”与治理超限运输区别开来，牢固树立依法行政、依法办事的思想，既要加大力度保护路产路权，又要防止出现新的“三乱”。要把巩固国省道基本无“三乱”成果与向下延伸结合起来，在巩固中发展成果，以发展来巩固已有成果，力争早日实现全省公路基本无“三乱”。

三

腐败不是凭空产生的，它是人们主观世界的客观表现。江泽民同志在中纪委第五次全体会议上指出：“由于思想道德和科学文化素质不高，导致一些党员、干部卷入消极腐败之中，是一个相当带有普遍性的问题”。消极腐败现象之所以在个别党员和干部身上发生，同他们长期不加强学习，思想道德蜕化，精神世界空虚，科学文化素质低下密切相关。腐败分子有一个共同点，就是放弃了马克思主义的理想信念，背弃了党的根本宗旨。面对腐朽思想文化和生活方式的冲击和腐蚀，他们的思想防线不堪一击，全线崩溃，成了消极腐败的俘虏。

消极腐败，其害无穷，大则可以亡党亡国，小则害了自己、害了家庭。四川省交通厅原厅长刘中山、副厅长郑道坊因经济犯罪，一个被判无期、一个被执行死刑。河南省交通厅两任厅长先后因经济犯罪，接连中箭落马。这些腐败分子，不但害了自己，害了自己的家庭，而且害了交通事业。河南省交通厅连续8年的省级文明单位因此被撤销，党风廉政建设被评为最差单位，各类评先活动也都坐了“冷板凳”。这些问题不能不引起我们的警惕和深思。作为领导干部，一定要把自身修养作为人生必修课，加强、加强、再加强。

要加强学习，勤于思考。加强学习，对于提高人的精神境界很有益处，对自身抵制消极腐败现象也很有益处。学习搞好了，掌握的理论和科学文化知识多了，政治认识和精神境界提高了，讲政治、讲正气才能讲起来，马克思主义理想信念才能树得牢。勤于学习，善于学习，不仅有利于我们更好地改造客观世界，也有利于我们更好地改造主观世界。所以，江泽民同志一再告诫全党：学习、学习、再学习。每一个党员和领导干部，面对国际国内和交通事业发展的形势，都要加强学习，在学习中加强自身建设，坚定理想信念，增强抵制腐朽思想的自觉性。勤于思考，对于解决思想上的糊涂认识，提高政治敏锐性和辨别是非的能力很有帮助。江泽民同志多次提出，“每一个领导干部都应该好好想一想，参加革命为什么，现在当干部应该做什么，将来身后留点什么？”这个问题听起来似乎很普通，但寓意深刻，思想性很强，没有坚定的理想信念，没有较好的政治素养，没有清正廉洁的作风，很难回答好这个问题。只有这个问题回答好了，讲学习、讲政治、讲正气才能讲起来。我们一定要按照总书记的要求，经常想，反复想，深入想，不断交出新的优异答卷。

要以身作则，清正廉洁。这是对每一个共产党员、领导干部的基本要求。古人云:“公生明、廉生威”,“吏不畏其威而畏其廉”,“己身正,不令而行;己身不正,虽令不从”,“富贵不能淫,贫贱不能移,威武不能屈”。就是在几千年前的封建社会,一些开明大夫们尚能懂得清廉的可贵。我们是共产党人,更应该清清白白,廉洁从政,高风亮节,带头遵纪守法,抵制腐败现象。也只有这样,才能维护党的威信,树立起自己威信,工作中才能依法行政、公正办事。掀起以大运高速公路和国道主干线为重点的公路建设新高潮,我们不仅面临着工程质量、建设进度的考验,而且面临着腐蚀与反腐蚀的考验。各级领导干部特别是“一把手”一定要以身作则、洁身自好,牢记根本宗旨,树立正确的权力观、利益观,把党和人民赋予的权力运用到更好地为人民服务中去,做一个廉洁、勤政、爱民的好官。

要努力提高政策水平,推进民主管理。政策和策略是党的生命。党的政策是指导全党、全国工作的纲领,不断地学习政策、掌握政策、提高政策水平始终是每一个党员干部的重大任务。党中央、国务院以马克思主义的深邃眼光,正确审视国际国内形势,及时做出部署,指导全国工作,使我国经济社会得到了快速发展。作为一名党员干部,贯彻落实中央政策,必须认真学习理解政策,准确把握中央的思路和意图,才能在政治上、行动上与党中央保持高度一致,我们的事业才会减少或避免曲折,沿着党所指引的正确道路不断夺取新的胜利;我们自己也才能始终保持清醒的头脑,少犯错误或不犯错误,逐步成熟起来。提高政策水平,对于抵制消极腐败现象也很有益处,政策水平高了,就能在原则问题上分清界限、明辨是非,正确处理好集体与个人的关系,在重大问题上把握住自己,作出正确的选择,使自己的一言一行置于党的政策和法律规定之内。

权力是腐败的必要条件。形形色色的腐败,最终都集中在权力的腐败上。权力过度集中到少数人手中很容易出问题,也肯定会出问题。我们共产党人是为人民掌权的,权力是人民给的,是用来为人民服务的。要牢固树立全心全意为人民服务的宗旨,大力发展民主,推进民主管理,使人民群众在民主选举、民主决策、民主监督中积极发挥作用。各级领导班子必须严格执行民主集中制,加强领导班子内部监督,建立健全领导班子议事规则和决策程序,保证班子成员依法依纪办事,充分发挥作用,防止违法违纪行为。去年交通厅机关机构改革以来,厅党组大力推行民主选拔干部,确实选出了一批好干部,民主不仅推进了科学决策,而且堵住了用人上的不正之风。我们在工作中也听到过给干部划线上纲,这是要不得的,我们都是党的干部,为了党的事业走到一起来,不应有派别之分。每一个党员干部都要严格遵守党的纪律,讲团结、讲民主、讲大局,任何人不得凌驾于组织之上。班子主要领导要遵法守纪,带头执行民主决策,促进科学决策,以民主决策克服权力运行中的不规范问题,把党风廉政建设和反腐败斗争继续推向前进,为完成交通发展目标提供强有力的政治保证。

2.以求真务实的作风夺取反腐倡廉新胜利*

形势的变化、交通的发展,要求我们必须坚持不懈地抓好反腐倡廉工作,这是做一个负责任、办实事、有作为的部门和行业应当持有的正确态度。

一、正确认识我省交通发展和反腐败工作取得的成绩,进一步增强全行业反腐倡廉的信心和力量

首先,要充分肯定我省交通发展取得的巨大的成绩和作出的巨大贡献。近年来,全省交通系统紧紧抓住国家扩大内需,实施积极的财政政策和稳健的货币政策的历史机遇,加快公路建设,发展公路运输,推进交通结构战略性调整,克服了历史积累的多种矛盾的困扰,战胜了突如其来的非典疫情和来自自然界的各种挑战,实现了跨越式发展,行业抵御风险能力和自主发展能力明显增强。主要表现在:一是公路通车里程迅猛增长,到2003年底已达到63122公里。二是高速公路建设突飞猛进,胜利突破1000公里大关,达到1210公里,纵贯全省南北的大运高速公路全线建成通车;通往周边省市的出口路已有6条打通,并有4项工程获"鲁班奖"、一项创"大世界吉尼斯之最"。除吕梁、长治、晋城三个市(地)外,省会太原到其余7个地级市均实现了"三小时高速通达"。三是路网结构进一步优化,县际与农村公路改造工程全面启动,绿色通道建设、文明路建设和GBM工程成绩显著,老旧油路和危桥险桥得到改造,全省二级以上高等级公路达到11399公里,占通车总里程的18%;高次级路面里程达到35729公里,占通车总里程的56.6%。四是公路通达深度进一步提高,百平方公里国土面积公路密度达到40.4公里,全省94.4%的乡镇、61.5%的行政村通了油路,96.2%的行政村通了公路。五是运输结构调整积极进行,车船装备水平不断提高,高速客运、现代物流得到较快发展,公路运输在综合运输体系中的基础性地位不断加强。六是交通规费征收连创新高,筹资渠道不断拓宽,长期制约我省公路建设发展的资金紧张的矛盾得到缓解。七是改革开放取得

* 2004年2月18日在山西省交通系统党风廉政建设干部大会上的讲话摘要。

重大突破，市场秩序整顿不断深入，依法治交进一步加强，与市场经济体制相适应的交通行政管理体制和行业管理体系正在形成。八是交通信息化建设取得重大进展，科技创新能力不断增强，行业文明程度明显提高。山西这样一个中西部欠发达省份，步入了全国交通先进行列。交通的持续、快速发展，特别是连续几年大规模的公路建设，有力地拉动了相关产业的发展，促进了社会就业和消费扩大，对国民经济的发展发挥了投资和消费的双重拉动作用。特别是"十五"以来的3年间，公路建设投资每年保持在100亿以上的规模，3年完成投资345亿元，为国民经济发展作出了巨大贡献。更为重要的是，交通基础设施和道路运输产业的快速发展，大大改善了我省的投资环境和经济发展环境，有力地促进了人流、物流、信息流、资金流等的快速形成和发展，为经济发展和社会进步蓄聚了后劲。随着大运高速公路的建成通车，一条中轴启动、辐射两翼、沿线开发、整体推进、东西互动、南北呼应的经济开发带正在三晋大地崛起。构建大运高速公路经济带成为山西经济结构调整的标志性工程和本世纪初的一项重要任务。

其次，要充分肯定交通系统党员领导干部队伍是一支有创造力、凝聚力和战斗力的队伍。交通取得跨越式发展的巨大成绩，归功于党中央、国务院和交通部对山西的关心和支持，归功于省委、省政府和地方各级党委、政府对交通工作的高度重视和正确领导，归功于广大人民群众的热情支持与无私奉献，也充分说明交通系统党员领导干部队伍是一支昂扬向上、奋发有为，有创造力、凝聚力和战斗力的队伍，是一支能够团结和带领广大干部职工不断推进交通事业向前发展的队伍。交通厅党组坚持在大规模的交通建设中培养干部、锤炼干部，通过开展学习实践"三个代表"重要思想活动，提高了党员领导干部队伍思想政治素质。我省每年上百亿规模的交通建设，如果没有一支过得硬的党员领导干部队伍去领导、组织和协调，是很难完成的。在加快公路建设中，许多领导干部自觉放弃节假日休息，常年奔波在一线项目工地上，埋头苦干，任劳任怨，殚精竭虑，发挥了极为重要的作用。尽管这些年交通系统也有少数党员干部被查处，但有一点不容否认，我们这支队伍的主流是好的，是一支能够担当起交通发展重任、经受住各种考验、党和人民信任的队伍，否定这一点，就无法解释交通事业取得的巨大成就。我们有充分理由相信，交通系统这支昂扬向上、奋发有为的领导干部队伍，一定会为交通率先发展提供有力的组织保证，再作新贡献。

第三，要充分肯定交通系统党风廉政建设和反腐败工作取得的显著成效以及广大纪检监察干部所做的工作。近年来，全省交通系统各级党政组织和纪检监察部门按照党中央、国务院和省委、省政府、交通部的统一部署，把党风廉政建设和反腐败工作贯穿于交通改革发展之中，加强领导，狠抓落实，做了大量卓有成效的工作，较好地回答了纪检监察工作如何贴近经济工作中心、推动交通事业发展的问题。一是坚持把加强交通基础设施建设中的廉政建设作为重点，加强制度建设，在公路建设中推行了党风廉政建设责任制、廉政合同制、纪检书记派驻制，对招标投标、转包分包、材料采购、设计变更、资金拨付等开展全过程的执法监察，规范了市场秩序，促进了交通基础设施建设的健康发展，对预防腐败现象起到了积极的作用，全系统没有发生窝案、串案等重大腐败问题。二是加大案件查处力度，既教育了干部，使一些腐败分子受到了党纪国法的制裁，也还给了一些干部以清白。三是认真贯彻执行《廉政准则》和领导干部廉洁自律的规定，加强干部廉政教育，领导干部廉洁从政意识明显增强。四是着力加强行风建设，注重解决人民群众反映强烈的突出问题，锲而不舍地开展专项治理，公路"三乱"取得明显成果，"三项治理"进展顺利。五是坚持标本兼治、综合治理，不断加大从源头上预防和治理腐败的力度，着力在管好权、用好钱、选好人上下工夫。行政审批制度改革、干部人事制度改革和落实"收支两条线"等工作不断取得阶段性成果，体制、机制和制度上的一些深层次问题正在逐步得到解决。事实证明，厅党组和地方交通部门各级党组织，对党风廉政建设和反腐败工作的态度是坚决的，旗帜是鲜明的，交通系统广大纪检监察干部工作是主动的，措施是有力的，成效是明显的。

反腐倡廉工作的根本任务在于促进发展。我们抓反腐倡廉工作，首先要肯定经济建设的成绩，肯定党员干部队伍的主流，肯定过去反腐倡廉的成果，这是进一步抓好反腐倡廉工作的前提。也只有这样，才能凝聚起全行业反腐倡廉的信心和力量。

二、深刻认识腐败产生的历史性和当前反腐败斗争形势的严峻性，进一步增强做好反腐倡廉工作的紧迫感和使命感

我党在长期的反腐败斗争中，既积累了丰富的工作经验，也深化了对腐败问题的认识。江泽民同志曾指出："腐败作为一种社会历史现象，古今中外许多社会都有。从本质上讲，腐败现象是剥削阶级和剥削制度的产物。社会主义制度作为区别于历史上任何剥削制度的崭新的社会制度，为从根本上消除腐败创造了条件。由于我国还处在社会主义初级阶段，又处于由计划经济体制向市场经济体制转变的时期，生产力发展水平、科技文化水平还不高，法制等各方面的制度还不完善，再加上我国历史上几千年封建社会的残余思想仍然存在，对外开放也容易使国外资本主义的腐朽思想和生活方式乘隙而入，而西方敌对势力又一直在加紧对我国实施西化、分化的政治战略，千方百计拉拢腐蚀我们内部一些意志薄弱的干部。这些因素的存在，使腐败现象还有滋生蔓延的土壤和条件，而且加大了我们反腐败斗争的难度。这些土壤和条件不是短时期就可铲除的，消除腐败现象必然要经历一个很长的历史过程"。胡锦涛总书记在中纪委三次全会上指出："当前我国经济社会

发展也存在一些突出问题，生产力发展仍然面临诸多体制性障碍，党员干部队伍中也存在一些亟待解决的突出问题，一些消极腐败现象也在滋生蔓延”。据联合国工业发展组织对100多个国家和地区经济发展的数据所作的统计分析，一个国家的人均GDP处于265美元至1075美元的阶段，是社会变革最激烈的阶段，也往往是腐败的易发、多发时期。由于国际形势和我们党所处的地位、环境以及我国的经济制度和分配制度正在发生着深刻变化，存在着可能引发腐败问题的历史根源和社会基础，腐败产生的土壤和条件尚未彻底铲除。在这样特殊的历史阶段和时代背景中，在当前和今后相当长的一个时期，腐蚀与反腐蚀、腐败与反腐败的斗争还相当尖锐激烈。

这几年，交通建设规模大、投资多，交通行业成为腐败问题的多发、易发区，党风廉政建设和反腐败斗争的形势十分严峻。从全国来看，1996~2003年间，全国有8个省、区交通厅的16名厅级领导干部相继被查处。河南省连续三任厅长被查处，四川省厅长、副厅长双双落马，贵州省交通厅长卢万里涉案金额之大、牵涉人员之多，令人震惊。这些领导干部的腐败，贻害了党的事业，贻害了交通事业，也害了自己和家庭，其中的教训发人深省。从我省来看，这几年交通系统虽然相对平稳，但并不平静。在中纪委三次全会上，胡锦涛总书记列举了党员干部的十种不良作风，在国务院第二次廉政工作会议上，温家宝总理指出了损害人民利益的八个突出问题，对照这十种不良作风和八个突出问题，我们交通系统基本上不同程度存在。比如：有的单位变相设立“小金库”，为一些干部违法违纪和发生腐败问题提供了条件和温床；有的领导干部收受服务对象礼金和有价证券，违规多领工资和补助；有的领导干部违反规定，挪用公款、吃拿卡要，有的单位和领导置中央三令五申于不顾，违规下达“罚款”指标；有的公路建设项目工程款和征地拆迁费不能及时到位，损害了农民的利益。另外，形式主义、奢侈之风在我们这个行业比较突出，大哄大嗡、大手大脚的风气在抬头。这些看似小问题，最终会酿成大祸。任何一个腐败分子，都是从小恩小惠发展到胆大妄为的。各级领导干部一定要保持清醒的头脑、坚定的信念，切不可越雷池一步；莫伸手，伸手必被捉。

分析腐败问题发生的深层原因，正如中纪委通报中讲得那样。从主观方面讲，是他们放松世界观改造，背弃党的理想和宗旨，私欲极度膨胀的必然结果。但是，其中也暴露出交通系统管理体制机制制度等方面存在的问题。一些腐败分子钻管理体制、机制不完善、不健全的漏洞，牟取私利，给一些领导干部搞权钱交易提供了条件。加之监督制约机制不完善、不健全，监督弱化的问题没有得到很好解决，监督部门没有完全发挥应有的作用，工作缺乏独立性和主动性，“管事不管人，管人不管事，看得见的管不着，管得着的看不见”，管理体制不顺，客观上导致了监督的弱化和管理的盲区。当前，腐败问题严重威胁着党的执政地位，影响着交通事业的健康发展，我们一定要充分认识腐败问题存在的历史性和反腐败斗争形势的严峻性，充分认识反腐倡廉工作的重要性、紧迫性和长期性，既要树立持久作战的思想，又要增强紧迫感，坚持不懈地与腐败现象进行斗争。

三、认真贯彻落实党中央、国务院和省委、省政府、交通部对反腐倡廉工作的各项部署，在力求新成效上下工夫

今后几年，我省交通建设依然规模大、投资大，仍然是备受社会关注的重点、焦点行业，党风廉政建设和反腐败的工作一刻也不能放松，今年要抓出新成效。

第一，交通基础设施建设中的党风廉政建设要抓出新成效。抓好基础设施领域廉政工作仍然是当前和今后一个时期交通系统反腐倡廉工作的重点。要在全系统广泛开展"查问题、找原因、订措施、堵漏洞"活动，进一步规范建设工程招标投标行为，加强对招标投标过程的监督，坚决杜绝干预招标、虚假招标、串标等问题的发生。进一步规范工程建设物资设备、材料采购行为，严禁指定供应商或向企业强行推销物资。要加强对工程转分包、设计变更、资金拨付、公路收费权转让等重点环节的监督，通过改革创新，使重点环节的运作更加公开透明，更加规范。要针对基础设施建设领域容易出现问题的重点环节，大胆改革，勇于实践，探索现代化管理的技术和方法，引入先进的管理体制机制和制度。继续推行廉政责任制、纪委书记派驻制、总会计师委派制、廉政合同制，积极推广菲迪克网络化管理系统和计量支付办法，加强对工程建设的财务监督和审计监督，确保资金安全，防止腐败案件的发生。

第二，解决群众反映强烈的突出问题要抓出新成效。对照温家宝总理提出今年要集中精力解决的损害群众利益的8个方面的突出问题，结合交通实际，今年我们要着力解决好以下10个方面的突出问题，做到"四个坚决纠正"、"三个绝不能"，加大"三项工作"力度。一是坚决纠正在公路建设中侵害农民利益的问题，各建设单位要及时支付征地拆迁补偿费和工程款，保证不拖欠农民征地拆迁费，并督促用工单位及时兑现民工工资，改善民工工作生活条件，保证农民的合法权益。二是坚决纠正在农村公路建设中的乱集资、乱摊派，保证不增加农民负担。三是坚决纠正交通执法中的违法乱纪行为。在去年行风评议工作中，厅党组制定了交通执法人员六条禁令，今天我再重申一遍：

(1)严禁接受当事人任何形式的宴请或馈赠；

(2)严禁工作期间饮酒；

(3)严禁参与赌博；

(4)严禁违规驾驶交通执法用车、船；

(5)严禁着交通执法标志服出入各类公共娱乐场所；

(6)严禁执法过程中有不文明举止或使用不文明用语。

凡违反6条禁令之一者，一律清理出交通执法队伍，同时追究所在单位分管、主管领导的责任。四是坚决纠正企业重组改制和破产中侵害职工合法权益、侵吞国有资产的问题。凡是交通部门的直属企事业单位，在推进政企分开、政事分开、改企转制的过程中，交通部门要加强监管，严格按照国家政策和法律评估资产，坚决防止任何形式的侵吞国有资产。同时，要完善职工的养老、医疗、失业等方面的保险，消除职工后顾之忧。五是进一步加大治理公路“三乱”的工作力度，特别要抓好治理公路超载超限运输工作，增强服务意识，严格执法，规范管理，不能单纯以治代管或罚款了事。对借治理超载超限之机而搞“三乱”的，要进行严肃处理。要在继续保持蔬菜运输“绿色通道”畅通的基础上，研究制定“绿色通道”优惠政策，保证运输鲜活农副产品的车辆优先通过。六是加大安全生产管理和事故责任追究的力度。各级交通部门要切实加大对安全生产的监管，搞好公路养管，认真落实“三关一监督”职能，把住源头，强化措施，坚决遏制住当前事故多发的势头。要建立企业安全评价制度，实行以安全生产“一票否决制”为核心的企业资质动态管理机制，对不符合安全生产条件的企业要降低资质或强制退出市场。要严格执行特大事故责任追究制，对于发生重特大事故的，要按照国务院关于特大事故责任追究的规定，从严追究有关人员的责任。七是进一步加大“三项治理”工作力度。清车工作要巩固成果，防止反弹；清房工作要在摸清底数的基础上，进一步加强领导，加大力度，坚持教育、纠正、查处并举，力争在6月底前取得实质性进展；继续狠刹以各种名义用公款大吃大喝和高消费娱乐的歪风，积极推动通信工具、公务用车货币化改革及公务接待管理制度改革。八是绝不能搞不切实际、劳民伤财的政绩工程。九是绝不能搞经不起考验的劣质工程、“豆腐渣”工程。十是绝不能搞权钱交易的腐败工程。

第三，对权力运行的监督要抓出新成效。要加强对权力运行的全过程监督，上船监督、不留空当，做到权力运行到哪里，监督就延伸到哪里。要坚持“一把手抓、抓一把手”的工作方法，“一把手”要亲自监督，重点抓好对“一把手”的监督。党政“一把手”要做执行民主集中制的模范，发扬党内民主，自觉地接受党内监督、法律监督和群众监督。重大项目安排和大额度资金使用，必须经集体讨论作出决定，防止个人独断专行。

第四，领导干部廉洁自律要抓出新成效。中央纪委三次全会提出，各级领导干部要严格执行“四大纪律”、“八项要求”，这是新时期、新形势下对领导干部廉洁自律提出的新要求，是对过去一系列廉洁自律要求的概括，也是针对当前领导干部廉洁自律中存在的突出问题提出的更高要求。各级领导干部一定要严格遵守党的政治纪律、组织纪律、经济工作纪律和群众工作纪律，在坚持“八项要求”上做出表率。交通系统领导干部要做到“四个不准”：即不准利用职权打招呼、写条子，违规干预和插手建设工程招标投标、建设物资设备、材料采购等活动；不准接受与其行使职权有关系的单位、个人的现金、有价证券和支付凭证；不准违反规定兼任建设公司等经济实体法人代表、工程项目法人代表和公司领导；不准配偶、子女亲属以及身边工作人员，利用领导干部职务的影响牟取私利。我作为一厅之长，要带头落实廉洁自律的各项规定，诚恳接受广大干部群众的监督。

第五，源头治理要取得新成效。要继续推进管理体制和制度的改革，最大限度地铲除滋生腐败的土壤和条件。今年重点抓好“四项制度”的改革。行政审批制度改革要认真贯彻《行政许可法》，在“减量”、“下放”、“规范”、“提效”上下工夫，继续减少和下放审批事项，并对取消的审批事项加强后续监管；创新行政审批工作机制，进一步严格规范审批行为，并建立和完善审批责任追究制度；加快建立交通综合政务大厅，推行“一站式审批、一条龙作业”；适应形势需要，积极探索交通综合行政执法体制和运行机制，提高行政效能和执法效率。财务管理制度改革要继续严格执行“收支两条线”规定，任何单位不得截留、挤占、挪用行政事业性资金；要加强会计监管，严惩作假账行为。干部人事制度改革要以建立健全科学的干部选拔任用和管理监督机制为重点，认真贯彻《党政领导干部选拔任用条例》，健全干部选拔任用的监督制度和用人失察失误责任追究制度；建立组织人事部门与纪检监察部门等有关单位的联系会议制度；完善干部考察、考核、评价制度，推进干部能上能下，进一步增加干部工作的透明度。推进交通建设投融资体制改革要以更加开放的态度引进外资和民营资本，确立企业的投资主体地位，放宽市场准入，允许社会资本进入高速公路、运输站场等建设、经营领域。完善政府投资体制，改进政府建设项目实施方式，积极利用特许经营、投资补助等方式，吸引社会资本参与有合理回报和一定投资回收能力的基础设施项目建设。减少审批环节，尽可能采用招投标制。

第六，案件查处要取得新成效。查办案件是反腐败的重要手段，也是人民群众衡量反腐败工作成效的一个重要标志。各级党组织和纪检监察部门要认真查办职责范围内的案件，在查处大要案件上下工夫。一是不断拓宽办案渠道和范围。在抓好中纪委明确的几类案件查办的同时，重点查办基础设施建设领域工程招标、工程转包分包、材料采购、资金拨付、设计变更等环节的案件；转让公路收费权中的腐败案件；企业重组改制过程中国有资产严重流失的案件；领导干部利用职权和职务上的影响支持、伙同亲友非法敛财的案件；执法人员损害群众利益的案件。严肃查处严重违反政治纪律、组织人事纪律以及严重失职渎职的案件。二是切实加强信访举报工作。通过对来信来访的筛选，重点排查发生在群众周围的腐败问题和案件。要提倡、支持、鼓励具名举报。三是进一步完善和强化办案工作机制。各单位要继续坚持交叉办案的工作方法，严格办案纪律，提高办案工作水平和质量。通过案件查办，使腐败分子受到惩处，付出代价，给勤政廉政者一个公正的说法和清白的声誉。

四、发扬求真务实的精神，把党风廉政建设和反腐败工作的各项任务落到实处

坚持统一领导，强化责任落实。反腐倡廉工作是一项系统工程，只有形成全党动手反腐败的强大工作合力，才能使反腐倡廉工作见到实效。各单位、各部门党政领导要始终把党风廉政建设和反腐败工作作为关系全局的大事来抓，坚决贯彻中央、省委的有关方针政策和工作部署，把党风廉政建设和反腐败工作纳入本单位工作的整体格局中，通盘考虑，统一部署，真正形成中央确定的党委统一领导、党政齐抓共管、纪委组织协调、部门各负其责、依靠群众支持和参与的反腐败领导体制和工作机制。尤其对重点工作，要按照中央和省委的统一要求，调动各方面的力量，上下联动，同步推进，坚决克服"四种倾向"，处理好"三个关系"。一是要克服把交通发展与反腐倡廉割裂开来、对立起来的思想倾向；二是要克服对反腐败消极畏难、无所作为的思想倾向；三是要克服反腐败与己无关、麻木不仁的思想倾向；四是要克服自我感觉良好、盲目乐观的思想倾向。正确处理好加强廉政建设与促进交通发展的关系；加强廉政建设与保证工程质量的关系；加强廉政建设与规范行业管理的关系，更好地把加快发展、提高质量和加强廉政建设三者有机地统一起来，相互促进，协调发展。各级纪检监察机关要全面履行纪检监察职能，主动发挥组织协调作用，既要立足全局，积极为党委出谋划策，又要与相关部门加强沟通和联系。要继续认真落实党风廉政建设责任制，严格执行责任制报告制度，纪检监察部门每年都要向上级党委报告执行责任制情况。要进一步抓好责任分解，建全考核办法，严格责任追究。要进一步完善制度，明确工作责任、标准和程序，切实解决一些单位和部门存在的领导责任不明确、责任追究不落实和责任追究不到位的问题。对工作抓得不力而造成不良后果的，要按规定进行组织处理或给予纪律处分，确保反腐倡廉各项工作的有效落实。

以求真务实的精神开展工作。抓好党风廉政建设和反腐败工作，必须发扬求真务实的精神，大兴求真务实之风，在探索规律、狠抓落实上下工夫。既要认真总结交通改革发展和反腐倡廉的工作经验，坚持行之有效的做法，保持工作的连续性，又要认真分析和着力解决影响交通事业发展和党风廉政建设中存在的问题；既要坚持优良传统，又要创造新鲜经验，不断在实践中探索前进。在全面建设小康社会、加快交通发展的新形势下，要深入研究交通改革发展稳定中的热点、难点和重点问题，特别要注意研究解决事关交通发展和反腐败工作中带有全局性、战略性和前瞻性的重大问题，研究在发展社会主义市场经济和对外开放的条件下腐败现象产生的特点和规律，探索和掌握加强和改进工作的新办法、新措施，增强纪检监察工作的主动性和创造性。

进一步加强纪检监察队伍建设。新的形势对纪检监察部门和纪检监察机关提出了新的更高的要求，纪检监察干部处在腐蚀与反腐蚀的前沿阵地，没有过硬的素质很难胜任。因此，必须进一步加强纪检监察队伍建设，努力提高自身素质。一是加强思想政治和业务能力建设。要开展经常性的党性党风党纪教育活动，教育广大纪检监察干部带头执行党中央提出的“八个坚持、八个反对”，切实转变作风，忠实履行职责。要加强业务培训，认真组织学习理论政策、现代经济、法律、科技知识和纪检监察业务知识，积极开展工作调研和理论政策研究，不断提高广大干部的知识修养和业务技能。二是加强内部监督和管理。要完善纪检监察部门内部各个环节的监督制约机制，严肃工作纪律特别是办案纪律和保密纪律，违纪违法的要从严查处。三是进一步落实纪检监察干部的工作生活待遇。各级党委要加强对纪检监察工作的领导，支持纪检监察部门全面履行职责，关心和爱护纪检监察干部，保护他们的工作积极性和合法权益。

五、加强自身修养，树立正确的政绩观

加强个人修养，对于领导干部抵制各种腐朽思想和不正之风的侵蚀非常重要。

要勤学习、善修德，做学习型干部。智是修德之基，理论是世界观的基石，有了较高的理论修养和知识修养，视野才能开阔，头脑才能充实，精神境界才能不断升华。领导干部爱不爱学习，是不是真学真信马克思主义，不单是知识积累的问题，而且是严肃的政治问题，是够不够领导资格的大问题。领导干部的一生应该是不断追求知识的一生，不断用知识武装自己、升华自己的一生，必须保持不竭的学习动力。要下决心减少不必要的应酬，排除干扰，静下心来，把更多的时间和精力用在读书学习上，在学习中思考，在思考中学习。要及时运用学到的理论总结经验教训，促进工作实践，力求做到事事总结、年年进步，吃一堑、长一智。要紧密联系形势和任务的变化，自觉用党的理论创新成果洞察社会，明辨是非，审视人生，把学习过程作为自我解剖的过程，下工夫运用马克思主义基本观点、基本方法分析解决一些大是大非问题；把学习的过程作为自我反思的过程，敢于在思想深处进行剖析，不断进行心灵的“吐故纳新”；把学习的过程作为自我超越的过程，把学习的过程作为勇于拼搏、适应社会快速发展的过程，切实通过汲取先进的思想理论成果和丰富的知识营养，使自己的思维层次和道德修养水平有一个新的大的提高。

要慎用权、防糖弹，把好权力关。能不能把好权力关，是检验领导干部党性强弱的试金石。权力能使人高尚，也能使人堕落。正因为如此，许多哲人把“权力”同“金钱”、“美色”比喻做官的三大陷阱，提醒人们防范和警觉，其中的道理发人深省。现实中就有这种情况：一个人手中刚刚有点权力，身边就围上了一些捧场逢迎的人，他们看重的不是感情，也不是人缘，而是手中的权力。哪里有权力，哪里就有

笑脸、恭维甚至"糖弹"，投你所好，送你所要，最终拉你下水。生活中确实存在着警匪片中所讲的"黑炮"，正在暗中虎视眈眈地瞄着我们，一旦放松警觉就有被击中的危险。从这个意义上说，领导工作是"高危"职业，高处不胜寒。如果带着私欲用权，带着"捞一把"的心态做官，做官的背后搞不好就是坐牢。新中国成立前夕，毛泽东同志就告诫全党："可能有这样一些共产党人，他们是不曾被拿枪的敌人征服过的，他们在这些敌人面前不愧英雄的称号，但是经不起人们用糖衣裹着的炮弹攻击，他们在糖弹面前要打败仗"。我们必须谨防这种情况。与当年相比，今天的糖弹已经"升级换代"，攻击的手法更是复杂多样，形式更隐蔽，危害更严重。我们必须保持清醒的头脑，在用权上慎之又慎，如履薄冰，如临深渊。

要反铺张、戒奢靡，始终保持健康向上的生活情趣。生活中的辩证法告诉我们，政治立场和生活情趣，"大节"和"小节"是很难分开的。对一个领导干部来说，一言一行可能就是一种导向，有时甚至是干部群众关注的焦点。有些人工作有功劳、有苦劳，也有一定的素质，但就是因为生活方面不够检点，把社交行为庸俗化，把生活奢侈、吃喝娱乐当成生活小事，而放纵自己，结果自毁前程。实践证明，生活中有政治，情趣上看形象，小节不保，大节难守，过好"政治关"离不开过好"生活关"。过好"生活关"，根本的是要自觉保持艰苦奋斗的政治本色，这是抵抗各种诱惑和腐败的关键所在。作为领导干部不管地位怎样变化，生活水平怎样提高，不论"工作圈"还是"生活圈"、"社交圈"，都要时刻检点自己，牢记"两个务必"，坚持艰苦奋斗、以俭养德，始终保持健康向上的生活情趣，不能为低级趣味所诱，不能为生活和社交所累。

要重实效、办实事，树立正确的政绩观。树立正确的政绩观是坚持科学的发展观的必然要求，没有正确的政绩观，科学的发展观就难以树立。现在之所以还出现搞"政绩工程"、"形象工程"的行为，在一些干部身上之所以还存在着官僚主义、形式主义的现象，与他们没有树立起正确的政绩观有着密切的关系。其结果，就是那里的发展做不到全面、协调和可持续。事实充分表明，政绩观与发展观密切相关。科学的发展观引导着正确的政绩观，正确的政绩观实践着科学的发展观。如果在发展观上出现盲区，往往会在政绩观上陷入误区；缺乏正确的政绩观，往往会在实践中偏离科学的发展观。因此，要坚持和落实科学的发展观，就必须坚持正确的政绩观。

树立正确的政绩观，核心是要解决好什么是政绩、为谁树立政绩、怎样树立政绩的问题。共产党人的政绩，说到底就是实现最广大人民的根本利益。当代中国共产党人的政绩，就是做得人心、暖人心、稳人心的好事实事，就是解决群众最关心、最迫切需要解决的问题，就是全面建设小康社会，促进人的全面发展。追求什么样的政绩，实际上反映了领导干部的世界观、人生观、价值观，反映了领导干部的权力观、利益观、地位观，也反映了领导干部的胸怀、境界和修养。树立正确的政绩观,最根本的就是要将人民群众的眼前利益和长远利益结合起来,尊重客观规律,提高领导水平,脚踏实地工作,俯首为民办事。我们要按照"三个代表"重要思想的要求,把树立正确的政绩观作为党风建设的一项重要内容,贯彻到坚持科学的发展观的各项工作中去,扑下身子,狠抓落实。各级领导要站在立党为公、执政为民的高度推进交通各项工作,勤政为民,埋头苦干,不提脱离实际的高指标,不喊哗众取宠的空口号,不搞劳民伤财的假政绩,踏踏实实抓工作,勤勤恳恳办实事,不断以"为官一任、造福一方"的政绩取信于民。

3. 构建具有山西交通特色的惩治预防腐败体系*

贯彻中央反腐倡廉的战略方针，建立健全与社会主义市场经济体制相适应的教育、制度、监督并重的惩治和预防腐败体系，是我们党对执政规律和反腐倡廉工作规律认识的进一步深化，是社会主义市场经济条件下，深入开展党风廉政建设和反腐败斗争的新要求，是从源头上防治腐败的根本举措，对于完善社会主义市场经济体制，发展社会主义民主政治，建设社会主义先进文化，提高党的执政能力，巩固党的执政地位，具有十分重要的意义。

一

今年初，中央颁布了《构建教育、制度、监督并重的惩治和预防腐败体系实施纲要》，这是党中央从提高党的执政能力、巩固党的执政地位、完成党的执政使命的高度出发，在总结经验、科学判断形势的基础上作出的重大战略决策，是我们党反腐倡廉理论和实践的重大创新，是当前和今后一个时期深入开展党风廉政建设和反腐败斗争的纲领性文件。

《实施纲要》是我党对反腐倡廉规律认识不断深化的重要成果。《实施纲要》具有鲜明时代特征和中国特色，是对反腐倡廉理论的继承、发展和创新，标志着我们党对反腐倡廉规律的认识达到了一个崭新的高度，对当前和今后的党风廉政建设和反腐败斗争实施具有很强的针对性和指导性。《实施纲要》提出的教育、制度、监督并重，为社会主义市场经济条件下深入开展反腐倡廉工作奠定了理论基础，指明了前进方向。教育制度监督是一个有机统一的整体，教育是基础，侧重于教化，是制度和监督的前提；制度是保证，侧重于规范，是教育和监督的依据；监督是关键，侧重于督查，是落实教育和制度的措施。三者相互依存、相互促进，统一于反腐倡廉工作实践。我们既不能顾此失彼，也不能厚此薄彼，必须统筹兼顾，整体推进。

---

* 2005 年 4 月 23 日在山西省交通系统纪检组长(纪委书记)会议上的发言摘要。

《实施纲要》体现了我党在反腐倡廉指导思想上的与时俱进。《实施纲要》立足全局，紧密结合实际，坚持从战略高度和长远眼光思考问题、谋划工作，对建立健全惩治和预防腐败体系的指导思想作出了新的概括。这反映了我们党坚持用发展着的马克思主义指导反腐倡廉工作，使反腐倡廉指导思想随实践的发展而不断丰富发展。值得注意的是，《实施纲要》第一次把树立和落实科学发展观确定为防治腐败的指导思想内容之一，这是一大亮点。

《实施纲要》把预防腐败放到更加突出的位置。《实施纲要》强调教育、制度、监督是预防腐败体系不可或缺的三个环节，要求在加强教育上下工夫，使领导干部自觉拒腐防变，带头廉洁自律；在完善制度上下工夫，推进反腐倡廉工作的制度化、法制化，发挥法规制度的规范和保障作用；在强化监督上下工夫，保证把人民赋予的权力用来为人民谋利益。这是我们党对反腐败工作格局的发展和创新，我们必须认真把握和遵循，努力做好预防腐败的各项工作。

《实施纲要》在坚持以改革统揽防治腐败上形成了新的思路。改革是有效反对和防止腐败的根本出路。《实施纲要》提出要用发展的思路和改革的办法防治腐败，把反腐败寓于各项重要政策和改革措施之中，并从制度建设和改革措施上提出了"四个完善"、"六项改革"、"四项制度"、"三个公开"等具体要求，力求从源头上减少和遏制腐败现象的发生，这是我们党反腐倡廉理论的重大创新。随着经济社会的发展，各项改革的深入，滋生腐败的土壤将逐步被铲除，腐败生存的空间将不断被压缩，反腐倡廉的成效将随之进一步显现出来。

《实施纲要》对反腐倡廉教育提出了新的要求。教育是反腐倡廉的基础。反腐倡廉教育的根本目的是，通过抓好广大党员干部的教育，筑牢拒腐防变的思想道德防线。《实施纲要》在这方面提出了很多新的要求，强调反腐倡廉教育要以领导干部为重点，要把反腐倡廉教育贯穿于领导干部的培养、选拔、管理、使用等各个方面，坚持教育与管理、自律与他律相结合，督促领导干部加强党性修养，廉洁自律；指出反腐倡廉教育要面向全党全社会，把思想教育、纪律教育与社会公德、职业道德、家庭美德教育和法制教育结合起来，大力加强廉政文化建设，积极推动廉政文化进社区、家庭、学校、企业和农村。这些要求，以中央文件的形式明确予以规定，是前所未有的，是反腐倡廉教育思路和方法的重要创新。表明在反腐倡廉教育问题上，高度重视遵循客观规律，既注意明确教育的对象和重点，又积极探索管用的、有效的教育方法和途径，不断充实教育内容，创新教育载体，拓展教育渠道，坚持持之以恒、常抓不懈，增强教育的针对性和实效性。

《实施纲要》使权力运行机制更加科学规范。不受监督的权力必然导致腐败。《实施纲要》在总结历史教训和实践经验的基础上，从监督对象、环节、部位和监督主体等方面提出了许多重要措施，其监督理念、监督基础、监督重点、监督方式、监督手段都更加明确，也更具有可操作性。贯彻《实施纲要》，必须进一步增强监督意识，着力解决监督体系不健全，监督工作不到位、不得力的问题。

《实施纲要》使民主治腐措施逐步健全和完善。发展民主是防治腐败的必由之路，是反腐倡廉的一条重要经验。《实施纲要》在通过发展民主防治腐败方面作了新的探索，提出了许多创新的内容，要求大力发展党内民主，进一步发展人民民主，建立健全各项民主制度。通过进一步发扬民主，把广大党员和人民群众的积极性调动起来，既增强党的活力和团结统一，又畅通民主监督渠道，及时纠正党风出现的各种不良风气，防止腐败现象蔓延，切实提高拒腐防变和抵御风险能力。

二

当前，国内外形势发生深刻变化，我国处在社会变革时期，反腐败斗争的形势仍然比较严峻。胡锦涛同志在中央纪委五次全会上就曾经指出，教育不扎实、制度不健全、措施不得力，是腐败现象得以滋生蔓延的重要原因。在中央纪委五次全会上，胡锦涛同志从主观、客观和管理上进一步分析了产生腐败的原因。他强调指出，放松世界观改造，背弃理想信念，思想蜕化变质，是一些人堕落为腐败分子的根本原因。一些领域中制度和体制还不完善，使一些人进行形形色色的腐败活动有机可乘。腐败问题的深层次原因是：在发展社会主义市场经济和对外开放的条件下，一些消极腐朽思想观念对一些党员、干部产生了影响，他们的理想信念动摇，而我们的思想教育工作还存在着不深入、不扎实的问题；我国正处在体制深刻转换、结构深刻调整和社会深刻变革的历史时期，制度和体制机制方面还不完善，存在一些漏洞和薄弱环节；监督体系还不健全，监管工作还不得力，腐败现象易发多发的土壤和条件尚未根本消除。要坚决惩治腐败、遏制腐败易发多发的势头，铲除腐败滋生蔓延的土壤和条件。胡锦涛总书记的深刻论述，揭示了新形势下腐败问题发生的基本规律，完全切合交通系统的实际。这些年来，全国交通基础设施建设领域出现的违法违纪问题引起了党中央、国务院的重视。虽然问题发生在极少数领导干部和工作人员身上，但越来越受到全社会的广泛关注。2003 年在中央纪委二次全会上，胡锦涛总书记列举了河南省三任交通厅长连续发生腐败问题的案例。在五次全会上，胡锦涛总书记又两次提到部分交通厅长因腐败被查处的问题，特别是深刻地分析了之所以出现的问题的主要原因。他明确指出，1996 年以来，全国有 13 个省交通厅（局）的 26 名厅局干部因经济问题被查处，有的地方甚至连续几任出问题，根本原因就是投融资体制、招标投标制度、行政审批制度和干部人事制度等方面存在漏洞。这些案件虽然不是发生在我们身上，但其中的教训是极为深刻的，在我们的一些干部的思想上，在我们行业管理的体制、机制、制度方面，也或多或少存在类似的问题。因此，从教育、制度监督上，采取更加有力的措施，坚持做到三者并重，建立健全有效惩治和预防腐败的体系，对交通系统来讲更具现实的针对性，这是摆在我们面前的一项十分紧迫的任务。

贯彻落实《实施纲要》，加大预防腐败的工作力度，必须坚持惩防体系建设的指导思想、主要目标和工作原则，紧紧围绕加强党的执政能力建设，紧紧围绕发展这个党执政兴国的第一要务，树立和落实科学发展观，坚持立党为公、执政为民，坚持科学执政、民主执政、依法执政，坚持为民、务实、清廉，坚持党要管党、从严治党，不断提高领导水平和拒腐防变能力。

要按照中央确定的目标，通过坚持不懈的努力，建立起思想道德教育的长效机制、反腐倡廉的制度体系、权力运行的监控机制，建成完善的惩治和预防腐败体系。根据《实施纲要》的精神，结合交通实际，要重点把握和坚持四条原则：一是坚持与完善社会主义市场经济体制、发展社会主义民主政治、建设社会主义先进文化、构建社会主义和谐社会相适应；二是坚持教育、制度、监督并重；三是坚持科学性、系统性、可行性相统一；四是坚持继承与创新相结合，用发展的思路和改革的办法，不断提高有效预防腐败的能力和水平，认真总结运用交通系统反腐倡廉的工作经验，针对新情况、新问题，不断探索反腐倡廉的新规律，在继承中发展，在发展中创新。

要进一步加大预防腐败工作的力度，必须继续在加强教育上下工夫，使领导干部自觉拒腐防变，带头廉洁自律；必须继续在完善制度上下工夫，推进反腐倡廉工作的制度化、法制化，发挥法规制度的规范和保障作用；必须继续在强化监督上下工夫，保证把人民赋予的权力用来为人民谋利益；必须继续以改革统揽预防腐败的各项工作，通过深化改革，创新体制，从源头上预防和解决腐败问题。如何充分发挥教育在反腐倡廉中的基础性作用，这个问题已经讲了多年，实效总不令人满意，如何不断破解这个题目，需要我们用新的理念进行新的探索，切实在广大干部思想深处筑牢党纪国法和思想道德两道防线。要充分发挥制度建设在惩治和预防腐败中的保证作用，建立管人管事相结合的制度体系。要注意充分调动社会各方面和广大人民群众支持参与反腐败的积极性，努力形成对权力监督制约的长效机制。

建立健全教育制度监督并重的惩防体系，既要严厉惩治腐败，坚决遏制腐败；又要不断提高有效预防腐败的能力和水平，逐步把腐败现象减少到最低程度。加大预防腐败的工作力度，绝不是要放松反腐败工作。进行有效预防本身就要求实行严肃惩治，而实行严肃惩治又有利于进行有效预防。惩治有力，才能增强教育的说服力、制度的约束力和监督的威慑力。预防有效，才能从根本上防止腐败问题的发生。预防和惩治是反腐倡廉工作相辅相成、相互促进的两个方面，必须正确认识和处理好两者之间的辩证关系，发挥查办案件在治本方面的建设性作用。惩治必须从严，否则腐败行为就不能有效遏制，防腐败将防不胜防。但是，反腐败不能单靠惩治，而应注重预防，如不加强教育，不建立健全制度，不加强监督，反腐败将反不胜反。构建具有山西交通特色的惩治与预防腐败体系，既要坚持严肃惩治，更要着眼于预防。只有惩治于既然，才能防患于未然；只有坚持惩防结合、标本兼治，才能相辅相成、相得益彰。

三

客观地分析我们这几年来的反腐倡廉工作，成绩是主要的，我们的党员干部队伍主流是好的，这一点也是不容否认的。但是，实事求是地讲，党风廉政建设的压力还很大。主要体现在以下几个方面：第一，我国正处于人均生产总值从 1000 美元向 3000 美元跨越的发展新阶段。发达国家的历史表明，这一阶段也是腐败的易发高发阶段。第二，今后几年，我省交通建设将继续保持较快的发展速度，投资大、项目多、战线长，交通仍是腐败的易发高发区和社会关注的焦点。第三，行业管理和干部教育管理的体制和机制还不适应市场经济的要求，还有许多弊端和漏洞，为腐败造成了可乘之机。我们必须正视形势，既要看到取得的成绩，又要看到存在的问题，增强忧患意识，继续坚持中央提出的指导思想和工作格局，进一步创新思路、改革体制、强化措施，集中力量解决好制约行业发展和社会关注的突出问题，推动全省交通行业反腐倡廉工作不断深入。

（一）运用市场化的办法，进一步铲除公路建设管理体制机制上滋生腐败的土壤

从体制上来讲，总的原则是：建设市场化、管理专业化、投资多元化，打破交通部门独家投资、独家建设、独家管理的格局，解决国家投资“唐僧肉”的问题。按照这一改革思路，我们要配套建立两项制度：一是公路建设项目投资人招标制度，只要符合国家法律法规和产业政策，只要符合国家和我省的交通规划，谁有能力、谁有实力谁投资、谁当业主。二是项目代建制度，社会资本进入交通基础设施领域后，政府不再组建项目法人，主要培育和完善代建市场，完善准入规则，鼓励原有的公路建设项目公司通过改制成为规范化的代建公司，为投资者提供代建服务。代建者对投资者负责。

从机制上来讲，2004 年，我厅根据国家有关法律法规，制定出台并实施了交通基础设施廉政建设十项制度，对容易滋生腐败的招标投标、设计变更、资金拨付、材料采购、公路经营权转让等关键环节作了科学的规范和严格的规定，收到了较好的效果。要在总结一年来实践的基础上，针对工程建设中出现的新情况、新问题，进一步完善相关的制度和机制。一要进一步加强招投标监

督，创新招投标机制。在继续坚持重点工程建设项目招投标邀请省人大、省纪委、省高检、发改委、审计厅、重点办六部门联合监督，增强监督的效力的同时，调整招标中的资格预审办法，将投标阶段对投标人技术能力、管理水平、财务能力和业绩信誉的审查前移到资格预审阶段，适当延长专家工作时间，加强资格审查过程。今后，专家不再打技术分，推行合理低价中标，中标结果向社会公示，接受社会监督。对技术含量较低、规模较小的工程，可采用最低价中标。推行合理低价中标和最低价中标后，要适当提高投标人履约保证金，防止借用资质围标。要切实加强公路工程特别是干线公路项目中标后的施工队伍和施工现场管理，防止投标承诺与施工过程脱节，防止工程转包分包。一经发现，取消中标资格，立即清退出场。二要进一步规范设计变更行为。工程开工前，首先要进行设计优化，由业主对照施工图现场核对，提出意见并经专家论证后上报审批，尽量减少施工过程中的设计变更。考虑到隧道、灌注桩等隐蔽工程地质勘察难度大，工程建设原则上实行费用包干、一包到底的办法。对确需变更设计的，由业主组织设计、监理人员现场审查，必要时组织专家论证，按程序报批，防止设计变更中的人为因素和不合理性，减少不必要的开支。三要进一步规范物资采购行为，对大宗材料、大型设备的采购，一律实行招投标制，优中选优、优中选廉。四要进一步规范计量支付行为。继续坚持施工单位申报、监理计量、业主审查、交通主管部门监督的资金拨付程序，让施工、计量和支付彻底分开，形成独立运作、各把一关、互相制约的格局。项目建设开支，业主必须严格按合同支付，合同以外的资金支付必须集体研究决定，纪检书记和总会计师全程参与到决策和审批环节中，做到多人签字、多人监督、“阳光作业”。积极与国际惯例接轨，改变目前的工程进度计量支付，逐步推广成品计量支付，从根本上克服业主在计量支付中的随意性。五要进一步规范公路经营权转让行为，加强对转让过程的监督，实行公开招标、“阳光作业”；加强公路经营权转让的后续监管，确保路况稳定、安全畅通、服务到位。六要全面推行廉政合同制和总会计师委派制、纪委书记派驻制，加强执法监察。要通过廉政合同这一载体，充分发挥纪委和财会两支队伍的作用，对业主行为特别是质量管理、资金使用、设计变更及重大决策等实行全过程监督。建立纪检监察与审计、财务部门协调机制，紧紧抓住工程建设招标投标、物资采购、设计变更、资金拨付特别是借资质围标、转包分包等关键环节，定期对重点工程项目工程质量、建设资金、建设用地、征地拆迁、拖欠工程款等开展专项审计和执法监察，及时发现和纠正违法违纪行为，有针对性地制定预防措施。

(二)认真贯彻《中国共产党党内监督条例》，切实加强对权力运行的监督

权力一旦失去监督，必然产生腐败。当前一些领导干部违法违纪的一个重要

原因,就是手中的权力没有受到有效的监督与制约。《中国共产党党内监督条例》规定:党内监督的重点对象是党的各级领导机关和领导干部,特别是各级领导班子的负责人。推进反腐倡廉工作,必须加强对权力运行的监督,尤其是对党政"一把手"和那些容易滋生腐败的重点环节和岗位的领导干部。要加强经常性监督,消除权力监督上的盲区,避免权力滥用,这也是爱护干部的具体体现。加强对权力运行的监督,关键是要加强对"一把手"的监督。为什么这样讲?

——党政各级领导班子主要负责人是各级党政领导干部中最优秀的分子,他们必须德才兼备、工作努力、成绩突出,得到群众的拥护和组织的信任,他们中的多数人是全心全意为人民服务的,严于律己,为党和人民不断作出了新的贡献。但在新形势下,也有少数主要负责人特别是担任"一把手"的领导干部经不起考验,以权谋私,走上违法违纪道路。加强对党政"一把手"的监督,已经成为值得我们高度重视的一个问题。党要管党、从严治党,首先要管住、管好领导班子和领导干部。而各级党委和政府的"一把手"所处的地位和作用,决定了从严治党首先要严格管好各级"一把手"。

——在各项工作中,各级党政"一把手"是第一责任人,在领导班子中起着带领、主导和协调的作用。在一个地区和单位,工作开展得好坏,领导班子是关键,"一把手"是关键的关键。同其他党政领导干部相比,"一把手"不仅责任更大,而且权力更大。在研究重要事项、重大决策和人事任免时,虽然是领导班子集体讨论,但往往由"一把手"最后拍板。权力具有两重性,如果用到全心全意为人民服务上,会为党和人民作出更大的贡献;如果用到以权谋私上,则会给党和人民造成更大的危害。

——"一把手"的地位和作用、人民群众对"一把手"的期望,都要求我们加强对"一把手"的监督。这几年,我们制定了一整套对领导干部的监督制度,执行情况总体上是好的,但也存在一些问题。从厅党组来讲,对干部管理存在重提拔轻教育、重使用轻监督的问题,对领导干部特别是对"一把手"疏于监督。上级监督太远,同级监督太软,下级干部和群众监督太难。加强对党政主要负责人特别是党政"一把手"的监督,可以使他们少犯或不犯错误,是从政治上的关心和爱护。每一位党政"一把手"都应当正确认识这一点,在严格自律的同时自觉接受监督,做接受监督的模范。

加强对各级党政"一把手"的监督,当前首先要严格执行已有的廉政建设制度规定,并进一步健全各项监督制度。要充分发扬党内民主,提倡对领导干部特别是对"一把手"的监督,同时要加强民主监督,例如法律监督、行政监督、舆论监督和群众监督等。要切实推进各级党政领导工作的制度化、规范化,实行党务、政务公开,让广大党员、干部和人民群众便于行使民主监督权利。

（三）坚持抓以反面典型警示教育与抓正面典型弘扬正气并重，树立廉政交通新形象

在加强党风廉政建设工作中，抓反面典型，能起到警示、教育的作用，让人们看到腐败的后果，认识腐败的规律，从中吸取教训，不能腐败，不想腐败，并自觉抵制腐败。而树立正面典型，则能弘扬正气，让我们看到廉政的成果，学到廉政的经验，增强反腐倡廉和加快发展的信心，将反腐倡廉向更高水平推进，更好地为发展服务。抓反面典型与抓正面典型，都是反腐倡廉的有效方法，哪一手也不能放松。特别是在交通行业反腐倡廉压力巨大的情况下，更应该注重抓好正面典型的培养和宣传，让全社会看到我们加强廉政建设的成果，看到我们队伍的主流，以达到争取社会理解、振奋行业精神的目的，不要让“一块肉坏了满锅汤”。说实在的，这几年全国交通系统的腐败问题，使全行业干部职工思想压力很大，心情十分压抑。越是在这种情况下，越要注重正面典型的宣传，越要弘扬正气。从高速路到干线路、农村路，条条战线都要出典型、出先进。只要正气得到弘扬，负面影响就会逐步消除，“廉政交通”的新形象就会树起来。

4. 廉政建设和反腐败要不断向治本推进*

党的十六大以来，以胡锦涛同志为总书记的新一届中央领导集体，把反腐倡廉作为党的建设新的伟大工程的重要组成部分，作为提高党的执政能力、巩固党的执政地位的重大政治任务，加大了工作力度，取得了新的成效。主要表现在：一是以一大批高级干部因腐败受到查处为标志，案件查处力度明显加大，交通系统有20多位厅局长受到查处。二是以"三个代表"重要思想反腐倡廉理论的创立为标志，反腐倡廉理论日臻成熟，反腐倡廉工作有了科学的理论指导。三是以"两个条例"(《纪律处分条例》和《党内监督条例》)的出台和宪法修改为标志，党风廉政建设走上了法制化的轨道。四是以《建立健全教育制度监督并重的惩治和预防腐败体系实施纲要》出台为标志，反腐倡廉工作进入了标本兼治、综合治理、惩防并举、注重预防的新阶段。五年来反腐倡廉的成果，显著提高了党在人民群众中的威信和地位，同时表明了党中央坚决惩治腐败的决心和能力。

在省委、省政府的领导下，全省交通系统认真贯彻落实科学发展观，始终坚持"两手抓、两手都要硬"的方针，始终坚持把反腐倡廉摆到交通改革发展稳定的重要位置紧抓不放，为交通发展提供了坚强的政治保证。一是教育得到加强。开展了"两个条例"学习、"四大纪律八项要求"纪律教育、向先进人物学习和警示教育等，特别是通过为期五个多月的保持共产党员先进性教育，促使广大党员特别是各级领导干部进一步树立了马克思主义的世界观、人生观、价值观和正确的权力观、利益观、地位观，增强了拒腐防变、廉洁自律的自觉性。二是制度得到完善。制定了《党风廉政建设责任制实施办法》、《交通基础设施廉政建设十项制度》、《公路建设市场管理办法》等，出台了交通执法人员"六条禁令"和治超人员"五不准"规定，并争取省政府出台了《山西省公路车辆通行费收取办法》，进一步规范了领导干部的从政行为和执法人员的行政行为。三是监督得到强化。加强了对重大决策、重大项目审批和重大工程建设的监督。在高速公路、干线公路建设中推行了纪检书记派驻制、总会计师委派制及廉政合同制，并邀请省人大、纪委、高检、审计厅、发改委、重点办等部门全程参与高速公路工程招投标监督，提高了监督的效力。四是改

---

* 2005年10月27日在省交通厅党风廉政建设暨警示教育动员大会上的讲话摘要。

革不断深化。积极推进行政审批制度改革、人事制度改革及投资体制改革等，加大了从源头上消除产生腐败土壤的工作力度。交通行政审批事项经3次精简，由114项精简为23项，并全部纳入窗口管理。在公路工程中实行了合理低价中标和最低价中标，在干部选拔任用中实行了公开选拔制、竞争上岗制，在客运经营线路许可上实行了服务质量招标制，充分发挥了市场配置资源的基础性作用。五是纠风力度加大。开展了行风评议活动，层层聘请行风监督员，加大对公路"三乱"的明察暗访力度，严肃查处了一批"三乱"案件，解决了一批损害群众利益的突出问题。同时，通过建立农民工工资防欠机制和征地拆迁补偿督查机制，保证了农民利益不受侵害。六是严肃了纪律。对个别违反党纪政纪的单位和个人进行了处理，维护了党纪政纪的严肃性。七是弘扬了正气。全行业树立和推出了一批党风廉政建设先进典型，既推动了工作，又鼓舞了全行业推进改革发展的勇气。

在肯定成绩的同时，也应清醒地看到，交通系统党风廉政建设与新形势和新任务的要求相比，与省委、省政府的要求和期望相比，与广大群众、各地各部门的要求和期望相比，还有一定的差距。一是有些单位对廉政工作仍然重视不够，在业务工作和廉政建设的关系上一定程度地存在着"一手硬、一手软"的问题。二是有些干部纪律观念和自律意识还不强，自觉接受监督的意识较弱，监督别人的能力不强。三是个别干部法律素质不高，法制观念不强，自觉不自觉地违反了法律法规。这几年交通厅每年接受国家和省里的审计三五次，每次都会发现不少问题，有的甚至屡审屡犯。同时，这几年的群众各类信访举报也逐年增多，不一定每一件都属实，但从侧面反映出，一些干部利用职权牟取私利的问题还是存在的。四是治理公路"三乱"形势不容乐观。今年我省申报无"三乱"省后，国务院和省纠风办组织了多次明察暗访，在我们交通口上基本没有发现大的问题，但从交通厅组织的明察暗访来看，问题还是有的。尤其是治超人员，队伍管理难度大，充当车托、内勾外联、收黑钱等问题依然存在，损害了我们交通行业的形象。这些问题必须引起我们足够的重视，并认真研究解决。

一、正确分析当前和今后一个时期交通系统党风廉政建设面临的形势

今年初党中央颁布的《建立健全教育、制度、监督并重的惩治和预防腐败体系实施纲要》和省委制定的《贯彻意见》，从全局和战略的高度，提出了惩治和预防腐败的治本之策。刚刚闭幕的党的十六届五中全会，要求"深入开展党风廉政建设和反腐败斗争，坚持标本兼治、综合治理、惩防并举、注重预防"的方针，坚决克服各种消极腐败现象，从源头上解决腐败问题，保持党同人民群众的血肉联系。省委召开的全省党员领导干部警示教育动员大会和交通部召开的全国交通基础设施建设廉政工作经验交流会，立足于山西和交通行业的实际，对今后一个时期的反腐倡廉工

作提出了新的更高的要求。全省交通系统要在深刻领会中央、省委和交通部党组反腐倡廉工作精神的基础上,正确把握我省交通系统党风廉政建设面临的新形势,切实加强党风廉政建设。

——我国经济社会进入新的历史阶段,党风廉政建设的任务更加艰巨。当前,以人均 GDP 超过 1000 美元为标志,我国已进入了加速推进全面建设小康社会的新阶段。这是一个社会财富迅速增加、经济结构调整明显加快、社会变革和利益调整力度加大的战略机遇期。发达国家的历史表明,人均 GDP 1000~3000 美元,也是一个腐败易发高发期和矛盾凸显期,党风廉政建设的任务比以往任何时候都艰巨,腐败与反腐败的斗争比以往任何时候都尖锐。这是我党总结发达国家发展历程得出的科学结论,也是一个不以人的意志为转移的客观规律。我们必须居安思危,从容应对新的挑战。

——"十一五"交通发展的任务十分艰巨,交通行业仍是反腐败的重点领域。"十一五"期间,我省交通建设投资在 900 多亿元,建设高速公路 2000 多公里、干线公路 5000 公里、农村公路 60000 公里,同时将建设若干数量和规模的物流园区、客运站场和水运安全设施等,无论是建设里程、项目数量,还是投资规模,将大大超过"十五"。即使是征稽系统和学校等单位,也会有或多或少的基建工程和设备购置。我们手中的权力,尤其是工程建设涉及的项目立项、招标投标、资金拨付、设计变更、材料设备采购及经营权转让等审批权,日益成为权力寻租和腐败攻击的对象。同时,改革发展带来的干部调整使用、财务资金审批等环节也是滋生腐败的土壤,反腐倡廉既面临着面上多发的挑战,也面临着点上爆发的压力。因此,越是改革开放,发展社会主义市场经济,越要旗帜鲜明地反对腐败;越是加快发展,越要加大力度预防腐败滋生蔓延。

——近几年反腐倡廉的实践,为进一步抓好党风廉政建设奠定了良好基础。近几年我省交通系统党风廉政建设和反腐败工作在探索中积极前进,从体制上、机制上解决了一些深层次的矛盾和问题,也积累了一些比较好的经验,主要有:紧紧围绕发展这个第一要务,把反腐倡廉寓于推进交通改革发展稳定的各项政策措施之中,为改革发展提供政治保证,是加强党风廉政建设的根本出发点;从世界观入手,坚持不懈抓教育、抓学习、抓改造,筑牢反腐倡廉的思想道德防线,是加强党风廉政建设的重要基础;着眼于从体制、机制、制度上研究解决问题,规范和约束领导干部从政行为,是搞好党风廉政建设的根本之策;紧紧依靠人民群众,大力加强对权力运行的监督,是搞好党风廉政建设的关键举措;保持对腐败案件的高压态势,把纠风与反腐结合起来,加大大案要案件查处力度,是搞好党风廉政建设的必要条件;把树立典型与警示教育结合起来,弘扬正气、鼓舞士气,是搞好党风廉政建设的强大动力。这六条经验,是在总结近几年全省交通系统党风廉政建设实践得出的结论，对于搞好今后的党风廉政建设具有重要的指导作用。在今后的实践中，我们要继续坚持和发扬这些经验。

——加强廉政建设的有利条件进一步增多。一是经过多年的努力，我党形成了“三个代表”重要思想反腐倡廉理论，这一理论围绕不断提高党的执政能力和领导水平、提高拒腐防变和抵御风险能力两大历史性课题，创造性地回答了为什么要加强党风廉政建设和反腐败斗争、怎样加强党风廉政建设和反腐败斗争的问题，全面分析了现阶段腐败现象滋生蔓延的原因，全面阐述了反腐倡廉的重大意义、指导思想、基本原则、奋斗目标、工作格局、领导体制和工作机制等重大理论和实践问题，涵盖了新时期反腐倡廉方方面面的内容，构成了完整严密的体系，为我们搞好反腐倡廉工作提供了科学理论指导。二是“两个条例”的颁布实施，尤其是《实施纲要》的颁布实施，为我们推进党风廉政建设提供了法律保证和科学的方法论。三是广大群众对腐败深恶痛绝，参与反腐败的热情很高，只要我们充分依靠群众，就一定能够夺取反腐倡廉的新胜利。

二、切实贯彻落实《建立健全教育、制度、监督并重的预防和惩治腐败实施纲要》

中央颁布的《建立健全教育、制度、监督并重的惩治和预防腐败体系实施纲要》，强调坚持标本兼治、综合治理、惩防并举、注重预防的方针，采取有力措施建立健全惩治和预防腐败体系。这是中央从巩固党的执政地位的全局出发，为做好新形势下的反腐倡廉工作作出的重大战略决策，是从源头上防止腐败的重要举措。贯彻落实《实施纲要》，应当成为“十一五”交通厅党风廉政建设的主要任务。

（一）坚持抓住教育这个基础，增强广大干部反腐倡廉的自觉性

思想是行动的先导。抓教育首先是抓学习。要发扬先进性教育中表现出来的好学风，系统学习马克思列宁主义、毛泽东思想、邓小平理论和“三个代表”重要思想，用科学的理论武装头脑、改造主观世界。今后交通厅党风廉政教育重点要放在四个方面：一是重视思想政治教育，使广大干部牢固树立马克思主义的世界观、人生观、价值观，做到常修为政之德，常思贪欲之害，常怀律己之心；政治上跟党走，经济上不伸手，生活上不丢丑。二是加强理想信念教育，积极倡导并树立权为民所用的权力观、利为民所谋的利益观、情为民所系的地位观，教育和引导广大党员干部忠实实践党的宗旨，永不变色。三是加强职业道德教育，教育广大干部工作上尽职尽责，经济上不贪不捞，牢记“两个务必”，甘当人民的勤务员。四是加强党纪政纪教育，使广大干部增强政治敏锐性和鉴别力，提高明辨是非、判断形势的能力，坚决同一切违反党的纪律特别是政治纪律的行为作斗争，维护党的威信，巩固党的执政基础。

（二）坚持抓住制度这个根本，为反腐倡廉提供保障

制度带有根本性、长期性和稳定性。有一套好的制度并严格执行，就会使从政行为更加规范，就会使干部少犯错误。要进一步加强制度建设，强化制度约束。一是结合实际尽快提出贯彻《实施纲要》的实施办法，制定切实可行的措施，着力提高预防腐败滋生蔓延的能力。二是完善决策机制。建立和完善群众参与、专家咨询和集体决策相结合的决策制度。要健全决策规则，规范决策程序，提高决策透明度。特别是一些事关群众利益的重大决策和改革举措，必须充分尊重民意，实行民主决策，科学决策，减少决策失误。要强化决策责任，建立重大决策失误责任追究制，防止权力滥用。三是完善内部审计制度。这几年我厅在接受国家和省里审计暴露出的问题，从另一个侧面也反映了内审工作是我们的一个薄弱环节，今年省交通厅下决心成立审计中心，目的就是要加强这一环节，提高工作的主动性。在坚持原有的离任审计、年度审计等制度的基础上，进一步扩大审计的覆盖面，提高审计的针对性，建立和完善领导干部经济责任审计、重大项目审计、国债项目审计、交通规费审计等制度，推动审计监督制度化、经常化。省公路局、省征稽局、省高管局、省运管局也要加强对局属单位的审计工作，通过审计，及时发现和解决问题，消除隐患。四是制定对重大权力的监督措施。我厅的重大权力主要有项目审批权、市场准入审批权、行政执法权等权力。相关业务处室要和纪检监察部门一起，下工夫研究规范和约束权力运行的具体办法，促进依法行政，防止以权谋私。

“天下事之难不在于法之不善，而在于法之不行”。制度只有得到切实执行才能发挥作用。我们必须维护制度的权威性，任何单位和个人都要严格遵守规章制度。同时，也要保持制度的稳定性和连续性，既不能有法不依、有章不循，也不可因人设法、因人改法、因人废法。

（三）坚持抓住监督这个重点，确保权力的正确行使

强化监督，是建立健全惩治和预防腐败体系的重要环节。没有切实的监督，制度会形同虚设，容易发生权力滥用和腐败。中央制定出台《党内监督条例》、对纪检派驻机构实行统一管理等，为监督工作提供了良好的体制和制度保障。我们一定要按照中央和省委的要求，充分认识加强监督、严肃纪律的重要性，正确对待监督，主动接受各方面的监督。

加强监督要突出重点。从交通厅实际出发，今后监督的重点要放在以下六个方面：一是厅领导班子及其成员。在今年的全省交通工作会议上，厅党组成员公开作出 6 项廉政承诺，今后我们要继续严格履行承诺，诚恳接受全厅同志和社会各界监督。二是全厅各单位的领导班子及其成员，特别是各单位的“一把手”。既要接受上级监督，也要接受同级监督、下级监督，还要接受监督机关和社会的监督。三

是各个部门、特别是业务处(科)室的重点岗位。要把掌握重大权力的处(科)室,比如项目审批、招投标和干部选拔任用等权力的处(科)室,也作为监督重点,确保人民赋予的权力用来为人民谋利益。四是执法部门和人员。我们的交通执法队伍总体上讲是好的,但也确实存在一些执法多标准、执法人情化、执法违法、甚至贪赃枉法等行为。随着我国总体达到小康目标的实现,社会关注的焦点由生活问题转为公平问题,执法不公,必然会引发人民群众的不满情绪。要切实加强对执法部门和执法人员的监督,建立和完善行政复议、执法过错责任追究等制度,推行执法公开,推广"阳光作业",保证执法公平、公正,防止"三乱"反弹。五要加强对厅属单位管钱、管物部门和人员的有效监督。今年以来,我们发现社会上有的人打着厅领导和厅机关处室负责人的旗号在下面招摇行骗。今天,我郑重宣布:以后凡遇到打着厅领导的旗号办事的,第一,一律不办;第二,马上反映;第三,对于有诈骗行为的,要绳之以法。六要加强对公路建设农民工工资和征地拆迁补偿的监督,建立和完善相应的防欠机制,保证农民利益不受侵害。

(四)坚持惩防并举,加大案件查处力度

要继续加大案件查处力度,发挥查办案件的警示作用和治本功能,针对案件中暴露出的问题,深入剖析,举一反三,及时查找体制机制方面存在的问题,建章立制、堵塞漏洞。中央纪委五次全会明确提出,要对违反规定收送现金、有价证券和支付凭证的,"跑官要官"的,放纵配偶、子女及其配偶和身边工作人员利用领导干部职权影响经商办企业或从事中介活动谋取非法利益的,参与赌博的,借婚丧嫁娶之机收钱敛财的"五种行为"严肃处理。作为铁律,交通厅的干部,不论是机关的,还是事业单位的,不允许有这种行为。如果有了,有一件严肃查处一件,这一条要传达到每一位干部。

(五)坚持用改革统揽反腐倡廉工作,从源头上预防和解决腐败问题

用发展的思路和改革的办法解决导致腐败现象的深层次问题,通过改革铲除滋生腐败的土壤,从源头上预防和解决腐败问题,是有效预防腐败的根本途径,也是我们党对反腐倡廉工作规律性认识的深化。这方面我们虽然取得了一些成绩,但任务还很重。结合交通实际,今后几年交通厅在反腐倡廉抓源头方面要重点推进以下四项工作。一要大力推进政务公开。公开是正常,不公开是例外,这应该成为政务公开的基本原则。要明确公开范围和内容,探索公开的形式和手段,完善相关制度,确保政务公开的各项措施落到实处。二要继续推进行政审批制度改革。对现有的行政许可项目要继续进行清理。虽然我们已经下放了不少权力,但还有一部分权力,随着市场经济的完善、法制的健全,可以放给市场、中介组织或者地方的,要研究进一步下放,并抓紧研究制定行政许可过错责任追究制度。三要深入推

进投资体制改革。以更加开放的姿态引导社会资本进入交通基础设施领域,建立和完善投资人招标制度。要进一步完善政府投资项目决策机制,建立政府投资项目代建制度和监管机制。四要继续深化干部人事制度改革。进一步规范干部的选拔、任用制度,特别是进一步加大干部轮岗和公开选拔、竞争上岗的力度。这对于提高干部的素质、培养干部,大有好处,同时也是对干部的爱护。要认真落实群众对干部选拔任用的知情权、参与权、选择权和监督权,建立和完善干部选拔、任用和管理、监督制度。

三、加强警示教育,促进廉洁从政

开展警示教育系列活动,根本目的是重温党的教诲,提高思想认识,对照反面典型,深刻汲取教训,使广大党员干部特别是领导干部思想上受到震撼,精神上接受洗礼,党性上经受锤炼,筑牢拒腐防变的思想道德防线,自觉做到廉洁自律、廉洁从政。领导干部能否廉洁自律,是党风廉政建设和反腐败工作的关键。领导干部做得如何,对于身边的干部起着重要的示范作用,对于整个单位的党风、政风建设有着重要的带头作用。"吏不畏我严而畏我廉,民不服我能而服我公"。领导干部以身作则、表率作用发挥得好,整个单位的风气就正、问题就少。如果一个单位的主要领导和领导班子不为群众做好的样子,反而带头违法乱纪,肯定也带不好队伍。从最近全国查处的一些案件看,串案、窝案很多,有许多是主要负责同志出了问题,败坏了风气,带坏了干部。所以,各单位主要负责同志首先自己要正,为政要廉、办事要公、用人要当、作风要实。要以身作则,言行一致,光明磊落,一身正气,以实际行动作出表率。

在廉洁从政方面,党章和党纪党规对党员和领导干部有明确的要求,职位越高,责任越大,要求越严。廉洁从政,自律是根本,他律是通过自律起作用的。作为党员干部特别是领导干部,无论何时,无论何地,信念动摇不得,自律放松不得,责任松懈不得,形象损害不得。要自觉用党性原则规范和约束自己的思想和行为,以高度的自觉保证廉洁从政。如果自律不到位,再好的制度,再好的班子,再好的环境,也难以确保自己不出事。犯错误的党员领导干部都曾为党和人民作过一些贡献,但由于放松了自律,放纵自己私欲的膨胀,一步一步地触犯党纪国法,最终走向犯罪,这几乎成为腐败分子的共同轨迹。古人讲:"防欲如挽逆水之舟,才歇力便下流。"说明自律如逆水行舟,一时一刻也不能放松。

第一,要做到任何事情都不放松。党员领导干部无论做什么事情,都要讲原则、守规矩,特别是要严格遵守党的纪律与规定。凡违反纪律的事情,决不去做;对中央和省委、省政府有明确要求的,必须不折不扣地执行。廉洁自律无小事,"勿以恶小而为之",不放松小事小节,不贪图小恩小惠。当前要特别注意严格遵守"四大纪律、八项要求",严格执行"五个不许",严格落实"三项治理"的规定,对人民群众反映强烈的问题，如违反规定收送现金、有价证券和支付凭证，买官卖官，借婚丧嫁娶之机收钱敛财等，不仅自己不做，还要坚决反对和抵制。周恩来同志曾经指出："物质生活方面，我们领导干部应该知足常乐，要觉得自己的物质待遇够了，甚至于过了，觉得少一些好，人家分给我们的多了，就应该居之不安。要使艰苦朴素成为我们的美德"。这些话今天读来，仍然使我们深受教益。我们要保持党的政治本色，严守党的各项纪律，真正做到拒染不正之风，拒收不义之财，拒行不法之事。

第二，要做到任何环境都不放松。领导干部不是生活在真空里，但是不管身处什么环境，都要严格要求自己。在工作时间、工作环境中要严格自律，在休闲时间和社会活动中也要严格要求，坚持自重、自省、自警、自励，提高自我教育、自我约束、自我控制的能力，时时刻刻把握好自己，事事处处严格要求自己。要做到慎"行"，不忘共产党员的身份和责任，不该去的地方不去，不该参与的活动不参与，否则就会埋下犯错误的隐患；要做到慎"友"，人都有社会交往，但交什么朋友反映了一个人的思想道德水平，领导干部应该多交基层群众，多交先进模范，多交良师诤友，不能交歪门邪道的朋友；要做到慎"独"，在无人监督的情况下，能约束自己，自我监督，坚守节操。实践证明，随便出入那些不该去的地方是危险的，那些所谓的"好朋友"是靠不住的，自以为无人知晓的侥幸心理是要不得的。好多人就是因为这些方面不注意，丧失党性、人格，断送自己的大好前程。

第三，要做到任何环节都不放松。廉洁自律的任何一个环节上都放松不得，不但自己要过得硬，还要严格要求配偶、子女和身边的工作人员。从这几年揭露出来的案件看，不少腐败分子都是在治家不严上出了问题。一些领导干部为建设所谓的理想家庭，不但自己大搞权钱交易，而且纵容配偶子女利用自己的地位、权力和影响谋取非法利益，结果给家庭带来的不仅不是幸福而是巨大的灾难和痛苦。共产党人是重感情的，但绝不能以感情代替政策，为交情放弃原则。各级领导干部要努力学习老一辈无产阶级革命家从严治家的作风，经常对家人进行思想道德教育，提出严格的要求，防止他们利用自己的职权和影响做违纪违法的事情。一旦发现他们利用自己的职权和影响谋取非法利益，要坚决制止和纠正。

第四，要做到任何年龄都不放松。陈云同志讲，共产党员为共产主义事业奋斗到底，就是要奋斗终生，奋斗到生命最后一刻。党员领导干部，职务有高低，责任有大小，工作有轻重，年龄有长幼，但任何情况下，党性锻炼不能放松，自律意识不能淡化。年轻干部阅历浅，事业刚刚起步，必须加强党性锻炼，切不可因头脑不清醒、意志不坚定而辜负党和人民的期望；中年干部多数处在重要岗位，面对复杂的社会关系，必须加强党性锻炼，切不可一时不慎、自毁前程；年龄较大的干部特别是接近退休年龄的干部，虽然经过长期党内生活的锻炼，但也必须加强党性锻炼，站好最后一班岗，慎终如始，保持晚节，切不可搞什么最后"捞一把"，走上违法犯罪道路。

5. 切实加强廉政工作能力建设*

公路工程项目多、涉及面广，监管难度更大。近年来全国交通系统出了一些问题，引起了中央领导的高度重视，也给我们进一步敲响了警钟。以人之鉴、警示自己，防止类似问题的发生，保证我省交通事业持续快速健康发展，一直是厅党组须臾不可放松的一件大事。

一

"十五"期间，我省交通基础设施建设领域的党风廉政建设工作是卓有成效的，认真履行了"修好一条路，不倒一个人"的承诺，基本没有发生腐败问题。对于我们这样一个建设项目多、投资规模大、备受社会关注的行业来讲，确实难能可贵。回顾五年来的工作，主要经验有：

——坚持围绕发展这个第一要务加强党风廉政建设，为交通发展提供政治保证。促进发展、维护发展是党风廉政建设的根本出发点。这几年来，我们坚持围绕发展抓廉政、抓好廉政促发展，紧紧抓住发展这个主题，认真谋划和推进党风廉改建设工作，保证了党风廉政建设始终沿着正确的轨道健康发展。我们不断加强党风廉政建设，以反腐败的实际成效凝聚人心、取信于民、振奋行业，推动了发展，实现了交通发展与廉政工作的有机统一。

——坚持用系统论的观点和方法，推进源头治理工作。基础设施建设领域的反腐倡廉工作，是一个复杂的系统工程。近年来，厅党组坚持标本兼治、惩防并举，坚持教育、制度、监督一起抓，着力构建干部廉政教育机制、制度防范体系和权力运行监督机制，使不想腐败、不能腐败、不敢腐败成为各级领导干部的自觉行动；我们把抓反面典型与抓正面典型结合起来，既发挥了反面典型的警示教育作用，又发挥了正面典型的引导、鼓舞作用，使全行业在备受社会关注的巨大压力下，振奋了精神，增添了信心，增强了推进改革发展和反腐倡廉的力量；我们把严惩腐败和保护干部结合起来，注重加强对干部平时的廉政教育、廉政谈话、廉政提醒，把对干部的

---

* 2005年11月22日在山西省交通基础设施建设廉政工作经验交流会上的讲话摘要。

爱护体现在平时,体现在工作上支持、政治上关心、生活上照顾、关键时刻保护,维护了党组织的权威,体现了党组织的关怀。《冠子》一书中有这样一个故事:魏文王问名医扁鹊,你们家兄弟三人,到底哪一位医术最好呢?扁鹊回答,大哥最好,二哥次之,我最差。文王再问,那为什么你最出名呢?扁鹊说,我大哥治病,是治病于未发之前。一般人不知道他事先能铲除病因,所以他的名气无法传出去。我二哥治病,是治病于初起之时,一般人以为他只能治轻微的小病,所以他的名气只传于乡里。而我治病,是在病情严重之时,所以大家认为我的医术高明。这个故事说明扁鹊很谦虚,讲的是实话,也启发我们理解“良医治未病”的道理。反腐倡廉工作一定要加大预防力度,像扁鹊的大哥那样,治病于未发之前;发现同志有问题,要像扁鹊的二哥那样,治病于初起之时,与人为善,早打招呼,改了就好;对腐败分子,就要像扁鹊那样,动手术,下猛药,务必严肃查处。

——坚持实事求是,立足于现行体制,认真研究行业反腐倡廉的新路子新途径。在行业反腐倡廉工作中,省交通厅并没有一包到底,而是立足于行业管理和党的建设现行体制,认真研究条块结合的反腐倡廉体制,既不越俎代庖,又不放任自流,从行业管理的角度,先后出台了交通基础设施建设领域廉政建设十项制度,进一步明确了分级负责、属地管理的廉政建设体制;抓住重点工程和重点领域,大力推行纪检书记派驻制、总会计师委派制和廉政合同制,委派纪检监察和会计人员提前介入,发现问题,及时处理,提高了反腐倡廉工作的主动权。

二

“十一五”是交通发展的重要战略机遇期,也是一个矛盾凸显期、腐败易发高发期。尤其对于像我们这样一个基础设施建设规模大、项目多的行业来讲,反腐倡廉的任务更艰巨、更繁重、更棘手。我们一定要进一步明确思路,突出重点,狠抓落实。

(一)着力提高廉政工作的能力

加强交通基础设施建设领域廉政工作,重点要提高四个能力:廉政工作适应交通改革发展的能力,对领导机关和领导干部有效监督的能力,从源头上预防和解决腐败问题的能力,对交通基础设施建设的组织管理能力。

提高廉政工作适应交通改革发展的能力,必须坚持以科学发展观为指导,紧紧围绕交通改革发展大局,以完善的防范制度、健全的工作机制、严格的监督检查、严肃的执纪执法,为交通改革发展创造一个上下协调、内外和谐的发展环境。要深入研究交通发展趋势和改革的重点难点,深入研究廉政工作的特点和规律,深入研究体制机制制度等方面的深层次矛盾和障碍,深入研究和借鉴别人的有益做法,适应交通改革发展需要，既严肃依法执纪，又善于把握政策，做到宽严相济、区别对待，切实做到保护改革者、支持创新者、教育失误者、惩处腐败者。

提高对领导机关和领导干部有效监督的能力，必须认真落实各项监督制度，切实保障各级党组织和广大党员的民主监督权力，在党内形成积极倡导监督、大胆实施监督、支持保护监督的浓厚氛围。要完善对领导机关权力的监督制约机制，积极推行政务公开，逐步实行交通重大问题社会公示和社会听证。进一步拓宽和畅通监督渠道，把党内监督与党外监督结合起来，把组织监督与法律监督结合起来，把专门机关监督与群众监督结合起来，充分发挥民主党派、社会团体、新闻舆论和人民群众的监督作用。

提高从源头上预防和解决腐败问题的能力，要按照胡锦涛总书记在中央纪委五次全会上的要求，针对交通基础设施建设领域中易发腐败问题的关键环节和部位，从权力制约、资金监控和行为规范入手，预防为主，堵塞体制机制制度上的漏洞和薄弱环节，稳步推进投融资体制、行政审批制度、招投标制度、干部人事制度的改革，铲除腐败滋生蔓延的土壤和条件。从源头上预防和治理腐败，涉及面宽、情况比较复杂，政策性、专业性都很强。要将反腐倡廉寓于推进改革发展的各项政策措施之中，加强责任落实，加强措施配套，加强检查指导和分类研究，不断补充和完善有关规定，使腐败无处可生、无源可蔓。

提高对交通基础设施建设的组织管理能力，必须正确面对艰巨繁重的交通基础设施建设任务，面对开放的交通建设市场和多元化的投资主体，实行精细管理和廉洁管理，把廉政工作贯穿于管理的各个环节，遏制腐败的滋生和蔓延。要在市场监管、质量监管以及安全监管三个方面下工夫，继续完善行政执法、行业自律、舆论监督、群众参与相结合的监管体系，完善质量保证体系，构建市场信用体系，全面落实项目法人制、招标投标制、工程监理制、合同管理制，完善"黑名单"制度和市场准入制度，建立健全信访举报制度，全面规范政府部门以及企业的从业行为，维护公开公平公正的市场秩序。

（二）抓住重点，推动廉政工作向纵深发展

加强交通基础设施建设领域廉政工作，要结合交通行业的实际，突出重点，抓紧构筑具有山西交通特点的教育、制度、监督并重的惩治和预防腐败体系。

要切实加强对党员领导干部和交通基础设施建设管理人员的教育。要创新教育载体，丰富教育手段，活跃教育形式，以权力观教育为核心，开展多种形式的理想信念宗旨教育、思想道德教育、党纪政纪教育以及典型示范和警示教育，营造行业廉政文化建设的良好氛围，推进廉政文化进机关、进工地、进家庭，使反腐倡廉的意识渗透到每个干部职工的思想深处，让领导干部的配偶成为廉内助、身边工作人员成为廉助手，形成亲情助廉、友情促廉、全行业倡廉的生动局面，形成以廉为荣、以贪为耻的行业风尚，增强党员领导干部和管理人员拒腐防变的警觉性。

要切实加强项目投资和工程建设招标投标、设计变更、资金拨付、设备材料采购和经营权转让等关键环节的制度建设，有效规范领导干部和管理人员行为。坚持必要和管用的原则，既要根据新情况、新问题，敢于创新突破，修订和完善规章制度，健全内控机制；又要坚持与法制相统一，与上位法相一致，做到有特色、不抵触，法网恢恢、疏而不漏。制度一旦建立，就要坚决执行，不能打折扣，不能搞变通，切实做到以制度约束人，以制度规范事，以制度堵漏洞，提高工程建设管理和廉政建设制度化、规范化水平。

要切实加强对党的各级领导机关和领导干部，特别是对各级领导班子主要负责人的权力进行监督和制约。各级领导机关和领导干部的权力运行主要体现在项目审批、招标投标、工程管理、工程监理、财务管理、设备材料采购上，这些都是廉政监督的重点，主要领导又是重点的重点。要加强领导班子建设，重点是提高班子成员思想政治素质，既要有为民执政之德，又要有为民执政之才，政治上靠得住，工作上有本事，作风上过得硬。要把事前监督、事中监督、事后监督结合起来，把经常性监督与专项监督结合起来，把上级对下级的监督和下级对上级的监督结合起来，把内部制约与外部监督结合起来，发挥好纪检监察、财务审计等监督主体的职能，发挥好党内监督、群众监督、社会监督和新闻舆论监督的作用，形成强大的监督合力。同时要加强考核制度和奖惩制度的建立和完善，通过完善考核指标体系，把监督工作落实到位。要加强对领导班子和主要负责人的监督，防止权力失控、决策失误和行为失范。作为交通厅厅长，监督我是大家的权力，也是大家的义务，欢迎和支持大家对我进行监督，对我们党组成员进行监督。各级党组织要为纪检监察部门撑腰，提供有力的支持和帮助。纪检监察部门要切实负起责任，敢于碰硬，不要怕得罪人，更不能失职渎职。

要充分发挥先进典型的示范引导作用。近年来，在加强交通基础设施廉政建设的实践中，交通行业涌现出许多廉洁工程项目和优秀廉洁的干部，形成了许多好经验好做法。学习推广这些工程建设项目和优秀廉洁干部的先进典型经验，就是要发挥先进典型的示范作用，以点带面，不断提升交通基础设施建设管理和廉政工作水平。我们要一如既往地坚持这种做法，树立和弘扬廉政正气。

要努力创造公开公平公正的环境，通过改革的办法推进政府职能转变，切实为市场主体服务。一是改革和完善决策机制，建立群众参与、专家咨询和集体决策相结合的投资项目决策机制，进一步健全决策规则，规范决策程序，提高决策透明度，强化决策责任，减少决策失误，防止因滥用权力滋生腐败。二是建立政府投资项目公示制度。除涉及国家秘密的项目外，都要向社会公示，接受社会监督。三是要积极探索总结推广“代建制”，推进财务管理制度改革，加强对建设资金的监管。四是进一步完善招投标制度。推行合理低价中标，进一步提高招投标活动的透明度，完善专家评审制度，保证招投标活动的客观、公正。五是建立和完善公路建设从业单位动态信息系统和信用信息上报制度。六是积极推进政务公开。要围绕行政主体基本情况和行政决策、执行、监督的程序、方法、结果等事项，不断拓展政务公开的内容，进一步提高政府工作的透明度，做到“阳光操作”，保障群众对交通工程建设的知情权、参与权和监督权。

要坚决纠正损害群众利益的不正之风，切实解决群众反映的突出问题。交通行业点多、线长、面广，特别是基础设施建设中的征地拆迁、农民工工资、耕地占用和环境保护等方面，涉及群众利益的问题比较多。交通发展的根本目的是维护好、实现好、发展好人民群众的根本利益，如果出现了损害群众利益的问题，就违背了交通发展的初衷，一定要高度重视，认真对待，切实把维护好人民群众的利益，作为廉政建设的一项重要内容来抓。要继续坚持做到“两个确保”，即中央和省投资的项目不拖欠农民征地拆迁费，不拖欠农民工工资。要落实最严格的耕地保护制度，加强环境保护。交通规划和工程设计要树立公路与自然环境和谐发展的新理念，统筹兼顾，合理安排，最大限度地减少耕地占用，保护自然环境；施工过程中，要严格控制临时性用地数量，施工便道、各种料场、预制场尽可能设置在公路用地范围内或利用荒坡、废弃地解决，减少占用和污染农田。要加大监督和惩处力度，严肃查处违法违纪案件。纪检监察部门要强化对各项政策措施落实情况的监督检查，发现问题，及时纠正和查处，同时追究当事人和领导者的责任。对一些领导干部滥用职权、牟取私利，要给予纪律处分；触犯法律的，移交司法机关追究刑事责任。

三

一名干部特别是领导干部的成长很不容易，既离不开自身的思想修养和实践磨炼，也离不开组织的严格要求和关心爱护。领导干部在改革开放中面临各种诱惑和考验，如果头脑不清醒、立场不坚定，很容易犯错误。党组织发现错误苗头，及时打招呼，这是对干部的关心和爱护，也是对党的事业负责。许多案例都说明，领导干部犯错误有一个逐步演变的过程。预防在先，关口前移，可以使我们的干部少犯错误。有些同志过去一贯表现好，但后来对自己要求不严犯了错误，党组织也是惋惜和痛心的。我们肩负着促进交通发展和抓好党风廉政建设的双重责任，必须进一步加强廉洁自律。

党员领导干部一定要坚定理想信念，把党和人民的事业作为最高追求。任何人都有自己的利益追求，但作为党员领导干部，绝不能把获取个人利益看成是个人的最高追求，更不能把个人利益看得比党和人民的利益还重。一些领导干部堕落为腐败分子，原因之一是政治上被打开缺口；原因之二是经济上、生活上被打开缺口。这两个缺口被打开，关键是放弃了世界观改造，丧失了公仆意识，丢掉了理想信念。靠掌公权去发私财，实践证明是没有好下场的。党员领导干部一定要树立马克思主义的世界观、人生观、价值观，坚持中国特色社会主义理想不动摇，坚持为人民谋利益不动摇，坚持在改造客观世界的同时改造主观世界不动摇，用当代共产党人的理想信念抵御形形色色腐朽思想的侵蚀，把淡泊名利作为一种境界，把对交通事业的执著追求和无私奉献作为人生价值的定位，把党和人民的利益作为最高目标，以党和人民满意的工作实绩来书写人生。

党员领导干部一定要牢固树立正确的权力观，永葆人民公仆的政治本色。权力，对廉洁者是一份责任，对贪婪者则是一把自刎的利刃。党员领导干部只有把权力服务于责任，把权力用于党的事业、用于为民造福上，才是运用权力的出发点和归宿。一些领导干部走上犯罪的道路，大多是滥用权力的结果，认为当了官就有权，有了权就可以谋私利，为所欲为，把升官发财作为一种追求，不择手段地行贿受贿索贿、买官卖官，满足自己的权力欲。我们每个党员领导干部手中掌握的公共权力，既是干事创业的有利因素，也是一个严峻的政治考验，一定要克服各种侥幸心理，树立正确的权力观和强烈的法制观念。一定要清醒认识到，虽然现在管理上存在一些漏洞，但法律对贪者的惩处没有漏洞。一旦伸手，必定被捉，必定有相应的法律条款让你付出追悔莫及的代价。所以，我们必须正确运用手中的权力，通过交通发展提供的大舞台，干出一番利国利民的事业，把权力所蕴含的责任充分聚集到事业上来，做一个既有本事、又靠得住，既干事、又干净的干部，决不搞权权交易、权钱交易和权色交易，决不能把市场经济中的等价交换原则带到党和国家的政治生活中来，决不把人民赋予我们的权力异化为损害人民利益的工具，始终保持清正廉洁的政治本色。

党员领导干部一定要正确对待亲情友情，净化个人的生活圈和社交圈。亲情友情，说到底是人之常情。但对我们党员领导干部来说，不徇私情，秉公办事，应该是最基本的要求，也是一条从政的道德底线。如果一个领导干部只讲感情，不讲原则，甚至把人情看得高于一切、大于一切，就会导致亲情失重、友情变味，甚至酿成“家庭腐败”、“亲情腐败”的悲剧，走上自绝于党、自绝于人民的不归之路。领导干部发生蜕变倾向，最早发现问题的应该是他的配偶。知夫莫如妻。好的内当家是干部成长进步的贤内助，是党员领导干部廉政的重要守门人。我们要通过生动有效的形式，把廉政教育延伸到干部家庭，时刻警示领导干部的配偶，协助领导干部过好权力关、金钱关和生活关。领导干部不是生活在真空当中，经常遇到各种各样的诱惑。要知道，天上不会掉下馅饼，世上绝没有“免费的午餐”。我们党员干部要学会拒绝、善于拒绝、勇于拒绝。不能拒绝诱惑，就会招来灾难。给胡长清大肆行贿的个体老板周雪华的观点是“我为钓者人为鱼”。赖昌星挂在办公室的一张画上是一只盯着水面、伸长利嘴、随时准备叼鱼的鸬鹚，其名言是“不怕干部坚持原则，就怕干部没有爱好。”很明显，行贿者的钱物是糖衣炮弹，是赤裸裸的利用与被利用的关系，是充满铜臭味的“友情”。我们领导干部一定要慎重交友，要多交些敢讲真话、敢于直言、敢于经常“敲打”你的朋友，多交普通百姓朋友，多交些先进模范人物，从他们那里获得人格的尊严。在正确对待亲情友情、严格管好配偶、子女的同时，还要带好身边的工作人员，管好分管范围内的党风廉政建设工作。要不断加强道德修养和党性锻炼，培养积极健康的生活情趣，自觉抵御各种诱惑和侵蚀，纯洁社交圈，净化生活圈，规范工作圈，管住“八小时以外”的活动圈，经受住金钱美色的考验，以交通系统干部队伍的文明之风和清廉之风取信于民。

党员领导干部一定要增强自律意识，学会并习惯在被监督的环境下工作和生活。不受监督的权力必然导致腐败。有的同志喜欢我行我素，不愿意接受监督，认为监督是组织和同志跟自己过不去，这是一种极其糊涂有害的认识。监督是对干部的约束，更是对干部的关爱。事实证明，自觉接受监督是领导干部政治上成熟的重要标志之一，主动接受监督的干部一般较少犯错误，拒绝接受监督的干部很容易走向腐败。领导干部光明磊落就不怕监督，领导干部想减少失误就得欢迎监督，领导干部想提高决策水平就应该要求监督。在我们党内，任何人都没有不受监督的特权。每个领导干部都要摆正个人和组织、个人和群众的关系，真心实意地听取各个方面的意见，积极主动地接受各个方面的监督，既自觉严格“自律”，又主动接受“他律”。要有“官不聊生”之感，把自己时刻置于组织和群众的监督之下，做清正廉洁的共产党人。各级领导班子和领导干部，在自觉接受监督的同时，还要认真履行监督职责，切实抓好监督工作。要着眼于防范，对班子成员发生的问题，早提醒、早打招呼，重要的问题要及时向上级党组织报告，把监督的关口前移，加强事前、事中监督。要加强党内监督，健全党内民主，坚持述职述廉、诫勉谈话等。要充分发挥社会监督、舆论监督和群众监督的作用，进一步形成监督合力，增强监督实效。要认真落实党风廉政建设责任制，对因失教、失管、失察、失纠等造成重大影响和重大损失的，坚决追究有关领导的责任。

党员领导干部一定要注重学习法纪知识，决不能做一失足成千古恨的蠢事。文明的底线是遵纪守法，遵纪守法的基础和前提是要学习法纪。一些违法违纪的党员干部包括一些高级领导干部之所以没有管住自己，众多原因中有一条很值得我们警醒，就是法纪知识淡薄，对党纪政纪和法律不学习、不清楚，以至于犯下重罪本人还稀里糊涂。当过大庆市市长、大庆石油管理局常务副局长、市人大主任的钱棣华曾被中央电视台“东方之子”报道过，一世英名却被20万元的糖衣炮弹击倒，可当对其宣布开除党籍时，他竟提出了让人哭笑不得的要求：我接受不了自己不是共产党员这个事实，能不能不开除我的党籍，哪怕多给我留党察看几年也行啊！留党察看的时间只能是一年或两年，这点都搞不清楚，身为人大主任、司法实践的监督者，在党纪国法面前却显得如此幼稚可笑。对一个党员干部来说，党纪政纪和法律不是远离自己的东西，而是对自己从政行为的全面规范。中央纪委副书记、监察部部长李至伦同志曾讲过："个人注意加强党纪政纪和法律知识的学习，即使自己的思想境界差一点，但知道纪律的厉害，知道高压线碰不得，对纪律心存畏惧，也不至于无法无天胆大妄为，可以少犯或不犯错误。"领导干部不注意学习法纪知识，就等于弃守防线，最终吃苦头的还是自己。因此，希望交通系统的各级党员领导干部工作再忙，都要挤出时间多学点法纪知识，用法律知识充实自己、调整心态，做一个头脑清醒的明白人，把遵纪守法、依法办事作为自己安身立命的最基本要求、最基本职责和最基本素养，时时事事以党纪国法约束自己，慎小事、拘小节，清廉自守，洁身自好。只有这样，才能做到不伤害自己、不去伤害别人，最终也不会被别人伤害，才能真正使自己永远立于不败之地。

党员领导干部一定要带头发扬党内民主，做贯彻执行民主集中制的楷模。坚持民主集中制是保证科学决策、依法决策、民主决策的基础，也是实现权力公开、公正、公平运行的根本保证。公共权力的自由裁量权和寻租，是腐败之源。交通基础设施建设领域拥有较多的项目审批权、资金使用权和材料采购权，稍有不慎就会诱发腐败。各单位的基础建设、购置车辆设备等的资金量也很大，管好用好这笔资金责任重大。交通系统各级党组织和纪检监察部门要加强对权力运行过程的监督，防止滥用权力。要严格按照基本建设程序规定，应该公开招标的必须公开招标，应该进行政府采购的必须通过政府采购，应该集体讨论决定的绝不能个人或少数人说了算。作为领导干部，没有私心就不怕公开，无私就能无畏。凡是涉及交通规划、项目审批、资金拨付、物资购买、干部任免等重大事项以及办理上级党委政府交办的重要事项，都要经集体讨论决定。在讨论重大决定时，实行主要负责人末位发言制。重大决策出台前，要通过专家论证会、群众听证会和利害关系人座谈会等方式，广泛征集社会各界的意见。重大决策的结果，在规定范围内公开发布，方便社会公众查询，增加交通工作的透明度。

6. 深入开展治理商业贿赂工作*

党中央从政治和全局的高度，作出关于治理商业贿赂的重大决策，这是基于对商业贿赂现象滋生蔓延及其严重危害性客观实际的科学判断，是维护市场交易秩序、健全完善市场经济体制的必然要求，是顺利实现“十一五”规划、推动我国社会主义经济又好又快发展的现实需要，也是深入开展反腐倡廉工作、巩固党的执政地位的重要内容。党的十六届六中全会作出的《关于构建社会主义和谐社会若干重大问题的决定》指出，构建社会主义和谐社会，关键在党。必须充分发挥党的领导核心作用，坚持立党为公、执政为民，以党的执政能力建设和先进性建设推动社会主义和谐社会建设，为构建社会主义和谐社会提供强有力的政治保证。商业贿赂是市场经济初级阶段的产物，不是社会主义的特殊现象，资本主义市场经济也有这样一个过程。社会主义为治理商业贿赂提供了一个先进的制度基础，我们必须增强信心，树立长期作战的思想，把治理商业贿赂不断引向深入。

——治理商业贿赂是新时期构建社会主义和谐社会的客观要求。构建社会主义和谐社会，体现了广大人民群众的根本利益和共同愿望。商业贿赂破坏了市场交易秩序，妨碍了公平竞争和资源合理配置，损害了广大人民群众的利益，败坏了党风、政风、行风和社会风气，与我们党树立和落实科学发展观，坚持科学执政、依法执政、民主执政，构建社会主义和谐社会、树立社会主义荣辱观的目标要求是格格不入的。治理商业贿赂，有利于推动科学发展，也有利于维护社会公平正义，化解群众矛盾，理顺群众情绪，消除社会不和谐因素，密切党和政府同人民群众的血肉联系，从而为构建社会主义和谐社会创造良好的外部环境。2006 年 7 月底中央治理商业贿赂领导小组办公室披露的数据显示，从 2005 年 8 月到 2006 年 6 月，全国共查处商业贿赂案件 6972 件，涉案金额 19.63 亿元。其中，工程建设等六大领域占案件总数的 78.6%；涉案金额 16.04 亿元，占总金额的 81.7%。涉及厅局级干部 49 人，县处级干部 367 人。通报的十五个典型案例中，第一个就是原河北省交通厅张全受贿案。这说明反腐败的形势依然是严峻的。从我省交通系统情况看，近年来我们围绕建设诚信交通、廉政交通，加强市场监管和权力监督，有力地遏

* 2006 年 11 月 14 日在全省交通系统治理商业贿赂工作会议上的讲话摘要。

制了腐败现象的发生，规范了交通市场秩序，取得了明显成效，但与我们建设和谐交通的目标还有不少差距。今年以来，工程招投标、行政审批等环节的举报投诉呈明显上升的趋势，这虽然与我们加大治理商业贿赂工作的宣传动员，营造了良好的治理氛围是分不开的，同时也从一个侧面反映出我们在遏制市场恶意竞争、规范市场行为和权力运行方面仍然存在一些漏洞和问题，这些环节很有可能会成为不正当交易行为和商业贿赂行为滋生的土壤，必须引起我们的高度重视。

——治理商业贿赂是建设负责任的行业的迫切要求。建立人民满意的服务型行业，是建设和谐交通和建设负责任行业的基本要求。近几年来，全省交通系统向全省人民奉献了一大批群众满意的精品工程，赢得了社会各界的充分肯定和高度赞扬。但由于商业贿赂"潜规则"的存在，低价围标、恶意竞标、假借资质、转包分包等现象屡禁不止，不仅给工程建设项目留下了质量和安全隐患，也给交通行业形象造成了极大的损害。交通工程建设用的是百姓的血汗钱，铺的是百姓的致富路，架的是党和政府与人民的连心桥。出现质量、安全和腐败问题，不仅损害群众的利益，最终也损害了交通行业自身的利益。事实证明，要做一个负责任的行业，必须旗帜鲜明、理直气壮地治理商业贿赂，不断净化交通市场环境，努力化解不和谐因素，以交通行业负责任的实践来体现党和政府与人民群众的血肉联系。

——治理商业贿赂是推进交通依法行政的现实需要。交通领域拥有众多项目的发包权、材料采购权和交通市场资源的分配权和审批权，客观上也容易成为不法经营者实施商业贿赂的重点领域。这些年来，我们坚持把解决领导干部中存在的滥用权力和以权谋私等问题作为推进依法行政、加强反腐倡廉工作的重点，采取了一系列有力措施，比如加强与检察机关预防职务犯罪的配合，在招投标环节引入行贿犯罪档案查询机制，建立并完善了交通建设市场准入"黑名单"制度，形成了配套的"廉政建设监督管理十项制度"，取得了一定的成效。但从源头上看，制约和监督权力运行的机制还不够完善，行业自律机制尚没有完全形成，一些不法经营者钻法律法规的空子，变换手段和花样，使商业贿赂行为常常披着合法的外衣，以行业"潜规则"的形式大行其道。从这个角度讲，开展治理商业贿赂工作，绝不仅仅是单纯的清理、纠正和规范，同时也体现了我们交通行业依法行政的能力和驾驭市场的能力。只有加强市场监管和权力的监督，真正形成从业人员不愿送、不必送、不敢送，拥有权力者不愿收、不必收、不敢收的机制，才能从根本上铲除滋生商业贿赂行为的环境和土壤。

借鉴和运用交通廉政建设的经验和措施，推进治理商业贿赂工作，必须做到"三个结合"：一是要与贯彻落实惩防腐败体系实施纲要紧密结合，统筹安排，扎实推进，努力实现反腐倡廉与交通发展的良性互动。要坚持用发展的思路和改革的办法解决商业贿赂问题，进一步推进行政审批制度和投融资体制等改革，健全工程建设、权力监督等制度；坚决纠正和制止利用权力参与或干预企事业单位经营的行为，努力从源头上防治商业贿赂。二要将专项治理工作与优化经济发展环境、整顿和规范市场经济秩序紧密结合。要将交通系统治理商业贿赂专项工作寓于完善社会主义市场经济体制的各项政策和措施之中，进一步优化我省交通发展环境，要以规范引导企业诚信经营为重点，坚决打击不正当竞争行为，整顿和规范交通基础建设和道路运输市场，维护市场经济秩序，促进社会和谐稳定。三要将专项治理工作与强化交通行业内部管理和加强自身建设紧密结合。交通部门是交通行业的政策制定者和监管执行者，在规范经营者行为、维护市场秩序等方面负有重要责任。在治理商业贿赂专项工作中，既要认真履行管理和监督职责，抓好本行业所属企事业单位的专项治理工作；又要抓住这个契机，对本部门履行监管职责的情况进行自查自纠，特别是最近几年来，因违规违纪被省厅通报过的，以及个别领导干部因腐败问题被查处的，所在单位和系统要结合这次自查自纠工作，深入查找自身在教育、制度、监督方面存在的问题，召开专门的领导班子民主生活会进行剖析和反思，进一步研究相关办法和措施，健全和完善各项制度，加强自身建设，提高监管水平和能力。紧紧盯住容易滋生商业贿赂的重点部位和重点环节。把廉政要求贯穿到管理和制度建设中去，不断完善内部管理机制，努力建立用制度规范行为、按制度办事、靠制度管人的机制。

只有坚持做到这“三个结合”，我们才能真正实现治理工作在“点”上的突破，在“线”上的监督，在“面”上的规范，才能真正形成党政齐抓共管、部门各负其责、群众积极参与的工作机制，才能真正在自查自纠工作中发现行业管理和体制机制的问题，明确整改工作的重点，才能真正将治理工作纳入加强行业管理的全局予以考虑，切实消除纪检监察部门孤军奋战、“两三个人撑门面”的现象，变被动治理为主动创新，真正实现“抓治理、促管理”的工作目标。

治理商业贿赂工作是一项政治性、政策性都很强的专项工作，既不能走过场，也不能搞运动。在治理过程中，必须把握好以下几个重大问题：

——必须紧紧围绕党的中心工作，服务全党工作大局。发展是第一要务，经济建设是党的工作中心，推动实现交通事业又好又快的发展是交通行业反腐倡廉的出发点。反腐倡廉和治理商业贿赂只是手段，促进发展才是根本目的。各级领导机关和领导干部一定要牢牢掌握治理商业贿赂工作的正确方向。

——必须把握正确的舆论导向，营造良好的舆论氛围。在治理商业贿赂专项工作中，要坚持正面宣传为主，把握正确舆论导向，掌握舆论工作的主动权，为专项治理工作营造良好的舆论环境。要大力宣传交通行业反对和治理商业贿赂的坚定决心、政策措施和取得的成果，引导广大干部群众正确看待形势，树立信心。

——**必须严格掌握政策，依法开展治理工作。**要坚持正确的工作方向，既不能敷衍塞责，"走过场"；又不能搞运动，人人过关。要坚持依法治理、依法办案，以事实为依据、以法律为准绳，对违法犯罪分子发现一个、查处一个，绝不手软。要坚持党的政策，严格区分正常的商业活动与不正当交易行为的界限，严格区分违纪违规与违法犯罪的界限。要坚持惩处与教育相结合，正确把握政策与法律，宽严相济，讲究策略，真正做到使少数犯罪分子依法受到惩处，绝大多数人受到教育。在自查自纠阶段，对情节轻微的，要以批评教育和自我纠正为主，只要说明情况，上缴钱物，可以不追究责任；对数额较大，能主动说清问题并如实上缴钱物的，可以依法依纪从轻、减轻或免予处分；对已掌握确凿证据而拒不自查自纠、甚至顶风接受贿赂的，一定要坚决依法依纪严肃处理。

开展治理商业贿赂，是一项复杂的系统工程，不可能毕其功于一役，必须认认真真、扎扎实实、由表及里、标本兼治，一步一步推向深入。

第一，要明确责任，狠抓落实。各地、各单位要高度重视治理商业贿赂工作，把这项工作摆上重要位置，切实加强组织领导，建立并严格落实工作责任制，形成主要领导同志负总责、分管领导直接抓、部门负责人具体抓的统一领导、分级负责的工作机制。对一些因工作不力、失职渎职造成严重影响的事件，要严肃追究有关责任人和领导的责任。要切实加强对本部门、本单位治理商业贿赂专项工作的监督检查，及时发现和解决问题。对进展缓慢的，要加大督查力度，不搞形式主义，不走过场，确保工作质量。对问题较多、社会反映大的单位和部门，要重点进行督查；对消极应付的，各主管部门必要时要派出人员现场督促解决；对拒不自查自纠、有案不查、压案不报、掩盖问题的，一经发现，严肃处理。

第二，要在建立长效机制上下工夫。治理商业贿赂不可能一蹴而就，一劳永逸，专项治理工作仅仅是开了一个头，必须牢固树立打持久战的思想，坚持教育、制度、监督并重的思路，不断铲除滋生商业贿赂的土壤和条件。要加强教育抓基础，深入开展社会主义荣辱观和法律纪律及职业道德教育，形成以廉洁为荣、以贿赂为耻的道德风尚，不断提高反对和抵制商业贿赂的意识；深入开展示范教育和警示教育，增强抵制商业贿赂的自觉性，树立以诚信守法、优质服务为核心的从业理念。要完善制度抓保证，全面推进以政府信用为先导、企业信用为重点、个人信用为基础的三大信用主体建设，特别是要建立和完善企业及个人信用管理制度，实施企业诚信守法提醒制、警示制、公示制；建立健全行业信用联合管理制度，使商业贿赂行为无所遁行。要强化监管抓关键。切实加强对工程招投标、物资采购、设计变更、审批许可等重点环节的管理和监督。企事业单位要建立和完善从业人员行为准则和职业规范，推行反商业贿赂承诺制。要深化改革抓根本，深入推进行政管理体制、行政审批制度改革，进一步健全工程建设招标投标、经营权转让、审批监管制度，推进行业协会、学会管理体制改革，清理规范社团、行业组织和社会中介组织，推动行业组织通过制定行规、行约以及行业标准对企业等会员行为进行约束。

第三，要从严治政、领导带头。商业贿赂与行政机关及其工作人员不能正确履行职责甚至违纪违法密切相关。对于交通厅机关及厅直五局而言，一方面要加强对生产经营者的监管，坚决治理不正当交易行为和商业贿赂；另一方面要将专项治理工作与机关廉政勤政建设有机结合，加强对行政权力的监督制约，严肃惩治并有效预防涉及机关工作人员的商业贿赂。交通厅机关公务员要严格要求，严格自律，做到防微杜渐，自觉抵制贿赂，增强拒腐防变能力。

治理商业贿赂是打造诚信和谐交通的需要，是交通事业健康发展的重要保证，也是一项长期而艰巨的任务。我们既要集中开展专项治理，又要从全局和长远出发，与机关效能建设相结合，与整顿和规范市场经济秩序相结合，与构建惩治和预防腐败体系相结合，实事求是、查找不足、明确目标、强化措施，确保我省交通领域治理商业贿赂专项工作取得实效。